Joachim Erven, Matthias Erven, Josef Hörwick
Mathematik für angewandte Wissenschaften
De Gruyter Studium

Weitere empfehlenswerte Titel

Mathematik für Angewandte Wissenschaften.
Ein Lehrbuch für Ingenieure und Naturwissenschaftler
Joachim Erven, Dietrich Schwägerl, 5. Auflage, 2017
ISBN 978-3-11-053694-2, e-ISBN (PDF) 978-3-11-053711-6,
e-ISBN (EPUB) 978-3-11-053723-9

Mathematik für Angewandte Wissenschaften.
Ein Übungsbuch für Ingenieure und Naturwissenschaftler
Joachim Erven, Dietrich Schwägerl, Jiri Horak, 3. Auflage, 2018
ISBN 978-3-11-054889-1, e-ISBN (PDF) 978-3-11-055350-5,
e-ISBN (EPUB) 978-3-11-055365-9

Mathematik für Angewandte Wissenschaften.
Ein Taschenbuch für Ingenieure, Natur- und Wirtschaftswissenschaftler
Joachim Erven, Jiri Horak, 2. Auflage, 2018
ISBN 978-3-11-053712-3, e-ISBN (PDF) 978-3-11-053716-1,
e-ISBN (EPUB) 978-3-11-053724-6

Physik im Studium – Ein Brückenkurs.
Für Physiker und Ingenieure
Jan Peter Gehrke, Patrick Köberle, 2. Auflage, 2016
ISBN 978-3-11-049566-9, e-ISBN (PDF) 978-3-11-049567-6,
e-ISBN (EPUB) 978-3-11-049327-6

Numerik gewöhnlicher Differentialgleichungen.
Anfangswertprobleme und lineare Randwertprobleme
Martin Hermann, 2. Auflage, 2017
ISBN 978-3-11-050036-3, e-ISBN (PDF) 978-3-11-049888-2,
e-ISBN (EPUB) 978-3-11-049773-1

Joachim Erven, Matthias Erven, Josef Hörwick

Mathematik für angewandte Wissenschaften

Ein Vorkurs für Ingenieure, Natur- und
Wirtschaftswissenschaftler

6. Auflage

DE GRUYTER

Autoren
Prof. Dr. Joachim Erven
joaerven@t-online.de

Dr. Matthias Erven
merven@math.uni-koeln.de

Prof. Dr. Josef Hörwick
gunzenlee@t-online.de

ISBN 978-3-11-052684-4
e-ISBN (PDF) 978-3-11-052686-8
e-ISBN (EPUB) 978-3-11-052697-4

Library of Congress Cataloging-in-Publication Data
A CIP catalog record for this book has been applied for at the Library of Congress.

Bibliografische Information der Deutschen Nationalbibliothek
Die Deutsche Nationalbibliothek verzeichnet diese Publikation in der Deutschen
Nationalbibliografie; detaillierte bibliografische Daten sind im Internet über
http://dnb.dnb.de abrufbar.

© 2018 Walter de Gruyter GmbH, Berlin/Boston
Umschlaggestaltung: studiodr/iStock/Getty Images
Satz: le-tex publishing services GmbH, Leipzig
Druck und Bindung: CPI books GmbH, Leck
♾ Gedruckt auf säurefreiem Papier
Printed in Germany

www.degruyter.com

Ein paar Worte voraus...

... zur 1. Auflage:

Viele Studienanfänger technischer und wirtschaftswissenschaftlicher Studiengänge an Fachhochschulen und Universitäten haben Schwierigkeiten mit den Mathematik-Anforderungen, die in den Grundvorlesungen an sie gestellt werden. Das liegt zum Teil daran, dass bestimmte wichtige Themen und Techniken in der Schule nicht ausreichend behandelt werden, zum Teil aber auch daran, dass bei vielen Studierenden einige Jahre zwischen Schulabschluss und Studienbeginn liegen. Deshalb werden an zahlreichen Hochschulen vor dem ersten Semester Vor- oder Brückenkurse in Mathematik angeboten.

Einen solchen Vorkurs halten wir seit 1999 mit großem Zuspruch an der Fachhochschule München ab. Der in dieser zweiwöchigen Lehrveranstaltung behandelte Stoff bildet auch die Grundlage für das vorliegende Buch. Die allermeisten der hier dargestellten Inhalte gehören zur üblichen Schulmathematik – im Studium werden sie meist kommentarlos als bekannt vorausgesetzt. Nur an ganz wenigen Stellen (Aussagenlogik, komplexe Zahlen, Restklassenarithmetik, Kegelschnitte) gehen wir über diesen Rahmen hinaus. Dies dient nicht nur der Abrundung des Gesamtinhalts, sondern geschieht vor allem deshalb, weil diese Themen in den nichtmathematischen Fächern des Grundstudiums oft vor deren Behandlung in der Mathematikvorlesung benötigt werden (zum Beispiel komplexe Zahlen im Zusammenhang mit der Wechselstromlehre).

Wir haben diese Inhalte so dargestellt, dass das Buch auch sehr gut zum Selbststudium geeignet ist. Zahlreiche vollständig durchgerechnete Beispiele sollen das Verstehen des Stoffes erleichtern, viele Bilder und Grafiken sollen dabei helfen. Darüber hinaus sind wir der Meinung, dass man auch Nichtmathematikern den einen oder anderen kurzen Beweis „zumuten" kann, denn diese fördern letztendlich das Verständnis einer mathematischen Aussage am nachhaltigsten.

Am Ende jedes Kapitels stehen Übungsaufgaben, deren Bearbeitung wir dem Leser zur Selbstkontrolle dringend nahe legen. Die Lösungen, die neben den Ergebnissen auch die wesentlichen Schritte dahin enthalten, haben wir recht ausführlich gestaltet, sie bilden das letzte Kapitel dieses Buches.

Logisch baut auf das vorliegende Buch das bereits früher im gleichen Verlag erschienene Werk „Mathematik für Ingenieure" (Lehr- und Übungsbuch) von J. Erven und D. Schwägerl auf, das wir allen FH-Studenten als Begleitwerk für die Mathematikvorlesungen im Grundstudium empfehlen.

https://doi.org/10.1515/9783110526868-201

Unser Dank gilt dem Oldenbourg Verlag, namentlich Frau Sabine Krüger, für die gute Zusammenarbeit sowie Herrn Prof. Dr. Schwägerl für die Hilfe bei zahlreichen Bildern. Unseren Familien danken wir an dieser Stelle noch für die große Nachsicht, die sie während der Erstellung der Texte mit uns gehabt haben.

München, im Juli 2003   *J. und M. Erven, J. Hörwick*

... zur 6. Auflage:

Seit dem Erscheinen der letzten Neuauflage dieses Buches sind fünf Jahre vergangen, in denen sich einiges verändert hat. Die Publikationen des Oldenbourg Verlags München werden inzwischen im De Gruyter Verlag Berlin verlegt. Wir nutzen die Gelegenheit, um verschiedenen immer schon zusammengehörigen Werken einen neuen Rahmen zu geben. Dies wird mit dem gemeinsamen Titel „Mathematik für Angewandte Wissenschaften" sowie mit einem einheitlichen Erscheinungsbild zum Ausdruck gebracht. Im Untertitel wird die jeweilige Ausrichtung des Buches angegeben. Neuauflagen der weiteren drei Bände dieser Serie, die bisher unter etwas anderen Titeln verlegt wurden und vorne im Buch aufgelistet sind, erscheinen in den nächsten Monaten im neuen Gewand.

Das Konzept dieses Buches, wie es im Vorwort zur ersten Auflage beschrieben wird, hat sich in dieser Zeit bewährt und wurde beibehalten. Neben einigen kleineren Änderungen haben wir vor allem ein neues Kapitel über Wahrscheinlichkeitsrechnung angefügt. Wir tragen damit der Tatsache Rechnung, dass zwar in der Oberstufe aller Schultypen Stochastik zum Pflichtprogramm gehört, die dabei erreichten Wissensstände aber sehr unterschiedlich sind. In den Vorlesungen an der Hochschule wird jedoch – gerade in nichtmathematischen Fächern – schon sehr früh ein Wissen vorausgesetzt, was nicht vorhanden ist.

Wir möchten es nicht versäumen, dem De Gruyter Verlag, namentlich Frau Nadja Schedensack, für die gute und konstruktive Zusammenarbeit zu danken.

München, im Juni 2017   *J. und M. Erven, J. Hörwick*

Inhalt

1 Nützliche Grundlagen

In diesem ersten Kapitel wollen wir Sie mit der mathematischen Ausdrucksweise, die manchmal in ihrer Bedeutung von der Umgangssprache abweicht, vertraut machen. Sie können zwar Mathematik auch ohne diesen „formalen Kram" lernen, Sie werden aber schnell feststellen, dass sich viele Sachverhalte kürzer und vor allem präziser darstellen lassen, wenn man die Grundlagen der Aussagenlogik und der Mengenlehre beherrscht. Im letzten Abschnitt „Kombinatorik" werden Anzahlberechnungen für endliche Mengen und Kombinationen daraus behandelt.

1.1 Aussagenlogik

Was eine Aussage – etwa im Vergleich zu einer Frage oder einem Befehl – im umgangssprachlichen Sinne ist, wissen Sie schon aus der Grundschule. Wir wollen diesen Begriff nun für die mathematische Anwendung präzisieren:

Definition:

> Eine *Aussage* ist ein sprachliches Gebilde (meist ein grammatikalisch korrekter Satz!), von dem <u>eindeutig</u> bestimmt werden kann, ob es *wahr* (*w*, *true*, 1) oder *falsch* (*f*, *false*, 0) ist.

Also sind die Sätze „München liegt in Bayern", „London ist die Hauptstadt Frankreichs", „7 ist eine Primzahl" und „5 ist kleiner als 2" Aussagen im oben definierten Sinne; erste und dritte Aussage sind offensichtlich wahr, die beiden anderen falsch.

Dagegen sind „Wie spät ist es?", „Lasst uns in die Mensa gehen!" oder „Hallo!" zwar grammatikalisch korrekte Sprachgebilde, aber keine Aussagen im mathematischen Sinn.

Wesentlich für die so genannte *Aussagenlogik* ist also die Tatsache, dass stets eindeutig feststellbar ist, welchen *Wahrheitswert* – *wahr* oder *falsch* – eine Aussage *A* hat; wir sprechen von der *Zweiwertigkeit* („tertium non datur"[1]) der Logik. Auf Grund dessen können wir nun überlegen, welche Wahrheitswerte zusammengesetzte Aussagen – in Abhängigkeit von denen der Einzelaussagen – haben, wir untersuchen Verknüpfungen von Aussagen.

---

[1] lat.: Es gibt kein Drittes.

https://doi.org/10.1515/9783110526868-001

Negation (Verneinung)

Umgangssprachlich verneint man eine Aussage meist durch Hinzusetzen des Wortes „nicht". Die so aus A erhaltene Aussage $\overline{A}$ (auch mit $\neg A$ bezeichnet, gelesen: „nicht A", „non A" oder einfach „A quer") hat – wie im alltäglichen Sprachgebrauch – genau die umgekehrten Wahrheitswerte: Ist A wahr, so ist $\overline{A}$ falsch; ist A falsch, so ist $\overline{A}$ wahr. Kürzer drückt man dies durch so genannte *Wahrheitstafeln* aus, die man also in dieser Form auch zur Definition der *Negation* hernehmen kann:

A	$\overline{A}$
w	f
f	w

So ist die Aussage „München liegt nicht in Bayern" als Verneinung einer wahren Aussage falsch, „London ist nicht die Hauptstadt Frankreichs" ist wahr, da eine falsche Aussage verneint wurde.

Konjunktion (Und-Verknüpfung, AND)

Häufig verbinden wir zwei Aussagen A und B durch „und", etwa bei „Sie kommt aus Ingolstadt (A) und studiert Informatik (B)". Eine solche zusammengesetzte Aussage sehen wir nur dann als wahr an, wenn beide beteiligten Einzelaussagen wahr sind, ist mindestens eine der beiden falsch, so wird die Gesamtaussage als falsch angesehen.

Der Gebrauch in der mathematischen Logik ist der gleiche, wir definieren also die *Konjunktion* der beiden Aussagen A und B, geschrieben als $A \wedge B$ (gelesen: „A und B" oder „A et B") über die folgende Wahrheitstafel:

A	B	$A \wedge B$
w	w	w
w	f	f
f	w	f
f	f	f

In den beiden ersten Spalten sind hier alle denkbaren Kombinationen der Wahrheitswerteverteilungen der Einzelaussagen (insgesamt 4) aufgeführt, aus der dritten Spalte sehen wir, dass nur im Falle, wo A und B wahr sind, auch $A \wedge B$ wahr ist. Das bedeutet aber auch, dass $B \wedge A$ die gleiche Wahrheitswerteverteilung hat wie $A \wedge B$, $A \wedge B$ und $B \wedge A$ sind logisch gleichbedeutend, „$A \wedge B$ entspricht $B \wedge A$" ist ein aussagenlogisches Gesetz.

Disjunktion (Oder-Verknüpfung; OR)

Verknüpfen wir die beiden obigen Aussagen A und B mit „oder" statt „und", erhalten wir die Gesamtaussage „Sie kommt aus Ingolstadt oder studiert Informatik". Im alltäglichen Sprachgebrauch ist klar, dass diese Gesamtaussage falsch ist, wenn beide Teilaussagen falsch sind; sie wird als wahr angesehen, wenn eine der beiden zutrifft. Was ist aber, wenn beide stimmen? Dies ist in der Umgangssprache nicht immer eindeutig klar, insbesondere unter dem Aspekt, dass oft zum „oder" – zumindest gedanklich – ein „entweder" hinzugefügt wird.

In der Aussagenlogik wird „A oder B" (geschrieben: $A \vee B$) nur dann als falsch angesehen, wenn beide Einzelaussagen falsch sind, das mathematische „oder" ist also stets *nichtausschließend* zu verstehen. Die Wahrheitstafel der *Disjunktion* ist demnach:

A	B	$A \vee B$
w	w	w
w	f	w
f	w	w
f	f	f

Wie bei der Konjunktion gilt auch bei der Disjunktion die Vertauschbarkeitsregel; $A \vee B$ entspricht $B \vee A$.

Da in obiger Wahrheitstafel $A \vee B$ nur im letzten Fall falsch ist, ist dies nach Definition der Negation die einzige Möglichkeit, in der $\overline{A \vee B}$ wahr ist. Dies ist also genau dann der Fall, wenn sowohl $\overline{A}$ als auch $\overline{B}$, also $\overline{A} \wedge \overline{B}$, wahr ist. Wir haben damit ein weiteres aussagenlogisches Gesetz: $\overline{A \vee B}$ entspricht $\overline{A} \wedge \overline{B}$. Durch nochmalige Verneinung dieser beiden wahrheitsgleichen Aussagen erhalten wir, da eine doppelte Verneinung wieder die ursprüngliche Aussage ergibt:

$$A \vee B \quad \text{entspricht} \quad \overline{\left(\overline{A} \wedge \overline{B} \right)} \,.$$

Dies bedeutet, dass man jedes „oder" durch eine Kombination von „nicht" und „und" ersetzen kann. Dies ist insbesondere dann wichtig, wenn – etwa in der Digitaltechnik – die aussagenlogischen Verknüpfungen durch bestimmte Schaltungen dargestellt werden.

Ganz analog entspricht $A \wedge B$ dem Ausdruck $\overline{\left(\overline{A} \wedge \overline{B} \right)}$. Am einfachsten überlegt man sich die Gültigkeit solcher aussagenlogischer Gesetze anhand von Wahrheitstafeln: Dabei werden für alle möglichen Wahrheitswertverteilungen der Einzelaussagen die Wahrheitswerte der zusammengesetzten Ausdrücke sukzessiv ermittelt. Die folgende Tabelle ist auf diese Weise von links nach rechts entstanden:

A	B	$A \wedge B$	$\overline{A}$	$\overline{B}$	$\overline{A} \vee \overline{B}$	$\overline{\left(\overline{A} \vee \overline{B}\right)}$
w	w	**w**	f	f	f	**w**
w	f	**f**	f	w	w	**f**
f	w	**f**	w	f	w	**f**
f	f	**f**	w	w	w	**f**

Sie sehen, dass die Wahrheitswerte in dritter und siebter Spalte genau gleich sind – die Tatsache, dass sich die beiden Ausdrücke $A \wedge B$ und $\overline{\left(\overline{A} \wedge \overline{B}\right)}$ entsprechen, stellt ein aussagenlogisches Gesetz dar.

Äquivalenz (Gleichwertigkeit)

Bei den aussagenlogischen Gesetzen haben wir zwei Ausdrücke, die sich entsprechen, die – hinsichtlich ihrer Wahrheitswerte – *gleichwertig (äquivalent)* sind. Allgemeiner bezeichnet man zwei Aussagen als *äquivalent*, wenn sie stets die gleichen Wahrheitswerte haben, also beide wahr oder beide falsch sind, anders formuliert: A ist genau dann wahr, wenn B wahr ist (geschrieben: $A \Leftrightarrow B$, gelesen: A äquivalent B). Haben A und B verschiedene Wahrheitswerte, so ist $A \Leftrightarrow B$ falsch. Wir haben damit für die *Äquivalenz* die Wahrheitstafel:

A	B	$A \Leftrightarrow B$
w	w	w
w	f	f
f	w	f
f	f	w

So ist für eine beliebige Zahl x die Aussage „$x > 2$" stets äquivalent zu „$x^3 > 8$", aber nicht zu „$x^2 > 4$", denn für $x = -3$ ist die „Quadrat"-Aussage richtig, aber „$x > 2$" falsch. Unter Benutzung des Äquivalenzzeichens können wir unsere bisher gewonnenen aussagenlogischen Gesetze also auch so formulieren:

$$A \vee B \Leftrightarrow \overline{\left(\overline{A} \wedge \overline{B}\right)} \quad \text{und} \quad A \wedge B \Leftrightarrow \overline{\left(\overline{A} \wedge \overline{B}\right)}.$$

Implikation (Folgerung)

Eine besonders wichtige Verknüpfung zweier Aussagen A und B stellt die so genannte *Implikation* $A \Rightarrow B$ (lies: „aus A folgt B" oder „wenn A dann B") dar. Die Aussage A heißt dabei die *Prämisse* und B die *Konklusion*. Eine solche Folgerung begegnet uns häufig auch im alltäglichen Sprachgebrauch, etwa wenn ein Student, dessen S-Bahn bei fahrplanmäßiger Ankunft gerade rechtzeitig zum Vorlesungsbeginn ankommt, zu einer Kommilitonin sagt: „Wenn meine S-Bahn Verspätung hat (Aussage A), komme ich zu spät zur Vorlesung (Aussage B)." Ist A wahr, so muss also auch B wahr sein, damit $A \Rightarrow B$ richtig ist.

Was ist aber, wenn A falsch ist – muss B dann auch falsch sein, damit unsere Implikation noch stimmt? Dies wäre bei der früher behandelten Äquivalenz von A und B der Fall, jedoch nicht bei der Implikation: Betrachten wir unser obiges Beispiel genau, so hat der Student ja <u>nicht</u> behauptet, dass er bei pünktlicher S-Bahn auch tatsächlich rechtzeitig zur Vorlesung erscheint, er könnte ja anschließend noch bummeln, so dass die Aussage B immer noch zutrifft – seine Gesamtaussage $A \Rightarrow B$ ist auch dann wahr. Gleiches gilt natürlich auch, wenn er sich – bei pünktlicher S-Bahn – beeilt und nicht zu spät zur Vorlesung kommt und somit B zu einer falschen Aussage werden lässt. Anders als häufig in der Umgangssprache ist eine mathematische Folgerung nur dann falsch, wenn aus etwas Wahrem etwas Falsches folgt.

So ist für jede Zahl x die Implikation „$x > 2 \Rightarrow x^2 > 4$" wahr, denn wenn x größer als 2 ist, ist – wegen der Eigenschaften des Quadrats positiver Zahlen – stets x^2 größer als 4; ist jedoch die Prämisse falsch, so kann die Konklusion sowohl wahr als auch falsch sein, wie Sie an den Beispielen $x = -3$ bzw. $x = 1$ leicht einsehen. Wir haben also für die Implikation die folgende Wahrheitstafel:

A	B	$A \Rightarrow B$
w	w	w
w	f	f
f	w	w
f	f	w

Da eine Implikation nur dann falsch ist, wenn A wahr und B falsch ist, also die Negation von $A \Rightarrow B$ die gleichen Wahrheitswerte wie die Konjunktion von A und $\overline{B}$ hat, haben wir damit das folgende aussagenlogische Gesetz:

$$(\neg(A \Rightarrow B)) \quad \Leftrightarrow \quad (A \wedge \overline{B}), \text{ anders formuliert: } (A \Rightarrow B) \quad \Leftrightarrow \quad (\overline{A} \vee B).$$

Überzeugen Sie sich als Übung (siehe Aufgabe 1) mittels Wahrheitstafeln davon, dass obige Äquivalenzen stets wahr sind. Wir sehen also, dass auch die Implikation mittels „und" und „nicht" bzw. „oder" und „nicht" ausgedrückt werden kann.

Wir haben bereits festgestellt, dass $A \Rightarrow B$ und $B \Rightarrow A$ nicht gleichbedeutend sind. Will man jedoch die Folgebeziehung zwischen A und B umkehren, so müssen beide Einzelaussagen verneint werden: Überlegen Sie selbst, dass auch in der Umgangssprache die Aussagen „Wenn meine S-Bahn Verspätung hat (Aussage A), komme ich zu spät zur Vorlesung (Aussage B)." und „Wenn ich pünktlich zur Vorlesung komme (Verneinung von B), hatte meine S-Bahn keine Verspätung (Verneinung von A)." das Gleiche bedeuten. Dies ist der Inhalt der so genannten *Kontrapositionsregel*, die somit die logische Grundlage des von der Schule her bekannten *indirekten Beweises* darstellt: Dabei geht man ja von dem Gegenteil der zu beweisenden Aussage aus und führt diese Annahme zum Widerspruch, das heißt, man zeigt durch richtige Schlüsse, dass dann die gegebene Voraussetzung oder eine als richtig bekannte Tatsache nicht gelten kann.

Wenn nun $A \Rightarrow B$ und $B \Rightarrow A$ beide wahr sein sollen, müssen A und B beide den gleichen Wahrheitswert haben, denn anderenfalls ist eine der beiden Implikationen und damit auch deren Konjunktion falsch. Die Gesamtaussage hat also die gleiche Wahrheitswerteverteilung wie $A \Leftrightarrow B$. Da sich, wie oben bereits erwähnt, die Implikation durch „und" und „nicht" ausdrücken lässt und wir nun die Äquivalenz mittels zweier durch „und" verbundener Implikationen ausdrücken können, lassen sich somit alle unsere Verknüpfungen durch Negation und Konjunktion (bzw. Disjunktion) ausdrücken.

Weisen Sie zur Übung die Gültigkeit der beiden aussagenlogischen Gesetze

$$(A \Rightarrow B) \Leftrightarrow \left(\overline{B} \Rightarrow \overline{A}\right) \text{ (Kontrapositionsregel)}$$

$$\text{und} \quad (A \Leftrightarrow B) \Leftrightarrow ((A \Rightarrow B) \wedge (B \Rightarrow A))$$

selbst mittels Wahrheitstafel nach (siehe Übungsaufgabe 2). Weitere aussagenlogische Gesetze mit drei Aussagen finden Sie in Übungsaufgabe 3 am Ende dieses Abschnitts.

Aussageformen

Wir kehren noch einmal zurück zu dem oben benutzten Ausdruck „$x > 2$". Ohne weitere Information über x stellt dies keine Aussage im mathematischen Sinn dar.

Steht die Variable x nämlich für irgendein Tier, so ergibt sich Unsinn, setzt man jedoch für x eine Zahl ein, so ergibt sich eine – wahre oder falsche – Aussage. Es liegt hier eine so genannte Aussageform vor, die erst durch Angabe eines Einsetzungsbereichs für x zu einer Aussage wird.

Definition:

> Eine *Aussageform* ist ein sprachliches Gebilde mit mindestens einer Variablen (Leerstelle). Durch Einsetzen von entsprechend vielen Elementen aus angegebenen *Einsetzungsbereichen* wird daraus eine Aussage in oben definiertem Sinne.

So ist etwa „... ist eine Großstadt" – mit dem Einsetzungsbereich E = Menge aller Städte – eine Aussageform; durch Einsetzen von „München" oder „Dinkelsbühl" in die Leerstelle entsteht eine wahre bzw. falsche Aussage. Aussageformen mit einer Leerstelle x wollen wir im Folgenden mit $A(x)$ oder ähnlich bezeichnen; Entsprechendes gilt für solche mit zwei oder mehr Leerstellen.

Interessant werden Aussageformen vor allem durch die häufig benutzte Möglichkeit der *Quantisierung*. Die Aussageform $A(x) \hat{=} (x^2 \geq 0)$ mit dem Einsetzungsbereich $E =$ Menge aller reellen Zahlen etwa erhält ihre Bedeutung erst dadurch, dass man sie – was oft stillschweigend geschieht – für alle x aus E fordert: Man meint also, dass für jede Zahl das Quadrat größer oder gleich 0 ist, für reelle Zahlen[2] eine wahre Aussage. Man schreibt dies kurz unter Verwendung des so genannten *All-Quantors*

$$\forall x: A(x) \text{ oder } x^2 \geq 0 \quad \forall x \text{ und liest dies als}$$

„Für alle x (aus E) gilt $A(x)$" bzw. „$x^2 \geq 0$ gilt für alle x (aus E)". Bei Benutzung des Element-Zeichens (siehe nächster Abschnitt) wird diese Schreibweise noch vorteilhafter.

Häufig soll auch ausgedrückt werden, dass es (mindestens) ein Element aus E gibt, welches bei Einsetzen in die Aussageform $A(x)$ eine wahre Aussage liefert, etwa dass die Gleichung $x + 2 = 5$ eine Lösung hat. Man schreibt dann unter Benutzung des so genannten *Existenz-Quantors*

$$\exists x: x + 2 = 5, \text{ allgemein } \exists x: A(x), \text{ und liest dies als}$$

„Es existiert ein x (aus E) mit $x+2 = 5$" bzw. „Es gibt ein x, für das $A(x)$ gilt". Wir wollen ausdrücklich darauf hinweisen, dass eine solche Existenzaussage in der Mathematik stets als „es gibt <u>mindestens</u> eins" zu verstehen ist; soll zusätzlich ausgedrückt werden, dass es <u>genau</u> ein Element (und nicht mehr!) gibt, wird das Symbol $\exists!$ benutzt.

Beim Zusammentreffen von Existenz- und All-Aussagen kommt es natürlich auf die Reihenfolge an, was sich durch die formale Quantor-Schreibweise viel klarer ausdrücken lässt als in natürlicher Sprache. Als Beispiel sei hierfür das so genannte ARCHI-MEDESsche Axiom genannt: Betrachten wir die zweistellige Aussageform $x < y$ mit den Einsetzungsbereichen „reelle Zahlen" für x bzw. „natürliche Zahlen" für y, so lautet dieses in Quantor-Schreibweise: $\forall x: \exists y: x < y$. Wir übersetzen in Klartext: „Für jede reelle Zahl x gibt es eine natürliche Zahl y, so dass $x < y$ gilt." – eine wichtige wahre Aussage. Vertauschen wir jedoch die beiden Quantoren, so erhalten wir in $\exists y: \forall x: x < y$ eine völlig andere – sogar falsche – Aussage, was man in der sprachlichen Form „Es gibt eine natürliche Zahl y, so dass $x < y$ für alle reellen Zahlen x gilt." erst bei genauerem Hinsehen feststellt.

Auch bei der Verneinung von All- und Existenz-Aussagen sind Quantoren nützlich: Wollen wir etwa die Aussage A „Alle Studenten der FH München studieren Informatik." verneinen, so geschieht dies durch Hinzufügen eines Halbsatzes, so dass die etwas gestelzt klingende, aber korrekte Aussage $\overline{A}$ „Es gilt nicht, dass alle Studenten

---

2) Diese sowie andere uns interessierende Zahlbereiche werden wir im nächsten Kapitel behandeln.

der FH München Informatik studieren." entsteht. Falsch wäre „Alle Studenten der FH München studieren nicht Informatik.", eine Aussage B, die durch bloße Hinzunahme des Wortes „nicht" entstanden, aber trotzdem nicht die Verneinung der ursprünglichen Aussage A darstellt; beide sind nämlich offensichtlich falsch. Vielmehr ist die Negation der (falschen) Aussage A bereits dann erreicht, wenn es einen Studenten der FH München gibt, der nicht Informatik studiert. Bei der Negation einer All-Aussage kommt also eine Existenz-Aussage ins Spiel. Genauso ist es umgekehrt, wenn eine Existenz-Aussage verneint werden soll, etwa in folgendem Beispiel: Die Negation von „Es gibt an der FH München (mindestens) einen Studierenden, der jünger als 19 Jahre ist." ergibt „Alle Studenten an der FH München sind nicht jünger als 19 Jahre."

Formal lässt sich dies mit einer Aussageform $A(x)$ folgendermaßen ausdrücken:

$$(\neg \forall x : A(x)) \quad \Leftrightarrow \quad (\exists x : (\neg A(x)) \quad \text{und} \quad (\neg \exists x : A(x)) \quad \Leftrightarrow \quad (\forall x : (\neg A(x)))$$

1.2 Mengenlehre

Der Begriff „Menge" wird im alltäglichen Sprachgebrauch meist als Bezeichnung für die Zusammenfassung einzelner Personen oder Dinge zu einem Ganzen benutzt, sei es, dass man verschiedene Studierende eines Semesters als eine Studiengruppe auffasst (zum Beispiel die „Studiengruppe 1B") oder die Menge aller Einrichtungsgegenstände eines Hörsaals betrachtet (zum Beispiel die „Möblierung des Hörsaals 123").

Die Verwendung bei den abstrakten Objekten der Mathematik ist ähnlich; die Grundbegriffe der Mengenlehre gehen auf CANTOR (1845–1918) zurück:

Definition:

(i)   Eine *Menge* stellt eine Zusammenfassung von bestimmten unterscheidbaren Objekten zu einem Ganzen dar; die Objekte heißen die *Elemente* der Menge. Mengen werden häufig mit Großbuchstaben (etwa A, B, X_1), Elemente oft – aber nicht immer – mit Kleinbuchstaben (s, t, y_2) bezeichnet.

(ii) Ist *x ein Element der Menge A*, so schreibt man dafür $x \in A$, anderenfalls $x \notin A$.

(iii) Die Menge, die kein Element enthält, heißt *leere Menge* und wird mit $\emptyset$ oder $\{\ \}$ bezeichnet.

Die Definition einer Menge ohne Elemente als „leerer Menge" erscheint zunächst unsinnig, da eine Menge ja als Zusammenfassung von einzelnen Objekten zu verstehen ist; die leere Menge erweist sich jedoch als äußerst hilfreich bei verschiedenen Mengenoperationen.

Mengen können nun auf verschiedene Weisen beschrieben werden: Am einfachsten ist es, alle Elemente, die zu einer Menge gehören, aufzuzählen, etwa $A = \{$Meier, Huber, Müller, Schwarz$\}$ oder $B = \{$Tisch, Stuhl, Tafel, Projektor$\}$ oder $C = \{1, 5, 9\}$.

Die Schwächen dieser *aufzählenden Darstellung* liegen auf der Hand: Bei Mengen mit vielen Elementen wird diese Notation sehr mühselig, dann verwendete Abkürzungen können missverständlich sein: So ist zum Beispiel nicht klar, was mit $D = \{1, 4, \ldots, 64\}$ gemeint ist, sowohl $D_1 = \{1, 4, 9, 16, 25, 36, 49, 64\}$ als auch $D_2 = \{1, 4, 16, 64\}$ stellen sinnvolle Ergänzungen der Pünktchen in der Beschreibung von D dar. Im ersten Fall sind alle Quadratzahlen zwischen 1 und 64 gemeint, im zweiten Fall alle geraden Potenzen von 2 bis zum Exponenten 6.

Deshalb verwendet man häufig die *beschreibende Darstellung* von Mengen: Die Elemente einer Menge M sind durch eine oder mehrere Eigenschaften gekennzeichnet, die in einer Aussageform $A(x)$ zusammengefasst werden, was durch die Schreibweise $M = \{x \mid A(x)\}$ (gelesen: „M ist die Menge aller x, für die $A(x)$ wahr ist." oder „M ist die Menge aller x, die die in $A(x)$ genannte(n) Eigenschaft(en) hat.") ausgedrückt wird.

In obigen Beispielen sind also die Beschreibungen

$$D_1 = \{x \mid x \text{ ist eine Quadratzahl kleiner als 70}\}$$

sowie

$$D_2 = \{x \mid x \text{ ist Zweierpotenz mit geradem Exponenten von 0 bis 6}\}$$

unmissverständlich.

Jedoch kann auch die beschreibende Darstellung einer Menge zu Widersprüchen führen, wie die RUSSELLsche *Antinomie* (1903) zeigt:

Definiert man Y als die Menge aller Mengen X, die sich nicht selbst als Element enthalten, also $Y = \{X \mid X \notin X\}$, so ist nicht klar, ob Y selbst zu Y gehört oder nicht.

Solche Missverständnisse können vermieden werden, wenn man eine – im jeweiligen Kontext „vernünftige" – *Grundmenge G* zu Grunde legt, die alle betrachteten Objekte als Elemente enthalten soll, bei D_1 und D_2 könnte dies zum Beispiel die Menge aller natürlichen Zahlen (vgl. Kapitel 2) sein.

Wir untersuchen nun Beziehungen zwischen und Verknüpfungen von Mengen.

Definition:

> Eine Menge A heißt *Teilmenge* einer Menge B (bzw. B *Obermenge* von A), wenn jedes Element von A auch Element von B ist. Man schreibt dafür $A \subseteq B$. (bzw. $B \supseteq A$).

Unter Verwendung der logischen Symbole, die wir in 1.1 kennen gelernt haben, kann dies auch so ausgedrückt werden:

$$A \subseteq B \quad \Leftrightarrow \quad \forall x \colon (x \in A \Rightarrow x \in B)\,.$$

Deshalb sind zwei – so genannte *triviale* – Teilmengen von jeder beliebigen Menge B sofort zu erkennen, nämlich:

Die leere Menge Ø ist Teilmenge von B, da in obiger Implikation die Prämisse $x \in \emptyset$ stets falsch, die Implikation selbst also immer wahr ist; außerdem ist die Implikation $(x \in B \Rightarrow x \in B)$ bei jeder Wahrheitswerteverteilung wahr, womit B selbst Teilmenge von B ist. Soll der letzte Fall für eine Teilmenge A von B ausgeschlossen sein, so spricht man von einer *echten Teilmenge*, wofür häufig die Schreibweise $A \subset B$ benutzt wird. Unter Verwendung logischer Symbole formuliert man dies so:

$$A \subset B \quad \Leftrightarrow \quad (\forall x : x \in A \Rightarrow x \in B)) \quad \wedge \quad (\exists x : x \in B \quad \wedge \quad x \notin A).$$

Definition:

> Zwei Mengen A und B heißen *gleich* (geschrieben: $A = B$) genau dann, wenn sowohl $A \subseteq B$ als auch $B \subseteq A$ ist.
>
> Unter Verwendung logischer Symbole[3]:
>
> $$A = B \quad \Leftrightarrow \quad (\forall x : x \in A \Leftrightarrow x \in B).$$

Häufig wird diese doppelte Teilmengenbeziehung „übersehen": Beispielsweise bedeutet die später noch zu erklärende Aussage „Der Wertebereich der Sinusfunktion ist das Intervall $[-1, 1]$" nicht nur, dass jeder Wert der Sinusfunktion zwischen -1 und 1 liegt (dies entspricht $A \subseteq B$), sondern auch, dass jeder Wert zwischen -1 und 1 tatsächlich als Sinuswert vorkommt (dies entspricht $B \subseteq A$).

Definition:

> Die Menge aller Teilmengen einer gegebenen Menge B heißt die *Potenzmenge* von B und wird mit $\mathbb{P}(B)$ bezeichnet.

Beispiel:
Es sei $B = \{1, 2, 3\}$. Dann ist die Potenzmenge von B

$$\mathbb{P}(B) = \{\emptyset, \{1\}, \{2\}, \{3\}, \{1, 2\}, \{1, 3\}, \{2, 3\}, \{1, 2, 3\}\}.$$

Beachten Sie dabei stets, dass die leere Menge sowie die Menge B selbst Teilmengen von B sind, also zur Potenzmenge gehören. Die dreielementige Menge B hat also $8 = 2^3$ Teilmengen. Dieser Sachverhalt gilt für endliche Mengen allgemein: Die Potenzmenge einer n-elementigen Menge hat 2^n Elemente[4].

---

3) Dies folgt sofort aus dem aussagenlogischen Gesetz, dass eine Äquivalenz einer Konjunktion aus zwei Implikationen entspricht (vgl. voriger Abschnitt).
4) Wir werden dies in Übungsaufgabe 12 des nächsten Kapitels mit vollständiger Induktion allgemein nachweisen.

Definition:

Es seien A und B beliebige Mengen, die in der Grundmenge G liegen.

(i) Der *Durchschnitt* (die *Schnittmenge*) von A und B (geschrieben $A \cap B$) ist die Menge aller derjenigen Elemente x aus G, die sowohl in A als auch in B liegen. Es gilt also: $A \cap B = \{x \mid x \in A \wedge x \in B\}$.

(ii) Die *Vereinigung(smenge)* von A und B (geschrieben $A \cup B$) ist die Menge aller derjenigen Elemente x aus G, die in A oder B liegen. Es gilt also:

$$A \cup B = \{x \mid x \in A \vee x \in B\}.$$

(iii) Die *Differenz-* oder *Restmenge* A ohne B (geschrieben $A \setminus B$) ist die Menge aller derjenigen Elemente x aus G, die zu A, aber nicht zu B gehören. Es gilt also:

$$A \setminus B = \{x \mid x \in A \wedge x \notin B\}.$$

(iv) Die Differenzmenge aus Grundmenge G und A heißt das *Komplement von A* und wird mit $C_G(A)$ oder $\overline{A}$ bezeichnet.

Mengenbeziehungen und -verknüpfungen werden häufig mit so genannten Venn-Diagrammen veranschaulicht. In den Bildern 1.2.1–1.2.4 sind die oben definierten Begriffe jeweils schattiert dargestellt.

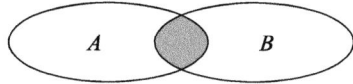

Bild 1.2.1: Der Durchschnitt $A \cap B$

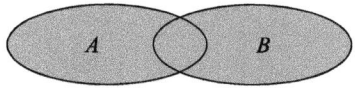

Bild 1.2.2: Die Vereinigung $A \cup B$

Hieraus ist unmittelbar zu ersehen, dass $A \cap B$ Teilmenge von sowohl A als auch B ist; andererseits sind A und B Teilmengen von $A \cup B$.

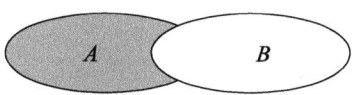

Bild 1.2.3: Die Differenzmenge $A \setminus B$

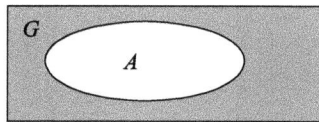

Bild 1.2.4: Das Komplement $C_G(A)$ von A

Für die Verknüpfungen von Mengen gelten folgende Gesetze:

Satz:

Es seien A, B und C Mengen. Dann gilt:

(i) *Kommutativgesetze*

$$A \cap B = B \cap A \qquad A \cup B = B \cup A$$

(ii) *Assoziativgesetze*

$$A \cap (B \cap C) = (A \cap B) \cap C \qquad A \cup (B \cup C) = (A \cup B) \cup C$$

(iii) *Distributivgesetze*

$$A \cap (B \cup C) = (A \cap B) \cup (A \cap C) \qquad A \cup (B \cap C) = (A \cup B) \cap (A \cup C)$$

(iv) DE MORGAN*sche Gesetze*

$$A \setminus (B \cup C) = (A \setminus B) \cap (A \setminus C) \qquad A \setminus (B \cap C) = (A \setminus B) \cup (A \setminus C)$$

(v) *Idempotenzgesetze*

$$A \cap A = A \qquad A \cup A = A$$

(vi) *Neutralitätsgesetze*

$$A \cap G = A \qquad A \cup G = G$$
$$A \cap \emptyset = \emptyset \qquad A \cup \emptyset = A$$

(vii) Für $A \subseteq B$ gilt:

$$A \cap B = A \qquad A \cup B = B$$

Wir wollen hier auf die sehr einfachen Beweise, die sich unmittelbar aus den jeweiligen Definitionen und den im vorigen Abschnitt behandelten aussagenlogischen Gesetzen ableiten lassen, verzichten. Stattdessen ermuntern wir Sie, sich die Aussagen dieser nützlichen Formeln anhand von VENN-Diagrammen (analog zu den Bildern 1.2.1–1.2.4) klarzumachen.

Sind A und B zwei beliebige Mengen, so kann man die Menge aller Paare bilden, deren erste Komponente aus A und deren zweite Komponente aus B stammt:

Definition:

(i) Die Menge aller geordneten Paare (x, y) mit $x \in A$ und $y \in B$ heißt das *kartesische Produkt* (oder die *Produktmenge*) der Mengen A und B und wird mit $A \times B$ bezeichnet.

(ii) Zwei Elemente (x_1, y_1) und (x_2, y_2) aus $A \times B$ sind genau dann *gleich*, wenn $x_1 = x_2$ und $y_1 = y_2$ ist.

Ist zum Beispiel $A = \{1, 2, 3\}$ und $B = \{2, 3\}$, so ist

$$A \times B = \{(1, 2), (1, 3), (2, 2), (2, 3), (3, 2), (3, 3)\}.$$

Im Gegensatz dazu ist

$$B \times A = \{(2, 1), (2, 2), (2, 3), (3, 1), (3, 2), (3, 3)\},$$

also von $A \times B$ verschieden.

Dies lässt sich für n Mengen verallgemeinern:

Definition:

Es seien $A_1, A_2, \ldots, A_n$ Mengen.

(i) Die Menge aller geordneten n-Tupel $(x_1, x_2, \ldots, x_n)$ mit $x_i \in A_i$ (für jedes $i = 1, \ldots, n$) heißt *kartesisches Produkt* der Mengen $A_1, A_2, \ldots, A_n$ und wird mit $A_1 \times \ldots \times A_n$ bezeichnet.

(ii) Ist jedes $A_i = A$, so schreibt man auch A^n statt $A \times \ldots \times A$.

1.3 Kombinatorik

Wie schon zu Beginn dieses Kapitels ausgeführt, wollen wir uns im letzten Absatz dieses Kapitels mit Anzahlproblemen im Zusammenhang mit endlichen Mengen beschäftigen. Diese so genannte *Kombinatorik* ist insbesondere als Grundlage der elementaren Wahrscheinlichkeitstheorie unerlässlich, die heute in jedem technischen, wirtschafts- und sozialwissenschaftlichen Studiengang Anwendung findet. Eine Einführung in die Wahrscheinlichkeitstheorie, die die Grundkenntnisse aus der Schule wiederholt und in einen größeren Zusammenhang stellt, finden Sie im Kapitel 10.

Dazu wollen wir zunächst einige Beispiele angeben, die zeigen, womit sich die Kombinatorik beschäftigt.

a) Auf wie viele Arten kann man 10 Bücher nebeneinander in ein Regal stellen?

b) Wie viele verschiedene Bücher mit 1000 Seiten gibt es?

c) Auf wie viele Arten kann man 7 schwarze und 5 weiße Kugeln in eine Reihe legen?

d) Wie viele Möglichkeiten gibt es beim Lotto „6 aus 49"?

e) Auf wie viele Arten kann man die Menge $M = \{1, 2, 3, 4, 5\}$ in 3 Teilmengen zerlegen? Eine Zerlegung ist zum Beispiel $\{4\}, \{2, 3\}, \{1, 5\}$.

f) Auf wie viele Arten kann man die Zahl 10 als Summe von natürlichen Zahlen schreiben (ohne Beachtung der Reihenfolge)? Eine solche Summe ist zum Beispiel $1 + 1 + 3 + 5$.

Zu a): Die möglichen Anordnungen von n Objekten in eine Reihe heißen *Permutationen*.

Verwendet man als Objekte üblicherweise die natürlichen Zahlen[5] von 1 bis n, so hat man für die erste Zahl in der Reihe n Möglichkeiten, für die zweite nur noch $n - 1$ Möglichkeiten, usw. Als Lösung ergibt sich also

$$n(n - 1)(n - 2) \cdot \ldots \cdot 2.1 = n! \quad \text{(„}n \text{ Fakultät“)[6]}$$

Zu b): Wir nehmen an, dass eine Seite 5000 Buchstaben enthält, das Buch also 5000000 Buchstaben hat. Weiter sollen uns 1000 verschiedene Zeichen zur Verfügung stehen. Für das erste Zeichen haben wir also 1000 Möglichkeiten, für das zweite wieder 1000 Möglichkeiten, usw. Damit ergeben sich $1000^{5000000}$ verschiedene Bücher. Das ist zwar eine sehr große Zahl, trotzdem ist die Anzahl der verschiedenen Bücher endlich.

Um die Fragestellung systematisch anzugehen, formulieren wir

Vier Grundformeln der Kombinatorik

Der Einfachheit halber sollen wieder die natürlichen Zahlen $1, 2, \ldots, n$ zugrunde liegen; wir bilden daraus k-Tupel mit bestimmten Eigenschaften und zählen diese dann ab. Wir benutzen dabei für die Anzahl der Elemente einer endlichen Menge M (die *Mächtigkeit einer Menge*) die Schreibweise $|M|$.

1a) $M = \{(a_l, \ldots, a_k) \mid 1 \leq a_i \leq n\}$ „alle möglichen k-Tupel"
Da man für jede der k Stellen n Möglichkeiten hat, gilt natürlich:

$$|M| = n^k$$

1b) $M = \{(a_l, \ldots, a_k) \mid a_i \neq a_j \text{ für } i \neq j\}$ „k-Tupel ohne Wiederholungen"
Für die erste Stelle hat man noch alle n Zahlen zur Auswahl, für die zweite nur noch $n - 1$, da ja Wiederholungen ausgeschlossen sind, usw. Es gilt:

$$|M| = n \cdot (n - 1) \cdot (n - 2) \cdot \ldots \cdot (n - k + 1)$$

2a) $M = \{(a_1, \ldots, a_k) \mid a_1 \leq a_2 \leq \ldots \leq a_k\}$ „der Größe nach geordnete k-Tupel, Wiederholungen zugelassen"
Es gilt:

$$|M| = \binom{n + k - 1}{k}$$

---

[5] siehe hierzu Kapitel 2.1
[6] Genaueres hierzu findet sich in 7.1.

2b) $M = \{(a_1, \ldots, a_k) \mid a_1 < a_2 < \ldots < a_k\}$ „der Größe nach geordnete k-Tupel, Wiederholungen nicht zugelassen"

Es gilt:

$$|M| = \binom{n}{k}$$

Beweis von 2a) und 2b):

Mit $\binom{n}{k}$ (lies: „n über k") wird der so genannte *Binomialkoeffizient* bezeichnet, der in 2.4 und 7.1, Beispiel 3, noch genauer definiert und behandelt wird. Für den hier benötigten Spezialfall genügt die dort abgeleitete vereinfachte Formel:

$$\binom{n}{k} = \frac{n \cdot (n-1) \cdot \ldots \cdot (n-k+1)}{1 \cdot 2 \cdot \ldots \cdot k}$$

Offensichtlich gilt:

$$\binom{n}{k} = \frac{n!}{k!(n-k)!} = \binom{n}{n-k}.$$

zu **2b)** Die gesuchte Anzahl ist gleich der Anzahl der Teilmengen mit genau k Elementen der Grundmenge $\{1, 2, \ldots, n\}$. Die Anzahl der „geordneten" Teilmengen (k-Tupel ohne Wiederholungen) ist nach **1b)** $n(n-1) \cdot \ldots \cdot (n-k+1)$. Dies ist als gesuchte Gesamtzahl der „ungeordneten" Teilmengen jedoch zu groß, da zum Beispiel (2,3) und (3,2) zur gleichen Teilmenge $\{2,3\}$ führen, in obiger Gesamtzahl aber doppelt gezählt sind. Genauso verhält es sich mit 3-elementigen Teilmengen, die werden sogar sechsmal ($3! = 6$) gezählt, allgemein kommt jede k-elementige Teilmenge $k!$-mal als geordnetes k-Tupel vor; die gesuchte Anzahl ist also $[n(n-1) \cdot \ldots \cdot (n-k+1)] : k! = \binom{n}{k}$.

zu **2a)** Wir starten mit $M = \{(a_1, \ldots, a_k) \mid a_1 \leq \ldots \leq a_k, \ a_i \leq n\}$ und bilden die Menge $\overline{M} = \{(a_1 + 0, a_2 + 1, \ldots, a_k + k - 1) \mid a_1 \leq \ldots \leq a_k, \ a_i \leq n\}$.

Es gilt dann $\overline{M} = \{(a_1, \ldots, a_k) \mid a_1 < a_2 \ldots < a_k, \ a_i \leq n + k - 1\}$.

M und $\overline{M}$ bestehen aus gleich vielen Elementen. $\overline{M}$ können wir mit der Formel aus 2b) abzählen. Es ergibt sich: $|M| = |\overline{M}| = \binom{n+k-1}{k}$. $\square$

Um diese vier Grundformeln einfacher anwenden zu können, stellt man sich die unterschiedlichen Situationen mit Hilfe verschiedener Modelle vor. Besonders praktisch sind dafür das **Urnenmodell** und das **Teilchen-Fächer-Modell.**

Urnenmodell

In einer Urne befinden sich n Kugeln, die mit den Zahlen 1 bis n beschriftet sind. Es werden k Kugeln gezogen.

1a) Die Ziehungsreihenfolge wird berücksichtigt und jede gezogene Kugel sofort wieder in die Urne zurückgelegt. Das entspricht der Formel 1a), es gibt also n^k Möglichkeiten (verschiedene Ziehungen).

1b) Die Ziehungsreihenfolge wird berücksichtigt, aber die gezogenen Kugeln werden nicht wieder in die Urne zurückgelegt. Das entspricht der Formel 1b), es gibt also $n \cdot (n-1) \cdot \ldots \cdot (n-k+1)$ Möglichkeiten.

2a) Die Ziehungsreihenfolge wird nicht berücksichtigt (die gezogenen Nummern werden am Schluss der Größe nach geordnet aufgeschrieben und die ursprüngliche Ziehungsreihenfolge wird vergessen), und jede gezogene Kugel wird sofort wieder in die Urne zurückgelegt. Das entspricht der Formel 2a), es gibt also $\binom{n+k-1}{k}$ Möglichkeiten.

2b) Die Ziehungsreihenfolge wird nicht berücksichtigt, und die gezogenen Kugeln werden nicht zurückgelegt. Das entspricht der Formel 2b), es gibt also $\binom{n}{k}$ Möglichkeiten.

Teilchen-Fächer-Modell

Es seien n Fächer gegeben, die mit den Zahlen 1 bis n beschriftet sind und weiter k Teilchen, die wir auf die Fächer verteilen. Wir unterscheiden vier Fälle:

1a) Die Teilchen sind unterscheidbar (zum Beispiel mit den Zahlen 1 bis k beschriftet) und Mehrfachbelegungen sind zugelassen. Die passende Formel ist 1a), dem Tupel $(a_1, \ldots, a_k)$ entspricht die Teilchenverteilung: Teilchen 1 in Fach a_1, Teilchen 2 in Fach a_2, usw.

1b) Die Teilchen sind unterscheidbar, aber Mehrfachbelegungen sind verboten. Es passt die Formel 1b), dem Tupel $(a_1, \ldots, a_k)$, in dem alle a_i's verschieden sind, entspricht die Verteilung: Teilchen 1 in Fach a_1, Teilchen 2 in Fach a_2, usw.

2a) Die Teilchen sind nicht unterscheidbar (zum Beispiel lauter gleiche weiße Kugeln), und Mehrfachbelegungen sind erlaubt. Es gilt die Formel 2a). Das Tupel $(a_1, \ldots, a_k)$ mit $a_1 \leq a_2 \leq \ldots \leq a_k$ bestimmt die folgende Verteilung: Im k-Tupel sind die Fächer aufgezählt, in denen sich Teilchen befinden; kommt ein Fach a_i zum Beispiel 3 mal vor, so befinden sich darin 3 Kugeln.

2b) Die Teilchen sind nicht unterscheidbar und Mehrfachbelegungen sind verboten. Es gilt dann die Formel 2b). Das k-Tupel $(a_1, \ldots, a_k)$ mit $a_1 < a_2 < \ldots < a_k$ bedeutet: Im k-Tupel stehen die Fächer, in denen sich ein Teilchen befindet.

Für Beispielzwecke wollen wir bereits hier kurz auf den **elementaren Wahrscheinlichkeitsbegriff** eingehen:

Wir betrachten dazu so genannte *Zufallsexperimente* mit n gleich wahrscheinlichen Ausgängen (LAPLACE-*Experimente*), zum Beispiel das Würfeln mit einem gleichmäßigen Würfel: Die Menge Ω aller möglichen Ausgänge ist $\Omega = \{1, 2, 3, 4, 5, 6\}$. Die Wahrscheinlichkeit p jedes Ausgangs ist $p = \frac{1}{6}$.

Es soll die Wahrscheinlichkeit eines Ereignisses $A \subseteq \Omega$ (zum Beispiel „Ergebnis ist eine gerade Zahl") berechnet werden.

Definition:

Die *elementare Wahrscheinlichkeit* des Ereignisses $A \subseteq \Omega$ ist

$$P(A) = \frac{|A|}{|\Omega|} = \frac{\text{Anzahl der günstigen Fälle}}{\text{Anzahl aller Fälle}}$$

So gilt zum Beispiel für das Ereignis „Ergebnis ist eine gerade Zahl", also $A = \{2, 4, 6\}$ zufolge der Definition $P(A) = \frac{3}{6} = \frac{1}{2}$.

Beispiele:

1. Mit zwei Würfeln (rot, grün) wird gleichzeitig geworfen. Wie groß ist die Wahrscheinlichkeit, dass die Augensumme 5 ist?

Alle Fälle: $\Omega = \{(x, y) \mid x = \text{Augenzahl grüner Würfel}, y = \text{Augenzahl roter Würfel}\}$. Offensichtlich ist $|\Omega| = 36$.

Günstige Fälle: $A = \{(1, 4), (4, 1), (2, 3), (3, 2)\}$, also ist $|A| = 4$.

Damit ist die gesuchte Wahrscheinlichkeit $P(A) = \frac{4}{36} = \frac{1}{9}$.

2. Wie groß ist die Wahrscheinlichkeit, im Lotto einen Sechser zu haben?

Die Anzahl der Möglichkeiten, 6 Zahlen aus 49 auszuwählen, ist $\binom{49}{6}$, denn es kommt ja nicht auf die Reihenfolge der gezogenen Zahlen an[7].

Die Anzahl der Sechser (= günstige Fälle) ist 1. Also ist die gesuchte Wahrscheinlichkeit, sechs Richtige zu haben $1 : \binom{49}{6} = \frac{1}{13.983.816} \approx 1 : 14$ Mio

3. In einem Teig sind 10 Rosinen. Aus dem Teig werden 6 Semmeln gebacken und eine Semmel wird zufällig ausgewählt. Wie groß ist die Wahrscheinlichkeit, dass darin genau 2 Rosinen sind?

Wir benutzen das Teilchen-Fächer-Modell mit $n = 6$ Fächern und $k = 10$ Teilchen. Natürlich ist Mehrfachbelegung erlaubt. Das Fach Nummer 1 sei die gewählte Semmel. Wir haben nun die Möglichkeit, mit unterscheidbaren oder nicht unterscheidbaren Teilchen zu rechnen.

---

7) Dies ist die Lösung von Frage **d)** am Anfang.

a) Die Rosinen werden als nicht unterscheidbar angesehen:

    Günstige Verteilungen: 8 Teilchen auf 5 Fächer verteilen: $\binom{12}{8} = 495$

    Alle Verteilungen: $\binom{n+k-1}{k} = \binom{15}{10} = 3003$

    Damit ist $P = \dfrac{495}{3003} = 0.164\ldots$

b) Die Rosinen werden als unterscheidbar angesehen:

    Günstige Verteilungen: Erst 2 Teilchen für das Fach 1 auswählen, dann die restlichen Teilchen auf die Fächer 2 bis 6 verteilen.

    Das ergibt $\binom{10}{2} \cdot 5^8$.

    Alle Verteilungen: $n^k = 6^{10}$

    Nun ist $P\left(\binom{10}{2} \cdot 5^8\right) : 6^{10} = 0.290\ldots$

Welches Ergebnis ist nun das richtige?

Das passende mathematische Modell zu unserem Versuch ist das mit unterscheidbaren(!) Teilchen, so dass die gesuchte Wahrscheinlichkeit also ca. 29 % ist.

Versuchen Sie selbst herauszufinden, warum das andere Modell nicht passt!

Der Multinomialkoeffizient

Gegeben sei eine Menge M mit n Elementen, also zum Beispiel $M = \{1, 2, \ldots, n\}$. Wir wollen M in genau k disjunkte Teilmengen $A_1, A_2, \ldots, A_k$ zerlegen mit $|A_i| = a_i$. Natürlich muss $a_1 + a_2 + \ldots + a_k = n$ gelten.

Sei zum Beispiel $M = \{1, 2, \ldots, 7\}$, $k = 3$ und $a_1 = 2$, $a_2 = 2$, $a_3 = 3$ vorgegeben. Eine mögliche, passende Zerlegung ist dann $A_1 = \{1, 2\}$, $A_2 = \{3, 4\}$, $A_3 = \{5, 6, 7\}$. Die Anzahl der möglichen, passenden Zerlegungen soll berechnet werden.

Wir zählen zuerst die Anzahl der Zerlegungen in geordnete Teilmengen (das sind r-Tupel ohne Wiederholungen) $\overline{A}_1, \overline{A}_2, \ldots, \overline{A}_k$. Jeder solchen Zerlegung entspricht eine Permutation der Zahlen 1 bis n:

    Permutation der Zahlen: $\langle x_1, x_2, x_3, \ldots, x_n \rangle$

    Zugehörige Zerlegung: $\overline{A}_1, \overline{A}_2, \ldots, \overline{A}_k$

(Die ersten a_1 Zahlen der Permutation bilden $\overline{A}_1$, die nächsten a_2 Zahlen bilden $\overline{A}_2$, usw.). Es gibt nun $n!$ Permutationen, also $n!$ geordnete Zerlegungen. Die Menge A_1 kann auf $a_1!$ Arten angeordnet werden, entsprechend die Mengen $A_2, \ldots, A_k$.

Zu einer Zerlegung von M in ungeordnete Teilmengen $A_1, \ldots, A_k$ gehören also $a_1! \cdot a_2! \cdot \ldots \cdot a_k!$ geordnete Zerlegungen. Damit ergibt sich die gesuchte Anzahl der Zerlegungen von M in $A_1, \ldots, A_k$ zu $\frac{n!}{a_1! \cdot \ldots \cdot a_k!}$.

Diese Zahl heißt *Multinomialkoeffizient* und wird mit

$$\binom{n}{a_1, \ldots, a_k}$$

bezeichnet.

Für $k = 2$ ergibt sich als Sonderfall der oben eingeführte Binomialkoeffizient

$$\binom{n}{a_1, a_2} = \binom{n}{a_1} = \binom{n}{a_2}$$

Man beachte, dass $n = a_1 + a_2$ ist.

Beispiele:

4. Wir wollen nun für $M = \{1, 2, \ldots, 7\}$, $k = 3$ und $a_1 = 2, a_2 = 2, a_3 = 3$ die Anzahl der passenden Zerlegungen in A_1, A_2, A_3 berechnen.

Mit unserer Formel ergibt sich als Lösung

$$\binom{7}{2, 2, 3} = \frac{7!}{2! \cdot 2! \cdot 3!} = 210.$$

Wir müssen hier darauf achten, dass es sich um Zerlegungen in bezeichnete Teilmengen A_1, A_2, A_3 handelt.

Die Zerlegungen $A_1 = \{1, 2\}, A_2 = \{3, 4\}, A_3 = \{5, 6, 7\}$ und $A_1 = \{3, 4\}, A_2 = \{1, 2\}, A_3 = \{5, 6, 7\}$ werden als verschieden betrachtet, also beide gezählt.

Eine leichte Abänderung des Beispiels führt zu einem anderen Ergebnis: Auf wie viele Arten kann man die Menge $M = \{1, 2, \ldots, 7\}$ in 3 Teilmengen zerlegen, so dass zwei Teilmengen genau 2 Elemente enthalten und die dritte Teilmenge genau 3 Elemente hat? Als Ergebnis ergibt sich hier:

$$\binom{7}{2, 2, 3} : 2 = 105.$$

5. Wir haben 7 rote, 5 blaue und 3 weiße Kugeln. Auf wie viele Arten kann man sie in eine Reihe nebeneinander legen?

Die Plätze der Reihe seien $1, 2, 3, \ldots, 15$.

A_1: Plätze der roten Kugeln (zum Beispiel 4, 5, 8, 10, 12, 13, 15)

A_2: Plätze der blauen Kugeln (zum Beispiel 1, 2, 6, 9, 11)

A_3: Plätze der weißen Kugeln (zum Beispiel 3, 7, 14)

Als Lösung ergibt sich also

$$\binom{15}{7, 5, 3} = \frac{15!}{7! \cdot 5! \cdot 3!} = 360360.$$

Ähnlich lassen sich die Einstiegsfragen **e)** und **f)** beantworten – machen Sie sich dies selbst klar!

1.4 Übungsaufgaben

1. Zeigen Sie mittels Wahrheitstafeln, dass $(\neg(A \Rightarrow B)) \Leftrightarrow (A \wedge \overline{B})$, anders formuliert: $(A \Rightarrow B) \Leftrightarrow (\overline{A} \vee B)$, stets wahr ist.

2. Beweisen Sie mittels Wahrheitstafel die beiden aussagenlogischen Gesetze

$$(A \Rightarrow B) \Leftrightarrow (\overline{B} \Rightarrow \overline{A}) \quad \text{und} \quad (A \Leftrightarrow B) \Leftrightarrow ((A \Rightarrow B) \wedge (B \Rightarrow A)).$$

3. Beweisen Sie mittels Wahrheitstafeln die folgenden aussagenlogischen Gesetze:

$$A \wedge (B \vee C) \stackrel{\wedge}{=} (A \wedge B) \vee (A \wedge C) \qquad \text{(Distributivgesetz)}$$

$$A \vee (B \wedge C) \stackrel{\wedge}{=} (A \vee B) \wedge (A \vee C) \qquad \text{(Distributivgesetz)}$$

$$(A \Leftrightarrow B) \wedge (B \Leftrightarrow C) \stackrel{\wedge}{=} (A \Rightarrow B) \wedge (B \Rightarrow C) \wedge (C \Rightarrow A) \qquad \text{(Ringschluss-Regel)}$$

4. Welche Aussage(verknüpfung) hat die gleiche Wahrheitswerteverteilung wie

(i) $(A \Rightarrow B) \wedge A$, (ii) $(A \Rightarrow B) \wedge \overline{A}$,

(iii) $(A \Rightarrow B) \wedge B$, (iv) $(A \Rightarrow B) \wedge \overline{B}$?

Versuchen Sie zunächst durch „logisches Überlegen", einen entsprechenden Ausdruck zu finden und weisen Sie dann durch Wahrheitstafel nach, dass dieser die gleiche Wahrheitswerteverteilung wie der gegebene hat.

5. Verneinen Sie folgende Aussagen (umgangssprachlich und formal mittels Aussageformen):

(i) „Alle Informatikstudenten sind bärtig und haben schwarze Haare."
(ii) „Es gibt einen Elektrotechnikstudenten, der aus Nürnberg oder Würzburg stammt."
(iii) „Für alle natürlichen Zahlen gilt: Wenn $a < b$ ist, so ist $a^2 < b^2$."

6. Es sei $A = \{1, 2, 3\}$ und $B = \{2, 4, 6, 8, 10\}$.

Geben Sie $A \cap B$, $A \cup B$, $A \setminus B$ und $B \setminus A$ an. Bestimmen Sie $A \times B$ und $B \times A$.

7. Geben Sie die Potenzmengen von $A = \{a, b\}$, $B = \{a, \{a\}\}$, $C = \emptyset$, $D = \{\emptyset\}$ und $E = \mathbb{P}(D)$ an.

8. Stellen Sie mit Hilfe der oben genannten Regeln folgende Mengen möglichst einfach dar (dabei seien A, B und C beliebige Mengen in einer Grundmenge G):

(i) $M = ((A \cap B) \cup (\overline{A} \cap B)) \cup (A \cap \overline{B})$

(ii) $N = [(A \cap (\overline{A} \cup B)) \cup (B \cap (B \cup C))] \cup [B \cap C]$

9. Ein Meinungsforscher teilt seinem Chef das Ergebnis einer Umfrage über die Beliebtheit von Bier und Wein mit:

Anzahl der Befragten: 99
Biertrinker: 75
Weintrinker   68
Bier- und Weintrinker: 42

Warum erhält der Mann seine Kündigung?

10. 12 Männer treffen sich zum Stammtisch in einer Wirtschaft. Bevor sie trinken, stößt jeder mit seinem Bierglas mit jedem anderen an. Wie oft klingen die Gläser?

11. Auf wie viele Arten kann man aus 22 Spielern 2 Fußballmannschaften kombinieren?

12. Eingangsfrage **c)**: Auf wie viele Arten kann man 7 schwarze und 5 weiße Kugeln in eine Reihe legen?

13. Auf 10 Fächer werden 4 weiße Kugeln zufällig verteilt. Das heißt: Die erste Kugel wird zufällig in ein Fach gelegt, dann wird die zweite Kugel zufällig in ein Fach gelegt, usw. Mehrfachbelegungen sind natürlich erlaubt.

Wie groß ist die Wahrscheinlichkeit, dass keine Mehrfachbelegung auftritt?

2 Elementare Arithmetik

In diesem Kapitel befassen wir uns hauptsächlich mit dem Zahlbereich, der bei den meisten Anwendungen benutzt wird, nämlich den reellen Zahlen. Dabei wird zunächst kurz der sukzessive Aufbau des Zahlensystems bis zu den reellen Zahlen skizziert, wie Sie ihn im Laufe Ihrer Schulausbildung kennen gelernt haben. Im zweiten Abschnitt stehen die Rechenregeln, die vier Grundrechenarten betreffend, im Vordergrund – wir lernen die reellen Zahlen als Körper kennen. In einem eigenen Abschnitt gehen wir auf Potenzen und Logarithmen ein. Summen- und Produktzeichen sowie der Binomialkoeffizient werden danach behandelt.

Die Abschnitte 2.5–2.7 haben ergänzenden Charakter und gehören nicht unbedingt zum „Pflichtprogramm" eines Vorkurses: Anknüpfend an die in 2.1 eingeführten natürlichen Zahlen wird auf das Beweisprinzip der vollständigen Induktion eingegangen, welches insbesondere für Informatikstudenten wichtig ist. Danach werden – als weitere Beispiele von Körpern – die komplexen Zahlen sowie Restklassen eingeführt. Diese werden zwar üblicherweise auch in den Anfängervorlesungen der verschiedenen Hochschulstudiengänge behandelt, werden aber oft schon vorher (etwa in einer Elektrotechnikvorlesung) als bekannt vorausgesetzt.

2.1 Der Aufbau des Zahlensystems

Wenn Sie auf den Mathematikunterricht während Ihrer Schulzeit zurückblicken, so fällt Ihnen auf, dass der benutzte Zahlbereich immer größer wurde: Standen Ihnen während der Grundschulzeit nur natürliche Zahlen zur Verfügung, so wurde dieser Bereich später durch die Hinzunahme von negativen Zahlen, Brüchen und zuletzt irrationalen Zahlen immer weiter vergrößert. Typisch bei dieser schrittweisen Erweiterung des Zahlbereichs war, dass die Hinzunahme neuer Elemente dazu diente, eine in dem bis dahin bekannten Zahlbereich nicht behandelbare Aufgabe zu lösen. Dabei sollen die alten Rechenregeln weiterhin gelten, insbesondere sollen die Grundrechenarten für die schon bekannten Elemente im erweiterten Zahlbereich das gleiche Ergebnis wie vorher liefern (zum Beispiel muss die Addition von Brüchen so definiert werden, dass die Summe zweier ganzer Zahlen stets den gleichen Wert hat, egal, ob man sie nun als Brüche oder als ganze Zahlen auffasst). Diese Forderung, die unmittelbar einleuchtet, wird insbesondere bei der Konstruktion der uns bisher unbekannten komplexen Zahlen wichtig (vgl. Abschnitt 2.6). Es wird sich ferner zeigen, dass bei jedem Erweiterungsschritt auch eine Eigenschaft verloren geht.

https://doi.org/10.1515/9783110526868-002

Natürliche Zahlen

Der einfachste Zahlbereich ist die Menge der *natürlichen Zahlen*, mit $\mathbb{N}$ bezeichnet. Diese werden in erster Linie zum Zählen benutzt, das heißt, zum Größenvergleich von Mengen. Prinzipiell kann man die Frage, welche von zwei gegebenen Mengen A und B die größere ist, auch ohne Kenntnis von Zahlen beantworten: Man bildet jeweils eindeutige Zuordnungen zwischen je einem Element $a \in A$ und $b \in B$, sondert diese aus und schaut, in welcher Menge etwas übrig bleibt: Diese ist die größere, sie hat mehr Elemente. Lässt sich eine in jede Richtung eindeutige Zuordnung zwischen A und B herstellen (wenn also „nichts übrig bleibt"), so haben beide „gleich viele" Elemente, sie heißen *gleichmächtig*. Diese Methode, die beim Größenvergleich unendlicher Mengen angewandt wird, ist insbesondere für kleinere Mengen ziemlich umständlich, man *zählt* lieber die Elemente: Dabei stellt man eine Zuordnung zwischen den Elementen von A und einer abstrakten geordneten Vergleichsmenge her (die „Zahlen" von 1 bis n), anschließend verfährt man mit der Menge B genauso und erhält den Abschnitt 1 bis m (als Teilmenge oder Obermenge des Bereichs von 1 bis n).

Die Menge aller auf diese Weise beim Zählen verwendeten Elemente bildet die Menge der *natürlichen Zahlen*, die wir mit $\mathbb{N}$ bezeichnen. Da man sich prinzipiell vorstellen kann, dass es keine größtmögliche Menge gibt (wenn es eine solche gäbe, so könnte man zu dieser die Menge selbst als weiteres Element hinzufügen und so stets eine noch größere erhalten), so gibt es auch keine größte natürliche Zahl, jede hat einen so genannten *Nachfolger*. Diese und andere elementare Eigenschaften von $\mathbb{N}$ bilden zusammengefasst die

PEANO-Axiome:

(P1) 1 ist eine natürliche Zahl.

(P2) Jede natürliche Zahl n besitzt einen Nachfolger $n + 1$.

(P3) 1 ist nicht Nachfolger einer natürlichen Zahl.

(P4) Verschiedene natürliche Zahlen haben auch verschiedene Nachfolger.

(P5) Ist M eine Teilmenge der natürlichen Zahlen, die 1 enthält und mit einer beliebigen Zahl $n \in M$ auch deren Nachfolger, so ist $M = \mathbb{N}$.

Die in **(P5)** formulierte so genannte *Induktionseigenschaft*, auf der die in 2.5 behandelte vollständige Induktion beruht, ist als einzige nicht sofort einsichtig, man kann sie sich jedoch leicht klar machen: Da 1 zu M gehören soll, muss auch – laut Angabe – deren Nachfolger 2 Element von M sein; deren Nachfolger 3 gehört damit auch zu M, genauso 4, usw.

Gemäß **(P1)** und **(P3)** ist 1 die kleinste natürliche Zahl. Die Zahl 0, die die Elementanzahl der leeren Menge repräsentieren soll, wollen wir der Einfachheit halber auch zu $\mathbb{N}$ rechnen: In den klassischen PEANO-Axiomen **(P1)**, **(P3)** und **(P5)** muss dann nur jeweils 1 durch 0 ersetzt werden; die Menge aller natürlichen Zahlen von 1 an, also $\mathbb{N} \setminus \{0\}$, wird mit $\mathbb{N}^+$ bezeichnet[1].

Auf sehr anschauliche Weise können wir nun Rechenoperationen in $\mathbb{N}$ einführen:

Die *Addition* zweier natürlicher Zahlen n und m ist die Elementzahl von $N \cup M$, wenn N eine n- und M eine m-elementige Menge ist, deren Durchschnitt leer ist. Die *Multiplikation* $n \cdot m$ kann man als n-malige Addition von m auffassen. In $\mathbb{N}$ sind Addition und Multiplikation *uneingeschränkt möglich*, das heißt Summe und Produkt natürlicher Zahlen ergeben stets wieder natürliche Zahlen, in Kurzform:

$$\forall \quad a, b \in \mathbb{N} : a + b \in \mathbb{N} \quad \text{und} \quad a \cdot b \in \mathbb{N}.$$

Umgekehrt sind die Gleichungen $a + x = b$ sowie $a \cdot x = b$ mit gegebenen $a, b \in \mathbb{N}$ in $\mathbb{N}$ nicht allgemein, sondern nur in speziellen Fällen lösbar, der Zahlbereich $\mathbb{N}$ ist also für manche Belange offensichtlich zu klein und soll erweitert werden.

Ganze Zahlen

Damit die Gleichung $a + x = b$ für jede Wahl von a und b aus $\mathbb{N}$ lösbar ist, wird $\mathbb{N}$ durch Hinzunahme der negativen Zahlen $-1, -2, -3, \ldots$ zu der Menge der ganzen Zahlen $\mathbb{Z}$ erweitert. $\mathbb{Z}$ „erbt" viele Eigenschaften von $\mathbb{N}$, zum Beispiel gelten nach wie vor alle Rechenregeln für Addition und Multiplikation. Genauso wie in $\mathbb{N}$ können auch in $\mathbb{Z}$ die Elemente nicht beliebig nahe zusammenrücken (zwischen -5 und -4 etwa gibt es keine weitere ganze Zahl!). Im Vergleich zu $\mathbb{N}$ hat aber $\mathbb{Z}$ die Eigenschaft verloren, ein „Anfangselement" 0 bzw. 1 zu haben.

Auf den ersten Blick meint man, dass $\mathbb{Z}$ „mehr" Elemente als $\mathbb{N}$ haben müsste, da $\mathbb{N}$ eine echte Teilmenge von $\mathbb{Z}$ ist (die negativen Zahlen sind ja dazu gekommen!). Diese von den endlichen Mengen her gewohnte Betrachtungsweise lässt sich nicht auf die unendlichen Mengen $\mathbb{N}$ und $\mathbb{Z}$ übertragen. Wir betrachten dazu die durch folgende Tabelle gegebene Zuordnung zwischen $\mathbb{N}$ und $\mathbb{Z}$:

$\mathbb{N}$	0	1	2	3	4	5	$\ldots$
$\mathbb{Z}$	0	-1	1	-2	2	-3	$\ldots$

Es ist leicht zu sehen, nach welcher Vorschrift diese Tabelle gebildet wird: Jeder geraden natürlichen Zahl wird ihre Hälfte zugeordnet, ungerade natürliche Zahlen werden um 1 erhöht, halbiert und mit dem negativen Vorzeichen versehen. Auf diese Weise

---

1) Dass hier die 0 zu den natürlichen Zahlen gerechnet wird, hat keine tiefere Bedeutung, sondern liegt in der Praktikabilität begründet. Wird mit $\mathbb{N}$ die Menge der natürlichen Zahlen, mit 1 beginnend, bezeichnet und soll 0 dann eingeschlossen werden, so wird dafür das Symbol $\mathbb{N}_0$ benutzt.

wird jede ganze Zahl mit einer natürlichen „etikettiert", und jedes Element aus $\mathbb{Z}$ wird dabei „getroffen": $\mathbb{N}$ und $\mathbb{Z}$ sind also gleichmächtig.

Rationale Zahlen

Die Gleichung $a \cdot x = b$ mit gegebenen $a, b \in \mathbb{Z}$ ist aber auch in diesem vergrößerten Bereich noch nicht immer lösbar. Deshalb wird der Zahlbereich ein zweites Mal erweitert. Durch Hinzunahme der Brüche erhält man nun die Menge aller *rationalen Zahlen*, geschrieben

$$\mathbb{Q} = \left\{ \frac{p}{q} \,\middle|\, p \in \mathbb{Z}, q \in \mathbb{N}^+ \right\} .$$

Rationale Zahlen lassen sich also als Elemente der Paarmenge $\mathbb{Z} \times \mathbb{N}^+$ auffassen, wobei durchaus verschiedene Paare die gleiche rationale Zahl darstellen können, zum Beispiel ist $\frac{2}{3} = \frac{4}{6}$, da Kürzen bzw. Erweitern von Brüchen den Wert nicht ändert. Genauer gesagt gilt für beliebige $\frac{p_1}{q_1}, \frac{p_2}{q_2} \in \mathbb{Q}$:

$$\frac{p_1}{q_1} = \frac{p_2}{q_2} \quad \Leftrightarrow \quad p_1 q_2 = p_2 q_1$$

Die Eindeutigkeit der Darstellung wie in $\mathbb{N}$ oder $\mathbb{Z}$ kann man in $\mathbb{Q}$ nur durch die Zusatzforderung nach der *vollständig gekürzten Darstellung* erreichen (das heißt Zähler p und Nenner q haben in obiger Form nur $+1$ und -1 als gemeinsame Teiler).

In $\mathbb{Q}$ ist die Gleichung $a \cdot x = b$ mit gegebenen $a, b \in \mathbb{Q}$, $a \neq 0$ [2], stets eindeutig lösbar. Die Eigenschaft der ganzen Zahlen, nicht beliebig dicht zu liegen, geht bei den rationalen Zahlen verloren: Zwischen zwei verschiedenen rationalen Zahlen a und b lässt sich stets eine weitere finden (etwa das arithmetische Mittel!); durch beliebig häufige Wiederholung des Prozesses lässt sich damit zeigen, dass zwischen zwei rationalen Zahlen unendlich viele weitere rationale Zahlen liegen. Man kann also mit den rationalen Zahlen beliebig genau messen. Obwohl deshalb auf den ersten Blick $\mathbb{Q}$ viel größer zu sein scheint als unsere bisherigen Zahlbereiche, ist es gleichmächtig zu $\mathbb{Z}$ und damit auch zu $\mathbb{N}$ [3].

Weil in $\mathbb{Q}$ Addition und Multiplikation mit ihren Umkehrungen uneingeschränkt möglich sind, könnte man meinen, dass dieser Zahlbereich für unsere Zwecke ausreichend groß ist. In der Tat findet numerisches Rechnen (ob auf dem Papier, dem Taschen-

---

2) Die Tatsache, dass $a \neq 0$ sein muss, spricht nicht gegen die gefundene Zahlbereichserweiterung: Wegen $x \cdot 0 = 0$ (dies muss aufgrund der Eigenschaft der Zahl 0 in jeder denkbaren Zahlbereichserweiterung von $\mathbb{Z}$ gelten, siehe auch Abschnitt 2.2) kann die Lösbarkeit der Gleichung nicht für $a = 0$ gefordert werden.

3) Auf den sehr anschaulichen „Abzählbeweis" soll hier verzichtet werden.

rechner oder auf einem Computer) stets in $\mathbb{Q}$ statt[4]. Trotzdem ist $\mathbb{Q}$ für die Zwecke der höheren Mathematik noch nicht groß genug, wie man mit folgender einfacher Überlegung leicht einsieht.

Reelle Zahlen

Es ist im Zusammenhang mit einer Längenmessung sicher sinnvoll, jeder in der Zeichenebene konstruierbaren Strecke eindeutig eine Zahl, die ihre Länge darstellt, zuzuordnen. Definiert man nun eine bestimmte Streckenlänge als 1 und konstruiert mit dieser als Kathetenlänge ein gleichschenkliges rechtwinkliges Dreieck (dies ist rein elementar, das heißt nur mit Zirkel und Lineal, möglich!), so erhält man eine Hypotenuse der Länge c (vgl. Bild 2.1.1). Für diese gilt nach dem Satz des PYTHAGORAS[5]:

$$c^2 = 1^2 + 1^2 = 2$$

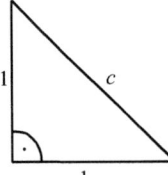

Bild 2.1.1: Elementargeometrische Darstellung der irrationalen Zahl $c = \sqrt{2}$

Wir wollen nun zeigen, dass es kein $c = \frac{p}{q}$ (mit $p \in \mathbb{Z}$, $q \in \mathbb{N}^+$) geben kann, dessen Quadrat 2 ist, die Länge obiger Hypotenuse also im vorhandenen Zahlbereich $\mathbb{Q}$ nicht darstellbar ist. Dazu nehmen wir, wie beim indirekten Beweis üblich, das Gegenteil an und führen diese Annahme zum Widerspruch:

Es sei also $c = \frac{p}{q}$ eine rationale Zahl in vollständig gekürzter Darstellung. (1)

Aus $c^2 = \frac{p^2}{q^2} = 2$ folgt unmittelbar $p^2 = 2q^2$. (2)

(2) bedeutet, dass p^2 eine gerade Zahl ist, was nur möglich ist, wenn auch p gerade ist. Es ist also $p = 2l$ mit $l \in \mathbb{Z}$. (3)

Setzen wir dies in (2) ein, erhalten wir:

$(2l)^2 = 2q^2 \Rightarrow 2l^2 = q^2$.

Damit ist auch q^2 eine gerade Zahl, was – siehe (3) – nur möglich ist, wenn q gerade ist, sich also als $q = 2k$ darstellen lässt. (4)

---

4) Die in vielen Programmiersprachen benutzte Bezeichnung „real" ist irreführend – gemeint sind stets rationale Zahlen.
5) siehe auch Kapitel 4.

(3) und (4) zusammen sagen aus, dass p und q die Zahl 2 als gemeinsamen Teiler haben, was der in (1) angenommenen Tatsache widerspricht, dass c in vollständig gekürzter Darstellung vorlag. Die Annahme, dass c eine rationale Zahl ist, führt also zu einem Widerspruch und ist somit falsch.

Man kann jedoch für c eine so genannte *Intervallschachtelung* angeben, etwa

$$1 < c < 2$$
$$1.4 < c < 1.5$$
$$1.41 < c < 1.42$$
$$1.414 < c < 1.415$$

usw. und somit c beliebig eng von unten und von oben mit rationalen Zahlen annähern, jedoch nie den genauen Wert, nämlich $\sqrt{2}$, erreichen.

Ähnliche Probleme hat man, wenn man den Umfang eines Kreises mit dem Radius 1 messen will. Bekanntlich ergibt sich hierfür der Wert 2π. Des Weiteren kann man zeigen (vgl. Kapitel 7), dass die Folge der rationalen Zahlen

$$a_n = \left(1 + \frac{1}{n}\right)^n \text{ für } n \to \infty$$

konvergent ist, jedoch keine rationale Zahl als Grenzwert hat; vielmehr ist der Grenzwert – genau wie $\sqrt{2}$ und π – *irrational*, nämlich die EULERsche Zahl $e = 2.718281\ldots$

Alles in allem sieht man, dass für viele Anwendungen die rationalen Zahlen nicht ausreichen; durch Hinzunahme der *irrationalen Zahlen* (das ist die Menge aller solcher Objekte, die sich im oben skizzierten Sinne durch rationale Zahlen beliebig genau approximieren lassen und selbst keine rationale Zahlen sind)[6] erhält man die Menge der *reellen Zahlen* $\mathbb{R}$. Da dies der Zahlbereich ist, den wir hier benutzen (im Abschnitt 2.6 wird noch eine letzte Zahlbereichserweiterung zur Menge $\mathbb{C}$ der komplexen Zahlen kurz vorgestellt), stellen wir hier einige wesentliche Eigenschaften und Begriffe zusammen:

Die Menge $\mathbb{R}$ ist *überabzählbar*, also „deutlich größer" als die bisher eingeführten Mengen $\mathbb{N}$, $\mathbb{Z}$ und $\mathbb{Q}$; die *Vollständigkeit* von $\mathbb{R}$, also die Tatsache, dass jeder Grenzwert einer konvergenten Zahlenfolge (vgl. Kapitel 7) auch Element von $\mathbb{R}$ ist, wurde durch die Hinzunahme der irrationalen Zahlen erreicht.

Wie die darunter liegenden Zahlbereiche auch, ist $\mathbb{R}$ *geordnet*, das heißt, für zwei beliebige reelle Zahlen a und b ist genau eine der drei folgenden Alternativen richtig:

$$a = b \quad \text{oder} \quad a < b \quad \text{oder} \quad a > b\,.$$

---

6) Anders ausgedrückt: Irrationale Zahlen lassen sich durch unendlich lange nicht-periodische Dezimalzahlen darstellen.

Deshalb lassen sich die reellen Zahlen auf der bekannten Zahlengeraden anordnen, und man kann folgende Teilmengen von $\mathbb{R}$ einführen:

$$\mathbb{R}^+ = \{x \in \mathbb{R} \mid x > 0\} \quad \text{und} \quad \mathbb{R}^- = \{x \in \mathbb{R} \mid x < 0\} \quad \text{und} \quad \mathbb{R}^* = \mathbb{R}^+ \cup \mathbb{R}^- = \mathbb{R} \setminus \{0\}.$$

Ferner ist der *Betrag* einer reellen Zahl a als ihr Abstand vom Nullpunkt der Zahlengeraden definiert, genauer:

$$|a| = \begin{cases} a & \text{falls } a \geq 0 \\ -a & \text{falls } a < 0 \end{cases}$$

Beim Rechnen mit Beträgen gelten für beliebige $a, b \in \mathbb{R}$ folgende viel benutzte

Regeln:

(i) $-|a| \leq a \leq |a|$

(ii) $|a| \leq b \quad \Leftrightarrow \quad -b \leq a \leq b$

(iii) *Dreiecksungleichungen:* $|a + b| \leq |a| + |b|$ und $||a| - |b|| \leq |a - b|$

(iv) $|a \cdot b| = |a| \cdot |b|$ und mit $b \neq 0$: $\left|\dfrac{a}{b}\right| = \dfrac{|a|}{|b|}$.

Wichtige Teilmengen der reellen Zahlen sind die *Intervalle*, das sind zusammenhängende Teilstücke der reellen Zahlengeraden, genauer:

Definition:

(i) $I \subseteq \mathbb{R}$ heißt *Intervall*, wenn mit beliebigen a und b aus I auch jede reelle Zahl x zwischen a und b zu I gehört.

(ii) Für beliebige $a, b \in \mathbb{R}$ benutzen wir folgende Schreibweisen:

$$[a, b] = \{x \in \mathbb{R} \mid a \leq x \leq b\} \qquad]a, b[= \{x \in \mathbb{R} \mid a < x < b\}$$

$$[a, b[= \{x \in \mathbb{R} \mid a \leq x < b\} \qquad]a, b] = \{x \in \mathbb{R} \mid a < x \leq b\}$$

In dieser Definition haben wir gewisse „pathologische" Fälle nicht ausgeschlossen, die sich dadurch ergeben, dass a nicht unbedingt kleiner als b ist: So ist zum Beispiel $[3, 3] = \{3\}$ und $[3, 3[$ die leere Menge – beides widerspricht der allgemeinen Intervalldefinition in (i) nicht. Wir wollen im Folgenden jedoch stets voraussetzen, dass $a < b$ ist.

Um diese Intervallschreibweise auch für unbeschränkte Intervalle zu benutzen, wird das Symbol ∞ eingeführt. Stets müssen wir dabei beachten, dass $+\infty$ und $-\infty$ <u>keine</u> reellen Zahlen sind (man also nicht mit ihnen rechnen kann!), sondern zwei verschiedene Symbole bezeichnen, für die definitionsgemäß gelten soll:

$$\forall x \in \mathbb{R}: \ -\infty < x \quad \text{und} \quad x < +\infty.$$

] − ∞, 3] bezeichnet also die Menge aller reellen Zahlen, die höchstens gleich 3 sind,]5, ∞[die Menge aller derjenigen, die größer als 5 sind;] − ∞, ∞[ist eine andere Schreibweise für ℝ.

2.2 Der Körper ℝ

Die Rechenregeln in ℝ fassen wir zusammen; wir erhalten die so genannten

Körperaxiome:

Für beliebige $a, b, c \in \mathbb{R}$ gelten

1. bezüglich der Addition:
   - (i) *Assoziativgesetz* $(a + b) + c = a + (b + c)$
   - (ii) *Kommutativgesetz* $a + b = b + a$
   - (iii) *neutrales Element der Addition* $\exists n \in \mathbb{R}: \forall a \in \mathbb{R}: a + n = a$
   - (iv) *inverses Element der Addition* $\forall a \in \mathbb{R}: \exists \tilde{a} \in \mathbb{R}: a + \tilde{a} = n$
2. bezüglich der Multiplikation:
   - (i) *Assoziativgesetz* $(a \cdot b) \cdot c = a \cdot (b \cdot c)$
   - (ii) *Kommutativgesetz* $a \cdot b = b \cdot a$
   - (iii) *neutrales Elem. der Multiplikation* $\exists e \in \mathbb{R}: \forall a \in \mathbb{R}: a \cdot e = a$
   - (iv) *inverses Elem. der Multiplikation* $\forall a \in \mathbb{R}^*: \exists \hat{a} \in \mathbb{R}: a \cdot \hat{a} = e$
3. bezüglich beider Verknüpfungen:
   - *Distributivgesetz*[7] $a \cdot (b + c) = (a \cdot b) + (a \cdot c)$

Diese Rechenregeln sind Ihnen sicher längst von der Schule her bekannt, insbesondere wissen Sie, wie die neutralen und inversen Elemente von Addition und Multiplikation aussehen: Es ist nämlich $n = 0$ und $e = 1$, die inversen Elemente, die übrigens eindeutig bestimmt sind, werden üblicherweise mit $-a$ statt $\tilde{a}$ und $\frac{1}{a}$ statt $\hat{a}$ bezeichnet. Dass wir hier zunächst eine allgemeinere Bezeichnung gewählt haben, liegt daran, dass es noch weitere Mengen mit zwei gegebenen Verknüpfungen gibt, für die genau die gleichen Regeln gelten – alle diese nennt man in der Mathematik *Körper*. Neben ℝ kennen wir bereits ein weiteres Beispiel eines Körpers, nämlich ℚ (überprüfen Sie das bitte einmal selbst). ℕ und ℤ hingegen erfüllen die Körperaxiome nicht, da sie etwa keine inversen Elemente bezüglich der Multiplikation besitzen.

---

7) Wir benutzen im Folgenden die übliche Verabredung „Punktrechnung geht vor Strichrechnung" und lassen demgemäß die Klammern auf der rechten Seite eines derartigen Ausdrucks weg.

Mit diesen inversen Elementen führen wir die Umkehroperationen *Subtraktion* und *Division* ein, wir definieren nämlich:

$$a - b := a + (-b) \quad \text{und} \quad \frac{a}{b} := a \cdot \frac{1}{b} \text{ für } b \neq 0$$

Die Körperaxiome bilden ein in sich widerspruchsfreies minimales Regelsystem für das Rechnen in $\mathbb{R}$. Daraus lassen sich eine Reihe weiterer Rechenregeln herleiten, die damit genauso für jeden anderen Körper gelten.

Abgeleitete Rechenregeln:

Für beliebige $a, b, c \in \mathbb{R}$, $d, e \in \mathbb{R}^*$ gilt:

(i) $\quad -(-a) = a \qquad$ und $\quad \dfrac{1}{\frac{1}{d}} = d$

(ii) $\quad a \cdot 0 = 0 \cdot a = 0 \quad$ und $\quad a \cdot b = 0 \Rightarrow (a = 0 \vee b = 0) \quad$ *Nullteilerfreiheit*

(iii) $\quad a + b = a + c \Rightarrow b = c \quad$ und $\quad (a \cdot b = a \cdot c) \Rightarrow (a = 0 \vee b = c)$

$\hfill$ *Kürzungsregeln*

(iv) $\quad (-1) \cdot a = -a \qquad$ und $\quad (-a) \cdot b = -ab$

(v) $\quad a - (-b) = a + b \quad$ und $\quad -(a + b) = -a - b$

(vi) $\quad \dfrac{a}{d} \cdot \dfrac{b}{e} = \dfrac{a \cdot b}{d \cdot e}$

Um zu zeigen, wie sich diese bekannten Rechenregeln aus den Körperaxiomen ergeben, wollen wir als Beispiel die Teilaussage (ii) nachweisen, die anderen empfehlen wir Ihnen als Übung:

Dazu sei w der unbekannte Wert von $a \cdot 0 = 0 \cdot a$ (Kommutativgesetz!), also:

$$w = a \cdot 0 = a \cdot (0 + 0) = a \cdot 0 + a \cdot 0 = w + w$$

Diese Gleichungskette ergibt sich aus den Körperaxiomen 1 (iii) ($0 = 0 + 0$) und 3 (Distributivgesetz). Bei der daraus resultierenden Gleichung $w = w + w$ addieren wir auf beiden Seiten $-w$ (muss gemäß 1 (iv) existieren):

$$w = w + w \Rightarrow \underbrace{w + (-w)}_{=0} = (w + w) + (-w) \Rightarrow 0 = w + \underbrace{(w + (-w))}_{=0}$$
$$\underbrace{}_{=w}$$

Bei den letzten Umformungen haben wir 1 (iv), 1 (i) und 1 (iii) benutzt. $0 = w = a \cdot 0$ ist aber gerade der erste Teil der Behauptung.

Um die Nullteilerfreiheit $a \cdot b = 0 \Rightarrow (a = 0 \vee b = 0)$ zu zeigen, machen wir eine Fallunterscheidung für a:

Ist $a = 0$, so ist nichts zu zeigen. Setzen wir jedoch $a \neq 0$ voraus, so existiert gemäß Körperaxiom 2 (iv) das inverse Element $\dfrac{1}{a}$, mit dem wir beide Seiten von $a \cdot b = 0$

multiplizieren. Wir erhalten so aus dem gerade bewiesenen ersten Teil mit den Körperaxiomen 2 (i), 2 (iii) und 2 (iv):

$$a \cdot b = 0 \quad \Rightarrow \quad \frac{1}{a} \cdot (a \cdot b) = \frac{1}{a} \cdot 0 \quad \Rightarrow \quad \underbrace{\left(\frac{1}{a} \cdot a\right)}_{=1} \cdot b = 0 \quad \Rightarrow \quad b = 0.$$

In jedem Falle muss also (mindestens) einer der beiden Faktoren a oder b gleich 0 sein, damit ihr Produkt 0 ergibt.

2.3 Potenzen, Wurzeln, Logarithmen

Zunächst wollen wir den Potenzbegriff wiederholen. Dabei soll der Ausdruck a^b sukzessive – dem Aufbau des Zahlensystems folgend – für $b \in \mathbb{N}$, $\mathbb{Z}$, $\mathbb{Q}$ und $\mathbb{R}$ eingeführt werden:

1. Schritt: $b \in \mathbb{N}$
Für beliebiges $a \in \mathbb{R}$ und $b \geq 2$ ist a^b die b-fache Multiplikation von a mit sich selbst; da dies für $b = 1$ oder $b = 0$ keinen Sinn ergibt, ist zusätzlich $a^1 = a$ und, für $a \neq 0$, $a^0 = 1$, definiert.

2. Schritt: $b \in \mathbb{Z}$
Für $b \in \mathbb{N}$ ist a^b bereits definiert; für negative $b \in \mathbb{Z}$ ist $-b \in \mathbb{N}$, demnach ist für jedes $a \neq 0$ der Ausdruck $a^b = \dfrac{1}{a^{-b}}$ sinnvoll definiert.

3. Schritt: $b = \frac{1}{n}$ mit $n \in \mathbb{N}$, $n \geq 2$ (Stammbrüche), $a \in \mathbb{R}_0^+$
Wir wissen aus der Schule, dass für solche a und n die Gleichung $x^n = a$ eine eindeutig bestimmte nicht-negative Lösung hat (durch Intervallschachtelung konstruierbar, analog zu $\sqrt{2}$). Dieses x wird mit $\sqrt[n]{a}$ bzw. a^b (für $b = \frac{1}{n}$) bezeichnet.

4. Schritt: $b = \frac{m}{n}$ mit $m, n \in \mathbb{N}$, $n \geq 2$, $a \in \mathbb{R}_0^+$
Gemäß 3. Schritt ist $a^{\frac{1}{n}}$ definiert, dies kann wie im 1. Schritt mit m potenziert werden, insgesamt also: $a^b = \left(a^{\frac{1}{n}}\right)^m$.

5. Schritt: b irrational und > 0, $a \in \mathbb{R}_0^+$
Gemäß Abschnitt 2.1 lässt sich jede positive irrationale Zahl b als Grenzwert einer Folge aus nur positiven rationalen Zahlen b_k erhalten. Man kann zeigen, dass die gemäß 4. Schritt definierten Ausdrücke a^{b_k} gegen eine reelle Zahl konvergieren, die wir als a^b definieren.

6. Schritt: $b \in \mathbb{R}^-$, $a \in \mathbb{R}^+$

Da b negativ ist, ist $b = -|b|$. Nach den bisherigen Schritten kann man also definieren:

$$a^b = \frac{1}{a^{|b|}} = \frac{1}{a^{-b}}.$$

Wir stellen insgesamt fest, dass nur für ganzzahlige Exponenten b die Basis a negativ sein kann, damit a^b definiert ist; um andererseits a^b für beliebige Exponenten $b \in \mathbb{R}$ definieren zu können, muss die Basis a positiv sein. 0^0 ist nicht definiert.

Unter Beachtung der oben dargelegten unterschiedlichen Definitionsbereiche für die Basis in Abhängigkeit vom Exponenten formulieren wir nun die

Potenzgesetze:

Überall dort, wo alle vorkommenden Ausdrücke definiert sind, gilt:

(i) $\quad (x \cdot y)^b = x^b \cdot y^b$ $\qquad$ (ii) $\quad \left(\dfrac{x}{y}\right)^b = \dfrac{x^b}{y^b}$

(iii) $\quad (x^b)^c = x^{b \cdot c}$ $\qquad$ (iv) $\quad x^{b+c} = x^b \cdot x^c$

Anmerkung: Bei Benutzung von Formel (iii) ist beispielsweise zu beobachten, dass $\overline{((-2)^2)}^{\pi} = 4^{\pi}$, also wohldefiniert ist, die rechte Seite als $(-2)^{2\pi}$ aber gemäß oben Gesagtem keinen Sinn ergibt, folglich (iii) auch nicht gültig ist. Solche Schwierigkeiten können auch bei Anwendung der anderen Potenzgesetze auftreten, wenn man nicht strikt den jeweiligen Definitionsbereich beachtet!

Aus (i) und (iii) resultieren mit $b = \frac{1}{m}$ und $c = \frac{1}{n}$ die bekannten

Wurzelgesetze:

(v) $\quad \sqrt[b]{x \cdot y} = \sqrt[b]{x} \cdot \sqrt[b]{y}$

(vi) $\quad \sqrt[n]{\sqrt[b]{x}} = {}^{m \cdot b}\sqrt{x}$

Wir möchten im Zusammenhang mit Wurzeln noch einmal ausdrücklich auf den 3. Schritt unserer Definition hinweisen: $\sqrt[b]{a}$ ist nur für nicht-negative a definiert und stets größer oder gleich 0. Folglich ist $\sqrt[3]{-8}$ nicht definiert, obwohl -2 die einzige reelle Lösung der Gleichung $x^3 = -8$ ist. Genauso ist $\sqrt{4}$ gleich 2 und <u>nicht</u> gleich ± 2, obwohl die Gleichung $x^2 = 4$ natürlich die beiden Lösungen $\pm\sqrt{4} = \pm 2$ hat. Dementsprechend ist $\sqrt{a^2}$ gleich $|a|$ und nicht gleich a, wie häufig – falsch – umgeformt wird, $\sqrt{a^2} = a$ gilt nur, wenn $a \geq 0$ vorausgesetzt ist.

Definition:

Für festes $a > 0$ und $b > 1$ definieren wir den *Logarithmus zur Basis b* als diejenige reelle Zahl x, mit der b potenziert werden muss, um a zu erhalten ($x = \log_b a$).

Anders formuliert:

$$x = \log_b a \quad \Leftrightarrow \quad b^x = a \tag{5}$$

Schreibweisen: $\quad \lg x = \log_{10} x \quad$ (*Zehner-Logarithmus*) ,
$\qquad\qquad\quad \ln x = \log_e x \quad$ (*natürlicher Logarithmus*)[8]
$\qquad\qquad\quad \operatorname{ld} x = \log_2 x \quad$ (*dualer Logarithmus*)

Machen Sie sich selbst – natürlich ohne Benutzung des Taschenrechners! – einmal klar, dass aufgrund der Definition etwa $\log_7 49 = 2$ ist, da ja $7^2 = 49$ ergibt; genauso leicht erhalten Sie $\operatorname{ld} \frac{1}{8} = -3$, denn es ist ja $2^{-3} = \frac{1}{2^3} = \frac{1}{8}$.

Durch Umkehrung der entsprechenden Potenzgesetze erhalten wir die

Logarithmengesetze:

Für beliebige $b, c > 1$, $x, y > 0$ und $t \in \mathbb{R}$ gilt:

(i) $\log_b(x \cdot y) = \log_b x + \log_b y$

(ii) $\log_b \frac{x}{y} = \log_b x - \log_b y$

(iii) $\log_b x^t = t \cdot \log_b x$

(iv) $\log_c x = \frac{\log_b x}{\log_b c}$ (*Basiswechselformel*) $\tag{6}$

Insbesondere die in (iv) formulierte Basiswechselformel ist von großer theoretischer und praktischer Bedeutung: Zum Einen besagt sie, dass es im Wesentlichen nur einen Logarithmus gibt, alle Logarithmen bezüglich anderer Basen gehen daraus durch Multiplikation mit dem von der neuen Basis abhängigen Faktor $\frac{1}{\log_b c}$ hervor; dies ist zum Beispiel beim Differenzieren oder Integrieren wichtig. Zum anderen können wir damit ohne großen Aufwand beliebige Logarithmenwerte mit jedem einfachen Taschenrechner angeben, auf dem der natürliche oder der Zehner-Logarithmus implementiert ist:

$$\boxed{\log_c x = \frac{\ln x}{\ln c} = \frac{\lg x}{\lg c}}$$

---

[8] e ist dabei die EULERsche Zahl; in der englischsprachigen Literatur wird häufig auch log x (ohne Basis) für den natürlichen Logarithmus geschrieben.

ngang mit Logarithmen zu üben, wollen wir (6) beweisen:

$x = s$ (7) und $\log_b x = t$ (8). Dies ist gemäß (5) äquivalent zu

$c^s = x$ (7') und $b^t = x$ (8').

rch Gleichsetzen aus (7') und (8') erhaltene Gleichung wenden wir $\log_b$ an und erhalten:

$$c^s = b^t \quad \Rightarrow \quad \log_b c^s = \log_b b^t \quad \Rightarrow \quad s \cdot \log_b c = t \cdot \underbrace{\log_b b}_{=1}$$

In die letzte Gleichung setzen wir (7) und (8) ein und beachten, dass wegen $c > 1$ $\log_b c \neq 0$ ist:

$$\log_c x \cdot \log_b c = \log_b x \quad \Rightarrow \quad \log_c x = \frac{\log_b x}{\log_b c}$$

2.4 Summen- und Produktzeichen, binomischer Satz

Häufig kommt es vor, dass man mehr als zwei Summanden addieren muss; aufgrund des Assoziativgesetzes der Addition wissen wir, dass $(a_1 + a_2) + a_3 = a_1 + (a_2 + a_3)$ ist, wir die Klammern also weglassen können. Für $a_1 + a_2 + a_3$ kann man noch kürzer das *Summenzeichen* $\sum_{k=1}^{3} a_k$ verwenden (manchmal auch $\sum_{k=1}^{3} a_k$), natürlich erst recht bei noch mehr Summanden. Obige Schreibweise bedeutet, dass die *Laufvariable k* alle natürlichen Zahlen von 1 bis 3 (jeweils eingeschlossen) durchläuft und die so entstehenden Werte aufsummiert werden. Da die Laufvariable eine so genannte *gebundene Variable* ist (ähnlich einer Integrationsvariablen beim bestimmten Integral), ist es egal, mit welchem Symbol wir sie bezeichnen – es ist also $\sum_{k=1}^{3} a_k = \sum_{l=1}^{3} a_l = \sum_{\mu=1}^{3} a_\mu$ oder ähnlich. Allgemein haben wir also die

Definition:

Es seien $m, n \in \mathbb{N}$, $a_k \in \mathbb{R}$. Dann bezeichnet

$$\sum_{k=m}^{n} a_k := a_m + a_{m+1} + \ldots + a_n \qquad \text{, falls } m < n \text{ [9]},$$

$$\sum_{k=m}^{n} a_k := a_m \qquad \text{, falls } m = n\,,$$

und $$\sum_{k=m}^{n} a_k := 0 \qquad \text{, falls } m > n \text{ ist [10]}.$$

---

9) Beachten Sie, dass diese Summe $n - m + 1$ (!) Summanden hat.

10) Diese – mathematisch sinnvolle – Zusatzdefinition der „leeren Summe" ist in manchen Programmiersprachen, die ein allgemeines Summensymbol haben, nicht vorhanden; beim Programmieren ist also Vorsicht geboten!

Aus den Körperaxiomen für $\mathbb{R}$ erhalten wir, wie Sie ohne Schwierigkeiten selbst nachrechnen können, die

Rechenregeln für das Summenzeichen:

Es seien $m, n \in \mathbb{N}$, $a_k, b_k, c \in \mathbb{R}$.
(i)
$$\sum_{k=m}^{n} (a_k + b_k) = \sum_{k=m}^{n} a_k + \sum_{k=m}^{n} b_k$$

(ii)
$$\sum_{k=m}^{n} c \cdot a_k = c \sum_{k=m}^{n} a_k$$

(iii) Für jedes $i \in \mathbb{N}$ mit $m \le i \le n$ gilt:
$$\sum_{k=m}^{n} a_k = \sum_{k=m}^{i} a_k + \sum_{k=i+1}^{n} a_k \,,$$

insbesondere:
$$\sum_{k=m}^{n} a_k = a_m + \sum_{k=m+1}^{n} a_k = \sum_{k=m}^{n-1} a_k + a_n \,.$$

Manchmal ist es auch nützlich, eine so genannte *Indexverschiebung* durchzuführen: Man führt dabei die neue Laufvariable $l := k + r$ (mit festem $r \in \mathbb{Z}$) ein; diese läuft nun von $m + r$ bis $n + r$, wegen $k = l - r$ erhalten wir die

Regel über die Verschiebung der Summationsgrenzen:

Für beliebiges $r \in \mathbb{Z}$ ist
$$\sum_{k=m}^{n} a_k = \sum_{l=m+r}^{n+r} a_{l-r} \,.$$

Da die Laufvariable ja eine gebundene Variable ist, könnten wir im letzten Summenzeichen wieder k statt l schreiben, ohne einen Fehler zu machen.

Wie nützlich diese Regeln beim Rechnen mit Summenzeichen sind, wollen wir an zwei Beispielen demonstrieren:

Beispiele:
1. Aus der Formelsammlung wissen wir, dass $\sum_{k=1}^{n} k^3 = \frac{n^2(n+1)^2}{4}$ ist. Damit soll der Wert von
$$\sum_{k=0}^{16} (k+4)^3 + \sum_{k=4}^{20} (k-1)^3$$
berechnet werden.

Summe nur dritte Potenzen zu haben, führen wir zunächst die Laufvaria-
$+ 4$ bzw. $i = k - 1$ neu ein, nennen diese dann wieder k und erhalten:

$$(k+4)^3 + \sum_{k=4}^{20}(k-1)^3 = \sum_{l=4}^{20}l^3 + \sum_{i=3}^{19}i^3 = \left(\sum_{k=4}^{19}k^3 + 20^3\right) + \left(3^3 + \sum_{k=4}^{19}k^3\right)$$

$$= 8027 + 2\sum_{k=4}^{19}k^3 = 8027 + 2\left(\sum_{k=1}^{19}k^3 - \sum_{k=1}^{3}k^3\right)$$

$$= 8027 + 2\left(\frac{19^2 \cdot 20^2}{4} - \frac{3^2 \cdot 4^2}{4}\right) = 80155$$

2. Die für beliebige $a, b \in \mathbb{R}$, $n \in \mathbb{N}^+$ gültige Formel

$$a^n - b^n = (a - b)\sum_{k=0}^{n-1}a^{n-1-k}b^k ,$$

die für $n = 2$ gerade die bekannte dritte binomische Formel darstellt, ist sehr nützlich,
vor allem auch deshalb, weil sie zeigt, wie sich $(a - b)$ aus jedem Term der Gestalt
$a^n - b^n$ ausklammern lässt. Wir wollen sie durch Ausmultiplizieren der rechten Seite –
unter Benutzung der Rechenregeln für das Summenzeichen – nachweisen:

$$(a-b)\sum_{k=0}^{n-1}a^{n-1-k}b^k = a\sum_{k=0}^{n-1}a^{n-1-k}b^k - b\sum_{k=0}^{n-1}a^{n-1-k}b^k = \sum_{k=0}^{n-1}a^{n-k}b^k - \sum_{k=0}^{n-1}a^{n-1-k}b^{k+1}$$

$$= a^n b^0 + \sum_{k=1}^{n-1}a^{n-k}b^k - \sum_{k=0}^{n-2}a^{n-1-k}b^{k+1} - a^0 b^n$$

$$= a^n + \sum_{k=1}^{n-1}a^{n-k}b^k - \sum_{k=0}^{n-2}a^{n-1-k}b^{k+1} - b^n$$

$$= a^n + \sum_{k=1}^{n-1}a^{n-k}b^k - \sum_{l=1}^{n-1}a^{n-l}b^l - b^n \quad \text{(mit } l = k + 1)$$

$$= a^n - b^n$$

Nach dem Ausmultiplizieren haben wir aus den Summen den ersten bzw. letzten Summanden herausgeholt, so dass die verbliebenen Ausdrücke sich nach einer geeigneten
Indexverschiebung gerade aufhoben.

In diesem Zusammenhang wollen wir eine weitere wichtige Formel, nämlich die Verallgemeinerung der binomischen Formel $(a+b)^2 = a^2 + 2ab + b^2$ auf größere Potenzen
als 2, behandeln. Beim sukzessiven Ausmultiplizieren und Sortieren nach fallenden
Potenzen von a stellt sich heraus, dass sich die Koeffizienten der gemischten Glieder,
die so genannten Binomialkoeffizienten, auf einfache Weise angeben lassen[11]:

---

11) Eine geschickte Anordnung zur Berechnung der Binomialkoeffizienten stellt das PASCALsche Dreieck dar, welches Sie vielleicht in der Schule kennen gelernt haben.

Definition:

Für beliebige $k, n \in \mathbb{N}$ mit $n \geq k$ definieren wir den *Binomialkoeffizienten* $\binom{n}{k}$ (gelesen: „n über k") durch:

$$\binom{n}{0} = 1, \qquad \binom{n}{1} = n, \qquad \binom{n}{2} = \frac{n \cdot (n-1)}{1 \cdot 2},$$

allgemein[12]:

$$\binom{n}{k} = \frac{n \cdot (n-1) \cdot \ldots \cdot (n-(k-1))}{1 \cdot 2 \cdot \ldots \cdot k} \qquad (9)$$

Diese vereinfachte Einführung des Binomialkoeffizienten ist für unsere Zwecke hier zunächst ausreichend, die allgemeine und exaktere Definition werden wir im Zusammenhang mit Zahlenfolgen im Kapitel 7 behandeln.

Dort werden wir auch noch einige wichtige Eigenschaften herausarbeiten, von denen wir hier nur die Formel

$$\binom{n}{k} = \binom{n}{n-k}$$

erwähnen wollen.

Als Beispiel soll $\binom{10}{7}$ berechnet werden: Es ist $\binom{10}{7} = \binom{10}{3} = \frac{10 \cdot 9 \cdot 8}{1 \cdot 2 \cdot 3} = 120$. Die Verallgemeinerung der binomischen Formel heißt

Binomischer Satz:

Es seien $a, b \in \mathbb{R}$, $n \in \mathbb{N}^+$ beliebig. Dann gilt:

$$(a+b)^n = \sum_{k=0}^{n} \binom{n}{k} \cdot a^{n-k} b^k$$

Machen Sie sich selbst einmal klar, was sich für $n = 1, 2, 3$ ergibt. Wir wollen hier noch eine andere Anwendung der Binomialkoeffizienten kurz ansprechen. Man kann – zum Beispiel mit der im nächsten Abschnitt behandelten vollständigen Induktion – zeigen, dass eine n-elementige Menge stets $\binom{n}{k}$ k-elementige Teilmengen besitzt. Will man nun die Größe der Potenzmenge, also die Gesamtzahl A aller Teilmengen einer n-elementigen Menge ermitteln, so muss man nur die Anzahlen der entsprechenden Teilmengen mit 0 bis n Elementen zusammenzählen, man erhält

---

12) Machen Sie sich klar, dass Zähler und Nenner in dieser Schreibweise jeweils k Faktoren enthalten.

$$A = \sum_{k=0}^{n} \binom{n}{k} = \sum_{k=0}^{n} \binom{n}{k} \cdot \underbrace{1^{n-k} 1^k}_{=1} = (1 + 1)^n = 2^n \,,$$

ein Ergebnis, das wir bereits in Abschnitt 1.2 erwähnt haben.

Analog zum Summenzeichen kann man das – viel seltener vorkommende – Produktzeichen einführen, wenn man ein Produkt aus mehreren indizierten Faktoren bilden will:

Definition:

Für $m, n \in \mathbb{N}$ mit $m \le n$ und $a_k \in \mathbb{R}$ ist $\displaystyle\prod_{k=m}^{n} a_k := a_m \cdot a_{m+1} \cdot \ldots \cdot a_n$.

So ist etwa $\displaystyle\prod_{k=1}^{3} \frac{2k-1}{2k+1} = \frac{1}{3} \cdot \frac{3}{5} \cdot \frac{5}{7} = \frac{1}{7}$.

2.5 Vollständige Induktion

Die Grundlage dieses häufig schon in der Schule besprochenen Beweisprinzips ist das fünfte PEANO-Axiom:

Ist M eine Teilmenge der natürlichen Zahlen, die 1 (bzw. 0) enthält und mit einer beliebigen Zahl $n \in M$ auch deren Nachfolger, so ist $M = \mathbb{N}$.

Wir wollen daraus nun ein Verfahren entwickeln, mit dem man Aussagen beweisen kann, die für alle natürlichen Zahlen gelten sollen. Es bezeichne dazu $H(n)$ eine Aussageform mit dem Einsetzungsbereich $\mathbb{N}$. Häufig ist dies eine Formel, deren Gültigkeit für natürliche Zahlen überprüft werden soll, zum Beispiel

$$\sum_{k=1}^{n} k = \frac{n \cdot (n+1)}{2} \,.$$

(In Worten: Die Summe aller natürlicher Zahlen von 1 bis n ist $\frac{n \cdot (n+1)}{2}$.) Bezeichnet M die Menge aller natürlicher Zahlen n, für die $H(n)$ wahr ist, so müssen wir zeigen, dass $M = \mathbb{N}$ ist. Dazu benutzen wir das fünfte PEANO-Axiom: Wir zeigen zunächst, dass $H(1)$ wahr ist (bzw. $H(0)$, wenn die Aussage auch für 0 gelten soll), dann nehmen wir an, dass wir ein $n \in M$ haben, für das also $H(n)$ wahr ist, und folgern daraus, dass auch $H(n+1)$ wahr ist, also auch $n+1$ zu M gehört – damit ist $M = \mathbb{N}$. Wir fassen unsere Überlegungen zusammen im

Prinzip der vollständigen Induktion:

> Es sei $H(n)$ eine Aussageform mit Einsetzungsbereich $\mathbb{N}$, ferner sei k eine feste gegebene natürliche Zahl (meist ist $k = 0$ oder $k = 1$).
>
> Ist $H(k)$ wahr (*Induktionsanfang* oder -*verankerung*) und kann man unter der Voraussetzung, dass $H(n)$ wahr ist (*Induktionsannahme*) schließen, dass dann auch $H(n + 1)$ wahr ist (*Induktionsschluss*), so gilt $H(n)$ für <u>alle</u> $n \in \mathbb{N}$ mit $n \geq k$.

Wir wollen dieses Beweisverfahren hier an einigen **Beispielen** vorführen, weitere finden Sie in den Übungsaufgaben am Ende dieses Kapitels:

1. Behauptung: Für alle $n \in \mathbb{N}$, $n \geq 1$, gilt $\sum_{k=1}^{n} k = \frac{n \cdot (n+1)}{2}$ (diese Formel ist $H(n)$).

Beweis durch vollständige Induktion über n:

(i) <u>Induktionsanfang:</u> $\sum_{k=1}^{1} k = \frac{1 \cdot (1+1)}{2}$ gilt, da sowohl linke wie rechte Seite den Wert 1 haben; $H(1)$ ist also wahr.

(ii) <u>Induktionsannahme (IA):</u> $\sum_{k=1}^{n} k = \frac{n \cdot (n+1)}{2}$ gelte für festes beliebiges $n \in \mathbb{N}$.

(iii) <u>Induktionsschluss:</u> Es ist zu zeigen, dass nun auch $\sum_{k=1}^{n+1} k = \frac{(n+1) \cdot (n+2)}{2}$ ist. Es ist

$$\sum_{k=1}^{n+1} k = \sum_{k=1}^{n} k + (n+1) \underset{(IA)}{=} \frac{n \cdot (n+1)}{2} + \frac{2(n+1)}{2} = \frac{(n+1) \cdot (n+2)}{2}$$

Damit gilt die Formel für alle $n \in \mathbb{N}$.

2. Wir wollen zeigen, dass die Summe der ersten n ungeraden Zahlen n^2 ergibt. $H(n)$ lautet also: $\sum_{k=1}^{n}(2k - 1) = n^2$; dies soll für alle $n \geq 1$ gezeigt werden.

(i) <u>Induktionsanfang:</u> $\sum_{k=1}^{1}(2k - 1) = 1^2$
Dies ist offenbar richtig, da die linke Seite nur aus dem einen Summanden $2 \cdot 1 - 1$ besteht und die rechte Seite ebenfalls 1 ergibt.

(ii) <u>Induktionsannahme:</u> $\sum_{k=1}^{n}(2k - 1) = n^2$ gelte für ein $n \in \mathbb{N}$.

(iii) <u>Induktionsschluss:</u> Es ist zu zeigen, dass auch $\sum_{k=1}^{n+1}(2k - 1) = (n + 1)^2$ gilt:

$$\sum_{k=1}^{n+1}(2k - 1) = \sum_{k=1}^{n}(2k - 1) + (2(n+1) - 1) \underset{(IA)}{=} n^2 + (2n + 1) = (n+1)^2$$

Damit gilt die Formel für alle $n \in \mathbb{N}$.

3. Dass man die vollständige Induktion nicht nur zum Beweis von Summenformeln benutzen kann, sehen wir etwa an folgendem Beispiel:

Es ist zu zeigen, dass $2n^3 + 3n^2 + n$ für jedes $n \in \mathbb{N}$ durch 6 teilbar ist.

(i) Induktionsanfang: Für $n = 0$ ist die Aussage trivial, da 0 durch 6 teilbar ist.

(ii) Induktionsannahme: Für ein beliebiges festes n ist $2n^3 + 3n^2 + n$ durch 6 teilbar, das heißt, es gibt ein $l \in \mathbb{Z}$ mit $2n^3 + 3n^2 + n = 6l$ (IA).

(iii) Induktionsschluss: Dann ist auch $2(n + 1)^3 + 3(n + 1)^2 + (n + 1)$ durch 6 teilbar: Dazu müssen wir ein $m \in \mathbb{Z}$ bestimmen, für das $2(n+1)^3 + 3(n+1)^2 + (n+1) = 6m$ ist. Unter Benutzung der binomischen Formeln formen wir um:

$$2(n + 1)^3 + 3(n + 1)^2 + (n + 1) = 2(\underline{n^3 + 3n^2 + 3n + 1}) + 3(\underline{n^2 + 2n + 1}) + (\underline{n + 1})$$

$$= \underline{2n^3 + 3n^2 + n} + 6n^2 + 6n + \underline{\underline{2}} + 6n + \underline{\underline{3}} + \underline{\underline{1}}$$

$$\underset{\text{(IA)}}{=} 6l + 6(n^2 + 2n + \underline{\underline{1}})$$

$$= 6\underbrace{(l + n^2 + 2n + 1)}_{=m}$$

Da $m = l + n^2 + 2n + 1$ eine ganze Zahl ist, ist der Induktionsschluss vollzogen; die Behauptung gilt somit für alle $n \in \mathbb{N}$.

Das Prinzip der vollständigen Induktion, zu dessen Übung Sie am Ende des Kapitels noch weitere Aufgaben finden, kann noch auf vielfältige Weise abgewandelt bzw. verallgemeinert werden. So kann man Aussagen, die nur für alle geraden (ungeraden) natürlichen Zahlen gelten sollen, nachweisen, indem man – nach passendem Induktionsanfang – den Induktionsschluss von n auf $n + 2$ vollzieht. Aussagen, deren Gültigkeit für alle ganzen Zahlen behauptet werden, beweist man durch eine „doppelte" Induktion: Nach dem Induktionsanfang führt man Induktionsschlüsse von n sowohl auf $n + 1$ als auch $n - 1$ durch.

Manchmal ist es auch hilfreich, die durch Induktion zu beweisende Aussage abzuwandeln, indem statt $H(n)$ die scheinbar stärkere Aussage $\tilde{H}(n) := (\forall k \leq n : H(k))$ bewiesen wird – man kann beim Induktionsschluss dann nicht nur die Gültigkeit für ein n, sondern auch für alle Vorgänger annehmen und benutzen.

2.6 Komplexe Zahlen

Auch wenn wir die meisten uns gestellten Aufgaben in $\mathbb{R}$ lösen können, so reicht dieser Zahlbereich für manche Belange noch nicht aus. So haben wir schon in der Schule Beispiele quadratischer Gleichungen kennen gelernt, die unlösbar waren, etwa

$$x^2 - 2x + 2 = 0 \,. \tag{10}$$

Woran es liegt, dass (10) in $\mathbb{R}$ keine Lösung hat, wird klar, wenn man die allgemeine Lösungsformel für die quadratische Gleichung[13)]

$$ax^2 + bx + c = 0 \tag{11}$$

---

13) Quadratische Gleichungen werden im Kapitel 3 noch genauer behandelt.

heranzieht: Die reellen Lösungen von (11) ergeben sich mit der so genannten *Diskriminanten* $D = b^2 - 4ac$ als

$$x_{1,2} = \frac{1}{2a}\left(-b \pm \sqrt{D}\right) \, . \tag{12}$$

Mit den Parametern aus (10) wäre

$$x_{1,2} = \frac{-b}{2a} \pm \sqrt{\frac{D}{(2a)^2}} = \frac{2}{2} \pm \sqrt{\frac{-4}{4}} \, .$$

Da $\sqrt{-1}$ aber nicht existiert, ergeben sich so also keine Lösungen von (10). Gäbe es jedoch eine Zahl j mit $j^2 = -1$ (dies kann keine reelle Zahl sein!), mit der man aber wie in $\mathbb{R}$ gewohnt rechnen könnte, so wären $x_{1,2} = 1 \pm j$ Lösungen von (1), denn:

$$x_1^2 - 2x_1 + 2 = (1+j)^2 - 2(1+j) + 2 = 1 + 2j + \underbrace{j^2}_{=-1} - 2 - 2j + 2 = 0$$

Die Existenz einer solchen Zahl j würde jedoch nicht nur die Gleichung (10) lösbar machen, sondern jede bisher in $\mathbb{R}$ unlösbare quadratische Gleichung der Gestalt (11) mit zwei Lösungen versehen: Bekanntlich haben genau die quadratischen Gleichungen mit negativer Diskriminante D keine reelle Lösung. Für negative D ist $-D = 4ac - b^2 > 0$, es existiert also $\sqrt{-D}$. Durch Einsetzen in (11) können wir nun leicht überprüfen, dass

$$x_{1,2} = \tfrac{1}{2a}\left(-b \pm j\sqrt{-D}\right) = \tfrac{1}{2a}\left(-b \pm j\sqrt{4ac - b^2}\right) \tag{13}$$

Lösungen dieser quadratischen Gleichung sind (immer vorausgesetzt, dass $j^2 = -1$ ist und man mit j wie mit einer reellen Zahl rechnen kann!). Die Existenz eines solchen j hätte also zur Folge, dass jede quadratische Gleichung lösbar ist. Für unseren erweiterten Zahlbereich, den wir zunächst einmal mit $\mathbb{M}$ bezeichnen wollen, müssen also folgende Forderungen erfüllt sein:

F1: $\mathbb{R}$ ist in $\mathbb{M}$ enthalten.

F2: In $\mathbb{M}$ gibt es ein Element j mit $j^2 = -1$ [14].

F3: In $\mathbb{M}$ soll man bezüglich der Grundrechenarten genauso rechnen können wie in $\mathbb{R}$; das heißt, dass alle bekannten Rechengesetze weiter gelten, insbesondere, dass Rechenergebnisse in $\mathbb{M}$ für Elemente aus $\mathbb{R}$ die gleichen sind wie bisher in $\mathbb{R}$.

Aus den Forderungen **F1–F3** lassen sich für das Aussehen der Menge $\mathbb{M}$ verschiedene Konsequenzen ziehen:

---

[14] Man hüte sich jedoch davor, $j = \sqrt{-1}$ zu „definieren", wie es leider oft getan wird: Aus $-1 = j \cdot j = \sqrt{(-1) \cdot (-1)} = \sqrt{1} = 1$ hätten wir dann nämlich „bewiesen", dass $-1 = 1$ ist!

(i) Ist $b \in \mathbb{R}$ beliebig, so muss wegen $b \in \mathbb{M}$ (gemäß **F1**) und $j \in \mathbb{M}$ (gemäß **F2**) auch $b \cdot j$ und damit auch $a + b \cdot j$ (für jedes $a \in \mathbb{R}$) in $\mathbb{M}$ liegen.

(ii) Sowohl j (mit $a = 0$ und $b = 1$) als auch ganz $\mathbb{R}$ (mit a beliebig und $b = 0$) lassen sich in der Form $a + bj$ darstellen.

(iii) Addiert oder multipliziert man Zahlen der Form $a + bj$ und $c + dj$, so hat das Ergebnis auch diese Form, denn:

$$(a + bj) + (c + dj) = (a + c) + (b + d)j$$

$$(a + bj) \cdot (c + dj) = ac + adj + bcj + bd\underbrace{j^2}_{=-1} = (ac - bd) + (ad + bc)j$$

(iv) $a + bj = c + dj \quad \Rightarrow \quad a = c$ und $b = d$, denn:

$$a + bj = c + dj \quad \Rightarrow \quad a - c = (d - b)j \quad \Rightarrow \quad (a - c)^2 = \underbrace{(d - b)^2 j^2}_{-(d-b)^2}$$

Die linke Seite der letzten Gleichung ist stets ≥ 0, die rechte stets ≤ 0, da alle Werte reell sind – Gleichheit gilt demnach nur, wenn beide Seiten $= 0$ sind, also wenn $a = c$ und $b = d$ ist. Anders formuliert bedeutet das: Die Elemente von $\mathbb{M}$ sind durch die Angabe der reellen Zahlen a und b eindeutig bestimmt Der gesuchte Erweiterungszahlbereich ist also mengenmäßig nichts anderes als die Menge aller Paare reeller Zahlen $\mathbb{R}^2$, zusammengefasst:

Definition:

(i) Die Menge der *komplexen Zahlen* $\mathbb{C}$ ist die Menge aller Paare (x, y) reeller Zahlen. Schreibt man das Paar (x, y) mit Hilfe der *imaginären Einheit*[15] j als $x + yj$, so ergeben sich daraus die Definitionen von Addition und Multiplikation, wenn man zusätzlich $j^2 = -1$ setzt.

(ii) Für eine komplexe Zahl $z = (x, y) = x + yj$ heißen die reellen Zahlen (!) x und y *Real-* bzw. *Imaginärteil* von z und werden mit Re z bzw. Im z bezeichnet.

Hinsichtlich der in $\mathbb{C}$ gültigen Rechenregeln stellt man ohne große Schwierigkeiten fest, dass $\mathbb{C}$ – wie $\mathbb{R}$ – ein Körper ist. Überprüfen Sie dazu selbst, dass die in 2.2 aufgeführten Körperaxiome gelten.

Die neutralen Elemente von Addition und Multiplikation sind dabei $0 + 0j$ bzw. $1 + 0j$, das zu $x + jy$ additiv inverse Element ergibt sich zu $-x - jy$. Bei der Bestimmung des multiplikativ inversen Elements müssen Sie berücksichtigen, dass dabei $x + jy \neq 0$ sein muss, was nur für $x^2 + y^2 \neq 0$ möglich ist – deshalb ist das Ergebnis

---

15) In der Mathematik wird hier meist der Formelbuchstabe i statt j benutzt; da dies bei Anwendungen – insbesondere in der Elektrotechnik – zu Verwechselungen mit der ebenfalls mit i bezeichneten Stromstärke führen kann, haben wir die Bezeichnung j gewählt.

$$\frac{x}{x^2 + y^2} - j \cdot \frac{y}{x^2 + y^2}$$

wohldefiniert.

Als Beispiel für das Rechnen in $\mathbb{C}$ wollen wir den Ausdruck

$$z = \frac{3 + j}{2 - j} - \frac{1}{2}(1 + j)^2$$

vereinfachen, das heißt, in der Gestalt $z = a + jb$ darstellen. Dass der Nenner im ersten Summanden reell wird, erreichen wir durch geschicktes Erweitern:

$$z = \frac{3 + j}{2 - j} - \frac{1}{2}(1 + j)^2 = \frac{(3 + j)(2 + j)}{(2 - j)(2 + j)} - \frac{1}{2}(1 + 2j + \underbrace{j^2}_{=-1}) = \frac{6 + 5j + j^2}{\underbrace{4 - j^2}_{=5}} - j = \frac{5 + 5j}{5} - j = 1$$

Wir kehren noch einmal zu der Vorstellung einer komplexen Zahl z als Paar reeller Zahlen (a, b) zurück. Solche Zahlenpaare haben wir bereits in der Schule anschaulich dargestellt: Mit Hilfe eines rechtwinkligen kartesischen Koordinatensystems wurden so gerade die Punkte der Zeichenebene beschrieben. Der Realteil der komplexen Zahl z ist dann die Abszisse, der Imaginärteil die Ordinate des z entsprechenden Punktes P der Ebene, den wir ja außerdem noch mit demjenigen ebenen Vektor identifizieren können, der vom Ursprung des Koordinatensystems nach P zeigt (vgl. Kapitel 6). Stellt man also z in der so genannten Gaussschen Zahlenebene oder *komplexen Ebene* dar, so spricht man statt von x- und y-Achse von *reeller* bzw. *imaginärer Achse* (bezeichnet mit Re und Im, siehe Bild 2.6.1). $\mathbb{R}$ als Teilmenge von $\mathbb{C}$ lässt sich anschaulich als die Menge aller Punkte der Ebene deuten, die auf der x-Achse liegen.

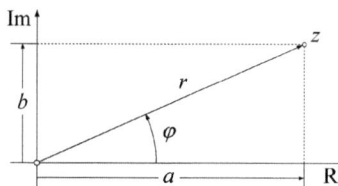

Bild 2.6.1: Komplexe Zahl z in der Gaussschen Zahlenebene

Punkte der Zeichenebene können aber – außer durch ihre kartesischen Koordinaten – auch durch ihre *Polarkoordinaten* beschrieben werden:

Man zeichnet die Verbindungsstrecke von $P(a, b)$ zum Ursprung O des Koordinatensystems, bezeichnet deren Länge mit r sowie den gerichteten Winkel zwischen positiver x-Achse und dieser Strecke mit φ. Legt man zusätzlich fest, dass für den Winkel der jeweils kürzeste Weg[16] genommen wird (also für Punkte im 3. und 4. Quadranten im

---

[16] Manchmal findet man an dieser Stelle auch andere Festsetzungen: Wird hier zum Beispiel für den Winkel nur die mathematisch positive Drehrichtung zugelassen, so ist $\phi \in [0, 2\pi[$. Die nachfolgenden Umrechnungsformeln ändern sich entsprechend.

Uhrzeigersinn und damit $\varphi < 0$, für Punkte auf der negativen x-Achse mit $\varphi = \pi$), so ist durch die Angabe der Polarkoordinaten $r \in [0, \infty[$ und $\varphi \in\,] - \pi, \pi]$ jeder Punkt P eindeutig gegeben (vgl. Bild 2.6.1). Für den Fall, dass P auf O fällt, ist der Winkel φ nicht bestimmt; die Lage von P ist dann jedoch allein durch die Angabe $r = 0$ eindeutig festgelegt.

Bei der Herleitung des Zusammenhangs zwischen kartesischen Koordinaten (a, b) und Polarkoordinaten (r, φ) muss beachtet werden, dass a und b Vorzeichen behaftete Größen sind, also nicht unbedingt – wie in Bild 2.6.1 – den sie darstellenden Längen in der Zeichnung entsprechen. Eine Fallunterscheidung für die vier Quadranten sowie die Koordinatenachsen ergibt mittels elementarer Trigonometrie[17]:

$$\boxed{\varphi = \arctan \frac{b}{a} + \kappa}$$

wobei der „Korrekturwinkel" κ folgendermaßen vom jeweiligen Quadranten abhängt:

$$\kappa = \begin{cases} 0 & \text{für } a > 0 & & & (\text{1. und 4. Quadrant}) \\ \pi & \text{für } a < 0 & \text{und} & b \geq 0 & (\text{2. Quadrant incl. neg. } x\text{-Achse}) \\ -\pi & \text{für } a < 0 & \text{und} & b < 0 & (\text{3. Quadrant}) \end{cases}$$

Für $a = 0$ – also Punkte auf der y-Achse – wird φ je nachdem, ob b positiv oder negativ ist, auf $\frac{\pi}{2}$ oder $\frac{-\pi}{2}$ festgesetzt.

In allen vier Quadranten und auf den Achsen ist $\boxed{r = \sqrt{a^2 + b^2}}$.

Für den Übergang von Polar- zu kartesischen Koordinaten ist ebenfalls keine Fallunterscheidung für die Quadranten erforderlich. Überall ist

$$\boxed{a = r \cos \varphi \quad \text{und} \quad b = r \sin \varphi}.$$

Die Polarkoordinaten komplexer Zahlen werden in besonderer Weise bezeichnet:

Definition:

Die r-Koordinate einer komplexen Zahl z heißt der *Betrag* von z und wird mit $|z|$ bezeichnet; es ist also

$$|z| = \sqrt{(\mathrm{Re}\, z)^2 + (\mathrm{Im}\, z)^2} \,. \tag{14}$$

Die φ-Koordinate einer komplexen Zahl z heißt das *Argument* von z und wird mit $\arg z$ bezeichnet; es ist also

$$\arg z = \arctan \frac{\mathrm{Im}\, z}{\mathrm{Re}\, z} + \kappa \quad (\kappa \text{ wie oben}) \,. \tag{15}$$

---

[17] vgl. dazu Kapitel 4

Der Betragsbegriff gemäß obiger Definition stellt, wie Sie leicht selbst nachrechnen können, eine Erweiterung des in $\mathbb{R}$ definierten Absolutbetrags auf den Körper $\mathbb{C}$ dar, das heißt: Für jede beliebige reelle Zahl x ergibt sich für den Betrag dasselbe, egal, ob man x als reelle oder komplexe Zahl auffasst; die Verwendung des gleichen Symbols $|\ldots|$ kann also nicht zu Missverständnissen führen.

Neben der üblichen Darstellung einer komplexen Zahl mittels Real- und Imaginärteil, etwa $z = a + bj$, haben wir nun eine weitere, die so genannte *trigonometrische Darstellung* unter Benutzung von Betrag und Argument, hergeleitet, es ist nämlich

$$z = a + bj = r\cos\varphi + jr\sin\varphi = r(\cos\varphi + j\sin\varphi) = |z| \cdot (\cos(\arg z) + j\sin(\arg z)).$$

Setzen wir zur Abkürzung[18] noch $e^{j\varphi} := \cos\varphi + j\sin\varphi$, so lautet der letzte Ausdruck:

$$\boxed{z = |z| \cdot e^{j\varphi} \quad \text{mit } \varphi = \arg z}$$

Mit der Vorstellung komplexer Zahlen als Punkte bzw. Vektoren in der GAUSSschen Zahlenebene können wir nun die arithmetischen Verknüpfungen anschaulich interpretieren: Die Addition entspricht genau der in Kapitel 6 behandelten *Vektoraddition in der Ebene* (vgl. Bild 2.6.2), die Multiplikation einer so genannten *Drehstreckung*, auf die wir hier nicht näher eingehen wollen (siehe Bild 2.6.3).

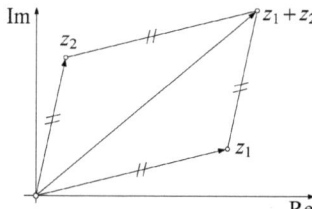

Bild 2.6.2: Die Addition komplexer Zahlen als Vektoraddition

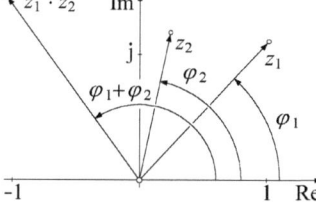

Bild 2.6.3: Die Multiplikation komplexer Zahlen als Drehstreckung

Nicht nur bei der Division komplexer Zahlen ist noch ein anderer Begriff wichtig:

Definition:

Für jedes $z = x + jy \in \mathbb{C}$ heißt das durch $\overline{z} = x - jy$ definierte Element die *zu z konjugiert komplexe Zahl*. Statt $\overline{z}$ wird manchmal auch z^* geschrieben.

Anschaulich entspricht der Übergang von z zu $\overline{z}$ einer Spiegelung an der reellen Achse in der GAUSSschen Zahlenebene (vgl. Bild 2.6.4). Es gilt demnach:

$$\text{Re}\,\overline{z} = \text{Re}\,z \text{ und } \text{Im}\,\overline{z} = -\text{Im}\,z \text{ sowie } |\overline{z}| = |z| \text{ und } \arg\overline{z} = -\arg z.$$

---

[18] Dies hat zunächst einmal nichts mit einer e-Funktion zu tun!

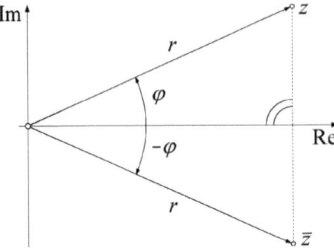

Bild 2.6.4: Komplexe Zahl z und ihre konjugiert komplexe Zahl $\overline{z}$

Außerdem ist $\overline{z} = z$ dann und nur dann möglich, wenn z eine reelle Zahl ist.

Ferner ist $z \cdot \overline{z} = (x + jy)(x - jy) = x^2 + y^2 = |z|^2$ stets eine reelle Zahl, was man sich zum „Reell-Machen des Nenners" durch Erweitern mit der konjugiert komplexen Zahl zunutze machen kann:

Beispiel:

$$\frac{26 - 7j}{5 + 2j} = \frac{(26 - 7j)(5 - 2j)}{(5 + 2j)(5 - 2j)} = \frac{(130 - 14) + j(-52 - 35)}{5^2 + 2^2} = \frac{116 - 87j}{29} = 4 - 3j$$

Weitere Beispiele zum Rechnen mit komplexen Zahlen finden Sie bei den Übungsaufgaben.

2.7 Restklassen

In diesem Abschnitt wollen wir so genannte *Restklassen* behandeln. Diese spielen in der Informatik, insbesondere in der Codierungs- und Verschlüsselungstheorie, eine wichtige Rolle. Wir wollen das aus der Algebra stammende Konzept hier vor allem dazu benutzen, um endliche Zahlbereiche zu bekommen, in denen die gleichen Rechenregeln gelten wie in den uns bisher bekannten unendlichen Zahlbereichen.

Wir gehen dazu von der Menge $\mathbb{Z}$ der ganzen Zahlen aus. Im Folgenden sei $m \in \mathbb{Z}$ mit $m \geq 2$ fest gegeben. Teilen wir nun eine beliebige ganze Zahl n durch m, so geht die Division, wie wir von der Schule wissen, nur in Ausnahmefällen auf, im Allgemeinen bleibt ein Rest r, der kleiner als m ist. Diese Regel heißt – exakt formuliert:

Teilung mit Rest:

Es sei $m \in \mathbb{Z}$, $m \geq 2$, gegeben. Dann gilt:

Für jedes $n \in \mathbb{Z}$ gibt es eindeutig bestimmte $q \in \mathbb{Z}$ und $r \in \{0, 1, \ldots, m - 1\}$ derart, dass $n = q \cdot m + r$ ist.

Die Eindeutigkeit von q und r resultiert aus der Tatsache, dass der Rest r nur die m verschiedenen Werte $0, 1, \ldots, m - 1$ annehmen kann. So lautet etwa bei $m = 4$ die obige Zerlegung von $n = -7$: $-7 = (-2) \cdot 4 + 1$ und nicht $-7 = (-1) \cdot 4 - 3$.

Wir fassen nun alle die ganzen Zahlen zu einer Teilmenge zusammen, die bei Teilung durch m den gleichen Rest haben. Da diese Reste eindeutig bestimmt sind, lässt sich $\mathbb{Z}$ so in genau m Teilmengen, die so genannten *Restklassen* modulo m, zerlegen. Für $m = 4$ erhalten wir also die Restklassen

$$\underbrace{\{\ldots, -4, 0, 4, 8, \ldots\}}_{\text{Rest } 0}, \; \underbrace{\{\ldots, -3, 1, 5, 9, \ldots\}}_{\text{Rest } 1}, \; \underbrace{\{\ldots, -2, 2, 6, 10, \ldots\}}_{\text{Rest } 2}$$

$$\text{und} \; \underbrace{\{\ldots, -1, 3, 7, 11, \ldots\}}_{\text{Rest } 3}$$

Jedes Element n aus einer solchen Restklasse kann als *Repräsentant* gewählt werden; man schreibt dann $[n]_m$ oder einfach $\bar{n}$ für die Restklasse, in der n liegt.

Definition:

> Es sei $m \in \mathbb{Z}$, $m \geq 2$, gegeben.
>
> (i) Dann wird für beliebiges $n \in \mathbb{Z}$ die *Restklasse* $[n]_m$ oder $\bar{n}$ definiert als diejenige Teilmenge von $\mathbb{Z}$, in der alle ganzen Zahlen enthalten sind, die bei Teilung durch m den gleichen Rest wie n haben.
> (ii) Die *Menge aller Restklassen* modulo m wird mit $\mathbb{Z}_m$ bezeichnet.

Jede Restklasse kann also durch unendlich viele Repräsentanten dargestellt werden; so stellen in unserem obigen Beispiel $-\bar{3}, \bar{1}$ oder $\bar{9}$ alle die gleiche Restklasse modulo 4 dar, nämlich die Menge aller ganzen Zahlen, die bei Teilung durch 4 den Rest 1 haben. Häufig, aber nicht immer, wird als Repräsentant der Restklasse der Rest selbst gewählt, in unserem Beispiel also $\bar{1}$. Die m Elemente von $\mathbb{Z}_m$ lassen sich also aufzählen als $\mathbb{Z}_m = \{\bar{0}, \bar{1}, \ldots, \overline{m-1}\}$.

Wir wollen nun mit Restklassen rechnen, genauer gesagt in $\mathbb{Z}_m$ Addition und Multiplikation einführen. Dazu gehen wir repräsentantenweise vor und benutzen die aus $\mathbb{Z}$ bekannten Verknüpfungen, es ist also für beliebige Restklassen $\bar{a}$ und $\bar{b}$ modulo m

$$\boxed{\bar{a} + \bar{b} := \overline{a + b} \quad \text{und} \quad \bar{a} \cdot \bar{b} := \overline{a \cdot b}\,.}$$

In unserem Beispiel der Restklassen modulo 4 ist demnach

$$\bar{2} + \bar{3} = \overline{2 + 3} = \bar{5} = \bar{1} \quad \text{und} \quad \bar{2} \cdot \bar{3} = \overline{2 \cdot 3} = \bar{6} = \bar{2}\,.$$

Die Tatsache, dass jede Restklasse durch (unendlich viele) verschiedene ganze Zahlen repräsentiert wird, legt natürlich sofort die Frage nahe, ob unsere Verknüpfungen wohldefiniert sind, das heißt, ob sich nicht bei der Wahl eines anderen Repräsentanten der gleichen Restklasse ein anderes Resultat ergeben kann. Versuchen wir es in obigem Beispiel etwa mit $\overline{6}$ statt $\overline{2}$ und $\overline{-1}$ statt $\overline{3}$, so führt unsere Rechnung

$$\overline{6} + \overline{-1} = \overline{6-1} = \overline{5} = \overline{1} \quad \text{und} \quad \overline{6} \cdot \overline{-1} = \overline{6 \cdot (-1)} = \overline{-6} = \overline{2}.$$

zum gleichen Ergebnis. Dass dies kein Zufall ist, zeigt folgende Überlegung:

a_1 und a_2 bzw. b_1 und b_2 sollen jeweils die gleiche Restklasse modulo m repräsentieren. Da sie dann bei Teilung durch m jeweils den gleichen Rest haben, muss ihre Differenz ein Vielfaches von m sein, es muss also gelten:

$$\exists k, l \in \mathbb{Z}: (a_2 - a_1 = k \cdot m) \wedge (b_2 - b_1 = l \cdot m) \tag{16}$$

Also ist

$$\overline{a_2} + \overline{b_2} = \overline{a_2 + b_2} \underset{(16)}{=} \overline{a_1 + km + b_1 + lm} = \overline{a_1 + b_1 + (k+l)m}$$
$$= \overline{a_1 + b_1} = \overline{a_1} + \overline{b_1}$$

sowie

$$\overline{a_2} \cdot \overline{b_2} \underset{(16)}{=} \overline{(a_1 + km) \cdot (b_1 + lm)} = \overline{a_1 \cdot b_1 + (kb_1 + a_1 l + klm)m}$$
$$= \overline{a_1 \cdot b_1} = \overline{a_1} \cdot \overline{b_1}.$$

Wir wollen nun untersuchen, welche der bekannten Rechenregeln für das Rechnen mit Restklassen gelten und welche nicht. Wir erinnern uns dazu an die in 2.1 aufgeführten Körperaxiome und prüfen einzeln ihre Gültigkeit:

Für Assoziativ-, Kommutativ- und Distributivgesetz ist dies sofort einsichtig, da wir ja repräsentantenweise rechnen und in $\mathbb{Z}$ die entsprechenden Gesetze gelten, etwa ist

$$\overline{a} \cdot (\overline{b} + \overline{c}) = \overline{a \cdot (b + c)} = \overline{a \cdot b + a \cdot c} = \overline{a \cdot b} + \overline{a \cdot c} = \overline{a} \cdot \overline{b} + \overline{a} \cdot \overline{c}.$$

Auch neutrale Elemente lassen sich aufgrund entsprechender Eigenschaften der ganzen Zahlen sofort angeben: Offenbar erfüllen $\overline{0}$ bzw. $\overline{1}$ genau die Forderungen.

Für die Restklasse $\overline{a}$ ist $\overline{-a}$ additiv invers, da $\overline{a} + \overline{-a} = \overline{a - a} = \overline{0}$ ist.

Damit $\mathbb{Z}_m$ ein Körper wird, muss jetzt nur noch die Existenz von multiplikativ inversen Elementen für alle $\overline{a} \neq \overline{0}$ gesichert sein. Dann müsste gemäß der abgeleiteten Rechenregel (ii) aus Abschnitt 2.2 $\mathbb{Z}_m$ nullteilerfrei sein, das heißt, dass $\overline{a} \cdot \overline{b} = \overline{0}$ nur möglich ist, wenn mindestens einer der Faktoren $\overline{0}$ ist. Dies ist aber etwa in $\mathbb{Z}_4$ mit $\overline{a} = \overline{b} = \overline{2}$ nicht der Fall.

Ausgehend von diesem Beispiel können wir uns leicht überlegen, dass $\mathbb{Z}_m$ für ganze Zahlen m, die keine Primzahlen sind, stets Nullteiler besitzt, also kein Körper sein kann: Ist nämlich m keine Primzahl, so gibt es eine echte Zerlegung $m = k \cdot l$, in der k und l von m verschieden sind. Damit ist $\overline{0} = \overline{m} = \overline{k \cdot l} = \overline{k} \cdot \overline{l}$, $\overline{k}$ und $\overline{l}$ sind also Nullteiler in $\mathbb{Z}_m$. Nichtsdestoweniger besitzen auch in solchen $\mathbb{Z}_m$ manche Restklassen multiplikativ inverse Elemente, wie das Beispiel $\overline{3} \cdot \overline{3} = \overline{3 \cdot 3} = \overline{1}$ in $\mathbb{Z}_4$ zeigt (aber eben nicht alle, $\overline{2}$ besitzt keins).

Es ist richtig, wenn auch nicht ganz so leicht zu zeigen, dass umgekehrt für jede Primzahl m die Menge aller Restklassen $\mathbb{Z}_m$ einen Körper bildet. Es gilt der

Satz:

Für $m \in \mathbb{Z}$, $m \geq 2$, bezeichne $\mathbb{Z}_m$ die Menge aller Restklassen modulo m. Dann gilt:

(i) Bis auf das Axiom 2. (iv) (Existenz eines multiplikativ inversen Elements) erfüllt $\mathbb{Z}_m$ alle Körperaxiome (siehe Abschnitt 2.2); $\mathbb{Z}_m$ ist ein so genannter *kommutativer Ring mit Einselement*.

(ii) $\mathbb{Z}_m$ ist ein Körper $\Leftrightarrow$ m ist eine Primzahl.

Wir wollen nun für die Primzahl $m = 5$ die multiplikativ inversen Elemente in $\mathbb{Z}_5$ bestimmen. Für diese und andere Zwecke ist es hilfreich, zunächst so genannte *Verknüpfungstafeln* zu erstellen. Dabei werden in einer Tabelle alle möglichen Additions- bzw. Multiplikationsergebnisse dargestellt:

+	$\overline{0}$	$\overline{1}$	$\overline{2}$	$\overline{3}$	$\overline{4}$
$\overline{0}$	$\overline{0}$	$\overline{1}$	$\overline{2}$	$\overline{3}$	$\overline{4}$
$\overline{1}$	$\overline{1}$	$\overline{2}$	$\overline{3}$	$\overline{4}$	$\overline{0}$
$\overline{2}$	$\overline{2}$	$\overline{3}$	$\overline{4}$	$\overline{0}$	$\overline{1}$
$\overline{3}$	$\overline{3}$	$\overline{4}$	$\overline{0}$	$\overline{1}$	$\overline{2}$
$\overline{4}$	$\overline{4}$	$\overline{0}$	$\overline{1}$	$\overline{2}$	$\overline{3}$

$\cdot$	$\overline{0}$	$\overline{1}$	$\overline{2}$	$\overline{3}$	$\overline{4}$
$\overline{0}$	$\overline{0}$	$\overline{0}$	$\overline{0}$	$\overline{0}$	$\overline{0}$
$\overline{1}$	$\overline{0}$	$\overline{1}$	$\overline{2}$	$\overline{3}$	$\overline{4}$
$\overline{2}$	$\overline{0}$	$\overline{2}$	$\overline{4}$	$\overline{1}$	$\overline{3}$
$\overline{3}$	$\overline{0}$	$\overline{3}$	$\overline{1}$	$\overline{4}$	$\overline{2}$
$\overline{4}$	$\overline{0}$	$\overline{4}$	$\overline{3}$	$\overline{2}$	$\overline{1}$

Es ist etwa $\overline{1} + \overline{2} = \overline{3}$ (in der Additionstabelle 2. Zeile, 3. Spalte) oder $\overline{3} \cdot \overline{4} = \overline{2}$ (in der Multiplikationstabelle 4. Zeile, 5. Spalte). Die Kommutativität beider Verknüpfungen sieht man übrigens daran, dass die Verknüpfungstafeln symmetrisch bezüglich der Diagonalen von links oben nach rechts unten sind.

Die gesuchten multiplikativ inversen Elemente kann man aus der Multiplikationstabelle nun leicht ablesen, indem man schaut, wo sich $\overline{1}$ als Produkt ergibt: Es ist $\overline{1} = \overline{1} \cdot \overline{1} = \overline{2} \cdot \overline{3} = \overline{4} \cdot \overline{4}$; demnach sind $\overline{2}$ und $\overline{3}$ zueinander, $\overline{1}$ und $\overline{4}$ jeweils zu sich selbst invers. Das letzte Ergebnis gilt übrigens allgemein: Auch wenn m keine Primzahl ist, sind $\overline{1}$ und $\overline{m-1}$ zu sich selbst invers. Weisen Sie dies als Übungsaufgabe 18 selbst einmal nach.

Ist m eine Primzahl, also $\mathbb{Z}_m$ ein Körper, so kann man analog zu $\mathbb{R}$ eine Division von Restklassen einführen:

Wir erinnern uns daran, dass $\frac{a}{b} := a \cdot \frac{1}{b}$ definiert war, wobei $\frac{1}{b}$ das multiplikativ inverse Element zu b war. Demnach bedeutet zum Beispiel in $\mathbb{Z}_5$

$$\frac{\overline{4}}{\overline{3}} = \overline{4} \cdot \frac{\overline{1}}{\overline{3}} = \overline{4} \cdot \overline{2} = \overline{3} \quad \text{oder} \quad -\frac{\overline{2}}{\overline{4}} = -\overline{2} \cdot \frac{\overline{1}}{\overline{4}} = -\overline{2} \cdot \overline{4} = -\overline{3} = \overline{2},$$

da ja $\overline{2}$ zu $\overline{3}$ und $\overline{4}$ zu sich selbst invers ist. Weitere Beispiele für das Rechnen mit Restklassen finden Sie unter den anschließenden Übungsaufgaben.

Wir sehen also an der hier kurz behandelten Restklassenarithmetik, dass es auch andere wichtige Mengen gibt, in denen man genauso wie in $\mathbb{R}$ rechnen kann.

2.8 Übungsaufgaben

1. Vereinfachen Sie die folgenden Ausdrücke und geben Sie an, welche Werte die Variablen <u>nicht</u> annehmen dürfen:

(i) $\dfrac{3x^2 + 8y^2}{6xy} - \dfrac{x(4y - 5z)}{10yz} + \dfrac{4x - 5y}{10z} + \dfrac{y(3x - 2z)}{6xz}$

(ii) $\dfrac{3x + y}{2x^2 + 2xy} - \dfrac{x^2 + y^2}{2x^2y + 2xy^2} + \dfrac{2x - 5y}{4xy + 4y^2}$

(iii) $\dfrac{\dfrac{x + y}{x - y} - \dfrac{x^2 + y^2}{x^2 - y^2}}{\dfrac{x + y}{x - y} - \dfrac{x - y}{x + y}}$

(iv) $\dfrac{(2x - 2y)^m \cdot (3x + 3y)^n}{(4x^2 - 4y^2)^{m+n}}$

(v) $2\sqrt{(x - y)^2 + x^2} - \dfrac{(2x - y)^2}{\sqrt{2x^2 - 2xy + y^2}}$

2. Beweisen Sie – nur mit den Körperaxiomen und den schon in 2.2 bewiesenen Regeln – die für beliebige a, b, d, e (mit $d, e \neq 0$) gültigen Aussagen:

(i) $(-a) \cdot b = -ab$, insbesondere: $(-1) \cdot b = -b$ 　(ii) $a - (-b) = a + b$

(iii) $-(a + b) = -a - b$ 　(iv) $\dfrac{a}{d} \cdot \dfrac{b}{e} = \dfrac{ab}{de}$

3. Formen Sie die folgenden Ausdrücke so um, dass die Nenner rational werden:

(i) $\dfrac{3 + \sqrt{6}}{\sqrt{2} + \sqrt{3}}$ 　(ii) $\dfrac{7\sqrt{5} + 5\sqrt{3}}{5\sqrt{3} + 2\sqrt{5}}$ 　(iii) $\dfrac{\sqrt{3 - \sqrt{2}}}{\sqrt{3 + \sqrt{2}}}$

4. Vereinfachen Sie die folgenden Ausdrücke unter Benutzung der Definition des Logarithmus sowie der Logarithmengesetze und geben Sie an, welche Werte die vorkommenden Variablen haben dürfen (e bezeichnet dabei keine Variable, sondern die EULERsche Zahl):

(i) $\lg \sqrt{\dfrac{1}{10000}}$ (ii) $75 \cdot 10^{-2\lg 5}$ (iii) $(\lg 2)^2 + \lg 5 \cdot \lg 20$

(iv) $\left(1000^{\frac{1}{3}\lg 64}\right)^{-\frac{1}{2}}$ (v) $\ln(\sqrt[3]{e})^5$ (vi) $\ln \sqrt[3]{e^{5(\ln e^2 + \ln e)}}$

(vii) $\ln \sqrt{\dfrac{1}{\sqrt[4]{e^3}}}$ (viii) $\dfrac{1}{2}\ln\left(\dfrac{y}{x} + \sqrt{\dfrac{y^2}{x^2} - 1}\right) - \dfrac{1}{2}\ln \dfrac{1}{y - \sqrt{y^2 - x^2}} + \ln \sqrt{x}$

5. Berechnen Sie nur mit der Definition des Binomialkoeffizienten:

(i) $\dbinom{8}{5}$ (ii) $\dbinom{100}{98}$ (iii) $\dbinom{100}{2}$ (iv) $\dbinom{100}{100}$ (v) $\dfrac{\dbinom{n}{k+1}}{\dbinom{n}{k}}$ für $n \geq k$.

6. Beweisen Sie die für beliebige $n, k \in \mathbb{N}$ mit $n \geq k$ gültige Regel:

$$\binom{n}{k} = \binom{n}{n-k}.$$

Tipp: Setzen Sie $n = k + l$ mit $l \in \mathbb{N}$ und unterscheiden Sie $l = k$ und $l \neq k$.

7. Berechnen Sie durch Umformen der Summenzeichen die folgenden Ausdrücke, wobei die Formeln $\displaystyle\sum_{k=1}^{n} k = \dfrac{n(n+1)}{2}$ und $\displaystyle\sum_{k=1}^{n} k^2 = \dfrac{n(n+1)(2n+1)}{6}$ ohne Beweis benutzt werden können:

(i) $\displaystyle\sum_{k=10}^{25} (k+1)^2 - 2\sum_{k=12}^{28} (k-2)$ (ii) $\displaystyle\sum_{k=2}^{101} (k+2) + \sum_{k=4}^{103} (k-3)^2$

8. x und y seien reelle Zahlen mit $1 \leq |x| \leq 2$ und $-3 < y < -1$, ferner sei $A = 15xy - 5x^2$. Geben Sie unter Benutzung der Rechenregeln für den Absolutbetrag Abschätzungen nach oben und unten für $|A|$ an.

9. Formen Sie die Ausdrücke $(2x + 1)^4$ und $(x - y)^5$ mit dem binomischen Satz um.

10. Beweisen Sie durch vollständige Induktion über n die in Aufgabe 7 benutzte Summenformel

$$\sum_{k=1}^{n} k^2 = \frac{n(n+1)(2n+1)}{6}.$$

11. Beweisen Sie durch vollständige Induktion, dass $11^n - 6$ für alle $n \in \mathbb{N}$ durch 5 teilbar ist.

12. Beweisen Sie direkt (nicht mit Benutzung des binomischen Satzes wie in 2.4!), dass jede n-elementige Menge 2^n Teilmengen hat (für alle $n \in \mathbb{N}$).

13. Stellen Sie die komplexen Zahlen

$$z_1 = 3(1 + j) + 4(1 - j) + 2(1 + 2j)^2, \qquad z_2 = \frac{2j + (3 - 2j)^4 - j^2}{59},$$

$$z_3 = \frac{1 - j}{1 + 2j} + \frac{1 + 3j}{1 - 2j}, \qquad z_4 = \frac{3 + j}{2 - j} - \frac{1}{2}(1 + j)^2,$$

$$z_5 = \frac{(41 + 41j)(1 - 2j)(3 + 7j)}{(4 - 5j)(1 + 3j)^2}$$

möglichst einfach dar.

14. Geben Sie die EULERsche Darstellung der komplexen Zahlen

$$z_1 = 3 + 4j, \quad z_2 = 3 - \sqrt{3} \cdot j \quad \text{und} \quad z_3 = z_1 \cdot z_2$$

an.

15. Geben Sie für die komplexen Zahlen

$$z_1 = 6e^{\frac{\pi}{3}j}, \quad z_2 = 4e^{-\frac{3\pi}{4}j} \quad \text{und} \quad z_3 = e^{j}$$

die übliche Darstellung in Real- und Imaginärteil an.

16. Geben Sie die Verknüpfungstafeln für $\mathbb{Z}_6$ an. Lesen Sie daraus die jeweils zueinander additiv inversen Elemente ab. Welche Elemente aus $\mathbb{Z}_6$ besitzen multiplikativ inverse?

17. Betrachten Sie nun den Körper $\mathbb{Z}_7$. Ermitteln Sie durch Ausprobieren für alle $\overline{a} \neq \overline{0}$ die multiplikativ inversen Elemente. Berechnen Sie damit die Brüche

$$\frac{\overline{3}}{\overline{6}} \quad \text{und} \quad -\frac{\overline{2}}{\overline{5}}$$

und führen Sie an diesem Beispiel vor, dass die übliche Bruchrechnungsregel $\frac{a}{b} - \frac{c}{d} = \frac{ad - bc}{bd}$ auch für Restklassen modulo einer Primzahl gilt.

18. Beweisen Sie, dass in jedem $\mathbb{Z}_m$ (auch wenn m keine Primzahl ist!) $\overline{1}$ und $\overline{m - 1}$ zu sich selbst multiplikativ invers sind.

3 Gleichungen und Ungleichungen

Gleichungen und Ungleichungen sind Ihnen sicher in der Schule schon zu Genüge begegnet. Im ersten Abschnitt dieses Kapitels sollen noch einmal kurz Grundbegriffe wie Lösungsmenge und Äquivalenzumformungen erläutert werden. Der zweite Abschnitt behandelt dann Lösungsverfahren für verschiedene Typen von Gleichungen in einer Variablen, im dritten Abschnitt werden Lösungsverfahren für Gleichungssysteme umrissen. Auf Besonderheiten beim Umformen von Ungleichungen wird im vierten Abschnitt eingegangen, der letzte Abschnitt befasst sich mit komplexen Gleichungen.

3.1 Grundbegriffe

Eine *Gleichung* (*Ungleichung*) $G(U)$ ist eine Aussageform in einer oder mehreren Variablen. Häufig werden diese mit x, y, z oder mit $x_1, x_2, \ldots, x_n$ bezeichnet.

Die Variablen werden in der *Definitionsmenge D* zusammengefasst. Wichtig ist, dass D nur sinnvolle Elemente enthält, das heißt nur solche Elemente x, für die entscheidbar ist, ob die entstehende Aussage $G(x)$ bzw. $U(x)$ wahr oder falsch ist. In diesem Buch wird D meistens die größtmögliche sinnvolle Teilmenge der reellen Zahlen $\mathbb{R}$ sein.

Als *Lösungsmenge L* wird schließlich die Menge aller Elemente aus D bezeichnet, für die die Gleichung bzw. Ungleichung wahr wird. Wichtig hierbei ist, dass $L \subseteq D$ gilt.

Beispiel:
Es wird folgende Gleichung betrachtet:

$$\frac{4}{x} = 2 \tag{1}$$

Was ist eine mögliche Definitionsmenge? Zunächst ist klar, dass für Elemente aus {*Hund, Katze, Maus*} oder etwa einen Vektor aus dem $\mathbb{R}^3$ gar nicht entscheidbar ist, ob (1) wahr oder falsch wird. Das sind also keine sinnvollen Elemente.

Auch für $x = 0$ ist die linke Seite von (1) nicht definiert. Fordert man, dass D die größtmögliche sinnvolle Teilmenge von $\mathbb{R}$ ist, so erhält man $D = \mathbb{R} \setminus \{0\}$. Genauso gut könnte als Definitionsmenge jedoch zum Beispiel $D = \{3, 4, 2\pi\}$ angegeben sein.

Als Lösungsmenge von (1) ergibt sich $L = \{2\}$.

Wie kommt man auf die Lösungsmenge einer Gleichung bzw. Ungleichung? Normalerweise wird versucht, durch geeignete Umformungen eine äquivalente Gleichung bzw. Ungleichung zu erhalten, aus der sich die Lösungsmenge ablesen lässt, also zum Beispiel Aussageformen wie „$x = 3$", „$x < 2.5$" oder „$x \geq -\frac{1}{5}$". Dabei heißen zwei Glei-

https://doi.org/10.1515/9783110526868-003

chungen bzw. Ungleichungen *äquivalent*, wenn für jedes Element die entstehenden Aussagen äquivalent[1] sind, das heißt gleichzeitig wahr oder gleichzeitig falsch.

Äquivalenzumformungen bei Gleichungen sind etwa:

- **Addition** des gleichen Terms auf beiden Seiten;
- **Subtraktion** des gleichen Terms von beiden Seiten;
- **Multiplikation** beider Seiten mit dem gleichen Term **ungleich Null** (!);
- **Division** beider Seiten durch den gleichen Term **ungleich Null** (!);
- **Anwenden der gleichen bijektiven**[2] **Funktion** auf beide Seiten.

Dass obige Umformungen Äquivalenzumformungen sind, soll folgende Überlegung verdeutlichen:

Es sei eine beliebige Gleichung – etwa für reelle Zahlen – gegeben. Wenn nun „linke Seite der Gleichung" gleich „rechte Seite der Gleichung" sein soll, dann muss auch „linke Seite der Gleichung plus drei" gleich „rechte Seite der Gleichung plus drei" sein. Umgekehrt gilt auch: Ist „linke Seite der Gleichung plus drei" gleich „rechte Seite der Gleichung plus drei", so muss auch „linke Seite der Gleichung plus drei minus drei" gleich „rechte Seite der Gleichung plus drei minus drei" sein, also wieder „linke Seite der Gleichung" gleich „rechte Seite der Gleichung".

Wichtig bei dieser Überlegung war, dass die Addition von „drei" umkehrbar war. Ein Beispiel für eine nicht (immer) umkehrbare Umformung ist das Quadrieren beider Seiten, auf das weiter unten bei „Wurzelgleichungen" noch näher eingegangen wird.

Beispiele:

1.
$$2x - 1 = 0 \tag{2}$$

Da für jede reelle Zahl entscheidbar ist, ob (2) gilt, ist hier $D = \mathbb{R}$ als Definitionsmenge möglich. Um die Lösungsmenge ablesen zu können, wird (2) nun „nach x aufgelöst". Dazu wird erst auf beiden Seiten 1 addiert, dann durch 2 geteilt:

$$2x - 1 = 0$$
$$\Leftrightarrow \quad 2x - 1 + 1 = 0 + 1$$
$$\Leftrightarrow \quad 2x = 1$$
$$\Leftrightarrow \quad 2x : 2 = 1 : 2$$
$$\Leftrightarrow \quad x = \frac{1}{2}$$

Als Lösungsmenge erhält man also $L = \{\frac{1}{2}\}$.

---

1) zum Begriff „äquivalent" siehe auch die Definition im Abschnitt 1.1.
2) zum Begriff „bijektiv" siehe auch die Definition in Abschnitt 5.1.

2.
$$\frac{-6x + 3}{2x - 1} = 3 \qquad (3)$$

Da im Reellen die Division durch Null nicht definiert ist, darf im Bruch auf der linken Seite der Nenner nicht Null werden. Also erhält man $D = \mathbb{R} \setminus \{\frac{1}{2}\}$, da nach Beispiel (i) $2x - 1 = 0$ genau für $x = \frac{1}{2}$ erfüllt ist.

Um hier nach x auflösen zu können, muss erst einmal der Bruch „verschwinden". Dazu wird (3) auf beiden Seiten mit $2x - 1$ multipliziert. Dies ist eine Äquivalenzumformung, da nach Wahl für alle $x \in D$ gilt, dass $2x - 1 \neq 0$ ist. Man erhält als äquivalente Gleichung:

$$\frac{-6x + 3}{2x - 1} \cdot (2x - 1) = 3 \cdot (2x - 1)$$
$$\Leftrightarrow \quad -6x + 3 = 6x - 3$$

Nun wird „sortiert", indem durch geschickte Subtraktion alle Glieder mit „x" auf eine Seite, die Konstanten auf die andere Seite gebracht werden:

$$(-6x + 3) - 6x - 3 = (6x - 3) - 6x - 3$$
$$\Leftrightarrow \quad -12x = -6$$

Division beider Seiten durch -12 ergibt:

$$x = \frac{1}{2}$$

Die Gleichung (3) ist also genau dann erfüllt, wenn $x = \frac{1}{2}$ gilt, was aber nach Wahl von D nie gilt. Also erhält man $L = \varnothing$.

3.2 Typen von Gleichungen in einer Variablen

In diesem Abschnitt werden verschiedene Typen von Gleichungen in einer Variablen behandelt. Als erstes betrachten wir

Quadratische Gleichungen

In diesen Gleichungen kommt die Unbekannte x in zweiter Potenz als höchster Potenz, also als x^2, vor. Die einfachste quadratische Gleichung ist eine Gleichung der Form

$$x^2 = r, \text{ mit } r \in \mathbb{R} \quad \text{und} \quad D = \mathbb{R} \qquad (4)$$

Da „Radizieren auf beiden Seiten" nicht unbedingt eine Äquivalenzumformung ist und auch nicht stets definiert ist, muss man hier vorsichtiger vorgehen. Es ergibt sich, dass die Anzahl der Lösungen von (4) von r abhängt:

- Ist $r > 0$, so hat (4) genau die beiden Lösungen $x = \sqrt{r}$ und $x = -\sqrt{r}$, kurz $x = \pm\sqrt{r}$.
- Ist $r = 0$, so hat (4) genau die Lösung $x = 0$.
- Ist $r < 0$, so hat (4) keine Lösung.

Mit dieser Erkenntnis ist es nun auch möglich, allgemeine quadratische Gleichungen zu lösen.

Definition und Satz:

Seien $a \in \mathbb{R}^*$, $b, c \in \mathbb{R}$ und $D = \mathbb{R}$. Eine Gleichung der Form

$$ax^2 + bx + c = 0 \tag{5}$$

heißt *quadratische Gleichung*. Der Term $b^2 - 4ac$ wird als *Diskriminante* bezeichnet. Die quadratische Gleichung hat

- die beiden Lösungen $x_{1/2} = \dfrac{-b \pm \sqrt{b^2 - 4ac}}{2a}$, falls die Diskriminante echt positiv ist,
- die Lösung $x = -\dfrac{b}{2a}$, falls die Diskriminante Null ist und
- keine Lösung, falls die Diskriminante echt negativ ist.

Beweis:
Zum Beweis wird die Gleichung mit Hilfe der *quadratischen Ergänzung* nach x aufgelöst. Der Trick dabei ist, die Gleichung so umzuformen, dass auf der linken Seite ein Quadrat steht. Die einzelnen Schritte werden hinter dem „ | "-Zeichen angegeben.

$$ax^2 + bx + c = 0 \qquad | : a \text{ (Dies ist möglich, da } a \neq 0 \text{ ist!)}$$

$$\Leftrightarrow \quad x^2 + \frac{b}{a}x + \frac{c}{a} = 0 \qquad \left| + \left(\frac{b}{2a}\right)^2 \right.$$

$$\Leftrightarrow \quad x^2 + 2 \cdot x \cdot \frac{b}{2a} + \left(\frac{b}{2a}\right)^2 + \frac{c}{a} = \left(\frac{b}{2a}\right)^2 \qquad \left| - \frac{c}{a} \right.$$

$$\Leftrightarrow \quad \left(x + \frac{b}{2a}\right)^2 = \frac{b^2}{4a^2} - \frac{c}{a} \qquad \text{(binomische Formel!)}$$

$$\Leftrightarrow \quad \left(x + \frac{b}{2a}\right)^2 = \frac{b^2 - 4ac}{4a^2}$$

Setzt man nun $y := x + \dfrac{b}{2a}$ („*Substitution*") und $r := \dfrac{b^2 - 4ac}{4a^2}$, so erhält man $y^2 = r$, also eine einfache quadratische Gleichung wie in (4). Es fällt auf, dass der Zähler von r gerade die Diskriminante ist. Da der Nenner $4a^2$ positiv ist, ist r größer, kleiner oder gleich Null genau dann, wenn die Diskriminante größer, kleiner oder gleich Null ist.

Ist also die Diskriminante echt negativ, so hat $y^2 = r$ und damit (5) keine Lösung.

Ist die Diskriminante Null, so erhält man $y = 0$ und somit („*Rücksubstitution*")

$$x + \frac{b}{2a} = 0 \quad \Leftrightarrow \quad x = -\frac{b}{2a}$$

als einzige Lösung.

Ist die Diskriminante echt positiv, so erhält man die beiden verschiedenen Lösungen

$$y_{1/2} = \pm\sqrt{r} = \pm\sqrt{\frac{b^2 - 4ac}{4a^2}} = \pm\frac{\sqrt{b^2 - 4ac}}{|2a|}$$

Um $|2a|$ aufzulösen, müsste man nun eigentlich eine Fallunterscheidung nach dem Vorzeichen von a machen. Da jedoch für $y_{1/2}$ sowieso beide Vorzeichen gesucht sind, kann man in einer etwas großzügigen Schreibweise das Betragszeichen einfach weglassen. Man erhält nach Rücksubstitution:

$$x + \frac{b}{2a} = \pm\frac{\sqrt{b^2 - 4ac}}{2a} \quad \Leftrightarrow \quad x = \frac{-b \pm \sqrt{b^2 - 4ac}}{2a}$$

Übrigens: Die Lösung für den Fall, dass die Diskriminante Null ist, erhält man auch mit der Formel für den Fall der positiven Diskriminante. Die Unterscheidung wurde hier nur vorgenommen, um auf die unterschiedliche Anzahl der Lösungen hinzuweisen.

$\square$

Eine weitere Methode zum Lösen quadratischer Gleichungen in Spezialfällen ist Ihnen sicher aus der Schule noch unter dem Namen **Satz von Vieta** bekannt. Hat eine quadratische Gleichung die Form

$$x^2 + (b + c)x + bc = 0 \, ,$$

so lässt sie sich wegen $x^2 + (b + c)x + bc = (x + b) \cdot (x + c)$ auch als

$$(x + b) \cdot (x + c) = 0$$

darstellen. Da im Reellen wegen der Nullteilerfreiheit[3] ein Produkt genau dann Null ist, wenn einer der Faktoren Null ist, ist die Gleichung genau für $x+b = 0$ oder $x+c = 0$, also $x = -b$ oder $x = -c$ erfüllt.

Dieses Verfahren ist zwar reine „Glückssache", da die Lösungen einfach erraten werden müssen, aber manchmal – etwa bei „gutwillig" gestellten Übungsaufgaben – erspart man sich das Rechnen mit der Wurzel. Dazu noch ein

---

3) siehe dazu auch Abschnitt 2.2.

Beispiel:

Es wird die quadratische Gleichung $x^2 + 2x - 3 = 0$ untersucht. Mit Hilfe der Lösungsformel erhält man mit $a = 1$, $b = 2$ und $c = -3$

$$x_{1/2} = \frac{-2 \pm \sqrt{2^2 - 4 \cdot 1 \cdot (-3)}}{2 \cdot 1} = \frac{-2 \pm 4}{2}, \text{ also } x_1 = 1 \text{ und } x_2 = -3 \,.$$

Nun soll die Lösung mit Hilfe des Satzes von VIETA erraten werden. Hierzu eine Eselsbrücke: Zuerst schreibt man die Gleichung in der Form

$$(x \quad) \cdot (x \quad) = 0$$

Für die freien Stellen werden nun Zahlen gesucht, deren Produkt -3, nämlich c, und deren Summe 2, also b, ergeben. Diese Zahlen, hier -1 und $+3$, werden dann eingefügt, man erhält die Gleichung

$$(x - 1) \cdot (x + 3) = 0 \,.$$

Hier lassen sich die beiden Lösungen $x_1 = 1$ und $x_2 = -3$ leicht ablesen.

Gleichungen höheren Grades

Definition:

Sei $n \in \mathbb{N}$, $a_0, a_1, \ldots, a_n \in \mathbb{R}$, $a_n \neq 0$ und $D = \mathbb{R}$. Eine Gleichung der Form

$$a_n x^n + a_{n-1} x^{n-1} + \ldots + a_0 = 0, \text{ kurz } \sum_{k=0}^{n} a_k x^k = 0 \,,$$

heißt *Gleichung n-ten Grades*.

Für Gleichungen höheren Grades als zwei gibt es keine einfachen Lösungsverfahren mehr. Darüber hinaus ist bewiesen, dass es für Gleichungen mit Grad 5 oder höher keine *allgemeingültigen Lösungsverfahren* mehr geben kann. Hier helfen nur noch numerische *Näherungsverfahren*. Trotzdem lassen sich Aussagen über die Anzahl der Lösungen solcher Gleichungen treffen.

Satz:

(i) Eine Gleichung n-ten Grades hat höchstens n Lösungen.

(ii) Eine Gleichung ungeraden Grades (also $n = 1, 3, 5, \ldots$) hat mindestens eine Lösung.

Teil (i) dieses Satzes ist ein Satz aus der Algebra. Einen Hinweis zum Beweis liefert die Feststellung, dass man Lösungen einer Gleichung n-ten Grades mittels Polynomdivision[4] „herausdividieren" kann, wodurch sich der Grad der Gleichung stets um eins verringert. Dieses Verfahren wird weiter unten erklärt.

Teil (ii) dieses Satzes kann man sich über das Verhalten von Polynomfunktionen[5] im Unendlichen veranschaulichen. Fasst man die linke Seite einer Gleichung n-ten Grades als Polynomfunktion auf, so ist die Frage nach der Existenz von Lösungen gleichbedeutend mit der Frage nach der Existenz von Nullstellen einer Polynomfunktion. Da eine Polynomfunktion ungeraden Grades für $x \to \pm\infty$ stets einmal gegen $+\infty$ und einmal gegen $-\infty$ strebt und der Graph eine „durchgängige Kurve" darstellt, muss mindestens einmal die x-Achse durchquert werden, also mindestens eine Nullstelle vorliegen (siehe auch Abschnitt 7.3, Zwischenwertsatz).

Verfahren zum Lösen spezieller Gleichungen mit Grad > 2

(i) „Herausdividieren" bekannter Nullstellen
Es seien $n \in \mathbb{N}$ und $a_0, a_1, \ldots, a_n \in \mathbb{R}$ mit $a_n \neq 0$ gegeben. Des Weiteren sei durch ein Wunder – oder durch glückliches Raten! – eine Lösung x_1 der Gleichung

$$a_n x^n + a_{n-1} x^{n-1} + \ldots + a_0 = 0$$

bekannt. Ein Satz der Algebra[6] besagt, dass es Koeffizienten $b_0, b_1, \ldots, b_{n-1} \in \mathbb{R}$ gibt, so dass sich obige Gleichung wie folgt schreiben lässt:

$$(x - x_1) \cdot \left(b_{n-1} x^{n-1} + b_{n-2} x^{n-2} + \ldots + b_0 \right) = 0$$

Diese Koeffizienten erhält man beispielsweise durch Polynomdivision[7]. Man erhält nun eine Gleichung kleineren Grades, die man eventuell lösen kann.

Beispiel:
Durch systematisches Probieren ($x = 0, \pm 1, \pm 2, \ldots$) wurde herausgefunden, dass $x_1 = -1$ folgende Gleichung löst:

$$x^3 + 2x^2 + 2x + 1 = 0$$

Polynomdivision liefert $(x^3 + 2x^2 + 2x + 1) : (x - (-1)) = x^2 + x + 1$, man erhält als äquivalente Gleichung:

$$(x + 1) \cdot (x^2 + x + 1) = 0$$

---

4) Die Polynomdivision wird im Abschnitt 5.4 erklärt.
5) zu Polynomfunktionen siehe auch Abschnitt 5.4.
6) siehe dazu auch Abschnitt 5.4.
7) siehe dazu auch Abschnitt 5.4.

Da das Produkt auf der linke Seite nur Null wird, wenn einer der beiden Faktoren Null wird, sind die einzig möglichen weiteren Lösungen neben $x_1 = -1$ die Lösungen der quadratischen Gleichung $x^2 + x + 1 = 0$.

Da hier jedoch die Diskriminante $1^2 - 4 \cdot 1 \cdot 1 = -3$, also negativ ist, hat diese quadratische Gleichung keine Lösung. Man erhält also insgesamt $L = \{-1\}$.

Übrigens: Wie Sie vielleicht schon bemerkt haben, beruhen dieses Lösungsverfahren und der Satz von VIETA auf dem gleichen Prinzip, nämlich dem Ausklammern erratener Nullstellen. Dieses *Faktorisieren von Polynomen* kann auch bei anderen Rechnungen nützlich sein.

(ii) Das Substitutionsverfahren

Dieses Verfahren ist bei vielen Berechnungen hilfreich. Es eignet sich zum Beispiel auch zum Lösen von Gleichungen der Form

$$a_{n \cdot m} x^{n \cdot m} + a_{(n-1) \cdot m} x^{(n-1) \cdot m} + \ldots + a_m x^m + a_0 = 0 \text{ mit } n, m \in \mathbb{N} \, .$$

In dieser Gleichung vom Grad $m \cdot n$ kommt x nur in m-ter Potenz und Vielfachen dieser Potenz vor. Die Substitution $y := x^m$ führt zu folgender Gleichung:

$$a_{n \cdot m} y^n + a_{(n-1) \cdot m} y^{n-1} + \ldots + a_m y + a_0 = 0$$

Diese Gleichung n-ten Grades lässt sich nun vielleicht lösen, man erhält bis zu n Lösungen $y_1, \ldots, y_n$. Rücksubstitution in jedem einzelnen dieser Fälle führt auf die (höchstens) n Gleichungen $x^m = y_1, \ldots, x^m = y_n$, die nun einzeln nacheinander gelöst werden.

Beispiel:

Es sei die Gleichung

$$x^6 + 2x^3 - 3 = 0$$

gegeben. Die Substitution $y := x^3$ führt zu der oben bereits behandelten Gleichung

$$y^2 + 2y - 3 = 0$$

mit den Lösungen $y_1 = 1$ und $y_2 = -3$. Rücksubstitution führt nun zur Gleichung

$$x^3 = 1 \text{ mit der Lösung } x_1 = 1 \text{ und zu}$$
$$x^3 = -3 \text{ mit der Lösung } x_2 = -\sqrt[3]{3} \, .$$

Zu einer anderen Art von Gleichungen gehören die

Wurzelgleichungen

Damit sind Gleichungen gemeint, in denen die Variable x „unter der Wurzel" vorkommt, wie etwa in folgender Gleichung mit $D = [-1, \infty[$:

$$\sqrt{x+1} + 1 = x \tag{6}$$

Um hier nach x auflösen zu können, muss man irgendwie „die Wurzel loswerden". Dazu wird man um ein Quadrieren beider Seiten nicht herumkommen. Dieses ist jedoch keine Äquivalenzumformung. Es gilt zwar stets:

$$a = b \Rightarrow a^2 = b^2 \,,$$

zum Beispiel $3 = 3 \Rightarrow 3^2 = 3^2$. Die Umkehrung

$$a^2 = b^2 \Rightarrow a = b$$

gilt jedoch im Allgemeinen **nicht**, was man an folgendem Beispiel erkennt:

$$(-3)^2 = 3^2 \,, \text{ jedoch ist } -3 \neq 3 \,.$$

Für Wurzelgleichungen bedeutet dies: Wenn ein $x \in D$ die Wurzelgleichung lösen soll, dann muss es auch die Gleichung erfüllen, die entsteht, wenn beide Seiten quadriert werden. Die Lösungen dieser Gleichung können nun (eventuell) bestimmt werden und sind Kandidaten für die Lösungen der Wurzelgleichung. Um zu beweisen, dass die gefundenen Lösungen auch wirklich die Wurzelgleichung lösen, muss nun eine **Probe** gemacht werden. Dazu werden die Lösungen in die Wurzelgleichung eingesetzt. Entsteht eine wahre Aussage, so hat man eine Lösung gefunden, entsteht eine falsche Aussage, so vergisst man diese „Lösung" schnell wieder. **Diese Probe ist unerlässlich!!!**

Dieses Verfahren wird nun konkret am Beispiel der Gleichung (6) vorgeführt:

$$\sqrt{x+1} + 1 = x$$
$$\Leftrightarrow \quad \sqrt{x+1} = x - 1$$
$$\Rightarrow \quad (\sqrt{x+1})^2 = (x-1)^2$$
$$\Leftrightarrow \quad x + 1 = x^2 - 2x + 1$$
$$\Leftrightarrow \quad x^2 - 3x = 0$$
$$\Leftrightarrow \quad x \cdot (x-3) = 0 \tag{7}$$

Diese Gleichung hat die beiden Lösungen $x_1 = 0$ und $x_2 = 3$. Und nun die Probe:

(i) $x_1 = 0$: Die linke Seite von (6) wird zu $\sqrt{0+1} + 1 = 2$, die rechte Seite zu 0. Da $2 \neq 0$ ist, entsteht also eine falsche Aussage, $x_1 = 0$ ist keine Lösung.

(ii) $x_2 = 3$: Die linke Seite von (6) wird zu $\sqrt{3+1} + 1 = 3$, die rechte Seite zu 3. Diese Aussage ist wahr, also ist $x_2 = 3$ Lösung und $L = \{3\}$.

Noch einige Bemerkungen:

- Da stets beide Seiten der Gleichung insgesamt quadriert werden müssen (!), war der Schritt bei (7) hilfreich. Hätte man die Gleichung in der Form von (6) quadriert, wäre im gemischten Glied nach Anwendung der binomischen Formel

$$\left(\sqrt{x+1}+1\right)^2 = (x+1) + 2 \cdot \sqrt{x+1} + 1$$

  eine Wurzel stehen geblieben, man hätte also nichts gewonnen.
- Bei manchen Gleichungen, in denen mehrere Wurzeln vorkommen, muss man eventuell mehrmals quadrieren, damit alle Wurzeln verschwinden. Lassen Sie sich also nicht entmutigen!
- Obige Überlegungen lassen sich ähnlich auf Gleichungen übertragen, in denen Wurzeln anderer Ordnung, zum Beispiel vierter Ordnung, vorkommen.

Betragsgleichungen

Damit sind Gleichungen gemeint, in denen die Variable x innerhalb eines Betragszeichens vorkommt, wie etwa in folgender Gleichung mit $D = \mathbb{R}$:

$$|x^2 + x - 6| = |x - 1| \tag{8}$$

Zur Vereinfachung dieser Gleichung ist das erste Ziel, die Betragsstriche „loszuwerden". Zur Erinnerung hier noch einmal die Definition des Betrags einer reellen Zahl a:

$$|a| = \begin{cases} a \text{ falls } a \geq 0 \\ -a \text{ falls } a < 0 \end{cases}$$

Es ist also sinnvoll, eine **Fallunterscheidung** zu machen. Dazu wird der Definitionsbereich D in mehrere Teilbereiche unterteilt. Dort, wo der Ausdruck innerhalb der Betragsstriche positiv ist, kann man diese einfach weglassen. In dem Bereich, wo der Ausdruck innerhalb der Betragsstriche negativ ist, muss der gesamte Ausdruck noch mit -1 multipliziert werden. Da $|0| = -0 = 0$ gilt, ist es egal, zu welchem Bereich der Punkt gerechnet wird, an dem der Ausdruck innerhalb der Betragsstriche zu Null wird.

Die Fälle werden einzeln analysiert und die jeweils entstehende Gleichung gelöst. Alle für die jeweiligen Teilbereiche (!) erhaltenen Lösungen zusammengenommen bilden dann die Lösungsmenge L.

Dieses Verfahren wird nun anhand des Beispiels (8) vorgeführt. Zuerst wird also untersucht, in welchen Bereichen die Ausdrücke innerhalb der Betragszeichen welches Vorzeichen haben. Dazu folgende Tabelle:

Bereich	$x < -3$	$-3 \le x < 1$	$1 \le x < 2$	$2 \le x$
Vorzeichen von $x^2 + x - 6$	+	−	−	+
Vorzeichen von $x - 1$	−	−	+	+

Wie kommt man auf diese Einteilung der Bereiche? Leicht einsichtig ist, dass $x - 1$ bei $x = 1$ sein Vorzeichen wechselt, die Fälle $x < 1$ und $x \ge 1$ müssen also auf jeden Fall unterschieden werden. Der Term $x^2 + x - 6$ kann mit dem Wissen über quadratische Funktionen aus Abschnitt 5.3 untersucht werden, indem man den Ausdruck als Funktion in x auffasst. Der Graph von $x^2 + x - 6$ ist eine nach oben geöffnete Parabel, $x^2 + x - 6 < 0$ gilt also genau zwischen den Schnittpunkten mit der x-Achse. Diese so genannten Nullstellen, nämlich $x_1 = -3$ und $x_2 = 2$, lassen sich ermitteln, indem man die quadratische Gleichung $x^2 + x - 6 = 0$ löst. Die Graphen von $x - 1$ und $x^2 + x - 6$ sind in Bild 3.2.1 skizziert. Die jeweiligen Schnittpunkte mit der x-Achse stellen die Bereichsgrenzen dar.

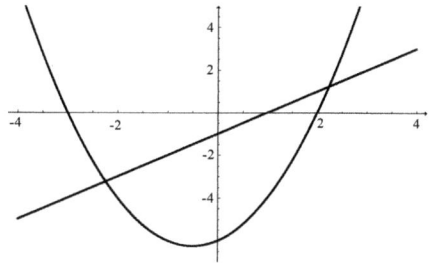

Bild 3.2.1: Die Graphen von $x - 1$ und $x^2 + x - 6$ **Bild 3.2.2:** Die Graphen von $|x - 1|$ und $|x^2 + x - 6|$

Nun folgt eine Fallunterscheidung für die Werte von x:

Fall 1: $x < -3$

Hier ist $x^2 + x - 6$ positiv, die Betragsstriche können also weggelassen werden und man erhält $|x^2 + x - 6| = x^2 + x - 6$. In diesem Bereich ist $x - 1$ jedoch negativ, beim Weglassen der Betragsstriche muss mit -1 multipliziert werden. Es ergibt sich $|x - 1| = (-1) \cdot (x - 1) = -x + 1$, so dass Gleichung (8) äquivalent ist zu

$$x^2 + x - 6 = -x + 1$$
$$\Leftrightarrow \quad x^2 + 2x - 7 = 0$$
$$\Leftrightarrow \quad x_{1/2} = \frac{-2 \pm \sqrt{4 + 28}}{2} = -1 \pm 2\sqrt{2} \qquad (9)$$

Dabei ist $x_1 = -1 + 2\sqrt{2} \approx 1.8284271\ldots > -3$, also nicht im untersuchten Bereich und daher hier keine Lösung; $x_2 = -1 - 2\sqrt{2} \approx -3.8284271\ldots < -3$ ist im Fall 1 die einzige Lösung.

Fall 2: $-3 \leq x < 1$

Beide Ausdrücke innerhalb der Betragsstriche sind negativ, Gleichung (8) ist in diesem Bereich äquivalent zu:

$$(-1) \cdot (x^2 + x - 6) = (-1) \cdot (x - 1)$$
$$\Leftrightarrow \quad -x^2 - x + 6 = -x + 1$$
$$\Leftrightarrow \quad x^2 = 5$$
$$\Leftrightarrow \quad x_{3/4} = \pm\sqrt{5} \approx \pm 2.2360679\ldots \tag{10}$$

In diesem Fall erhält man also nur die Lösung $x_4 = -\sqrt{5}$.

Fall 3: $1 \leq x < 2$

Mit Überlegungen analog zu oben wird Gleichung (8) äquivalent zu:

$$(-1) \cdot (x^2 + x - 6) = x - 1$$
$$\Leftrightarrow \quad x^2 + x - 6 = (-1)(x - 1)$$

Diese Gleichung ist also äquivalent zur Gleichung (9) aus Fall 1, diesmal liegt die Lösung $x_1 = -1 + 2\sqrt{2} \approx 1.8284271\ldots$ innerhalb des untersuchten Bereichs.

Fall 4: $2 \leq x$

Hier sind beide Ausdrücke innerhalb der Betragsstriche positiv, man erhält:

$$x^2 + x - 6 = x - 1$$
$$\Leftrightarrow \quad (-1) \cdot (x^2 + x - 6) = (-1) \cdot (x - 1)$$

Dieses entspricht Gleichung (10), die Lösung $x_3 = \sqrt{5}$ ist innerhalb des Bereichs von Fall 4 und damit Lösung von (8).

Fasst man die erhaltenen Lösungen zusammen, so ergibt sich als Lösungsmenge der ursprünglichen Gleichung:

$$L = \{-1 - 2\sqrt{2}, -\sqrt{5}, -1 + 2\sqrt{2}, \sqrt{5}\}$$

Übrigens: Man kann diese Lösungspunkte als die Schnittpunkte der Graphen der Funktionen $|x - 1|$ und $|x^2 + x - 6|$ interpretieren, die in Bild 3.2.2 skizziert sind. Man erhält diese Graphen aus den Graphen von $x - 1$ und $x^2 + x - 6$ (Bild 3.2.1), indem man die Bereiche unterhalb der x-Achse „nach oben klappt".

3.3 Gleichungssysteme

Unter einem *Gleichungssystem* versteht man ein System von mehreren – etwa m – Gleichungen mit üblicherweise mehreren – etwa n – Unbekannten, etwa $x_1, x_2, \ldots, x_n$ oder auch x, y, z.

Gleichungssysteme, in denen die einzelnen Variablen höchstens in erster Potenz, also linear, vorkommen – dabei sind auch keine Produkte der Unbekannten wie etwa $x \cdot y$ zugelassen – heißen *lineare Gleichungssysteme*. Eine ausführliche Lösungstheorie und Lösungsverfahren wie etwa die GAUSS-JORDAN-*Elimination* werden Ihnen im Rahmen eines „mathematisch angehauchten" Studiums noch begegnen, so dass an dieser Stelle auf eine ausführlichere Erläuterung verzichtet wird. Hier sollen ein paar grundsätzliche Hinweise zum Lösen von Gleichungssystemen genügen.

Kommen in einem Gleichungssystem n Variablen vor, für die die Definitionsbereiche $D_1, D_2, \ldots, D_n$ gelten, so ist der gesamte Definitionsbereich das Produkt der einzelnen Definitionsbereiche, nämlich $D = D_1 \times D_2 \times \ldots \times D_n$.

Bei der Ermittlung der Lösungsmenge ist zu beachten, dass die Lösung $(x_1, x_2, \ldots, x_n)$ **alle m Gleichungen** erfüllen muss.

Dabei kann es durchaus vorkommen, dass sich im Laufe der Umformungen eine Gleichung ergibt, die unlösbar ist, zum Beispiel $3 = 5$. In diesem Fall besitzt das gesamte Gleichungssystem keine Lösung.

Auf der anderen Seite kann es sich erweisen, dass ein Gleichungssystem *unterbestimmt* ist. In diesem Fall lassen sich keine eindeutigen Lösungen finden, sondern nur eine Abhängigkeit zwischen den Variablen feststellen.

Beispiel:
Bei einem Gleichungssystem mit $D = \mathbb{R}^2$ erhält man (nach Umformungen) folgende zwei Gleichungen:
$$\begin{cases} x + y = 3 \\ 0 = 0 \end{cases}$$

Da die zweite Gleichung stets erfüllt ist, erhält man als Lösungsmenge
$$L = \left\{ (x, y) \in \mathbb{R}^2 \mid y = 3 - x \right\}.$$

Diese kann man als Gerade im $\mathbb{R}^2$ interpretieren.

Wie formt man solche Gleichungssysteme um? Ein probates Mittel ist das so genannte **Einsetzungsverfahren:** Hierbei wird eine Gleichung nach einer Variablen, zum Beispiel x_1 aufgelöst. In allen anderen $m - 1$ Gleichungen wird dann der erhaltene Wert für x_1 eingesetzt. So hat man nun nur noch $m - 1$ Gleichungen mit $n - 1$ Unbekannten. Löst man nun die nächste Gleichung nach x_2 auf und setzt das Verfahren systematisch fort, so erhält man in jedem Schritt weniger Gleichungen mit weniger Unbekannten. Am Ende erhält man (eventuell) eine Gleichung (oder mehrere) mit nur noch einer Unbekannten – etwa x_n – die dann nach dieser Unbekannten aufgelöst wird. Diesen Wert kann man nun in die vorletzte Gleichung für x_{n-1} einsetzen und durch Fortsetzung sukzessive die Werte für alle Variablen bestimmen. Wichtig bei diesem Verfahren ist, dass **alle** Gleichungen berücksichtigt werden. Falls sich nämlich Widersprüche ergeben (siehe oben), ist das Gleichungssystem unlösbar.

Etwas vereinfachen lässt sich das Lösen eines Gleichungssystems häufig mit Hilfe des **Additionsverfahrens,** auf dem auch die oben bereits erwähnte GAUSS-JOR-DAN-Elimination beruht. Dabei wird das Vielfache einer Gleichung des Gleichungssystems zu einer anderen addiert, indem die beiden linken und die beiden rechten Seiten addiert werden. Bei einer geschickten Wahl der Gleichungen kann auf diese Weise erreicht werden, dass sich eine (oder mehrere) Unbekannte „herauskürzen". Dabei muss beachtet werden, dass pro Schritt jeweils **nur eine** Gleichung (bzw. ihr Vielfaches) zu den anderen addiert werden darf, da sonst das erhaltene Gleichungssystem eventuell nicht mehr äquivalent zum ursprünglichen ist.

Obige Überlegungen sollen an folgendem **Beispiel** demonstriert werden: Es sei das Gleichungssystem

$$\begin{cases} x^2 + x + y = 9 \\ 2x + 2y = 10 \end{cases} \tag{11}$$

mit $D = \mathbb{R}^2$ gegeben. Beim Einsetzungsverfahren wird nun die untere Zeile zum Beispiel nach y aufgelöst und in die obere eingesetzt:

$$\begin{cases} x^2 + x + (5 - x) = 9 \\ y = 5 - x \end{cases}$$

$$\Leftrightarrow \begin{cases} x^2 = 4 \\ y = 5 - x \end{cases}$$

Die erste Gleichung hat nun die Lösungen $x_1 = 2$ und $x_2 = -2$. Diese werden nun in die zweite Gleichung eingesetzt. Man erhält $y_1 = 3$ und $y_2 = 7$, die gesamte Lösungsmenge ist $L = \{(2, 3), (-2, 7)\}$.

Beim Additionsverfahren wird zum Beispiel das $(-\frac{1}{2})$-Fache der zweiten Zeile von System (11) zur ersten gezählt, so dass man erhält:

$$\begin{cases} x^2 = 4 \\ 2x + 2y = 10 \end{cases}$$

Der Rest geht dann weiter wie oben.

3.4 Ungleichungen

Für Ungleichungen gelten prinzipiell die gleichen Regeln wie für Gleichungen. Lediglich bei Multiplikation und Division ist Vorsicht geboten, da zum Beispiel

$$3 < 5 \Leftrightarrow -3 > -5$$

gilt.

Äquivalenzumformungen bei Ungleichungen sind etwa:

- **Addition** des gleichen Terms auf beiden Seiten der Ungleichung;
- **Subtraktion** des gleichen Terms von beiden Seiten der Ungleichung;
- **Multiplikation** beider Seiten mit dem gleichen Term **größer als Null**, in diesem Fall bleibt das Ungleichheitszeichen **unverändert**;
- **Division** beider Seiten durch den gleichen Term **größer als Null**, in diesem Fall bleibt das Ungleichheitszeichen **unverändert**;
- **Multiplikation** beider Seiten mit dem gleichen Term **kleiner als Null**, in diesem Fall wird das Ungleichheitszeichen **umgedreht**;
- **Division** beider Seiten durch den gleichen Term **kleiner als Null**, in diesem Fall wird das Ungleichheitszeichen **umgedreht**;
- **Anwenden** der gleichen **streng monoton steigenden Funktion**[8] auf beide Seiten, in diesem Fall bleibt das Ungleichheitszeichen **unverändert**;
- **Anwenden** der gleichen **streng monoton fallenden Funktion** auf beide Seiten, in diesem Fall wird das Ungleichheitszeichen **umgedreht**.

In der Natur von Ungleichungen liegt es, dass die Lösungsmenge in der Regel ganze Zahlbereiche sind, wie etwa bei folgender Ungleichung mit $D = \mathbb{R}$:

$$2x - 3 > x + 4 \quad \Leftrightarrow \quad x > 7$$

Als Lösungsmenge erhält man also $L = \{x \in \mathbb{R} | x > 7\} =]7, \infty[$.

Wie oben bereits erwähnt, muss man bei der Multiplikation der Seiten einer Ungleichung mit einem Term auf das Vorzeichen des Terms achten. Hier kann eventuell eine **Fallunterscheidung** vonnöten sein. Hierzu folgendes

Beispiel:
Im Definitionsbereich $D = \mathbb{R} \setminus \{2\}$ sei die Ungleichung

$$2 < \frac{2}{x - 2} \tag{12}$$

gegeben. Um die Ungleichung nach x auflösen zu können, muss hier mit $x - 2$ multipliziert werden. Das Vorzeichen von $x - 2$ hängt jedoch von x ab, deshalb folgende Fallunterscheidung:

Fall 1: $x - 2 > 0 \Leftrightarrow x > 2$
  In diesem Fall ist also $x - 2$ positiv, so dass (12) äquivalent ist zu:

$$2 \cdot (x - 2) < 2 \quad \Leftrightarrow \quad 2x - 4 < 2 \quad \Leftrightarrow \quad 2x < 6 \quad \Leftrightarrow \quad x < 3$$

---

8) Die Begriffe „streng monoton steigende Funktion" und „streng monoton fallende Funktion" werden in Abschnitt 5.1 definiert.

Es sei (sicherheitshalber) darauf hingewiesen, dass die Division durch 2 im letzten Schritt das Vorzeichen nicht ändert, da $2 > 0$ ist.

Bei der Lösung $x < 3$ ist zu beachten, dass sie nur für den Fall $x > 2$ gilt. Als Lösungsmenge L_1 erhält man also $L_1 = \,]2,3[$.

Fall 2: $x - 2 < 0 \Leftrightarrow x < 2$

Hier ist $x - 2$ negativ, (12) ist also äquivalent zu:

$$2 \cdot (x - 2) > 2 \quad \Leftrightarrow \quad 2x - 4 > 2 \quad \Leftrightarrow \quad 2x > 6 \quad \Leftrightarrow \quad x > 3$$

Hier lösen alle $x < 2$, für die $x > 3$ gilt, also gar keine, so dass $L_2 = \varnothing$ gilt. Als gesamte Lösungsmenge von (12) erhält man also $L = L_2 \cup L_1 = \,]2,3[$.

3.5 Komplexe Gleichungen

Mit *komplexen Gleichungen* sind Gleichungen mit Definitionsbereich $D \subseteq \mathbb{C}$ gemeint. Für diese gelten natürlich die gleichen Regeln wie für alle Gleichungen. In einigen Fällen ist jedoch ein Trick zum Lösen der Gleichung nötig, wie etwa bei folgender Gleichung mit

$$D = \mathbb{C} = \mathbb{R}^2: \quad z^2 = \mathrm{j} \tag{13}$$

Da „$\sqrt{\mathrm{j}}$" nicht ohne weiteres definierbar ist, kann man dieser Gleichung die Lösung nicht direkt ansehen. Weiter kommt man mit der Darstellung

$$z = x + y\mathrm{j} \text{ mit } x, y \in \mathbb{R} \,.$$

Setzt man diese Darstellung in (13) ein, erhält man folgende zu (13) äquivalente Gleichung mit **zwei Unbekannten:**

$$(x + y\mathrm{j})^2 = \mathrm{j}$$
$$\Leftrightarrow \quad (x^2 - y^2) + (2xy)\mathrm{j} = 0 + 1\mathrm{j}$$

Da zwei komplexe Zahlen genau dann gleich sind, wenn Realteile und Imaginärteile jeweils übereinstimmen, erhält man nun folgendes **Gleichungssystem:**

$$\begin{cases} x^2 - y^2 = 0 \\ 2xy = 1 \end{cases} \quad \Leftrightarrow \quad \begin{cases} x^2 = y^2 \\ 2xy = 1 \end{cases} \quad \Leftrightarrow \quad \begin{cases} |x| = |y| \\ 2xy = 1 \end{cases} \tag{14}$$

Aus der ersten Zeile kann man ablesen, dass x und y betragsmäßig übereinstimmen müssen, lediglich das Vorzeichen kann verschieden sein.

Fall 1: $x = y$

Setzt man nun gleich $x = y$ in die zweite Zeile von (14) ein, erhält man:

$$\begin{cases} x = y \\ 2y^2 = 1 \end{cases} \quad \Leftrightarrow \quad \begin{cases} x = y \\ y = \pm\frac{1}{2}\sqrt{2} \end{cases}$$

Setzt man die erhaltenen Lösungen in $z = x + yj$ ein, so erhält man die beiden Lösungen:

$$z_1 = \frac{1}{2}\sqrt{2} + \frac{1}{2}\sqrt{2}j \quad \text{und} \quad z_2 = -\frac{1}{2}\sqrt{2} - \frac{1}{2}\sqrt{2}j \,.$$

Fall 2: $x = -y$

Hier wird das System (14) äquivalent zu:

$$\begin{cases} x = -y \\ -2y^2 = 1 \end{cases}$$

Mit reellen y ist die untere Zeile nie lösbar, dieser Fall hat somit keine Lösung. Insgesamt erhält man also als Lösungsmenge $L = \left\{ \frac{1}{2}\sqrt{2} + \frac{1}{2}\sqrt{2}j, \ -\frac{1}{2}\sqrt{2} - \frac{1}{2}\sqrt{2}j \right\}$.

3.6 Übungsaufgaben

1. Lösen Sie folgende Gleichungen mit $D = \mathbb{R}$:

(i) $x^2 + 9x - 10 = 0$ (ii) $4x^2 + 6\sqrt{3}x - 12 = 0$

(iii) $x^2 + x + 10 = 0$ (iv) $3x^3 - 12x^2 - 75x + 84 = 0$

(v) $-\frac{1}{24}x^3 - \frac{5}{24}x^2 + \frac{1}{4}x + 1 = 0$ (vi) $x^4 + 4x^3 - 10x^2 - 28x - 15 = 0$

(vii) $3x^4 + 6x^2 + 10 = 0$ (viii) $-2x^{14} - 3x^7 + 13 = 0$

(ix) $4x^{12} - 12x^8 + 9x^4 - 2 = 0$

2. Gegeben sei die Gleichung $ax^2 + bx + c = 0$ mit $D = \mathbb{R}$, $a, b, c \in \mathbb{R}$. a sei positiv (negativ). Wie müssen die Vorzeichen von b und c gewählt sein, damit die Gleichung mindestens eine Lösung besitzt?

3. Wie muss $t \in \mathbb{R}$, $t \neq 0$, gewählt werden, damit die Gleichung $2tx^2 - 4x + 2t = 0$ für $D = \mathbb{R}$ in x (i) keine, (ii) genau eine, (iii) mehrere Lösungen besitzt? Wie sehen diese gegebenenfalls aus?

4. Beim freien Fall ohne Luftwiderstand gilt für die Fallstrecke s in Abhängigkeit von der Fallzeit t: $s = \frac{1}{2}gt^2$ ($g =$Erdbeschleunigung $\approx 9.81\,\text{ms}^{-2}$). Welche Strecke s hat ein Objekt 4 Sekunden nach Beginn des Falls zurückgelegt? Nach welcher Zeit t ist es 100 m weit gefallen?

5. Geben Sie für jede der folgenden Gleichungen den größtmöglichen reellen Definitionsbereich an und bestimmen Sie die jeweilige Lösungsmenge!

(i) $2x - 14 + \dfrac{22}{x+3} = 8 - \dfrac{4}{x+3}$ (ii) $\dfrac{1}{x+2} + \dfrac{2}{x-4} = 3$

(iii) $\dfrac{1}{x - \frac{1}{2}} + \dfrac{2}{x+5} = -\dfrac{11}{x^2 + \frac{9}{2}x - \frac{5}{2}}$ (Tipp: Faktorisieren Sie den rechten Nenner!)

6. Lösen Sie folgende Wurzelgleichungen! Was ist der jeweils größtmögliche reelle Definitionsbereich D?

(i) $\sqrt{x+5} + \sqrt{1-x} = \sqrt{4x+2}$ (ii) $\sqrt{5x+4} + \sqrt{3x+1} = \sqrt{16x+9}$

(iii) $\sqrt{x+2} - \sqrt{x-6} = \sqrt{x-3}$ (iv) $\sqrt{x+2} + \sqrt{x-3} = \sqrt{x-6}$

(v) $\sqrt{5x+5} - \sqrt{2x+4} = \sqrt{1-x}$

7. Lösen Sie folgende Betragsgleichungen mit $D = \mathbb{R}$!

(i) $|2x+4| = 3x - 1$ (ii) $|5x-6| = |x+3| + 2$

(iii) $|x^2 - 3| = 1$ (iv) $|x^2 - 4| = |3x - 6| - 6x$

8. Die folgenden Gleichungssysteme haben $D = \mathbb{R}^3$ bzw. $D = \mathbb{R}^2$. Geben Sie jeweils die Lösungsmenge an!

(i) $\begin{cases} 2x + 3y - 4z = -4 \\ 2x + 6y - z = 11 \\ -4x - 3y + 12z = 26 \end{cases}$ (ii) $\begin{cases} 3x + 3y + 6z = 15 \\ 2x + 6y + 8z = 18 \\ 2x + 2y + 4z = 10 \end{cases}$

(iii) $\begin{cases} 3x + 3y + 6z = 3 \\ 2x + 6y + 8z = 3 \\ 2x + 2y + 4z = 3 \end{cases}$ (iv) $\begin{cases} x^2 + y^2 = 5 \\ x + 2y = 0 \end{cases}$

9. Die Lösung des folgenden Gleichungssystems hängt vom Parameter $t \in \mathbb{R}$ ab. Geben Sie die Lösungsmenge in Abhängigkeit von t an!

$$\begin{cases} 6x + 3y + t^2 = 9t + 1 \\ 6x + 3y + 3t^2 = 9t + 3 \end{cases}$$

10. *Ein Familienrätsel*

Jean-Luc und William sind Geschwister und momentan zusammen 24 Jahre alt. Vor neun Jahren war Jean-Luc doppelt so alt wie William. Wie alt ist dieser jetzt? *Tipp:* Stellen Sie mit den vorliegenden Angaben ein Gleichungssystem auf und lösen Sie dieses. (*Zusatzfrage:* Wie alt ist Jean-Luc mit 60 Jahren?)

11. *Noch ein Familienrätsel*

Als Claudia und der zwei Jahre ältere Jochen ihre Tochter Ute bekamen, war Claudia 31 Jahre alt. Zusammen sind alle drei nun 100 Jahre alt. Vor wie vielen Jahren fand die Geburt statt?

12. *Unterbringungsprobleme*

Eine Jugendherberge mit neun Sechs-Bett-Zimmern ist voll belegt. Die Anzahl der männlichen Übernachtungsgäste übersteigt die Zahl der weiblichen Gäste, das Produkt beider Zahlen ist 720. Wie viele Damen übernachten in der Herberge?

13. Geben Sie zu folgenden Ungleichungen die Lösungsmenge L an. Was ist der jeweilige größtmögliche reelle Definitionsbereich D?

(i) $\dfrac{21x}{x-13} \geq -5$ (ii) $\dfrac{2}{x} < \dfrac{3}{4x}$ (iii) $\dfrac{1}{2x} < \dfrac{1}{3x} + \dfrac{1}{4}$

(iv) $\dfrac{2}{x-2} \leq \dfrac{1}{x+3}$ (v) $\dfrac{1}{(x+1)^2} \leq \dfrac{1}{(x-2)^2}$ (vi) $\dfrac{1}{x+1} < \dfrac{1}{x-1}$

(vii) $\dfrac{2x}{|x+3|} \leq 5$

14. Lösen Sie die folgenden komplexen Gleichungen! Was ist der größtmögliche komplexe Definitionsbereich D?

(i) $\dfrac{z-1}{z-2} = \dfrac{1+j}{2-j}$ (ii) $\dfrac{1}{z+1} = 3-j$

(iii) $\dfrac{z}{z-1} = 1-3j$ (iv) $\dfrac{17+19j}{z-2j} + \dfrac{65-5j}{z+2j} = \dfrac{64z+28j}{z^2+4}$

15. Bestimmen Sie alle Lösungen der folgenden komplexen Gleichungen, indem Sie die durch Einsetzen von $z = x + jy$ entstehenden reellen Gleichungen lösen:

(i) $z \cdot (\overline{z} - 1) = 9 + 3j$ (ii) $z \cdot \overline{z} = 5$ und $\dfrac{z}{\overline{z}} = \dfrac{3+4j}{5}$ gleichzeitig

16. Bestimmen und skizzieren Sie in der GAUSSschen Zahlenebene jeweils die Menge aller komplexen Zahlen z, die die folgenden Ungleichungen erfüllen:

(i) $0 < \operatorname{Re} z + \operatorname{Im} z < 2$ (ii) $|z - 2| < |2z - 1|$

4 Elementare Geometrie und Trigonometrie

Wir behandeln zuerst die wichtigen geometrischen Begriffe Kongruenz, Ähnlichkeit und Symmetrie. Unser Vorgehen dabei ist, dass wir diese Begriffe mit Hilfe bestimmter Abbildungen der Ebene beziehungsweise des Raumes definieren und genauer untersuchen. Anschließend werden die wichtigsten geometrischen Sätze, wie zum Beispiel der Strahlensatz, der Satz des PYTHAGORAS und der Satz des THALES behandelt. Zum Abschluss des Kapitels werden die trigonometrischen Funktionen erklärt und einige Beispiele dazu gerechnet.

4.1 Kongruenz und Ähnlichkeit

Wir wollen im Folgenden bestimmte Abbildungen der Ebene bzw. des Raumes genauer betrachten.

Definition:

Eine *Abbildung f* einer Ebene in sich ist eine Vorschrift, die jedem Punkt P der Ebene genau einen Bildpunkt $f(P)$ (in der gleichen Ebene) zuordnet. Eine Abbildung des Raumes ist analog definiert.

Wichtige Abbildungen in der Ebene:

a) **Drehung** um einen Punkt Z (Drehzentrum) um einen Winkel α (Drehwinkel) (siehe Bild 4.1.1)
Ist der Winkel α positiv, so wird im Gegenuhrzeigersinn gedreht (links herum), ist α negativ, dann im Uhrzeigersinn (rechts herum).
Eine Drehung hat genau einen Fixpunkt[1], nämlich das Drehzentrum.

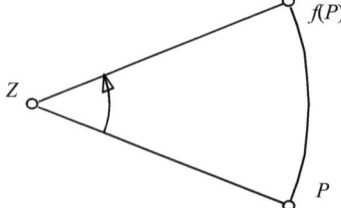

Bild 4.1.1: Drehung

---

1) Unter einem *Fixpunkt* versteht man einen Punkt P, der auf sich selbst abgebildet wird.

https://doi.org/10.1515/9783110526868-004

b) **Spiegelung** an einer Geraden (siehe Bild 4.1.2)

Es soll an der Geraden a (Spiegelachse) gespiegelt werden. Dazu fällt man von P aus das Lot l auf a und erhält den Lotfußpunkt F. $f(P)$ befindet sich genau gegenüber von P, also auf l mit $\overline{P, F} = \overline{f(P), F}$. Die Punkte der Achse a sind die Fixpunkte der Spiegelung. Spiegelt man zweimal an der gleichen Achse, so erhält man die identische Abbildung $id(P) = P$.

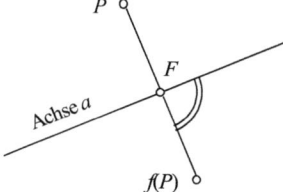

Bild 4.1.2: Spiegelung

c) **Schiebung** (siehe Bild 4.1.3)

Man verschiebt jeden Punkt der Ebene um einen bestimmten Betrag in eine bestimmte Richtung. Diese Größe, bestehend aus Betrag und Richtung, nennt man auch Schiebevektor, der nicht der Nullvektor sein soll.

Eine Schiebung hat keinen einzigen Fixpunkt.

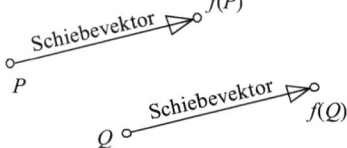

Bild 4.1.3: Schiebung

d) **Streckung** (siehe Bild 4.1.4)

Will man eine Figur der Ebene vergrößern oder verkleinern, dann benötigt man dazu eine Streckung. Eine Streckung wird bestimmt durch das Zentrum Z und einen Maßstabsfaktor $m > 0$.

Ist $m > 1$, so erhält man eine Vergrößerung, für $m < 1$ eine Verkleinerung. Eine Streckung, die nicht die Identität ist, hat genau einen Fixpunkt, nämlich ihr Zentrum.

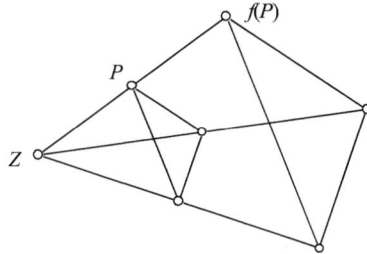

Bild 4.1.4: Streckung

e) **Beispiel einer affinen Abbildung** (siehe Bild 4.1.5; der allgemeine Affinitätsbegriff soll hier nicht näher erläutert werden)

Man benötigt eine Achse a und einen Faktor $m > 0$. Von P aus fällt man das Lot l auf a. Der Punkt $f(P)$ liegt auf l, und zwar auf der gleichen Seite wie P und hat von a den Abstand $m\cdot$ (Abstand von P zu a). Die Fixpunkte dieser Abbildung sind genau die Punkte von a. Das Bild einer Geraden g, $f(g)$, ist wieder eine Gerade, also keine krumme Linie. Allerdings werden die Figuren der Ebene jetzt irgendwie zusammengedrückt oder auseinander gezogen.

Achse a , Faktor $m = 0.5$ **Bild 4.1.5:** Affinität

Beispiele:

1. Wir wollen eine Drehung durch zwei Spiegelungen ersetzen. Gegeben sei also eine Drehung d mit Zentrum Z und Drehwinkel α.

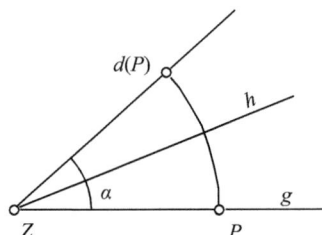

Bild 4.1.6: Drehungen und Spiegelungen

Wir betrachten einen Punkt P, der nach $d(P)$ gedreht wird. Als Spiegelgeraden wählen wir g und h (siehe Bild 4.1.6, h ist die Winkelhalbierende von α). Die Spiegelungen an den beiden Geraden bezeichnen wir ebenfalls mit g bzw. h. Die Hintereinanderausführung (Komposition) $h \circ g$ dieser beiden Spiegelungen (zuerst an g spiegeln, dann an h) ergibt dann die Drehung d, denn $h \circ g$ hat genau einen Fixpunkt, nämlich Z, und es ist $(h \circ g)(P) = d(P)$. Auf einen genauen Beweis wollen wir hier verzichten.

2. Wir wollen eine Schiebung durch zwei Spiegelungen ersetzen. Gegeben sei also eine Schiebung *s* durch den Schiebevektor v.

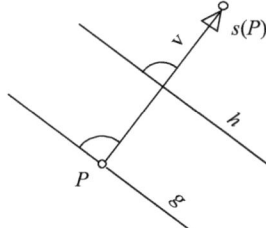

Bild 4.1.7: Schiebungen und Spiegelungen

Wir betrachten einen Punkt *P*, der nach *s*(*P*) abgebildet wird. Ferner sei *g* die Gerade durch *P*, senkrecht zum Schiebevektor v, und *h* die Parallele zu *g* durch die Mitte des Schiebevektors.

Es gilt dann: $s = h \circ g$ (zuerst an *g*, dann an *h* spiegeln).

Wir sehen sofort, dass $h \circ g$ keinen Fixpunkt hat und $(h \circ g)(P) = s(P)$ ist.

Wichtige Abbildungen im Raum:

a) **Drehung** um eine Achse um einen bestimmten Drehwinkel α.
b) **Schiebung:** Jeder Punkt wird in eine bestimmte Richtung um einen bestimmten Betrag verschoben.
c) **Spiegelung** an einer Ebene: Man fällt von einem Punkt *P* aus das Lot *l* auf die Spiegelebene *E*, erhält den Lotfußpunkt *F* und trägt den Abstand von *P* und *F* auf der gegenüberliegenden Seite ab.

Wir wollen noch kurz erklären, wie die mathematische Spiegelung an einer Ebene mit einer Spiegelung an einem wirklichen Spiegel zusammenhängt.

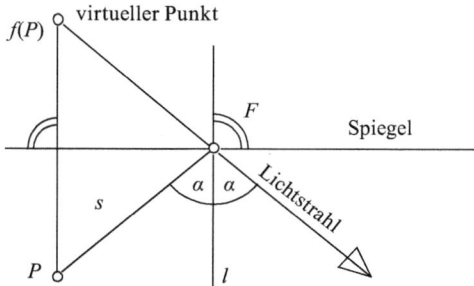

Bild 4.1.8: Mathematische Spiegelung und Spiegel

Von P geht ein Lichtstrahl s aus, trifft in F auf den Spiegel und wird reflektiert. In F errichten wir das Einfallslot l. Alle gezeichneten Konstruktionslinien befinden sich in der Ebene, die von P und l aufgespannt wird. Für den reflektierten Lichtstrahl gilt nach dem Reflexionsgesetz: Einfallswinkel = Ausfallswinkel. Jetzt spiegeln wir P im mathematischen Sinn an der Spiegelebene. Es entsteht der Bildpunkt $f(P)$, der auch als virtueller Punkt bezeichnet wird. Die Verbindungsstrecke von F und $f(P)$ ist nun genau die Verlängerung des reflektierten Lichtstrahls. Wenn wir also in den Spiegel schauen, dann betrachten wir die virtuellen Punkte. Was vor dem Spiegel ist, wird also im mathematischen Sinn an der Spiegelebene gespiegelt und diese gespiegelte Welt sehen wir beim Blick in den Spiegel.

Definition:

Eine Abbildung der Ebene oder des Raumes in sich heißt *Kongruenzabbildung* oder *Bewegung*, wenn sie die Abstände erhält.

Bezeichnen wir den Abstand zweier Punkte P und Q mit $d(P, Q)$, so ist offenbar f genau dann eine Bewegung, wenn $d(P, Q) = d(f(P), f(Q))$ für alle Punkte P, Q gültig ist.

Satz:

Für jede Bewegung gilt:

(i) Das Bild einer jeden Geraden ist wieder eine Gerade.
(ii) Winkel zwischen Geraden bleiben erhalten.

Auf den Beweis dieser wichtigen Aussagen wollen wir hier verzichten.

Definition:

Zwei Figuren der Ebene oder des Raumes heißen *kongruent*, wenn es eine Bewegung gibt, die sie aufeinander abbildet.

Wir wiederholen nun – ohne Beweis – den von der Schule her bekannten

Kongruenzsatz für Dreiecke:

Zwei Dreiecke sind genau dann kongruent, wenn sie

(i)   in drei Seiten übereinstimmen,
(ii) in zwei Winkeln und einer Seite übereinstimmen,
(iii) in zwei Seiten und dem eingeschlossenen Winkel übereinstimmen
(iv) oder in zwei Seiten und dem der größeren Seite gegenüber liegenden Winkel übereinstimmen.

Als Nächstes wollen wir uns überlegen, welche Bewegungen es in der Ebene überhaupt gibt. Anschaulich ist klar, dass Schiebungen, Drehungen und Spiegelungen Bewegungen sind. Ob es noch andere Bewegungen gibt, wissen wir vorerst noch nicht. Es gilt natürlich, dass auch die Hintereinanderausführung von Bewegungen wieder eine Bewegung ist. Durch Kombination der bekannten Bewegungen erhält man einen neuen Typ, nämlich die *Gleitspiegelung* oder „*Paddelung*" (siehe Bild 4.1.9). Spiegelung an a und anschließend Schiebung um einen Schiebevektor v parallel zu a ergibt eine „Paddelung". Man kann nun zeigen, dass jede Bewegung der Ebene eine Schiebung, Drehung, Spiegelung oder „Paddelung" ist.

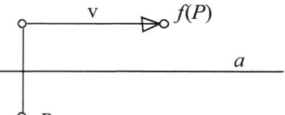

Bild 4.1.9: „Paddelung"

Betrachtet man die Bewegungen der Ebene noch genauer, so stellt man fest, dass es zwei Typen von Bewegungen gibt:

Typ 1: Die Bewegung ist in der Ebene real ausführbar. Zwei in diesem Sinn kongruente Dreiecke können durch Schieben und Drehen zur Deckung gebracht werden.

Typ 2: Die Bewegung ist in der Ebene nur abstrakt ausführbar. Zwei in diesem Sinn kongruente Dreiecke können durch Schieben und Drehen nicht zur Deckung gebracht werden (da sie spiegelverkehrt sind).

Zum Typ 1 gehören die Schiebungen und Drehungen,
zum Typ 2 die Spiegelungen und Paddelungen.

In Zusammenhang mit dem Kongruenzbegriff steht ein weiterer wichtiger Begriff, nämlich die *Symmetrie*. Eine Figur besitzt eine bestimmte Symmetrie, wenn es eine Bewegung gibt, welche die Figur auf sich abbildet.

Beispiel:
Wir überlegen, welche Symmetrien das in Bild 4.1.10 dargestellte Quadrat hat:

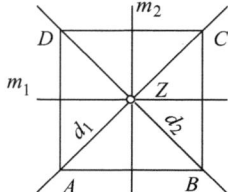

Bild 4.1.10: Symmetrien eines Quadrats

Im Einzelnen erhalten wir:

Spiegelungen an: $m_1, m_2\ d_1, d_2$ und
Drehungen um Z um die Winkel 90°, 180°, 270°.

Nimmt man noch die identische Abbildung hinzu, so ist die Menge dieser Abbildungen, bezüglich der Hintereinanderausführung, in sich abgeschlossen, das heißt: Führt man zwei dieser Symmetriebewegungen nacheinander aus, so ergibt sich eine der aufgezählten. So ergibt zum Beispiel $d_2 \circ d_1$, also die Spiegelung an d_1 und anschließend d_2, eine Drehung um 180°; eine Spiegelung an m_1 mit anschließender Drehung um 90° entspricht einer Spiegelung an d_1.

Definition:

> Eine Abbildung f der Ebene oder des Raumes heißt Ähnlichkeit, wenn es eine Konstante $k > 0$ gibt, so dass für je zwei Punkte P und Q gilt:

$$d(f(P), f(Q)) = k \cdot d(P, Q)$$

Für Ähnlichkeiten ist – genauso wie für Bewegungen – das Bild einer Geraden wieder eine Gerade; Winkel werden ebenfalls unverändert abgebildet.

Satz und Definition:

> Die Ähnlichkeiten sind genau die Abbildungen, die sich als Kombination einer Streckung mit einer Bewegung darstellen lassen.
>
> Figuren nennt man *ähnlich*, wenn es eine Ähnlichkeitsabbildung zwischen ihnen gibt.

Zwei Dreiecke sind also ähnlich, wenn sie in zwei Winkeln übereinstimmen. Genauso sind zwei Rechtecke ähnlich zueinander, wenn sie das gleiche Seitenverhältnis aufweisen. Je zwei Kreise oder je zwei Quadrate sind stets ähnlich.

Beispiel:
Parabeln können auf folgende Art definiert werden (siehe Bild 4.1.11):

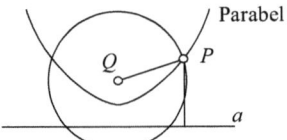

Bild 4.1.11: Parabel

Gegeben sind eine Gerade a und ein Punkt Q.

Ein Punkt P liegt auf der Parabel, wenn der Abstand von P zu Q genau so groß ist wie der Abstand von P zu a. Einzelne Parabelpunkte können sehr leicht mit Zirkel und Lineal konstruiert werden. Da die Form einer Parabel nur vom Abstand des Punktes Q von der Geraden a abhängt, sind sich je zwei Parabeln immer ähnlich.

4.2 Wichtige Sätze

Wir wollen nun einige wichtige aus der Schule bekannte Sätze aus der Elementargeometrie formulieren.

Strahlensatz:

Werden zwei vom Punkt Z ausgehende Strahlen von zwei parallelen Geraden geschnitten (vgl. Bild 4.2.1), so gilt für die Streckenstücke:

$$\frac{Z B_1}{Z A_1} = \frac{B_1 B_2}{A_1 A_2} = \frac{Z B_2}{Z A_2}.$$

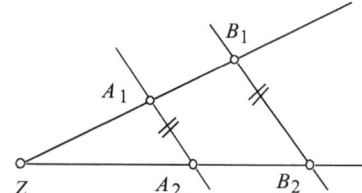

Die beiden markierten
Geraden sind parallel.

Bild 4.2.1: Strahlensatz

Zum Beweis betrachten wir die beiden Dreiecke $ZA_1 A_2$ und $ZB_1 B_2$, die wegen der Parallelität der markierten Geraden ähnlich zueinander sind. Sie unterscheiden sich also nur durch einen Maßstabsfaktor m. Also gilt:

$$ZB_1 = m \cdot ZA_1 \quad \text{und} \quad B_1 B_2 = m \cdot A_1 A_2, \text{ bzw.} \frac{Z B_1}{Z A_1} = m \quad \text{und} \quad \frac{B_1 B_2}{A_1 A_2} = m$$

Der zweite Teil der Behauptung folgt analog. Weitere Beziehungen wie $\dfrac{Z A_1}{A_1 B_1} = \dfrac{Z A_2}{A_2 B_2}$ erhalten wir durch elementare Umformungen.

$\square$

Satz:

Die Winkelsumme im Dreieck beträgt 180°.

Machen Sie sich zur Übung den Beweis selbst an Bild 4.2.2 klar.

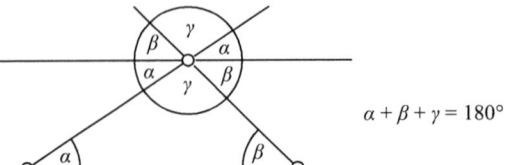

$$\alpha + \beta + \gamma = 180°$$

Bild 4.2.2: Winkelsumme im Dreieck

Bemerkung:

Misst man auf der Erde in einem großen Dreieck (Seitenlänge mehrere km) die Innen-winkel, und zwar als Horizontalwinkel (der Teilkreis ist horizontal ausgerichtet), so ergibt sich eine Winkelsumme von mehr als 180°. Der Grund dafür ist, dass man nicht die Winkel eines ebenen, sondern die Winkel eines sphärischen Dreiecks (Dreieck auf der Kugel) misst. Auf der Kugel wird die Rolle der Geraden von den Großkreisen über-nommen (die kürzeste Verbindung zweier Punkte auf der Kugel ist ein Großkreisbo-gen). Ein sphärisches Dreieck besteht also aus drei Punkten auf der Kugel und den zugehörigen Großkreisverbindungsbögen. Man kann zum Beispiel leicht sphärische Dreiecke mit drei rechten Winkeln finden.

Satz des Pythagoras:

Gegeben sei ein rechtwinkliges Dreieck mit den Katheten a, b und der Hypotenu-se c. Dann gilt: $a^2 + b^2 = c^2$.

Zum Beweis zeichnen wir ein Quadrat mit der Kantenlänge $a + b$. a und b tragen wir auf den Quadratseiten wie in Bild 4.2.3 angegeben ab. Dann zeichnen wir das innen liegende Viereck. Die vier kleinen Dreiecke (ARV usw.) sind kongruent. Damit hat das innen liegende Viereck vier gleich lange Seiten. Wegen $\alpha + \beta = 90°$ hat das innen liegende Viereck zudem vier rechte Winkel und ist also ein Quadrat. Die Seitenlänge des Quadrats bezeichnen wir mit c.

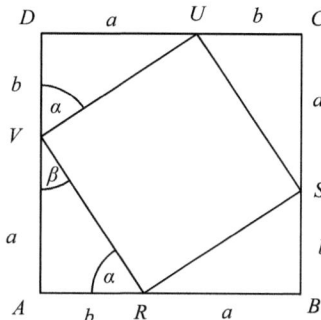

Bild 4.2.3: Satz des PYTHAGORAS

Die Fläche des großen Quadrats $(a + b)^2$ lässt sich auch als Summe der vier Dreiecks-flächen und der des innen liegenden Quadrats berechnen:

$$(a + b)^2 = c^2 + 4 \cdot \frac{1}{2} \cdot a \cdot b$$

$$a^2 + 2ab + b^2 = c^2 + 2ab$$

$$a^2 + b^2 = c^2$$

$\square$

Satz des THALES:

Gegeben sei eine Strecke AB mit Mittelpunkt M. Zeichnet man um M den Kreis mit dem Radius $R = MA$ (*Thaleskreis*), der also durch A und B geht (siehe Bild 4.2.4), und ist P ein beliebiger Punkt des Kreises, so ist der Winkel zwischen den Strecken PA und PB ein rechter.

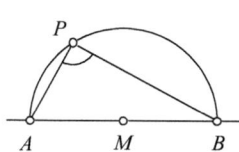

Bild 4.2.4: Thaleskreis

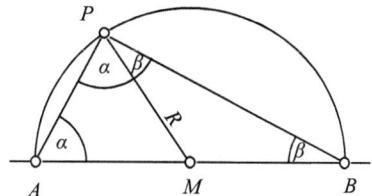

Bild 4.2.5: Satz des THALES

Der Thaleskreis hat den Radius $R = \frac{1}{2}AB$. Die Dreiecke MAP und MPB sind gleich-schenklig, haben also jeweils zwei gleiche Winkel. Da die Winkelsumme im Dreieck 180° beträgt, gilt damit im Dreieck ABP:

$$\alpha + (\alpha + \beta) + \beta = 180°$$

$$2(\alpha + \beta) = 180°$$

$$\alpha + \beta = 90°$$

4.3 Die Winkelfunktionen

Das üblichste Maß beim Messen von Winkeln ist das Gradmaß. Man teilt dabei den Kreis in 360 gleichlange Bogenstücke. Bezeichnung: 8 Grad = 8°. In der Mathematik misst man Winkel normalerweise aber im Bogenmaß.

Wir betrachten den Kreis mit Radius $R = 1$, den so genannten *Einheitskreis*. Die Größe des Winkels α im Bogenmaß ist die Länge des zugehörigen Bogens. Die Einheit des Bogenmaßes wird mit Radiant (rad) bezeichnet, bei der Angabe von Winkeln aber meistens einfach weggelassen. Da der Kreisumfang $2\pi R$ beträgt, ist z. B. $360° = 2\pi$ rad (oder einfach 2π) oder $90° = \frac{1}{2}\pi$. Als nützliche Merkregel für die Umrechnung von Grad- in Bogenmaß notieren wir:

$$° \mathrel{\hat=} \frac{\pi}{180}$$

Hat der Kreis einen beliebigen Radius, so gilt mit dem zum Winkel α gehörigen Bogen b:

$$\alpha = \frac{\text{Bogenlänge}}{\text{Radius}} = \frac{b}{R} \qquad \text{oder } b = R \cdot \alpha$$

Als Anwendungsbeispiel überlegen wir, wie lange der Bogen ist, der zu einem Radius von 1000 m und einem Winkel von $\alpha = 0.1°$ gehört:

$$0.1° \text{ entspricht } \frac{\pi}{180} \cdot 0.1 = 0.001745$$
$$\Rightarrow b = R \cdot \alpha = 1000\,\text{m} \cdot 0.001745 = 1.745\,\text{m}$$

Gibt man einen Winkel im kartesischen Koordinatensystem an, so gelten folgende Vereinbarungen:

Die x-Achse zeigt in Richtung 0°. Ist α positiv, so wird der Winkel im Gegenuhrzeigersinn (links herum) eingetragen, bei negativem α im Uhrzeigersinn.

$$\text{Es gilt also zum Beispiel:} \quad -40° = 320°$$
$$400° = 40° = -320°$$

Definition von Sinus und Kosinus eines Winkels α:
Dazu tragen wir den Winkel α wie oben beschrieben in ein Koordinatensystem ein. Der erste Winkelschenkel ist dabei die x-Achse, der zweite Winkelschenkel schneidet den Einheitskreis im Punkt P (mit Koordinaten x und y). Wir definieren nun:

$$\cos \alpha = x \qquad \text{(Kosinus von } \alpha\text{)}$$
$$\sin \alpha = y \qquad \text{(Sinus von } \alpha\text{)}$$

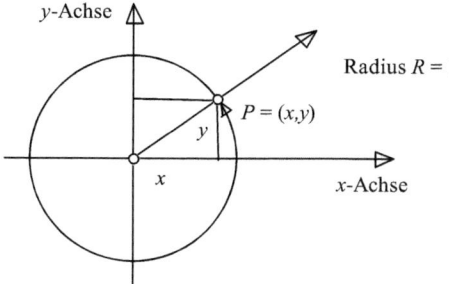

Bild 4.3.1: Sinus und Kosinus

Jedem Winkel wird auf diese Weise ein Sinus- und ein Kosinuswert zugeordnet (siehe Bild 4.3.1).

Betrachten wir die gleiche Situation bei einem Kreis mit Radius $R \neq 1$, so gilt:

$$\cos \alpha = \frac{x}{R} \quad \text{und} \quad \sin \alpha = \frac{y}{R}$$

Die Sinus- und Kosinuswerte liegen tabelliert vor (oder kommen aus dem Taschenrechner), wobei wir bis jetzt natürlich noch nicht wissen, wie man diese Winkelfunktionen berechnet.

Die wichtige Formel $(\sin \alpha)^2 + (\cos \alpha)^2 = 1$ folgt unmittelbar aus der Definition und dem Satz von PYTHAGORAS. Weiter überlegt man sich leicht die Vorzeichen der Winkelfunktionen in den vier Quadranten.

Quadrant	1	2	3	4
Sinus	+	+	−	−
Kosinus	+	−	−	+

Auch von der Richtigkeit folgender Formeln kann man sich leicht mit Hilfe von Bild 4.3.1 selbst überzeugen:

$$\sin(-\alpha) = -\sin \alpha \quad ; \quad \cos(-\alpha) = \cos \alpha$$
$$\sin(\alpha + 180°) = -\sin \alpha \quad ; \quad \cos(\alpha + 180°) = -\cos \alpha$$

Die dritte wichtige Winkelfunktion ist der Tangens. Zu dessen Definition tragen wir den Winkel α wieder in das xy-Koordinatensystem ein. Auf dem zweiten Winkelschenkel wählen wir einen beliebigen Punkt P, der die Koordinaten x und y habe (siehe Bild 4.3.2). Dann ist $\tan \alpha = \frac{y}{x}$ (Tangens von α).

Überlegen Sie selbst (mit Hilfe des Strahlensatzes), dass die Definition von $\tan \alpha$ nicht von der Wahl von P (auf dem zweiten Winkelschenkel) abhängt. Offensichtlich ist der Tangens nicht definiert für die Winkel 90° und 270°, da dann 0 im Nenner steht. Weiter gilt:

$$\frac{\sin \alpha}{\cos \alpha} = \frac{y}{R} : \frac{x}{R} = \frac{y \cdot R}{R \cdot x} = \frac{y}{x} = \tan \alpha$$

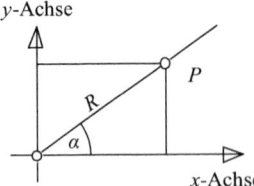

Bild 4.3.2: Der Tangens eines Winkels

Die Definition der drei Winkelfunktionen kann man sich besonders gut mit Hilfe eines rechtwinkligen Dreiecks merken.

$$\sin \alpha = \frac{\text{Gegenkathete}}{\text{Hypotenuse}} \qquad \cos \alpha = \frac{\text{Ankathete}}{\text{Hypotenuse}} \qquad \tan \alpha = \frac{\text{Gegenkathete}}{\text{Ankathete}}$$

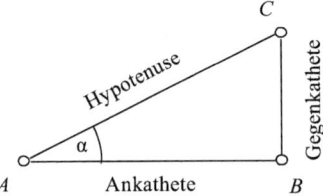

Bild 4.3.3: Winkelfunktionen im rechtwinkligen Dreieck

Bei trigonometrischen Berechnungen werden häufig die folgenden beiden Sätze verwendet:

Sinussatz und Kosinussatz:

In einem beliebigen Dreieck gilt (Bezeichnungen gemäß Bild 4.3.4):

$$\textbf{Sinussatz}: \quad \frac{a}{\sin \alpha} = \frac{b}{\sin \beta} = \frac{c}{\sin \gamma}$$

$$\textbf{Kosinussatz}: \quad c^2 = a^2 + b^2 - 2\,ab\cos\gamma$$
$$b^2 = c^2 + a^2 - 2\,ca\cos\beta$$
$$a^2 = b^2 + c^2 - 2\,bc\cos\alpha$$

Ist γ ein rechter Winkel, also $\cos\gamma = 0$, so ergibt sich der Satz des PYTHAGORAS als Spezialfall. Der Kosinussatz heißt deshalb auch verallgemeinerter Satz des PYTHAGORAS.

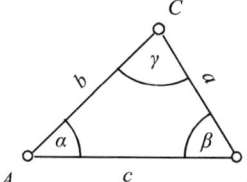

Bild 4.3.4: Zu Sinussatz und Kosinussatz

Beispiel: Turmhöhenmessung

Um die Höhe eines Turmes wie in Bild 4.3.5 dargestellt zu bestimmen, benötigt man den Vertikalwinkel δ und die Strecke s. Die Strecke s kann man jedoch normalerweise nicht direkt messen. Deshalb wird s über einen Umweg bestimmt.

Man misst die Strecke b und die beiden Horizontalwinkel α und β (wie im Grundriss in Bild 4.3.6 skizziert). Daraus kann man s berechnen.

Zahlenbeispiel: $b = 100\,\text{m}, \alpha = 60°, \beta = 40°, \delta = 38°$
$$\gamma = 180° - (60° + 40°) = 80°$$

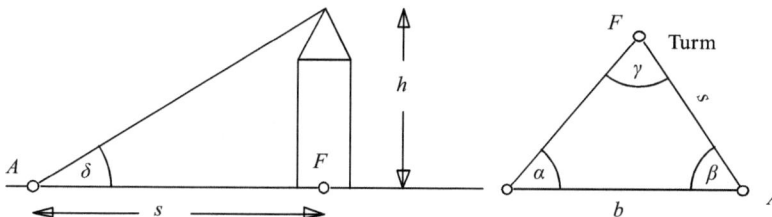

Bild 4.3.5: Turmhöhenmessung   **Bild 4.3.6:** Turmhöhenmessung, Grundriss

Mit dem Sinussatz folgt:

$$\frac{s}{\sin\alpha} = \frac{b}{\sin\gamma}$$

$$\Rightarrow \quad s = \frac{\sin\alpha}{\sin\gamma} \cdot b = \frac{\sin 60°}{\sin 80°} \cdot 100 = 87.94\,[\text{m}]$$

$$\tan\delta = \frac{h}{s} \quad \Rightarrow \quad h = s \cdot \tan\delta = 87.94 \cdot \tan 38° = 68.71\,[\text{m}]$$

Sehr nützlich für das Rechnen mit Winkelfunktionen sind die so genannten

Additionstheoreme:

Für beliebige Winkel α, β gilt:

$\sin(\alpha + \beta) = \sin\alpha\cos\beta + \sin\beta\cos\alpha$

$\cos(\alpha + \beta) = \cos\alpha\cos\beta - \sin\alpha\sin\beta$

Aus diesen elementaren Beziehungen lassen sich entsprechende Formeln für die Differenz zweier Winkel oder den doppelten Winkel, aber auch Formeln wie

$$\sin \alpha + \sin \beta = 2 \sin \frac{\alpha + \beta}{2} \cdot \cos \frac{\alpha - \beta}{2}$$

oder ähnliche ableiten. Werfen Sie einmal einen Blick in Ihre Formelsammlung!

Mit Hilfe solcher Formeln kann man so genannte trigonometrische Gleichungen lösen.

Beispiele:
1. Man bestimme alle Winkel x im Intervall $[0, 2\pi[$ mit $\cos x + \sin x = 1$. Durch Quadrieren der Gleichung erhalten wir:

$$\underbrace{\cos^2 x + \sin^2 x}_{=1} + 2 \cos \sin x = 1 \quad \Rightarrow \quad \cos x \sin x = 0$$

$$\Rightarrow \quad x = 0°, 90°, 180°, 270°$$

Diese vier Winkel kommen also als Lösungen in Frage. Da das Quadrieren jedoch keine Äquivalenzumformung (vgl. Kapitel 3) ist, ist die Probe unerlässlich. Diese ergibt, dass nur $x = 0°$ und $x = 90°$ Lösungen sind.

2. Wir wollen die Formel $\tan 2x = \dfrac{2 \tan x}{1 - \tan^2 x}$ beweisen. Dazu benutzen wir die Beziehung $\tan \alpha = \dfrac{\sin \alpha}{\cos \alpha}$ sowie die Additionstheoreme und erhalten:

$$\tan 2x = \frac{\sin 2x}{\cos 2x} = \frac{2 \sin x \cos x}{\cos^2 x - \sin^2 x} = \frac{2 \frac{\sin x \cos x}{\cos^2 x}}{\frac{\cos^2 x - \sin^2 x}{\cos^2 x}} = \frac{2 \tan x}{1 - \tan^2 x}$$

4.4 Übungsaufgaben

1. Was ergibt sich für eine Bewegung, wenn man zuerst eine Drehung um das Zentrum Z mit dem Drehwinkel $\alpha = 30°$ ausführt und anschließend an einer Geraden g durch Z spiegelt?

2. Für ein gleichseitiges Dreieck und ein Rechteck gebe man alle Symmetrien an. Außerdem berechne man alle Verknüpfungen (Hintereinanderausführungen) von je zwei Symmetrien. Die Ergebnisse fasse man in Form einer Verknüpfungstafel zusammen.

3. Man beweise (mit den Bezeichnungen aus Bild 4.4.1) die folgenden beiden Sätze:

Kathetensatz: $a^2 = q \cdot c$ und $b^2 = p \cdot c$
Höhensatz: $h^2 = p \cdot q$

4. Zwischen zwei Eishockeyspielern A und B steht ein gegnerischer Spieler G, so dass A den Puck über die Bande zu B spielt. Es ist $a = 2.5$ m und $b = 6.5$ m. Wie groß ist der Abstand d der beiden Spieler A und B, wenn der Puck im Winkel von 42° auf die Bande trifft?

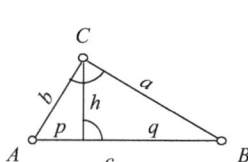

Bild 4.4.1: Zu Aufgabe 3 (Höhen-, Kathedensatz)   **Bild 4.4.2:** Zu Aufgabe 4 (Eishockey)

5. Bei der Landvermessung gibt es ein so genanntes trigonometrisches Netz. Das zu vermessende Gebiet wird mit einem Festpunktnetz überzogen. Dann werden sämtliche Dreieckswinkel und eine Dreieckseite gemessen. Daraus kann man alle übrigen Dreieckseiten berechnen.

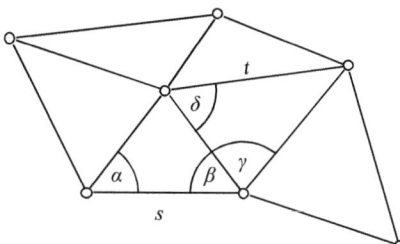

Bild 4.4.3: Trigonometrisches Netz

Dieses Verfahren zur Festpunktbestimmung verwendete man deshalb, weil man früher Winkel wesentlich besser als Strecken messen konnte. Heutzutage kann man mit Hilfe von elektrischen Entfernungsmessgeräten auch Strecken schnell und genau messen.

Gemessen wurden:

$$s = 10\,\text{km}, \ \alpha = 50°, \ \beta = 60°, \ \gamma = 40°, \ \delta = 50°$$

Gesucht ist die Strecke t.

5 Elementare Funktionen

Dieses Kapitel beschäftigt sich mit speziellen Zuordnungen zwischen Mengen, die als Funktionen bezeichnet werden. Im ersten Abschnitt werden dazu Grundbegriffe behandelt, die Ihnen größtenteils schon aus der Schule bekannt sein werden. In den darauf folgenden Abschnitten werden Typen von reellwertigen Funktionen einer Veränderlichen betrachtet, wie etwa lineare Funktionen im zweiten und quadratische Funktionen im dritten Abschnitt. Eine Verallgemeinerung auf ganzrationale Funktionen und gebrochen rationale Funktionen wird im vierten Abschnitt durchgeführt. Der fünfte Abschnitt handelt dann von Potenz- und Wurzelfunktionen, der sechste von den trigonometrischen Funktionen. Im siebten Abschnitt, in dem Exponential- und Logarithmusfunktionen besprochen werden, führen wir auch die hyperbolischen Funktionen ein, die Ihnen wohl eher neu sein werden.

5.1 Grundbegriffe bei Funktionen

Am Anfang dieses Abschnitts soll der Begriff der Funktion eingeführt werden.

Definition:

Eine *Funktion* oder *Abbildung* f ist gegeben durch Angabe

- eines *Definitionsbereichs* M,
- eines *Zielbereichs* N und
- einer *Zuordnungsvorschrift*, mit der jedem Element $x \in M$ eindeutig ein Element $y \in N$ zugeordnet wird.

Man schreibt $f: M \to N$ und sagt: „f geht von M nach N."

M heißt häufig auch *Quellbereich*, die Elemente $x \in M$ werden *Argumente* genannt.

Ein Element $y \in N$, das einem $x \in M$ zugeordnet wird, nennt man *Funktionswert von x*, *Wert von x* oder *Bild von x* (*unter f*) und bezeichnet es als $y = f(x)$, sprich „f von x". Man schreibt auch $x \mapsto y$, sprich „x wird abgebildet auf y".

x heißt dann auch *Urbild von y*.

Die Menge W_f aller Bilder unter f, also $W_f = \{y \in N \mid \exists\, x \in M: y = f(x)\}$ wird *Wertebereich* oder *Wertemenge* genannt. W_f ist eine (häufig echte) Teilmenge des Zielbereichs N.

Die Menge $\mathbb{G}_f := \{(x, y) \in M \times N \mid y = f(x)\}$ wird als *Graph von f* bezeichnet.

https://doi.org/10.1515/9783110526868-005

Die meisten dieser Begriffe kennen Sie sicher noch aus der Schule. Auf die Zuordnungsvorschrift sollte jedoch noch einmal genauer eingegangen werden:

Eine Funktion zeichnet sich dadurch aus,

(i) dass jedem Wert aus M ein Wert zugeordnet wird, also

$$\forall x \in M \exists y \in N : y = f(x) \, ,$$

(ii) und dass das einem Argument zugeordnete Bild eindeutig bestimmt ist, also

$$\forall y_1, y_2 \in N : ((\exists x \in M : x \mapsto y_1 \wedge x \mapsto y_2) \Rightarrow y_1 = y_2) \, .$$

Dazu folgende **Beispiele:**

1. Sei M die Menge aller Münchner, N die Menge aller Autos. Mit der Zuordnung „Jedem Münchner sein Auto!" lässt sich sicher keine Funktion konstruieren, da es gewiss Münchner ohne Auto gibt, zum Beispiel die Münchner Kinder. Also ist Bedingung (i) verletzt.

Ändert man nun den Quellbereich M in „Menge aller Münchner, auf die ein Auto zugelassen ist", so führt die Zuordnung „Jedem Münchner sein Auto!" noch immer zu keiner Funktion, da die Eindeutigkeit nicht gegeben ist: Es gibt zweifelsohne Münchner, auf die zwei oder mehrere Autos zugelassen sind, Bedingung (ii) ist also nicht erfüllt.

Mit der noch weiter gehenden Einschränkung von M als „Menge aller Münchner, auf die genau ein Auto zugelassen ist" lässt sich nun eine Funktion mit der Zuordnungsvorschrift „Jedem Münchner wird sein Auto zugeordnet." konstruieren. Hierbei sei übrigens darauf hingewiesen, dass in diesem Fall der Wertebereich W eine echte Teilmenge des Zielbereichs N ist, da es bei Erstellung dieses Buches mindestens ein Auto gibt, das nicht auf einen Münchner zugelassen ist.

2. Häufig werden Zuordnungsvorschriften durch Rechenvorschriften angegeben, wie etwa $f(x) := x + 2$ mit $M = N = \mathbb{R}$. Hier wird also jedem Argument eindeutig der Wert „Argument plus zwei" zugeordnet.

3. Es sei $M = N = \mathbb{R}$ und $f(x) := \frac{1}{x}$. Durch diese Zuordnung ist jedoch keine Funktion gegeben, da für $x = 0$ kein Bild definiert ist, also Bedingung (i) verletzt ist. Hier muss entweder der Definitionsbereich geändert werden oder für $x = 0$ ein Wert gesondert definiert werden. Dadurch entstehen dann natürlich unterschiedliche Funktionen.

Injektivität, Surjektivität und Bijektivität

Definition:

(i) Eine Abbildung $f: M \to N$ heißt *surjektiv*, wenn jedes Element des Zielbereichs mindestens ein Urbild hat, also Wertebereich und Zielbereich übereinstimmen: $\forall y \in N \exists x \in M: f(x) = y$

(ii) Eine Abbildung $f: M \to N$ heißt *injektiv*, wenn gleiche Bilder gleiche Urbilder haben: $\forall x_1, x_2 \in M: (f(x_1) = f(x_2) \Rightarrow x_1 = x_2)$

(iii) Eine Abbildung $f: M \to N$ heißt *bijektiv* oder *umkehrbar*, wenn sie injektiv und surjektiv ist.

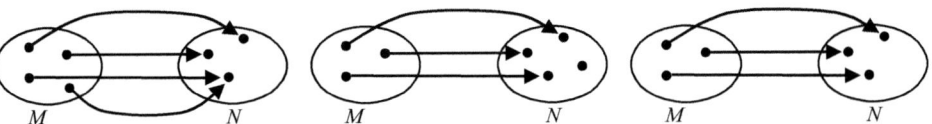

Bild 5.1.1: Surjektive Abbildung   **Bild 5.1.2:** Injektive Abbildung   **Bild 5.1.3:** Bijektive Abbildung

Diese Definitionen erscheinen den meisten, die sie zum ersten Mal sehen, recht unpraktisch und umständlich. Tatsächlich aber sind sie wichtig und sinnvoll; das zeigt folgender

Satz:

Sei $f: M \to N$ eine bijektive Funktion. Dann existiert eine bijektive Funktion $f^{-1}: N \to M$ mit $\forall x \in M: f^{-1}(f(x)) = x$ und $\forall y \in N: f(f^{-1}(y)) = y$. Diese Funktion wird *Umkehrfunktion* genannt.

Beweis:
Wir wollen $f^{-1}: N \to M$ folgendermaßen definieren: Ein $y \in N$ soll auf dasjenige $x \in M$ mit $f(x) = y$ abgebildet werden. Ist dieses f^{-1} nun eine Funktion, das heißt, erfüllt die Zuordnungsvorschrift oben beschriebene Bedingungen?

(i) Gilt $\forall y \in N \exists x \in M: x = f^{-1}(y)$, das heißt, wird jedem $y \in N$ ein Funktionswert zugeordnet? Ja, da f surjektiv ist, besitzt jedes $y \in N$ unter f ein Urbild, auf das $y \in N$ nun abgebildet werden kann.

(ii) Gilt $\forall x_1, x_2 \in M: ((\exists y \in N: y \mapsto x_1 \wedge y \mapsto x_2) \Rightarrow x_1 = x_2)$, das heißt, kann jedem $y \in N$ ein eindeutiges Bild unter f^{-1} zugeordnet werden? Ja, da f injektiv ist, lässt sich das Urbild eines Elements des Wertebereichs von f eindeutig bestimmen. Also kann jedem $y \in N$ über f^{-1} ein eindeutiges $x \in M$ zugeordnet werden.

f^{-1} ist also tatsächlich eine Funktion. Dass außerdem $\forall x \in M\colon f^{-1}(f(x)) = x$ und $\forall y \in N\colon f(f^{-1}(y)) = y$ gilt, kann leicht nachgerechnet werden. Nun bleibt noch zu zeigen, dass f^{-1} bijektiv ist.

Ist f^{-1} surjektiv, das heißt, gilt $\forall x \in M\,\exists y \in N\colon f^{-1}(y) = x$? Dass diese Aussage stimmt, lässt sich zeigen, indem man sich ein beliebiges $x \in M$ vorgibt. Die Frage ist, ob dieses x ein Urbild unter f^{-1} in N hat. Betrachtet man nun $f(x) \in N$ und berücksichtigt, dass $f^{-1}(f(x)) = x$ gilt, so wird klar, dass $f(x)$ das gesuchte Urbild ist.

Ist f^{-1} injektiv, das heißt, gilt $\forall y_1, y_2 \in N\colon (f^{-1}(y_1) = f^{-1}(y_2) \Rightarrow y_1 = y_2)$? Zum Beweis dieser Eigenschaft seien $y_1, y_2 \in N$ gegeben mit $f^{-1}(y_1) = f^{-1}(y_2)$. Definiere $x := f^{-1}(y_1)$. Nach Definition von f^{-1} ist $x = f^{-1}(y_1)$ genau dann erfüllt, wenn $f(x) = y_1$ ist. Des Weiteren ist $f^{-1}(y_2) = f^{-1}(y_1) = x$ genau dann richtig, wenn $f(x) = y_2$ ist. Also gilt $y_1 = f(x) = y_2$, und damit ist f^{-1} injektiv.

Insgesamt ist f^{-1} surjektiv und injektiv, also bijektiv. $\qquad\qquad\qquad\square$

Bemerkung:
Da f^{-1} bijektiv ist, besitzt f^{-1} nach obigem Satz wieder eine Umkehrfunktion; diese ist, wie man leicht einsieht, wieder f.

Definition:

Seien $f\colon M \to N$ und $g\colon N \to O$ Abbildungen. Die Abbildung $g \circ f$, die durch die Zuordnungsvorschrift $(g \circ f)(x) := g(f(x))$ definiert ist, wird *Komposition, Verknüpfung* oder *Verkettung von g und f* genannt.

Beispiel:
Sei $f\colon \mathbb{R} \to \mathbb{R},\, x \mapsto x^2$, und $g\colon \mathbb{R} \to \mathbb{R},\, x \mapsto x + 2$. Dann ist $\forall x \in \mathbb{R}$:

$$f \circ g(x) = (x + 2)^2 \quad \text{und} \quad g \circ f(x) = x^2 + 2\,.$$

Wir sehen also, dass die Komposition von zwei Abbildungen im Allgemeinen nicht kommutativ ist, man muss also die Reihenfolge beachten.

Monotonie

Häufig werden Funktionen mit reellem Quell- und Zielbereich betrachtet. Da, wie in Kapitel 2 geschildert, $\mathbb{R}$ eine Anordnung besitzt, machen wir nun folgende

Definition:

Seien $M \subseteq \mathbb{R}$ und $N \subseteq \mathbb{R}$ Mengen, $f : M \to N$ eine Funktion.

(i) f heißt *monoton steigend* $\Leftrightarrow$ $\forall x, y \in M : x < y \Rightarrow f(x) \leq f(y)$

(ii) f heißt *monoton fallend* $\Leftrightarrow$ $\forall x, y \in M : x < y \Rightarrow f(x) \geq f(y)$

(iii) f heißt *streng monoton steigend* $\Leftrightarrow$ $\forall x, y \in M : x < y \Rightarrow f(x) < f(y)$

(iv) f heißt *streng monoton fallend* $\Leftrightarrow$ $\forall x, y \in M : x < y \Rightarrow f(x) > f(y)$

Statt „steigend" kann in obiger Definition auch der Begriff „*wachsend*" verwendet werden.

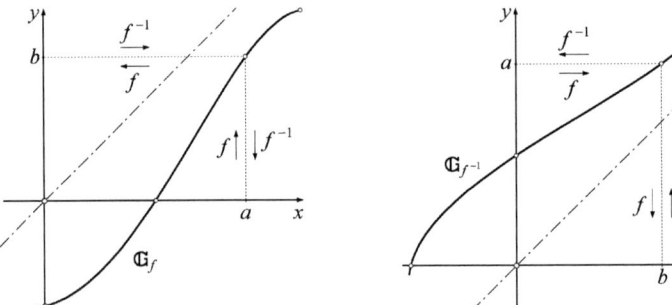

Bild 5.1.4: Graphen einer streng monoton wachsenden Funktion und ihrer Umkehrfunktion

In Bild 5.1.4 ist eine streng monoton wachsende Funktion dargestellt, die eine Umkehrfunktion besitzt. Dabei fällt Ihnen vielleicht auf, dass der Graph der Umkehrfunktion gerade dem an der Winkelhalbierenden des Koordinatensystems gespiegelten Graphen der ursprünglichen Funktion entspricht. Dies ist immer so und hängt damit zusammen, dass bei Bildung der Umkehrfunktion quasi x- und y-Wert, also x- und y-Achse, vertauscht werden, was einer Spiegelung an der Winkelhalbierenden entspricht.

Dass die streng monoton wachsende Funktion aus Bild 5.1.4 eine Umkehrfunktion besitzen muss, besagt folgender

Satz:

Seien $M \subseteq \mathbb{R}$ und $N \subseteq \mathbb{R}$ Mengen, $f: M \to N$ eine streng monoton wachsende (fallende) Funktion.

Dann ist die auf den Wertebereich nachbeschränkte[1] Funktion $\tilde{f}$ umkehrbar, und die Umkehrfunktion ist ebenfalls streng monoton wachsend (fallend).

Beweis:

Zuerst wird nachgewiesen, dass $\tilde{f}$ bijektiv ist. Da durch die Nachbeschränkung Wertebereich und Zielbereich von $\tilde{f}$ übereinstimmen, ist $\tilde{f}$ surjektiv. Es bleibt noch die Injektivität zu zeigen, also $\forall x_1, x_2 \in M: \left(\tilde{f}(x_1) = \tilde{f}(x_2) \Rightarrow x_1 = x_2 \right)$. Dazu seien $x_1, x_2 \in M$ gegeben mit $\tilde{f}(x_1) = \tilde{f}(x_2)$. Nun muss gezeigt werden, dass dann zwingend $x_1 = x_2$ ist.

Dazu wird angenommen, dass $x_1 \neq x_2$ ist und dieses zum Widerspruch geführt. Ohne Einschränkung der Allgemeingültigkeit des Beweises kann weiterhin davon ausgegangen werden, dass $x_1 < x_2$ ist. Dann gilt aber wegen der strengen Monotonie von f, dass $\tilde{f}(x_1) = f(x_1) < f(x_2) = \tilde{f}(x_2)$ (bei streng monoton wachsendem f) bzw. $\tilde{f}(x_1) = f(x_1) > f(x_2) = \tilde{f}(x_2)$ (bei streng monoton fallendem f) ist, auf jeden Fall ist $\tilde{f}(x_1) \neq \tilde{f}(x_2)$, was im Widerspruch zu $\tilde{f}(x_1) = \tilde{f}(x_2)$ steht. Also muss $x_1 = x_2$ sein.

Es bleibt noch zu zeigen, dass die Umkehrfunktion $\tilde{f}^{-1}$ das gleiche Monotonieverhalten besitzt wie f beziehungsweise $\tilde{f}$. Hier wird nur der Fall, dass f streng monoton wächst, untersucht, der Fall der fallenden Funktion f geht analog und bleibt Ihnen zur Übung überlassen...

Seien also f beziehungsweise $\tilde{f}$ streng monoton wachsend und y_1 und y_2 Elemente des Wertebereichs von f mit $y_1 < y_2$. Insbesondere ist $y_1 \neq y_2$ und somit, da $\tilde{f}^{-1}$ injektiv ist, $\tilde{f}^{-1}(y_1) \neq \tilde{f}^{-1}(y_2)$. Wäre nun $\tilde{f}^{-1}(y_1) > \tilde{f}^{-1}(y_2)$, dann gälte wegen der Monotonie von $\tilde{f}$ die Beziehung $y_1 = \tilde{f}(\tilde{f}^{-1}(y_1)) > \tilde{f}(\tilde{f}^{-1}(y_2)) = y_2$ im Widerspruch zu $y_1 < y_2$. Also muss $\tilde{f}^{-1}(y_1) < \tilde{f}^{-1}(y_2)$ gelten, und damit steigt $\tilde{f}^{-1}$ streng monoton. $\square$

---

1) Sei W der Wertebereich von f. Unter „auf den Wertebereich nachbeschränkte Funktion $\tilde{f}$" versteht man die Funktion $\tilde{f}: M \to W, \tilde{f}(x) := f(x)$. Sie hat das gleiche Monotonieverhalten wie f.

Beschränktheit und Symmetrieverhalten

Ein weiterer Begriff, der bei Funktionen mit reellem Zielbereich eine Rolle spielt, ist der Begriff der **Beschränktheit**, dazu folgende

Definition:

Seien $A \subseteq \mathbb{R}$ und $B \subseteq \mathbb{R}$ Mengen, $f : A \to B$ eine Funktion.

(i) f heißt *nach oben beschränkt*, wenn es eine Zahl $M \in \mathbb{R}$ gibt, so dass alle Funktionswerte unterhalb dieses M bleiben, anders ausgedrückt:
$\exists M \in \mathbb{R} \forall x \in A : f(x) \leq M$.

(ii) f heißt *nach unten beschränkt*, wenn es eine Zahl $m \in \mathbb{R}$ gibt, so dass alle Funktionswerte oberhalb dieses m bleiben, anders ausgedrückt:
$\exists m \in \mathbb{R} \forall x \in A : f(x) \geq m$.

(iii) f heißt *beschränkt*, wenn f nach oben und nach unten beschränkt ist. Äquivalent dazu ist die Formulierung $\exists M \in \mathbb{R} \forall x \in A : |f(x)| \leq M$.

(iv) f heißt *unbeschränkt*, wenn f nicht beschränkt ist. In Kurzschreibweise ausgedrückt bedeutet dies: $\forall M \in \mathbb{R} \exists x \in A : |f(x)| \geq M$.

Bei dieser Definition sollte beachtet werden, dass die Begriffe sich nicht unbedingt gegenseitig ausschließen. So gibt es zum Beispiel quadratische Funktionen (siehe Abschnitt 5.3), die nach unten beschränkt und gleichzeitig unbeschränkt sind. Dies liegt daran, dass die Definition „nach oben beschränkt" und „nach unten beschränkt" nur Sinn macht, wenn auf dem Zielbereich eine Ordnung[2] definiert ist. Die Definition der „Beschränktheit" von Funktionen lässt sich auch auf Zielbereiche ausdehnen, wo den Elementen Beträge oder Längen zugewiesen werden können, zum Beispiel $\mathbb{C}$.

In der Schule werden Sie vermutlich schon öfter das **Symmetrieverhalten** von Funktionen untersucht haben. Dazu folgende

Definition:

Seien $M, N \subseteq \mathbb{R}$ und eine Funktion $f : M \to N$ gegeben. M habe die Eigenschaft, dass für alle $x \in M$ auch $-x \in M$ gilt. Dann heißt die Funktion f

- *gerade,*   falls $\forall x \in M : f(x) = f(-x)$ ist,
- *ungerade,*   falls $\forall x \in M : f(x) = -f(-x)$ ist.

Die Forderung an M im Vorspann dieser Definition stellt sicher, dass der Definitionsbereich von f symmetrisch (bezüglich 0) ist.

---

[2] siehe dazu auch Abschnitt 2.1.

In Bild 5.1.5 ist der Graph einer geraden Funktion skizziert. Dieser ist stets *achsensymmetrisch* bezüglich der *y*-Achse, was in der Forderung $\forall x \in M : f(x) = f(-x)$ begründet ist: „Geht" man von 0 um *x* nach rechts, so erhält man den gleichen Funktionswert, als wenn man von 0 um *x* nach links „geht".

Gemäß einer analogen Argumentation ist der Graph einer ungeraden Funktion *punktsymmetrisch* bezüglich des Ursprungs (0, 0), siehe dazu Bild 5.1.6.

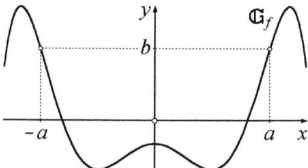 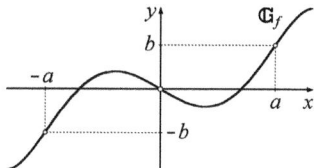

Bild 5.1.5: Skizze einer geraden Funktion   **Bild 5.1.6:** Skizze einer ungeraden Funktion

5.2 Lineare Funktionen

Definition:

> Seien $m \in \mathbb{R}^*$, $t \in \mathbb{R}$. Die Funktion $f : \mathbb{R} \to \mathbb{R}, x \mapsto mx + t$, heißt *lineare Funktion* oder *ganzrationale Funktion ersten Grades*.
>
> Der Faktor *m* wird *Steigung* genannt.
>
> Die Funktion $f : \mathbb{R} \to \mathbb{R}, x \mapsto t$ heißt *konstante Funktion*.

Wie Sie sicher bereits aus der Schule wissen, sind die Graphen von linearen und konstanten Funktionen *Geraden*. Eine konstante Funktion könnte man auch als lineare Funktion betrachten, bei der die Steigung $m = 0$ ist. In der Benennung wird hier jedoch sorgfältig unterschieden, um die Definition mit der Definition der ganzrationalen Funktion aus Abschnitt 5.4 konsistent zu halten. Einige Beispiele für lineare und konstante Funktionen sind in Bild 5.2.1–3 skizziert.

Die Lage im Koordinatensystem der Geraden, die durch lineare und konstante Funktionen beschrieben werden, hängt von den Parametern *m* und *t* ab. Dazu folgender unmittelbar durch Nachrechnen begründbarer

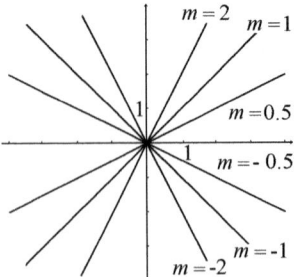

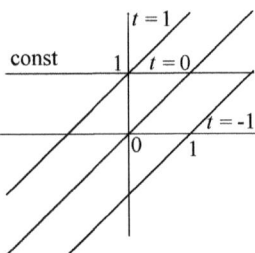

Bild 5.2.1: Lineare Funktionen mit verschiedenen Steigungen m

Bild 5.2.2: Lineare Funktionen mit verschiedenen t-Werten und konstante Funktion

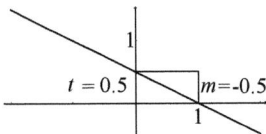

Bild 5.2.3: Lineare Funktion $f(x) = -0.5x + 0.5$

Satz:

Seien $m, t, \Delta x \in \mathbb{R}$ und $\tilde{f} \colon \mathbb{R} \to \mathbb{R}, x \mapsto mx + t$. Sei $P = (x_0, y_0)$ ein Punkt des Graphen von f.

Für den Funktionswert von $x_0 + \Delta x$ gilt $f(x_0 + \Delta x) = y_0 + m \cdot \Delta x$. Insbesondere ist $f(x_0 + 1) = y_0 + m$.

Der Funktionswert an der Stelle 0 ist $f(0) = t$.

Zugegebenermaßen klingt dieser Satz etwas seltsam und überflüssig. Die Bedeutung des Satzes wird erst bei folgender äquivalenten Formulierung klar:

Satz:

Seien $m, t \in \mathbb{R}$ und $f \colon \mathbb{R} \to \mathbb{R}, x \mapsto mx + t$. Sei $P = (x_0, y_0)$ ein Punkt des Graphen von f.

Geht man von x_0 um Δx nach rechts, so erhält man einen weiteren Punkt der Geraden, wenn man um $m \cdot \Delta x$ nach oben geht. Insbesondere muss man um m nach oben gehen, wenn man um 1 nach rechts geht.

Der Graph von f schneidet die y-Achse im Punkt $(0, t)$.

Der Funktionsgraph einer gegebenen Funktion der Form $x \mapsto mx + t$ lässt sich also ganz einfach konstruieren, indem man im Koordinatensystem den Punkt $(0, t)$ einzeichnet. Dann geht man um 1 nach rechts und um m nach oben (bei negativen m also um $|m|$ nach unten!), markiert diesen Punkt und legt mittels eines Lineals die Gerade durch beide Punkte.

An der Steigung m lassen sich noch mehr Eigenschaften der Funktion $f: \mathbb{R} \to \mathbb{R}$, $x \mapsto mx + t$ ablesen:

Satz:

Seien $m, t, \Delta x \in \mathbb{R}$ und $f: \mathbb{R} \to \mathbb{R}, x \to mx + t$. Dann gilt:

(i) f wächst streng monoton $\quad \Leftrightarrow \quad m > 0$.

(ii) f fällt streng monoton $\quad\quad \Leftrightarrow \quad m < 0$.

(iii) Ist $m \neq 0$, so schneidet der Graph von f die x-Achse im Punkt $\left(-\frac{t}{m}, 0\right)$.
Für den Schnittwinkel α des Graphen mit der x-Achse gilt: $\tan \alpha = |m|$.

Beweis:

(i) Gemäß Abschnitt 1.1 ist die Äquivalenz gleichbedeutend mit der Implikation in jeder Richtung. Wir zeigen zunächst „$\Rightarrow$":

Die Funktion f mit $f(x) = mx + t$ sei also streng monoton wachsend. Da $0 < 1$ ist, muss also $f(0) < f(1)$ sein. Also ist $0 < f(1) - f(0) = m \cdot 1 + t - t = m$.

Zum Beweis der Rückrichtung „$\Leftarrow$" setzen wir $m > 0$ voraus. Seien außerdem $x_1, x_2 \in \mathbb{R}$ mit $x_1 < x_2$ gegeben.

Es muss nun gezeigt werden, dass $f(x_1) < f(x_2)$, also $f(x_2) - f(x_1) > 0$ gilt.

Dazu: $f(x_2) - f(x_1) = (mx_2 + t) - (mx_1 + t) = \underbrace{m}_{>0} \cdot \underbrace{(x_2 - x_1)}_{>0} > 0$.

(ii) Der Beweis hierzu geht analog zu (i) und bleibt Ihnen überlassen.

(iii) Sei also $m \neq 0$. Der Schnittpunkt $\left(-\frac{t}{m}, 0\right)$ ergibt sich aus der Tatsache, dass $f\left(-\frac{t}{m}\right) = 0$ ist. Nun geht man von diesem Punkt um 1 nach rechts und konstruiert die Senkrechte auf die x-Achse. Nach dem vorigen Satz hat der Punkt auf der Geraden die Koordinaten $\left(-\frac{t}{m} + 1, m\right)$. Das entstandene Dreieck, ein so genanntes *Steigungsdreieck*, ist rechtwinklig, die dem Winkel α gegenüberliegende Seite hat also die Länge $|m|$. Nach Abschnitt 4.3 gilt also für den Winkel α:

$$\tan \alpha = \frac{\text{Gegenkathete}}{\text{Ankathete}} = \frac{|m|}{1} = |m|$$

□

Eine Folgerung aus diesem Satz ist, dass lineare Funktionen (also $m \neq 0$!) injektiv sind (weil streng monoton). Dass sie auch surjektiv und damit bijektiv sind, sollen Sie in Aufgabe 8 selbst beweisen.

5.3 Quadratische Funktionen

Definition:

Seien $a \in \mathbb{R}^*$, $b, c \in \mathbb{R}$. Eine Funktion $f\colon \mathbb{R} \to \mathbb{R}$, $x \mapsto ax^2 + bx + c$, heißt *quadratische Funktion* oder *ganzrationale Funktion zweiten Grades*.

Der Graph einer solchen Funktion wird als *Parabel* bezeichnet, im Falle $a = 1$ als *Normalparabel*.

Der Punkt $S\left(-\frac{b}{2a}, -\frac{b^2}{4a} + c\right)$, der auf dem Graphen von f liegt, wird als *Scheitel* bezeichnet.

Die Darstellung der Funktionswerte in der Form $f(x) = ax^2 + bx + c$ wird als *Normalform* bezeichnet.

In der Schule werden Sie sich wahrscheinlich schon ausgiebig mit quadratischen Funktionen beschäftigt haben. An dieser Stelle soll das Wichtigste noch einmal kurz zusammengefasst werden. In den Bildern 5.3.1–5.3.3 sind die Graphen einiger quadratischer Funktionen skizziert.

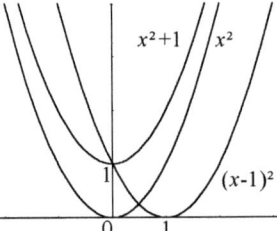

Bild 5.3.1: Normalparabeln

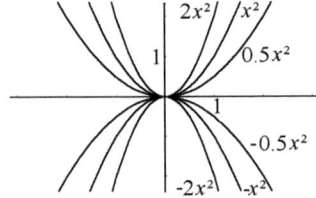

Bild 5.3.2: Parabeln mit verschiedenen a-Werten

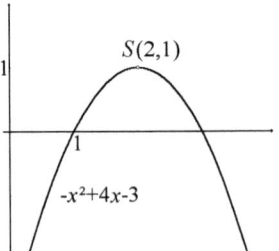

Bild 5.3.3: Parabel mit Scheitel

Daran erkennt man, dass der Faktor a wesentliche Bedeutung für das Aussehen des Graphen hat. Ist $a > 0$, so ist die Parabel *nach oben geöffnet*, ist $a < 0$, so ist die Parabel *nach unten geöffnet*. Der tiefste Punkt (im Falle $a > 0$) beziehungsweise der höchste Punkt (im Falle $a < 0$) ist gerade der Scheitel S. Dies ist auch die Aussage von folgendem

Satz:

Sei f eine quadratische Funktion mit $f(x) = ax^2 + bx + c$.

(i) Ist $a > 0$, so ist f nach oben unbeschränkt und nach unten beschränkt. Der kleinste Funktionswert, nämlich $-\frac{b^2}{4a} + c$, wird genau an der Scheitelstelle $x_s = -\frac{b}{2a}$ angenommen.

(ii) Ist $a < 0$, so ist f nach unten unbeschränkt und nach oben beschränkt. Der größte Funktionswert, nämlich $-\frac{b^2}{4a} + c$, wird genau an der Scheitelstelle $x_s = -\frac{b}{2a}$ angenommen.

Beweis:

Der Beweis wird nur für den Fall $a > 0$ geführt. Der Fall, dass $a < 0$ ist, kann mit ähnlicher Argumentation behandelt werden. Probieren Sie es doch einmal!

Zuerst soll nun im Fall $a > 0$ gezeigt werden, dass f nach oben unbeschränkt ist. Dazu wird das Gegenteil von der Aussage „f ist nach oben beschränkt" gezeigt, also $\forall M \in \mathbb{R} \exists x \in \mathbb{R}: f(x) > M$. Dazu geben wir uns ein $M \in \mathbb{R}$ vor und zeigen, dass es ein $x \in \mathbb{R}$ gibt, so dass $f(x) = |M| + |c| + 1$ ist. Dann gilt sicher $f(x) > M$. Dazu setzen wir an:

$$f(x) = |M| + |c| + 1 \quad \Leftrightarrow \quad f(x) - |M| - |c| - 1 = 0$$
$$\Leftrightarrow \quad ax^2 + bx + c - |M| - |c| - 1 = 0 \qquad (1)$$

Dies ist eine quadratische Gleichung, die nach dem Satz aus Abschnitt 3.2 genau dann lösbar ist, wenn die Diskriminante $b^2 - 4 \cdot a \cdot (c - |c| - |M| - 1) \geq 0$ ist. Nun gilt aber:

$$c \leq |c| \quad \Rightarrow \quad c - |c| \leq 0 \quad \Rightarrow \quad c - |c| - |M| - 1 \leq -|M| - 1 \leq 0.$$

Da nach Voraussetzung $a > 0$ gilt, muss also $-4 \cdot a \cdot (c - |c| - |M| - 1) \geq 0$ sein und damit auch $b^2 - 4 \cdot a \cdot (c - |c| - |M| - 1) \geq b^2 \geq 0$.

Mehr brauchen wir nicht, denn nun wissen wir, dass die Gleichung (1) lösbar ist, und somit ein $x \in \mathbb{R}$ existieren muss mit $f(x) > M$.

Um zu zeigen, dass f nach unten beschränkt ist, bringen wir den Funktionsterm von f mittels *quadratischer Ergänzung* in eine geeignetere Form. Für alle $x \in \mathbb{R}$ gilt:

$$f(x) = ax^2 + bx + c = a \cdot \left(x^2 + \frac{b}{a}x\right) + c = a \cdot \left(x^2 + 2\frac{b}{2a}x + \frac{b^2}{4a^2} - \frac{b^2}{4a^2}\right) + c$$
$$\Rightarrow f(x) = a \cdot \left(x + \frac{b}{2a}\right)^2 - \frac{b^2}{4a} + c \qquad (2)$$

Hierbei sei erwähnt, dass diese Schritte möglich sind, da $a \neq 0$ ist. Da Quadrate reeller Zahlen stets nichtnegativ sind, gilt für alle $x \in \mathbb{R}$:

$$\left(x + \frac{b}{2a}\right)^2 \geq 0 \quad \Rightarrow \quad a \cdot \left(x + \frac{b}{2a}\right)^2 \geq 0 \quad (a > 0!)$$

$$\Rightarrow \quad f(x) = a \cdot \left(x + \frac{b}{2a}\right)^2 - \frac{b^2}{4a} + c \geq -\frac{b^2}{4a} + c$$

Außerdem sieht man, dass f seinen kleinsten Wert, nämlich $-\frac{b^2}{4a} + c$ genau dann annimmt, wenn das Quadrat verschwindet, also $x = -\frac{b}{2a} = x_S$ ist. $\qquad\square$

Im obigen Beweis haben wir mit Hilfe der quadratischen Ergänzung den Funktionsterm in die Form $f(x) = a(x + p)^2 + q$ gebracht. Dabei sind $-p = -\frac{b}{2a} = x_S$ der x-Wert und $q = -\frac{b^2}{4a} + c = y_S$ der y-Wert des Scheitels.

Definition:

> Die Darstellung des Funktionsterms einer quadratischen Funktion f in der Form $f(x) = a(x + p)^2 + q$ mit $a \in \mathbb{R}^*$, $p, q \in \mathbb{R}$ heißt *Scheitelform*.

Die Darstellung einer quadratischen Funktion in der Scheitelform ist recht nützlich, weil sich aus ihr direkt der Scheitel $S(-p, q)$ ablesen lässt. Die Umrechnung von Normal- in Scheitelform funktioniert mit Hilfe der quadratischen Ergänzung, wie oben vorgeführt, oder einfach durch Benutzung der Formeln für x_S und y_S. Die Normalform erhält man aus der Scheitelform durch einfaches Ausmultiplizieren. Dabei gilt übrigens, dass der Faktor a bei der Umrechnung stets erhalten bleibt, weshalb sich die Beschränktheit und alle anderen Eigenschaften, die von a abhängen, auch aus der Scheitelform ablesen lassen.

In Bild 5.3.2 können Sie außerdem erkennen, welchen Einfluss der Betrag von a auf das Aussehen der Parabel hat:

Gilt für eine quadratische Funktion mit $f(x) = a(x + p)^2 + q = ax^2 + bx + x$, dass $|a| > 1$ ist, dann ist der Graph von f „schmaler" als der einer Normalparabel. Ist $|a| < 1$, so ist der Graph „breiter".

In den Bildern 5.3.1–5.3.3 erkennt man außerdem, dass Parabeln symmetrisch sind. Dazu formulieren wir folgenden

Satz:

> Sei f eine quadratische Funktion. Dann ist f achsensymmetrisch bezüglich einer Achse, die senkrecht zur x-Achse durch den Scheitel S verläuft. Äquivalent bedeutet dies, dass für alle $x \in \mathbb{R}$
> $$f(x_S + x) = f(x_S - x)$$
> gilt, wobei x_S den x-Wert des Scheitels bezeichnet.

Beweis:

Bei Darstellung von f in der Scheitelform ist $x_S = -p$, also berechnet man

$$f(-p + x) = a((-p + x) + p)^2 + q = a(x)^2 + q = a(-x)^2 + q$$
$$= a((-p - x) + p)^2 + q = f(-p - x)$$

$\square$

Beispiel:

Wir betrachten die Funktion $f : \mathbb{R} \to \mathbb{R}$, $f(x) = -x^2 + 4x - 3$. Hier sind also $a = -1$, $b = 4$ und $c = -3$. Damit lautet die Scheitelform:

$$f(x) = -1 \cdot \left(x + \frac{4}{2 \cdot (-1)} \right)^2 - \frac{4^2}{4 \cdot (-1)} + (-3) = -(x - 2)^2 + 1$$

Der Scheitel S liegt also bei $x_S = 2$, der Funktionswert beim Scheitel ist 1. Da für $x \neq 2$ der Summand $-(x - 2)^2$ stets echt kleiner als Null ist, wird der größte Funktionswert gerade bei $x_S = 2$ angenommen, die Parabel ist nach unten geöffnet. Vielleicht sehen Sie ja, dass $f(1) = 0$ ist. Allgemein heißt eine Stelle x mit $f(x) = 0$ *Nullstelle der Funktion* f. Da die Parabel symmetrisch ist, weiß man nun sofort, dass auch 3 eine Nullstelle sein muss:

Aus obigem Satz folgt nämlich $f(3) = f(2 + 1) = f(2 - 1) = f(1) = 0$. Der Graph von f ist übrigens in Bild 5.3.3 skizziert.

5.4 Rationale Funktionen

In den beiden vorigen Abschnitten kam x nur in erster und zweiter Potenz vor. Wir gehen nun zu entsprechenden Funktionstermen über, in denen x auch in höheren Potenzen vorkommt; wir formulieren die

Definition:

Seien $n \in \mathbb{N}$, $a_0, a_1, \ldots, a_n \in \mathbb{R}$, $a_n \neq 0$. Eine Funktion $f : \mathbb{R} \to \mathbb{R}$ mit

$$f(x) = \sum_{l=0}^{n} a_l x^l = a_n x^n + a_{n-1} x^{n-1} + \ldots + a_0$$

heißt *ganzrationale Funktion n-ten Grades* oder auch *Polynomfunktion n-ten Grades*.

Die einfachsten Polynomfunktionen sind diejenigen der Form $f(x) = x^n$. Man kann sie auch als *Potenzfunktionen* auffassen, welche im Abschnitt 5.5 gesondert behandelt werden.

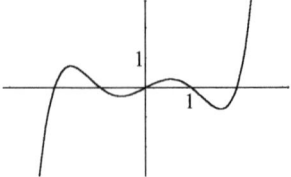

Bild 5.4.1: Polynomfunktion 5. Grades

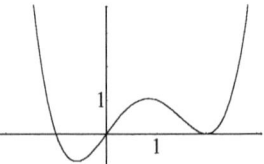

Bild 5.4.2: Polynomfunktion 4. Grades

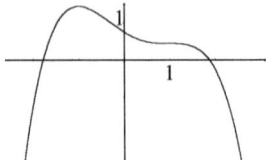

Bild 5.4.3: Polynomfunktion 4. Grades

Die Bilder 5.4.1–5.4.3 zeigen Beispiele von Polynomfunktionen. Die Aussagen über die Anzahl der Lösungen von Gleichungen höheren Grades aus Abschnitt 3.2 finden hier eine Anwendung, wenn man die Zahl der Nullstellen untersucht: Eine Polynomfunktion n-ten Grades hat nämlich höchstens n Nullstellen, was unmittelbar aus dem im folgenden Satz beschriebenen „Abspalten einer Nullstelle" folgt.

Satz:

Sei $f\colon \mathbb{R} \to \mathbb{R}$, $f(x) = \sum_{l=0}^{n} a_l x^l$ eine Polynomfunktion n-ten Grades, x_0 eine Nullstelle, also $f(x_0) = 0$. Dann gibt es eine Polynomfunktion $(n-1)$-ten Grades, etwa $g(x)$, so dass $f(x) = (x - x_0) \cdot g(x)$ ist.

Beweis:
Da $f(x_0) = 0$ ist, gilt:

$$f(x) = f(x) - f(x_0) = \sum_{l=0}^{n} a_l x^l - \sum_{l=0}^{n} a_l x_0^l = \sum_{l=0}^{n} a_l \left(x^l - x_0^l \right) = \sum_{l=1}^{n} a_l \left(x^l - x_0^l \right)$$

Der letzte Schritt war möglich, da $x^0 = 1 = x_0^0$ ist.

Nach Kapitel 2.4 gilt $a^l - b^l = (a - b) \sum_{k=0}^{l-1} a^{l-1-k} b^k$, also

$$f(x) = \sum_{l=1}^{n} \left(a_l (x - x_0) \sum_{k=0}^{l-1} x^{l-1-k} x_0^k \right) = (x - x_0) \underbrace{\sum_{l=1}^{n} \left(a_l \sum_{k=0}^{l-1} x^{l-1-k} x_0^k \right)}_{=: g(x)}$$

Nach der Umformung

$$\sum_{k=0}^{l-1} x^{l-1-k} x_0^k = \sum_{k=0}^{l-1} x^k x_0^{l-1-k}$$

erkennt man, dass $g(x)$ nur die Summe von Potenzen von x ist, mit diversen Vorfaktoren versehen. Die höchste Potenz, die auftritt, ist dabei $n-1$, da l von 0 bis n läuft. Deren Koeffizient ist a_n, also $\neq 0$. Also muss es $b_0, \ldots, b_{n-1} \in \mathbb{R}$ mit $b_{n-1} \neq 0$ geben, so dass $g(x) = \sum_{k=0}^{n-1} b_k x^k$ ist. Jede weitere Nullstelle von f muss dann auch Nullstelle von g sein und lässt sich genauso aus g „abspalten". Bei jedem Schritt verringert sich der Grad der verbleibenden Polynomfunktion um 1, man kann diese Prozedur also höchstens n-mal duchführen. Deshalb kann f also höchstens n Nullstellen haben. $\square$

Die Koeffizienten der Polynomfunktion g erhält man, indem man $f(x)$ durch $(x - x_0)$ dividiert. Dies geht mit dem Verfahren der Polynomdivision, das weiter unten beschrieben wird.

Beim Ausklammern einer Nullstelle erhält man das Produkt von Polynomfunktionen kleineren Grades. Ein Satz der Algebra besagt, dass sich Polynomfunktionen so weit *faktorisieren* lassen, dass die einzelnen Faktoren höchstens den Grad 2 haben.

Beispiel:
Es sei $f : \mathbb{R} \to \mathbb{R}$ mit $f(x) = x^5 - x^4 + 4x^3 - 4x^2 + 4x - 4$ gegeben. Man erkennt schnell, dass $x_0 = 1$ eine Nullstelle von f ist. Polynomdivision liefert

$$f(x) = (x - 1) \cdot (x^4 + 4x^2 + 4)$$

Der hintere Faktor hat den Grad 4, er muss sich also noch weiter zerlegen lassen. In diesem Fall lässt sich „zufälligerweise" eine binomische Formel anwenden, und man erhält:

$$f(x) = (x - 1) \cdot (x^2 + 2)^2$$

Eine weitere Zerlegung ist nicht möglich, da $x^2 + 2$ offensichtlich keine reelle Nullstelle hat.

Definition:

Seien p, q Polynomfunktionen. Sei N_q die Nullstellenmenge von q, also $N_q := \{x \in \mathbb{R} \mid q(x) = 0\}$. Dann heißt die Funktion $f : \mathbb{R} \setminus N_q \to \mathbb{R}$, $f(x) = \dfrac{p(x)}{q(x)}$ *gebrochen rationale Funktion*. Ist der Grad der Polynomfunktion q größer als der Grad von p, so heißt f *echt gebrochen rational*.

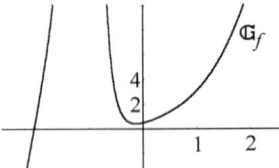

Bild 5.4.4: Beispiel einer gebrochen rationalen Funktion

Normalerweise lassen sich gebrochen rationale Funktionen nicht auf ganz $\mathbb{R}$ definieren, da bei den Nullstellen von q durch Null geteilt werden müsste, was in $\mathbb{R}$ nicht definiert ist. Deshalb wird bei obiger Definition die Nullstellenmenge N_q von q ausgeschlossen.

Das Verhalten der Graphen von gebrochen rationalen Funktionen in der Nähe der *Definitionslücken* – das sind die Elemente aus N_q – und im Unendlichen kann mit den Mitteln der Grenzwertbildung untersucht werden, die in Abschnitt 7.3 beschrieben werden.

Die Definition von „echt gebrochen rational" ist analog zur Definition des „echten Bruchs" bei rationalen Zahlen. Ähnlich wie sich jede rationale Zahl in die Summe einer ganzen Zahl und eines echten Bruches (oder Null) zerlegen lässt, lässt sich jede gebrochen rationale Funktion in die Summe einer ganzrationalen Funktion und einer echt gebrochen rationalen Funktion (oder der Nullfunktion) zerlegen. Dies geschieht mit Hilfe der *Polynomdivision*, die ähnlich funktioniert wie die schriftliche Division von Zahlen, die Sie theoretisch noch aus der Grundschule kennen. . .

Wir wollen dieses Verfahren am Beispiel der Funktion aus Bild 5.4.4, nämlich

$$f \colon \mathbb{R} \setminus \{-1\} \quad \to \quad \mathbb{R} \text{ mit } f(x) = \frac{2x^5 + 4x^4 + 4x^3 + 10x^2 + 4x + 1}{2x^2 + 4x + 2},$$

vorführen. Dazu wird

$(2x^5 + 4x^4 + 4x^3 + 10x^2 + 4x + 1) : (2x^2 + 4x + 2)$ berechnet.

1. Schritt: Zuerst werden die Summanden in beiden Polynomfunktionen nach fallenden Potenzen von x sortiert; das ist hier bereits geschehen.

2. Schritt: Teile den ersten Summanden des Zählers durch den ersten Summanden des Nenners, also

$(2x^5 + 4x^4 + 4x^3 + 10x^2 + 4x + 1) : (2x^2 + 4x + 2) = x^3$

3. Schritt: Multipliziere den erhaltenen Wert mit dem Nenner und ziehe das Ergebnis vom Zähler ab:

$$\begin{aligned}
\left(2x^5 + 4x^4 + 4x^3 + 10x^2 + 4x + 1\right) &: \left(2x^2 + 4x + 2\right) = x^3 \\
\underline{-\left(2x^5 + 4x^4 + 2x^3\right)} \qquad\qquad\qquad & \\
2x^3 + 10x^2 + 4x + 1 \qquad &
\end{aligned}$$

4. Schritt: Wiederhole die Schritte 2 und 3 solange, bis der Grad des Restes kleiner als der Grad des Nenners ist:

$$\left(2x^5 + 4x^4 + 4x^3 + 10x^2 + 4x + 1\right) : \left(2x^2 + 4x + 2\right) = x^3 + x + 3$$
$$\underline{-\left(2x^5 + 4x^4 + 2x^3\right)}$$
$$2x^3 + 10x^2 + 4x + 1$$
$$\underline{-\left(2x^3 + 4x^2 + 2x\right)}$$
$$6x^2 + 2x + 1$$
$$\underline{-\left(6x^2 + 12x + 6\right)}$$
$$-10x - 5$$

5. Schritt: Addiere den Quotienten aus Restpolynomfunktion und dem Nenner von f. Man erhält:

$$f(x) = \frac{2x^5 + 4x^4 + 4x^3 + 10x^2 + 4x + 1}{2x^2 + 4x + 2} = x^3 + x + 3 - \frac{10x + 5}{2x^2 + 4x + 2}$$

Bemerkung:

Aus dieser Darstellung erhält man die Formel

$$2x^5 + 4x^4 + 4x^3 + 10x^2 + 4x + 1 = (2x^2 + 4x + 2) \cdot (x^3 + x + 3) + (-10x - 5)$$

Man hat sozusagen $(x^3 + x + 3)$ „mit Rest ausgeklammert". Will man eine Nullstelle x_0 einer Polynomfunktion „herausdividieren", so wurde oben gezeigt, dass sich der Term $(x - x_0)$ „ohne Rest" ausklammern lässt. Das bedeutet, dass die Polynomdivision „aufgehen" muss, es bleibt also keine „Restpolynomfunktion" übrig.

5.5 Wurzel- und Potenzfunktionen

Definition:

Sei $b \in \mathbb{R}^*$. Sei $M_b := \{x \in \mathbb{R} \mid x^b \text{ ist definiert}\}$. Die Funktion $p_b : M_b \to \mathbb{R}$, $p_b(x) = x^b$, heißt *Potenzfunktion*. Gibt es ein $n \in \mathbb{N}$, so dass $b = \frac{1}{n}$ ist, so heißt p_b auch *Wurzelfunktion*.

In ihrer allgemeinen Form können Potenzfunktionen nicht auf ganz $\mathbb{R}$ definiert werden, da zum Beispiel bei $b = \frac{1}{2}$, die Wurzelfunktion mit $p_{\frac{1}{2}}(x) = x^{\frac{1}{2}} = \sqrt{x}$ nicht sinnvoll für negative x definierbar ist. In obiger Definition ist M die größtmögliche reelle Menge, auf der die jeweilige Potenzfunktion p_b Sinn macht.

Ist nun $b \in \mathbb{N}$, so ist $M_b = \mathbb{R}$. Die Potenzfunktion p_b kann man nun auch als Polynomfunktion auffassen. Die Bilder 5.5.1 und 5.5.2 zeigen Skizzen von Potenzfunktionen für ungerade beziehungsweise gerade $b \in \mathbb{N}$. Dabei fällt auf, dass die Graphen umso „eckiger" werden, umso größer b wird. Damit ist gemeint, dass der Graph für $x \in \,] -1, 1[$ umso „näher" an der x-Achse verläuft, desto größer b ist. Für $|x| > 1$ verläuft der Graph bei größerem b „steiler".

Diese Beobachtung gilt für beliebige $b \geq 1$. Jedoch ist hier zu beachten, dass im Allgemeinen $p_b(x)$ nur für nichtnegative x definierbar ist.

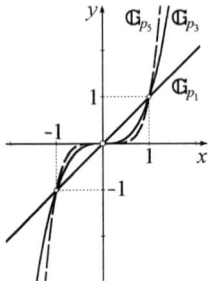

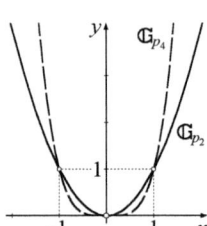

Bild 5.5.1: p_b für ungerade $b \in \mathbb{N}$ **Bild 5.5.2:** p_b für gerade $b \in \mathbb{N}$

Des Weiteren lässt sich feststellen, dass für $b \geq 1$ die auf $\mathbb{R}^+ \cup \{0\}$ beschränkte (also nur für nichtnegative x definierte) Funktion p_b streng monoton steigend, also insbesondere umkehrbar ist. Die Umkehrfunktion lautet

$$p_b^{-1} : \mathbb{R}^+ \cup \{0\} \to \mathbb{R}^+ \cup \{0\}, x \mapsto x^{\frac{1}{b}},$$

weil $\left(x^b\right)^{\frac{1}{b}} = x^{b \cdot \frac{1}{b}} = x^1 = x$ ist. Diese ist nichts anderes als $p_{\frac{1}{b}}$.

Da $b \geq 1 \Leftrightarrow \frac{1}{b} \leq 1$ ist, gilt nach dem Satz über monotone Funktionen und ihre Umkehrungen aus Abschnitt 5.1 auch für $0 < b \leq 1$, dass p_b streng monoton steigt. Da der Graph der Umkehrfunktion dem an der Winkelhalbierenden $y = x$ gespiegelten Graphen der ursprünglichen Funktion entspricht, lässt sich auch unsere Beobachtung von oben hier ähnlich formulieren: Für $0 < b \leq 1$ verläuft der Graph von p_b desto „eckiger", je kleiner b wird. Denn p_b ist die Umkehrfunktion von $p_{\frac{1}{b}}$, wobei $\frac{1}{b} \geq 1$ ist und $\frac{1}{b}$ umso größer wird, je kleiner b ist. In Bild 5.5.5 sind die Graphen von $p_{\frac{1}{2}}$ und $p_{\frac{1}{4}}$ skizziert, die die Umkehrfunktionen zu den auf $\mathbb{R}^+ \cup \{0\}$ beschränkten Funktionen p_2 und p_4 sind, deren Graphen in Bild 5.5.2 dargestellt sind.

Ist $b \in \mathbb{R}^-$, so lässt sich $p_b(x)$ darstellen als

$$p_b(x) = x^b = \frac{1}{x^{-b}} = \frac{1}{p_{|b|}(x)}.$$

Also lassen sich Potenzfunktionen mit negativen Exponenten auf Potenzfunktionen mit positiven Exponenten zurückführen. Da $r < s \Leftrightarrow \frac{1}{r} > \frac{1}{s}$ gilt, folgt, dass für negative b die Funktion p_b auf $\mathbb{R}^+$ streng monoton fallend ist. Außerdem wird durch diese Darstellung klar, dass p_b an der Stelle Null nicht definierbar ist. Analog zu obigen Überlegungen lässt sich p_b für ganzzahlige, negative b auch für negative x definieren, also auf $\mathbb{R}^*$.

Für $b \in \mathbb{R}^- \setminus \mathbb{Z}$ ist p_b nur auf $M_b = \mathbb{R}^+$ definierbar. In Bild 5.5.3 und 5.5.4 sind Potenzfunktionen für verschiedene negative ganzzahlige b skizziert. Hier lässt sich feststellen, dass wieder die Graphen umso „eckiger" werden, umso größer $|b|$ ist.

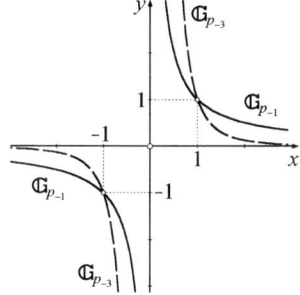

Bild 5.5.3: p_b für negative, ungerade $b \in \mathbb{Z}$

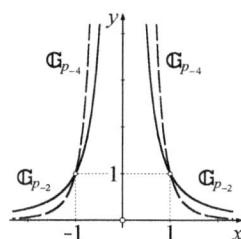

Bild 5.5.4: p_b für negative, gerade $b \in \mathbb{Z}$

Analog zu oben lassen sich Potenzfunktionen mit negativen Exponenten auf $\mathbb{R}^+$ wegen der Monotonie umkehren, die Umkehrfunktion zu p_b ist wieder $p_{\frac{1}{b}}$. Die Umkehrfunktionen zu den Funktionen aus Bild 5.5.4 sind in Bild 5.5.6 dargestellt.

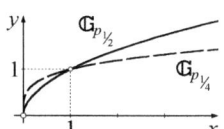

Bild 5.5.5: p_b für $0 < b \leq 1$

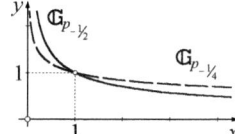

Bild 5.5.6: p_b für $-1 \leq b < 0$

Zusammenfassung:

- Ist $b > 0$, so ist p_b mit $p_b(x) = x^b$ auf $\mathbb{R}^+ \cup \{0\}$ streng monoton steigend. Die Umkehrfunktion ist $p_{\frac{1}{b}}$ mit $p_{\frac{1}{b}}(x) = x^{\frac{1}{b}}$.
- Ist $b < 0$, so ist p_b mit $p_b(x) = x^b$ auf $\mathbb{R}^+$ streng monoton fallend. Die Umkehrfunktion ist $p_{\frac{1}{b}}$ mit $p_{\frac{1}{b}}(x) = x^{\frac{1}{b}}$.

5.6 Trigonometrische Funktionen

Aus Abschnitt 4.3 sind Ihnen Sinus, Kosinus, Tangens und Kotangens bereits bekannt. In diesem Abschnitt werden die zugehörigen Funktionen[3] betrachtet.

Definition:

- $\sin: \mathbb{R} \to \mathbb{R}, x \mapsto \quad \sin x$ „Sinus"
- $\cos: \mathbb{R} \to \mathbb{R}, x \mapsto \quad \cos x$ „Kosinus"
- $\tan: \mathbb{R} \setminus \{\dfrac{(2k+1)\pi}{2} \mid k \in \mathbb{Z}\} \to \mathbb{R}, x \mapsto \dfrac{\sin x}{\cos x}$ „Tangens"
- $\cot: \mathbb{R} \setminus \{k\pi \mid k \in \mathbb{Z}\} \to \mathbb{R}, x \mapsto \dfrac{\cos x}{\sin x}$ „Kotangens"

Da Tangens und Kotangens über Brüche definiert sind, müssen im Definitionsbereich natürlich die Nullstellen des Nenners ausgeschlossen werden.

In der Schule haben Sie die trigonometrischen Funktionen sicher bereits ausführlich behandelt. Im Folgenden die wichtigsten

Eigenschaften:

(i) Sinus und Kosinus sind 2π-*periodisch*, Tangens und Kotangens sind π-*periodisch*, das heißt für alle x innerhalb des jeweiligen Definitionsbereichs gilt:

$$\sin(x + 2\pi) = \sin x \quad \text{und} \quad \cos(x + 2\pi) = \cos x$$
$$\tan(x + \pi) = \tan x \quad \text{und} \quad \cot(x + \pi) = \cot x$$

(ii) Für die Nullstellen der trigonometrischen Funktionen gilt:

$$\sin x = 0 \quad \Leftrightarrow \quad \tan x = 0 \quad \Leftrightarrow \quad \exists k \in \mathbb{Z}: x = k\pi$$
$$\cos x = 0 \quad \Leftrightarrow \quad \cot x = 0 \quad \Leftrightarrow \quad \exists k \in \mathbb{Z}: x = \frac{2k+1}{2}\pi$$

(iii) Die Wertebereiche von Sinus und Kosinus sind $[-1, 1]$, die von Tangens und Kotangens ganz $\mathbb{R}$.

(iv) Sinus, Tangens und Kotangens sind ungerade Funktionen, der Kosinus eine gerade Funktion, das heißt:

$$\sin(-x) = -\sin x \qquad \cos(-x) = \cos x$$
$$\tan(-x) = -\tan x \qquad \cot(-x) = -\cot x$$

---

3) Wir weisen ausdrücklich darauf hin, dass die Argumente der trigonometrischen Funktionen stets im Bogenmaß gegeben sind.

(v) Verschiebungen im Argument von Sinus und Kosinus ergeben:

$$\sin(x + \pi) = -\sin x \quad \text{und} \quad \cos(x + \pi) = -\cos x$$

$$\sin(x + \frac{\pi}{2}) = \cos x \quad \text{und} \quad \cos(x + \frac{\pi}{2}) = -\sin x$$

(vi) Verschiebungen im Argument von Tangens und Kotangens ergeben:

$$\tan(x + \frac{\pi}{2}) = -\cot x \quad \text{und} \quad \cot(x + \frac{\pi}{2}) = -\tan x \,.$$

Bemerkungen:

1. Die Formeln aus (i) und (v) lassen sich mit Hilfe der Additionstheoreme beweisen. Zur Erinnerung: Für alle $x, y \in \mathbb{R}$ gilt:

$$\sin(x + y) = \sin x \cos y + \sin y \cos x$$
$$\cos(x + y) = \cos x \cos y - \sin x \sin y$$

Die Eigenschaft (vi) folgt direkt aus (v). Vielleicht wollen Sie die Beweise einmal zur Übung selber führen ...

2. Die letzten Formeln aus (v) bedeuten anschaulich, dass der Kosinus dem Sinus um eine Viertelperiode voraus läuft.

In Bild 5.6.1 sind die Graphen von Sinus und Kosinus gezeigt, Bild 5.6.2 stellt die Graphen von Tangens und Kotangens dar.

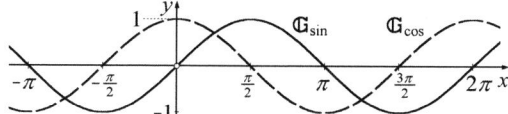

Bild 5.6.1: Die Graphen von Sinus und Kosinus

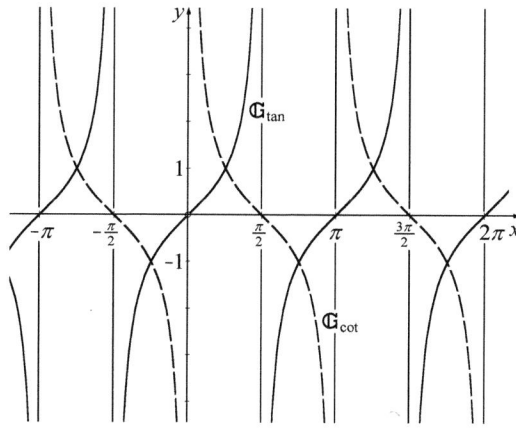

Bild 5.6.2: Die Graphen von Tangens und Kotangens

Die Periodizität der trigonometrischen Funktionen impliziert, dass diese nicht auf dem ganzen Definitionsbereich umkehrbar sind, da sich die Funktionswerte stets wiederholen. Wie sich aus den Skizzen der Funktionsgraphen ersehen lässt, sind sie jedoch auf Teilbereichen streng monoton wachsend beziehungsweise fallend und daher dort umkehrbar. Die üblichen Bereiche werden verwendet in folgender

Definition:

- arcsin: $[-1, 1] \to [-\frac{\pi}{2}, \frac{\pi}{2}]$, genannt *Arcus-Sinus*, ist die Umkehrfunktion der auf $[-\frac{\pi}{2}, \frac{\pi}{2}]$ eingeschränkten Sinusfunktion.
- arccos: $[-1, 1] \to [0, \pi]$, genannt *Arcus-Kosinus*, ist die Umkehrfunktion der auf $[0, \pi]$ eingeschränkten Kosinusfunktion.
- arctan: $\mathbb{R} \to]-\frac{\pi}{2}, \frac{\pi}{2}[$, genannt *Arcus-Tangens*, ist die Umkehrfunktion der auf $]-\frac{\pi}{2}, \frac{\pi}{2}[$ eingeschränkten Tangensfunktion.
- arccot: $\mathbb{R} \to]0, \pi[$, genannt *Arcus-Kotangens*, ist die Umkehrfunktion der auf $]0, \pi[$ eingeschränkten Kotangensfunktion.

In Bild 5.6.3 und Bild 5.6.4 sind die Graphen der jeweiligen Umkehrfunktionen dargestellt.

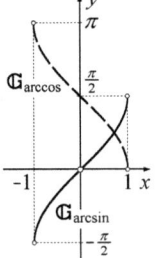

Bild 5.6.3: arcsin und arccos

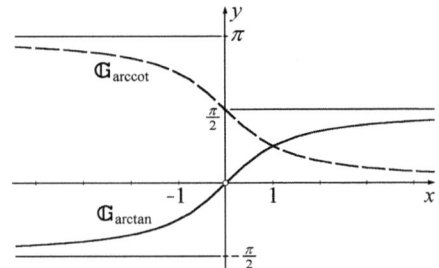

Bild 5.6.4: arctan und arccot

Mit den beiden Beziehungen $\tan x = \dfrac{\sin x}{\cos x}$ und $\sin^2 x + \cos^2 x = 1$ lässt sich jede trigonometrische Funktion durch jede andere ausdrücken; zum Beispiel ist

$$\sin x = k \cdot \frac{\tan x}{\sqrt{1 + \tan^2 x}} \quad \text{und} \cos x = k \cdot \frac{1}{\sqrt{1 + \tan^2 x}},$$

wobei $k = \begin{cases} 1 \text{ für } x \in]-\frac{\pi}{2}, \frac{\pi}{2}[\\ -1 \text{ für } x \in]\frac{\pi}{2}, \frac{3\pi}{2}[\end{cases}$ (und entsprechend 2π-periodisch fortgesetzt) ist.

Weitere Formeln dieser Art können Sie in Übungsaufgabe 15 herleiten.

Mit Hilfe dieser Formeln lassen sich dann auch Verknüpfungen trigonometrischer Funktionen und Umkehrfunktionen vereinfacht darstellen, so gilt zum Beispiel für alle $x \in \mathbb{R}$:

$$\sin(\arctan x) = k \cdot \frac{\tan(\arctan x)}{\sqrt{1 + \tan^2(\arctan x)}} = \frac{x}{\sqrt{1 + x^2}}$$

Dies wird in Kapitel 8 nützlich sein, um die Ableitung der Arcusfunktionen zu bestimmen.

5.7 Exponential- und Logarithmus-, Hyperbel- und Areafunktionen

Exponential- und Logarithmusfunktion

In den bisher betrachteten Funktionen kamen bereits Ausdrücke mit Potenzen vor, jedoch war die Variable x stets in der Basis zu finden. Bei den folgenden Funktionen steht x nun im Exponenten der Potenz.

Definition:

Sei $a \in \mathbb{R}^+$ gegeben. Die Funktion $\exp_a : \mathbb{R} \to \mathbb{R}^+$, $\exp_a(x) = a^x$ heißt (*allgemeine*) *Exponentialfunktion zur Basis a.*

Damit der Ausdruck a^x für jedes $x \in \mathbb{R}$ wohldefiniert ist, muss $a \in \mathbb{R}^+$ gelten. Aufgrund der Definition der Potenz ist dann auch klar, dass für alle $x \in \mathbb{R}$ tatsächlich nur positive Werte angenommen werden. Bild 5.7.1 zeigt Exponentialfunktionen zu verschiedenen Werten von a.

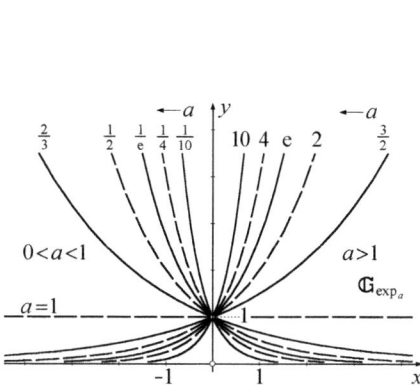

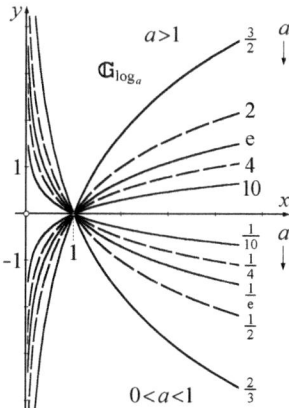

Bild 5.7.1: Verschiedene Exponentialfunktionen   **Bild 5.7.2:** Diverse Logarithmusfunktionen

Aus den Potenzgesetzen, die in Abschnitt 2.3 behandelt wurden, lassen sich einige interessante Eigenschaften der Exponentialfunktionen ableiten. Dazu folgender

Satz:

Sei $\exp_a$ eine Exponentialfunktion, also $\exp_a(x) = a^x$. Dann gilt:

(i) $\exp_a(0) = 1$

(ii) Ist $a > 1$, so steigt $\exp_a$ streng monoton.

(iii) Ist $0 < a < 1$, so fällt $\exp_a$ streng monoton.

(iv) Für $a \neq 1$ ist $\exp_a$ surjektiv.

(v) f lässt sich darstellen als $\exp_a(x) = e^{x \ln a}$.

Beweis:

(i) Diese Formel sieht man direkt durch Einsetzen. Sie klingt zwar recht banal, sie zeigt jedoch, was sich nach der Skizze aus Bild 5.7.1 bereits vermuten lässt: Die Graphen aller Exponentialfunktionen schneiden sich im Punkt $(0, 1)$.

(ii) Der Beweis erfolgt nach dem üblichen Verfahren: Sei $x < y$. Es wird nun gezeigt, dass dann auch $\exp_a(x) < \exp_a(y)$ ist.

Es ist $1 < a$. Da $y - x > 0$ ist, ist also $1 = 1^{y-x} < a^{y-x}$. Da $a^x > 0$ ist, folgt mit den üblichen Gesetzen für die Umformung von Ungleichungen $a^x \cdot 1 < a^x \cdot a^{y-x}$, also mit Hilfe der Potenzgesetze $\exp_a(x) = a^x < a^{x+y-x} = a^y = \exp_a(y)$.

(iii) Der Beweis hier geht ganz analog. Eine andere Möglichkeit ist die Umformung

$$\exp_a(x) = a^x = \frac{1}{(\frac{1}{a})^x}.$$ Da $\frac{1}{a} > 1$ ist für $0 < a < 1$, lässt sich für den Nenner Teil (ii) anwenden. Und da für positive c, d gilt: $c < d \quad \Leftrightarrow \quad \frac{1}{c} > \frac{1}{d}$, folgt die Behauptung. Dieser Gedanke ist interessant, weil sich mit Hilfe dieser Umrechnung alle Exponentialfunktionen auf Exponentialfunktionen mit $a > 1$ zurückführen lassen.

(iv) Sei ein $y \in \mathbb{R}^+$ vorgegeben. Es ist $\log_a y$ ein reelles Urbild von y, weil $\exp_a(\log_a y) = a^{\log_a y} = y$ ist.

(v) Diese Behauptung ergibt sich sofort mit der Formel $y = e^{\ln y}$, die für positive y gilt.

□

Die Formel aus Teil (v) ist wichtig, da sich nun alle Exponentialfunktionen auf die so genannte *spezielle Exponentialfunktion* $\exp: \mathbb{R} \to \mathbb{R}^+$, $\exp(x) = e^x$, die auch einfach e-Funktion genannt wird, zurückführen lassen. Alle anderen Exponentialfunktionen ergeben sich durch eine *Umskalierung der x-Achse* mit dem Faktor $\ln a$.

Teile (ii) und (iv) bzw. (iii) und (iv) ergeben mit dem Satz für streng monotone Funktionen aus Abschnitt 5.1, dass die Exponentialfunktionen für $a \neq 1$ umkehrbar sind und die Umkehrfunktion die gleichen Monotonieeigenschaften hat. Dies wird im Folgenden formuliert:

Definition und Satz:

Es sei $a \neq 1$. Dann ist die Exponentialfunktion $\exp_a$ umkehrbar mit der Umkehr-funktion $\exp_a^{-1}: \mathbb{R}^+ \to \mathbb{R}, \exp_a^{-1}(x) = \log_a x$. Diese Umkehrfunktion heißt *Logarithmusfunktion* zur Basis a und besitzt folgende Eigenschaften:

(i) $\log_a(1) = 0$

(ii) Ist $a > 1$, so steigt $\log_a$ streng monoton.

(iii) Ist $0 < a < 1$, so fällt $\log_a$ streng monoton.

(iv) $\log_a$ ist surjektiv.

(v) $\log_a$ lässt sich darstellen als $\log_a(x) = \dfrac{\ln x}{\ln a}$.

Teil (i) besagt analog zu oben, dass sich alle Logarithmusfunktionen im Punkt $(1, 0)$ schneiden. Teil (v) bedeutet, dass sich alle Logarithmusfunktionen aus der so genann-ten *natürlichen Logarithmusfunktion* $\log_e: \mathbb{R}^+ \to \mathbb{R}, \log_e(x) = \ln x$, durch Umskalie-rung der y-Achse mit dem Faktor $(\ln a)^{-1}$ herleiten lassen. In Bild 5.7.2 sind einige Lo-garithmusfunktionen skizziert. Wie alle Umkehrfunktionen erhält man auch diese, indem man den Graphen der zugehörigen Exponentialfunktion an der Winkelhalbie-renden spiegelt.

Hyperbel- und Areafunktion

Mit Hilfe der Exponentialfunktion lassen sich die so genannten *hyperbolischen Funk-tionen* definieren.

Definition:

- Die Funktion $\sinh: \mathbb{R} \to \mathbb{R}, \sinh x = \dfrac{1}{2}(e^x - e^{-x})$, heißt *Sinus Hyperbolicus*.

- Die Funktion $\cosh: \mathbb{R} \to \mathbb{R}, \cosh x = \dfrac{1}{2}(e^x + e^{-x})$ heißt *Kosinus Hyperbolicus*.

- Die Funktion $\tanh: \mathbb{R} \to \mathbb{R}, \tanh x = \dfrac{\sinh x}{\cosh x}$ heißt *Tangens Hyperbolicus*.

- Die Funktion $\coth: \mathbb{R}^* \to \mathbb{R}, \coth x = \dfrac{\cosh x}{\sinh x}$ heißt *Kotangens Hyperbolicus*.

Die Namen dieser Funktionen erinnern sehr an die trigonometrischen Funktionen, die im vorhergehenden Abschnitt behandelt wurden. Dass tatsächlich nicht nur eine namensmäßige Verwandtschaft zwischen diesen Funktionen besteht, erkennt man, wenn man die Funktionen im Komplexen betrachtet, worauf wir an dieser Stelle je-doch nicht weiter eingehen wollen.

In Bild 5.7.3 sind die Graphen von sinh und cosh skizziert, Bild 5.7.4 stellt tanh und coth dar.

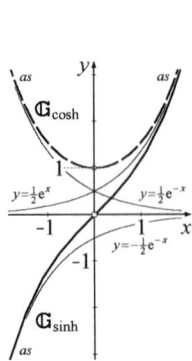

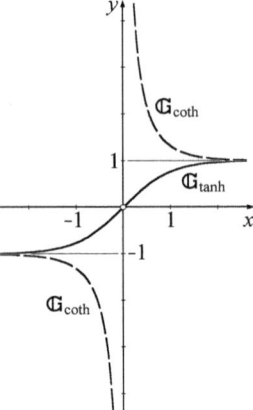

Bild 5.7.3: sinh und cosh   **Bild 5.7.4:** tanh und coth

Eigenschaften:

(i)   cosh ist eine gerade Funktion, sinh, tanh und coth sind ungerade Funktionen.

(ii) Für alle $x \in \mathbb{R}$ gilt: $\cosh^2 x - \sinh^2 x = 1$.

(iii) Die Funktionen sinh und tanh sind auf ganz $\mathbb{R}$ streng monoton wachsend, cosh wächst auf $\mathbb{R}^+$ streng monoton; coth fällt dort streng monoton, ebenso auf $\mathbb{R}^-$, jedoch nicht auf ganz $\mathbb{R}^*$.

(iv) Wertebereiche: $W_{\sinh} = \mathbb{R}$, $W_{\cosh} = [1, \infty[$, $W_{\tanh} = \,]{-1}, 1[$, $W_{\coth} = \mathbb{R} \setminus [-1, 1]$.

Auf Beweise dieser Aussagen wird hier verzichtet. Einige davon können Sie in Aufgabe 16 selber durchführen, da sie auch eine gute Übung zum Umgang mit der Exponentialfunktion darstellen.

An dieser Stelle soll noch die Umkehrbarkeit der hyperbolischen Funktionen untersucht werden. Aufgrund der Monotonie ist klar, dass Sinus Hyperbolicus und Tangens Hyperbolicus bijektiv sind. Auch der Kotangens Hyperbolicus ist auf ganz $\mathbb{R}^*$ umkehrbar. Lediglich beim Kosinus Hyperbolicus muss der Definitionsbereich eingeschränkt werden, üblicherweise auf $\mathbb{R}^+ \cup \{0\}$: Da die Funktion cosh gerade ist, kommen sonst Funktionswerte mehrmals vor, zum Beispiel wäre $\cosh(1) = \cosh(-1)$.

Definition und Satz:

- Die Funktion arsinh: $\mathbb{R} \to \mathbb{R}$, $\text{arsinh } x = \ln\left(x + \sqrt{x^2 + 1}\right)$ heißt *Area Sinus Hyperbolicus* und ist die Umkehrfunktion vom Sinus Hyperbolicus.

- Die Funktion arcosh: $[1, \infty[\to \mathbb{R}$, $\text{arcosh } x = \ln\left(x + \sqrt{x^2 - 1}\right)$ heißt *Area Kosinus Hyperbolicus* und ist die Umkehrfunktion vom Kosinus Hyperbolicus.

- Die Funktion artanh: $]-1, 1[\to \mathbb{R}$, $\text{artanh } x = \frac{1}{2} \ln\left|\dfrac{x + 1}{x - 1}\right|$ heißt *Area Tangens Hyperbolicus* und ist die Umkehrfunktion vom Tangens Hyperbolicus.

- Die Funktion arcoth: $\mathbb{R} \setminus [-1, 1] \to \mathbb{R}^*$, $\text{arcoth } x = \frac{1}{2} \ln\left|\dfrac{x + 1}{x - 1}\right|$ heißt *Area Kotangens Hyperbolicus* und ist die Umkehrfunktion vom Kotangens Hyperbolicus.

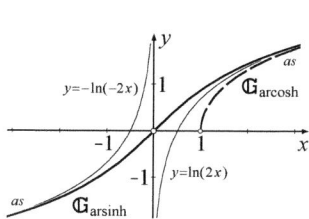

Bild 5.7.5: arsinh und arcosh

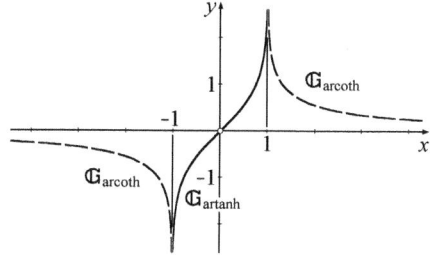

Bild 5.7.6: artanh und arcoth

Bemerkungen:

- Die Graphen der Areafunktionen sind in den Bildern 5.7.5 und 5.7.6 skizziert.
- Dass die oben angegebenen Funktionen tatsächlich die Umkehrfunktionen der hyperbolischen Funktionen sind, lässt sich leicht durch Einsetzen nachweisen; beim Sinus Hyperbolicus reicht es beispielsweise zu zeigen, dass für alle $x \in \mathbb{R}$ gilt:

  $\sinh(\text{arsinh}(x)) = x$ und $\text{arsinh}(\sinh(x)) = x$

  Will man die Formel für $\text{arsinh}(x)$ direkt herleiten, so löst man die Gleichung $y = \sinh(x)$, also $y = \frac{1}{2}\left(e^x - e^{-x}\right)$, nach x auf. Dies können Sie in Aufgabe 16 (iv) einmal selbst durchführen.

- Interessant ist, dass artanh und arcoth über den gleichen Funktionsterm definiert sind. Hier spielt der jeweilige Definitionsbereich der Funktionen eine entscheidende Rolle.

5.8 Übungsaufgaben

1. Entscheiden Sie bei den folgenden Beispielen, ob die Mengen $\mathbb{G}$ jeweils Graphen einer Funktion $f: M \to N$ sind und geben Sie ggf. die Zuordnungsvorschrift an. Wenn ja: Ist f surjektiv, injektiv beziehungsweise bijektiv? Geben Sie im Falle der Umkehrbarkeit den Graphen der Umkehrfunktion an!

(i) $M = \{1, 2, 3, 4, 5\}$, $N = \{1, 4, 7\}$, $\mathbb{G} = \{(1, 1), (2, 4), (3, 1), (4, 4)\}$

(ii) $M = \{1, 2, 3, 4, 5\}$, $N = \{1, 4, 7\}$, $\mathbb{G} = \{(1, 1), (2, 4), (3, 1), (4, 4), (5, 1),$
$(5, 7)\}$

(iii) $M = \{1, 2, 3, 4, 5\}$, $N = \{1, 4, 7\}$, $\mathbb{G} = \{(1, 1), (2, 4), (3, 1), (4, 4), (5, 1)\}$

(iv) $M = \{1, 2, 3, 4, 5\}$, $N = M$, $\mathbb{G} = \{(1, 1), (2, 4), (3, 2), (4, 5), (5, 3)\}$

(v) $M = \mathbb{Q}$, $N = \mathbb{Q}$, $\mathbb{G} = \{(x, y) \in \mathbb{Q} \times \mathbb{Q} \mid x + y = 37\}$

(vi) $M = \mathbb{N}$, $N = \mathbb{Z}$, $\mathbb{G} = \{(n, m) \in \mathbb{N} \times \mathbb{Z} \mid m = (-1)^n\}$

(vii) $M = \mathbb{N}$, $N = \{-1, 1\}$, $\mathbb{G} = \{(n, m) \in \mathbb{N} \times \mathbb{Z} \mid m = (-1)^n\}$

(viii) $M = \mathbb{R}$, $N = \mathbb{R}$, $\mathbb{G} = \{(x, y) \in \mathbb{R}^2 \mid x^2 + y^2 = 1\}$

2. *Monotonie*

Seien $f, g: \mathbb{R} \to \mathbb{R}$ Funktionen. Untersuchen Sie die Monotonie von $f \circ g$, falls

(i) f und g monoton wachsen,

(ii) f und g monoton fallen,

(iii) f monoton wächst und g monoton fällt,

(iv) f monoton fällt und g monoton wächst.

Symmetrie

3. Seien $f, g: \mathbb{R} \to \mathbb{R}$ Funktionen. Untersuchen Sie, ob $f \circ g$ gerade oder ungerade ist, falls

(i) f und g gerade sind,

(ii) f und g ungerade sind,

(iii) f gerade ist und g ungerade,

(iv) f ungerade ist und g gerade.

4. Seien $f, g: \mathbb{R} \to \mathbb{R}$ Funktionen. Untersuchen Sie das Symmetrieverhalten von $f + g$ und $f \cdot g$, falls

(i) f und g gerade sind,

(ii) f und g ungerade sind,

(iii) f gerade und g ungerade ist.

Vergleichen Sie Ihr Ergebnis mit dem bei Summe/Produkt entsprechend benannter ganzer Zahlen.

5. Sei $f: \mathbb{R} \to \mathbb{R}$ eine ungerade Funktion. Zeigen Sie: $f(0) = 0$.

6. Bekanntlich ist die Menge der ganzen Zahlen die disjunkte Vereinigung[4] der Menge aller geraden und aller ungeraden Zahlen. Gilt dies auch analog für die Menge aller Funktionen von $\mathbb{R}$ nach $\mathbb{R}$?

7. Sei $f: \mathbb{R} \to \mathbb{R}$ eine Funktion. Zeigen Sie, dass es eine gerade Funktion $g: \mathbb{R} \to \mathbb{R}$ und eine ungerade Funktion $u: \mathbb{R} \to \mathbb{R}$ gibt, so dass $f = g + u$ ist; mit anderen Worten lässt sich jede Funktion $f: \mathbb{R} \to \mathbb{R}$ als Summe einer gerade und einer ungeraden Funktion darstellen. *Tipp*: Definieren Sie $g(x) := \frac{1}{2}f(x) + \frac{1}{2}f(-x)$ und zeigen Sie, dass g gerade ist. Wie sieht u aus?

8. Sei $f: \mathbb{R} \to \mathbb{R}$ eine lineare Funktion, das heißt $f(x) = mx + t$ mit $m \neq 0$. Wir haben bereits gezeigt, dass f injektiv ist. Zeigen Sie nun, dass f surjektiv ist. Geben Sie die Umkehrfunktion f^{-1} an. Wie sieht f^{-1} für $m = 2$, $t = 4$ aus?

9.

(i) Wie sieht diejenige lineare Funktion aus, deren Graph die Punkte $P(-1, 2)$ und $Q(1, -2)$ enthält? Verallgemeinern Sie das Ergebnis für beliebige Punkte $P(x_1, y_1)$ und $Q(x_2, y_2)$ (*Zwei-Punkte-Form* einer Geradengleichung). Welche Voraussetzung müssen P und Q dafür erfüllen? Warum?

(ii) Wie sieht diejenige monoton wachsende lineare Funktion aus, deren Graph die x-Achse bei $x = 2$ unter einem Winkel von $60°$ schneidet?

10. Leiten Sie eine Formel für den Abstand der Nullstellen einer quadratischen Funktion mit $f(x) = ax^2 + bx + c$ her. Woran sieht man in dieser Formel, wie viele Nullstellen f hat?

11. Welche Normalparabel hat in $(2, -4)$ ihren Scheitel?

12. Geben Sie die Normalform derjenigen Parabel an, die in $(-2, 2)$ ihren Scheitel hat und bei -3 die x-Achse schneidet.

13. Skizzieren Sie die Graphen der auf $\mathbb{R}$ definierten Funktionen f_1, f_2, f_3 und f_4, die durch $f_1(x) = 2\sin x$, $f_2(x) = \sin 2x$, $f_3(x) = (\sin x) + 2$ und $f_4(x) = \sin(x + 2)$ gegeben sind, und vergleichen Sie diese mit dem der Sinusfunktion.

---

[4] vgl. Abschnitt 1.2.

14. Drücken Sie die Tangensfunktion durch den Kosinus und die Sinusfunktion durch den Tangens aus. Beachten Sie dabei insbesondere die Vorzeichen. Wodurch werden die unterschiedlichen Periodenlängen in den Formeln „aufgefangen"?

15. Berechnen Sie $\cos(\arcsin x)$, $\tan(\arcsin x)$ und $\sin(\arccos x)$ für alle $x \in \,]-1, 1[$, indem Sie zunächst wie in Aufgabe 14 die trigonometrische Funktion in die zu der einzusetzenden Arcus-Funktion passende umrechnen.

16. *Eigenschaften hyperbolischer Funktionen:*

(i) Zeigen Sie die für alle $x \in \mathbb{R}$ gültige Formel: $\cosh^2 x - \sinh^2 x = 1$.

(ii) Folgern Sie daraus: $\cosh x \geq 1$ und $-1 < \tanh x < 1$ $\forall x \in \mathbb{R}$.

(iii) Zeigen Sie unter Benutzung der Eigenschaften der e-Funktion, dass sinh streng monoton wächst. Folgern Sie daraus mittels (i), dass dies auch für cosh – beschränkt auf $\mathbb{R}^+ \cup \{0\}$ – gilt.

(iv) Leiten Sie die in Abschnitt 5.7 angegebenen Formeln für arsinh x und arcosh x durch Auflösen der Funktionsvorschrift $f(s) = t$ nach s her.

17. Lösen Sie (durch geschickte Substitution):

$$(1 + \mathrm{e})\sinh\frac{x}{3} + (1 - \mathrm{e})\cosh\frac{x}{3} = \mathrm{e} - 1\,.$$

6 Vektorrechnung und analytische Geometrie

In diesem Kapitel wollen wir zuerst klären, was wir unter einem Vektorraum verstehen, anschließend beschäftigen wir uns mit dem Begriff der linearen Unabhängigkeit. Es folgt die Darstellung von Geraden und Ebenen im Vektorraum. Mit Hilfe des Skalarprodukts werden wir Abstände von Punkten und Winkel zwischen Vektoren messen können. Zum Abschluss werden bestimmte Kurven, nämlich die Kegelschnitte, sowohl geometrisch als auch algebraisch betrachtet.

6.1 Die Vektorräume $\mathbb{R}^2$ und $\mathbb{R}^3$

Zuerst wollen wir definieren, was wir unter einem Vektor verstehen.

Der Vektorraum $\mathbb{R}^2$ ($= \mathbb{R} \times \mathbb{R}$, kartesisches Produkt) besteht aus allen Paaren von reellen Zahlen. Die einzelnen Zahlenpaare heißen Vektoren. Man kann sie als

$$\textit{Zeilenvektoren} \quad (\alpha, \beta) \quad \text{oder als } \textit{Spaltenvektoren} \quad \begin{pmatrix} \alpha \\ \beta \end{pmatrix}$$

schreiben. Wir werden Vektoren immer als Spaltenvektoren schreiben. Analog wird der Vektorraum $\mathbb{R}^3$ als die Menge aller Tripel (3-Tupel) von reellen Zahlen definiert.

Auf den Vektoren eines Vektorraums haben wir zwei Rechenoperationen gemäß der

Definition:

Addition:

$$\begin{pmatrix} a_1 \\ a_2 \end{pmatrix} + \begin{pmatrix} b_1 \\ b_2 \end{pmatrix} = \begin{pmatrix} a_1 + b_1 \\ a_2 + b_2 \end{pmatrix}$$

skalare Multiplikation:

$$\lambda \cdot \begin{pmatrix} a_1 \\ a_2 \end{pmatrix} = \begin{pmatrix} \lambda a_1 \\ \lambda a_2 \end{pmatrix}$$

Im Vektorraum $\mathbb{R}^3$ sind die Operationen analog definiert.

Bemerkungen:
1. In der Vektorrechnung werden die reellen Zahlen auch als *Skalare* bezeichnet.
2. Buchstaben können sowohl Zahlen als auch Vektoren bezeichnen[1]. Um die Unterscheidung zu erleichtern, sollen von jetzt an kleine griechische Buchstaben immer Zahlen bedeuten.

---

[1] Die manchmal benutzte Schreibweise, Vektoren durch Pfeile über den Buchstaben zu kennzeichnen, soll hier nicht benutzt werden.

https://doi.org/10.1515/9783110526868-006

3. Auch die Rechensymbole + und · haben jetzt jeweils zwei Bedeutungen:
   + kann bedeuten: Addition von Zahlen, Addition von Vektoren,
   · kann bedeuten: Multiplikation von Zahlen, skalare Multiplikation.
4. Vorsichtig muss man auch bei der „Null" sein: Sowohl die Zahl 0 als auch der Nullvektor (n-Tupel aus lauter Nullen) werden mit 0 bezeichnet.
5. Ist a ein Vektor, so schreibt man für $(-1) \cdot a$ auch einfach $-a$.

Rechenregeln:

Für beliebige reelle Zahlen α, β und Vektoren x, y gilt:

(i) $(\alpha\beta) \cdot x = \alpha \cdot (\beta \cdot x)$
(ii) $(\alpha + \beta) \cdot x = \alpha \cdot x + \beta \cdot x$
(iii) $\alpha \cdot (x + y) = \alpha \cdot x + \alpha \cdot y$

Machen Sie sich klar, dass Pluszeichen und Malpunkte, die oft einfach weggelassen werden, auf beiden Seiten einer Regel verschiedene Bedeutung haben können. Statt des Beweises obiger Regeln, der durch einfaches Nachrechnen erfolgt, wollen wir uns (ii) an einem Zahlenbeispiel klar machen:

Zahlenbeispiel:

Linke Seite:
$$(3 + 4) \cdot \begin{pmatrix} -2 \\ 5 \end{pmatrix} = 7 \cdot \begin{pmatrix} -2 \\ 5 \end{pmatrix} = \begin{pmatrix} -14 \\ 35 \end{pmatrix}$$

Rechte Seite:
$$3 \cdot \begin{pmatrix} -2 \\ 5 \end{pmatrix} + 4 \cdot \begin{pmatrix} -2 \\ 5 \end{pmatrix} = \begin{pmatrix} -6 \\ 15 \end{pmatrix} + \begin{pmatrix} -8 \\ 20 \end{pmatrix} = \begin{pmatrix} -14 \\ 35 \end{pmatrix}$$

Vektoren kann man sich als „Pfeile" veranschaulichen; zum Beispiel die Vektoren aus $\mathbb{R}^2$ als Pfeile in der Ebene.

Zum Vektor $\begin{pmatrix} \alpha \\ \beta \end{pmatrix}$ gehört – wie in Bild 6.1.1 dargestellt – der Pfeil **Pf** vom Koordinatenursprung (Pfeilanfang) bis zum Punkt P mit den Koordinaten (α, β) (Pfeilspitze). Außerdem gehören zum Vektor $\begin{pmatrix} \alpha \\ \beta \end{pmatrix}$ auch alle Pfeile, die parallel zu **Pf** sind, genauso lang wie **Pf** sind und die gleiche Orientierung wie **Pf** haben. Zu einem Vektor gehören also unendlich viele Pfeile. Dem Nullvektor entspricht der zu einem Punkt zusammengeschrumpfte Pfeil.

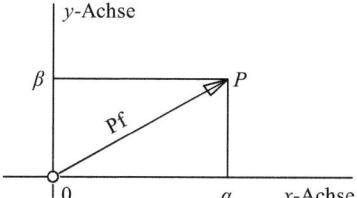

Bild 6.1.1: Vektoren und Pfeile

Die beiden Rechenoperationen kann man sich im „Pfeilmodell" ebenfalls schön veranschaulichen.

Addition:

Aneinanderhängen der Pfeile oder Parallelogrammregel (siehe Bild 6.1.2 und 6.1.3).

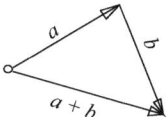

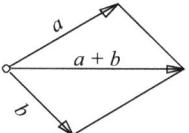

Bild 6.1.2: Aneinanderhängen

Bild 6.1.3: Parallelogrammregel

Skalare Multiplikation:

Entsprechendes Verlängern oder Verkürzen des Vektors. $0 \cdot a$ ergibt den Nullvektor. Bei der Multiplikation mit einer negativen Zahl ändert sich die Orientierung des Vektors. Bei der Multiplikation $(-1) \cdot a = -a$ ergibt sich ein Vektor, der genauso lang ist wie a, aber in die entgegen gesetzte Richtung zeigt. Die Vektoren des $\mathbb{R}^3$ zusammen mit ihren Rechenoperationen kann man sich im Raum in analoger Weise veranschaulichen.

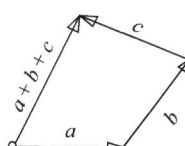

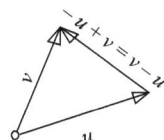

Bild 6.1.4: Addition im Pfeilmodell

Beispiel

zum Rechnen mit Vektoren: Gegeben seien die Punkte:

$$A = \begin{pmatrix} 1 \\ 1 \end{pmatrix}, B = \begin{pmatrix} 5 \\ 3 \end{pmatrix}, P = \begin{pmatrix} 3 \\ 4 \end{pmatrix},$$

M bezeichne die Mitte der Strecke AB (siehe Bild 6.1.5).

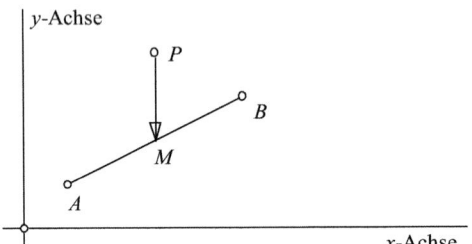

Bild 6.1.5: Rechnen mit Vektoren

Wir wollen den Pfeil von P nach M „berechnen", genauer gesagt, denjenigen Vektor x, der dadurch dargestellt wird. Dazu bezeichnen wir mit a denjenigen Vektor, den der Pfeil vom Nullpunkt nach A repräsentiert, b, m, p entsprechend.

Dann stellt (vgl. auch Bild 6.1.2) der Pfeil von A nach B den Vektor $b - a$ dar. Da M der Mittelpunkt der Strecke AB ist, entspricht der Pfeil von A nach M $\frac{1}{2}(b - a)$, und wir erhalten $m = a + \frac{1}{2}(b - a)$.

Damit ist

$$x = m - p = a + \frac{1}{2}(-a + b) - p, \quad \text{mit Zahlenwerten}$$

$$x = -p + \frac{1}{2}a + \frac{1}{2}b = \begin{pmatrix} -3 + 0.5 + 2.5 \\ -4 + 0.5 + 1.5 \end{pmatrix} = \begin{pmatrix} 0 \\ -2 \end{pmatrix}.$$

Der Pfeil zeigt also senkrecht nach unten (was unserer Zeichnung entspricht).

Definition:

Die Vektoren $a_1, a_2, \ldots, a_n$ heißen *linear unabhängig*, wenn aus

$$\lambda_1 a_1 + \lambda_2 a_2 + \ldots + \lambda_n a_n = 0$$

folgt, dass alle λ_i gleich Null sind (also $\lambda_1 = \ldots = \lambda_n = 0$).

Sind die Vektoren nicht linear unabhängig, so heißen sie *linear abhängig*.

Bemerkung:

Sind die Vektoren a, b linear unabhängig, so gilt natürlich $a \neq 0$, $b \neq 0$ und $a \neq b$.

Beispiele:

1. Wir prüfen, ob die Vektoren $a = \begin{pmatrix} 1 \\ 2 \end{pmatrix}$ und $b = \begin{pmatrix} 3 \\ 4 \end{pmatrix}$ linear unabhängig sind:

Der Ansatz $\lambda_1 \begin{pmatrix} 1 \\ 2 \end{pmatrix} + \lambda_2 \begin{pmatrix} 3 \\ 4 \end{pmatrix} = \begin{pmatrix} 0 \\ 0 \end{pmatrix}$ führt zu zwei Gleichungen:

(I) $\quad \lambda_1 + 3\lambda_2 = 0 \quad \Rightarrow \quad \lambda_1 = -3\lambda_2 \quad$ und $\quad$ (II) $\quad 2\lambda_1 + 4\lambda_2 = 0$

Eingesetzt in (II):

$$2(-3\lambda_2) + 4\lambda_2 = 0 \quad \Rightarrow \quad \lambda_2 = 0 \quad \Rightarrow \quad \lambda_1 = 0$$

Das Gleichungssystem hat also nur die Lösung $\lambda_1 = \lambda_2 = 0$. Damit sind die beiden Vektoren linear unabhängig.

2. Sind die Vektoren $a = \begin{pmatrix} 2 \\ -1 \\ 3 \end{pmatrix}, b = \begin{pmatrix} 1 \\ 1 \\ 2 \end{pmatrix}, c = \begin{pmatrix} 5 \\ -4 \\ 7 \end{pmatrix}$ linear unabhängig?

Analog zu **1.** führt der Ansatz $\lambda_1 \begin{pmatrix} 2 \\ -1 \\ 3 \end{pmatrix} + \lambda_2 \begin{pmatrix} 1 \\ 1 \\ 2 \end{pmatrix} + \lambda_3 \begin{pmatrix} 5 \\ -4 \\ 7 \end{pmatrix} = \begin{pmatrix} 0 \\ 0 \\ 0 \end{pmatrix}$ zu den drei

Gleichungen

(I) $\quad 2\lambda_1 + \lambda_2 + 5\lambda_3 = 0 \quad$ (II) $\quad -\lambda_1 + \lambda_2 - 4\lambda_3 = 0 \quad$ (III) $\quad 3\lambda_1 + 2\lambda_2 + 7\lambda_3 = 0$

Natürlich ist $\lambda_1 = \lambda_2 = \lambda_3 = 0$ eine Lösung des Gleichungssystems. Aber auch $\lambda_1 = -3, \lambda_2 = 1$ und $\lambda_3 = 1$ ist, wie Sie selbst nachrechnen können, eine Lösung. Also sind die drei Vektoren linear abhängig.

Satz:

> Die Vektoren $a_1, \ldots, a_n$ sind genau dann linear abhängig, wenn sich einer von ihnen aus den anderen linear kombinieren lässt.
>
> Unter einer Linearkombination von Vektoren a, b, c versteht man einen Ausdruck der Form $\alpha a + \beta b + \gamma c$.

Beweis:

„$\Rightarrow$": Es seien $a_1, \ldots, a_n$ linear abhängig. Es gibt dann $\lambda_1 \ldots, \lambda_n \in \mathbb{R}$, die nicht alle gleich Null sind, mit $\lambda_1 a_1 + \ldots + \lambda_n a_n = 0$.
Sei zum Beispiel $\lambda_1 \neq 0$. Dann folgt:

$$a_1 = -\frac{\lambda_2}{\lambda_1} a_2 - \ldots - \frac{\lambda_n}{\lambda_1} a_n,$$

da man durch λ_1 teilen darf.

„⇐": Es sei zum Beispiel $a_1 = \lambda_2 a_2 + \ldots + \lambda_n a_n$. Daraus folgt:

$$(-1)a_1 + \lambda_2 + a_2 + \ldots + \lambda_n a_n = 0\,.$$

Daraus folgt, dass $a_1, \ldots, a_n$ linear abhängig sind. □

Beispiele für lineare Unabhängigkeit / Abhängigkeit im „Pfeilmodell":

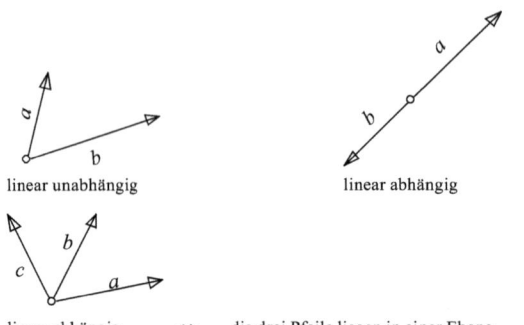

linear unabhängig   linear abhängig

linear abhängig   ⇔   die drei Pfeile liegen in einer Ebene

linear unabhängig   ⇔   die drei Pfeile liegen nicht in einer Ebene

Bild 6.1.6: Lineare Unabhängigkeit / Abhängigkeit

Satz:

Für linear unabhängige Vektoren $a = \begin{pmatrix} a_1 \\ a_2 \end{pmatrix}$ und $b = \begin{pmatrix} b_1 \\ b_2 \end{pmatrix}$ aus dem Vektorraum $\mathbb{R}^2$ gilt: $a_1 b_2 - a_2 b_1 \neq 0$.

Beweis:

Da a und b linear unabhängig sind, ist weder a noch b der Nullvektor.
Wir nehmen an, dass

$$a_1 b_2 - a_2 b_1 = 0 \qquad\qquad\qquad (A)$$

ist und führen dies zum Widerspruch:
Ist $a_1 = 0$, so muss $a_2 \neq 0$ sein, aus (A) folgt dann $b_1 = 0$. Wir können über die zweiten Komponenten $b = \lambda a$ erreichen, also sind a und b linear abhängig, was aber im Widerspruch zur Voraussetzung steht. Also ist $a_1 \neq 0$.

Analog folgert man, dass auch $a_2, b_1, b_2 \neq 0$ sind.

Aus $a_1 b_2 = a_2 b_1$ folgt dann $\frac{a_1}{a_2} \cdot b_2 = b_1$, womit wir

$$\begin{pmatrix} b_1 \\ b_2 \end{pmatrix} = \begin{pmatrix} \dfrac{a_1}{a_2} b_2 \\ \dfrac{a_2}{a_2} b_2 \end{pmatrix} = \frac{b_2}{a_2} \cdot \begin{pmatrix} a_1 \\ a_2 \end{pmatrix}$$

erhalten.

Mit $\lambda = \frac{b_2}{a_2}$ ist somit $b = \lambda a$, a und b sind linear abhängig, was ein Widerspruch zur Voraussetzung ist. Also war die Annahme $a_1 b_2 - a_2 b_1 = 0$ falsch. □

Definition:

> Im Vektorraum $\mathbb{R}^2$ bilden je zwei linear unabhängige Vektoren eine *Basis*.
>
> Im Vektorraum $\mathbb{R}^3$ bilden je drei linear unabhängige Vektoren eine *Basis*[2)].

Satz und Definition:

> Bilden a und b eine Basis von $\mathbb{R}^2$, so kann man jeden Vektor $x \in \mathbb{R}^2$ auf genau eine Weise als Linearkombination von a und b darstellen.
>
> Die durch $x = \alpha a + \beta b$ eindeutig bestimmten reellen Zahlen α und β heißen dann die *Koordinaten* von x bezüglich der Basis a, b.
>
> Im Vektorraum $\mathbb{R}^3$ gilt der Satz analog.

Beweis:

Es sei $x = \begin{pmatrix} x_1 \\ x_2 \end{pmatrix}$ ein beliebiger Vektor. Wir müssen zeigen, dass sich dieser <u>eindeutig</u>

als Linearkombination $\alpha \begin{pmatrix} a_1 \\ a_2 \end{pmatrix} + \beta \begin{pmatrix} b_1 \\ b_2 \end{pmatrix} = \begin{pmatrix} x_1 \\ x_2 \end{pmatrix}$ darstellen lässt.

Da a und b linear unabhängig sind (Basis!), können a_1 und a_2 nicht gleichzeitig 0 sein. Sei also zum Beispiel $a_1 \neq 0$. Wir erhalten dann ein Gleichungssystem mit zwei Gleichungen:

(I) $\alpha a_1 + \beta b_1 = x_1 \quad \Rightarrow \quad \alpha = \frac{1}{a_1}(x_1 - \beta b_1)$ und (II) $\alpha a_2 + \beta b_2 = x_2$

(I) in (II) eingesetzt ergibt: (II') $\dfrac{a_2}{a_1}(x_1 - \beta b_1) + \beta b_2 = x_2$

$$\Rightarrow \quad \frac{a_2}{a_1} x_1 + \beta \left(b_2 - \frac{a_2}{a_1} b_1 \right) = x_2$$

Diese Gleichung ist stets nach β auflösbar, da wegen $a_1 b_2 - a_2 b_1 \neq 0$ (lineare Unabhängigkeit!) der Klammerausdruck nicht 0 ist. Setzt man das so erhaltene β in die Gleichung (I) ein, so erhält man α. Somit wissen wir, dass α und β eindeutig bestimmt sind. Zur Probe setzen Sie bitte die erhaltenen Werte für α und β in die Ausgangsgleichung ein. □

[2)] Im Allgemeinen definiert man den Begriff *Basis* anders; unsere obige Definition ist dann bereits ein zu beweisender Sachverhalt. Da wir uns bei dieser elementaren Einführung jedoch auf die Vektorräume $\mathbb{R}^2$ und $\mathbb{R}^3$ beschränkt haben, reicht diese Definition für unsere Zwecke völlig aus.

Wir betrachten zum Beispiel die durch $e_1 = \begin{pmatrix} 1 \\ 0 \end{pmatrix}$ und $e_2 = \begin{pmatrix} 0 \\ 1 \end{pmatrix}$ gebildete Basis von $\mathbb{R}^2$ (Machen Sie sich selbst einmal klar, warum die Vektoren linear unabhängig sind!). Wegen $\begin{pmatrix} \alpha \\ \beta \end{pmatrix} = \alpha \cdot e_1 + \beta \cdot e_2$ heißt e_1, e_2 die *natürliche* (oder: *kanonische*) *Basis* von $\mathbb{R}^2$. Analog führt man e_1, e_2, e_3 im $\mathbb{R}^3$ ein und erhält so die natürliche Basis von $\mathbb{R}^3$.

6.2 Geraden und Ebenen

Definition:

> Es seien a und b feste Vektoren der Ebene (bzw. des Raumes). Durchläuft λ alle reellen Zahlen, so durchläuft $a + \lambda \cdot b$ genau die Punkte einer Geraden g (siehe Bild 6.2.1). Diese Darstellung einer Geraden als Punktmenge $\{a + \lambda \cdot b \mid \lambda \in \mathbb{R}\}$ heißt *Parameterdarstellung einer Geraden*. λ heißt der *Parameter*, a der *Aufpunkt* und b der *Richtungsvektor* der Geraden.
>
> Kurzschreibweise: $g: a + \lambda \cdot b, \lambda \in \mathbb{R}$

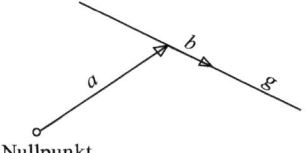

Nullpunkt   **Bild 6.2.1:** Parameterdarstellung einer Geraden

Beispiel:

Gesucht: Parameterdarstellung der Geraden durch die Punkte $\begin{pmatrix} 1 \\ 2 \\ 3 \end{pmatrix}$ und $\begin{pmatrix} -5 \\ 2 \\ 4 \end{pmatrix}$.

Als Aufpunkt wählen wir $\begin{pmatrix} 1 \\ 2 \\ 3 \end{pmatrix}$, als Richtungsvektor $\begin{pmatrix} 1 \\ 2 \\ 3 \end{pmatrix} - \begin{pmatrix} -5 \\ 2 \\ 4 \end{pmatrix} = \begin{pmatrix} 6 \\ 0 \\ -1 \end{pmatrix}$.

Somit erhalten wir die Darstellung für g: $\begin{pmatrix} 1 \\ 2 \\ 3 \end{pmatrix} + \lambda \cdot \begin{pmatrix} 6 \\ 0 \\ -1 \end{pmatrix}$.

Die *Parameterdarstellung einer Ebene* ε erhält man völlig analog (siehe Bild 6.2.2): Ebene ε: $a + \lambda \cdot b + \mu \cdot c$.

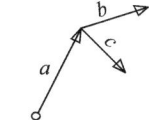

Nullpunkt   **Bild 6.2.2:** Parameterdarstellung einer Ebene

Dabei durchlaufen die Parameter λ und μ alle reellen Zahlen. a heißt der *Aufpunkt* und b und c die *Richtungsvektoren* der Ebene, die linear unabhängig sein müssen.

Beispiel:
Wir berechnen den Durchstoßpunkt der Geraden g durch die Ebene ε, die folgendermaßen gegeben sind:

$$g: \begin{pmatrix} 1 \\ 2 \\ 3 \end{pmatrix} + \lambda \begin{pmatrix} 1 \\ -1 \\ 2 \end{pmatrix} \quad \varepsilon: \begin{pmatrix} 0 \\ 1 \\ 1 \end{pmatrix} + \alpha \begin{pmatrix} 1 \\ -1 \\ 1 \end{pmatrix} + \beta \begin{pmatrix} 2 \\ 0 \\ 3 \end{pmatrix}$$

Der Durchstoßpunkt muss beiden Darstellungen genügen, also muss

$$\begin{pmatrix} 1 \\ 2 \\ 3 \end{pmatrix} + \lambda \begin{pmatrix} 1 \\ -1 \\ 2 \end{pmatrix} = \begin{pmatrix} 0 \\ 1 \\ 1 \end{pmatrix} + \alpha \begin{pmatrix} 1 \\ -1 \\ 1 \end{pmatrix} + \beta \begin{pmatrix} 2 \\ 0 \\ 3 \end{pmatrix}$$

sein. Man erhält ein Gleichungssystem mit drei Unbekannten:

(I) $1 + \lambda = \alpha + 2\beta$ (II) $2 - \lambda = 1 - \alpha$ (III) $3 + 2\lambda = 1 + \alpha + 3\beta$

Daraus kann man λ, α, β berechnen (Ergebnis: $\lambda = 0$, $\alpha = -1$, $\beta = 1$). Der Durchstoßpunkt ist hier (zufällig) der Aufpunkt der Geraden.

6.3 Das Skalarprodukt

Wir wollen nun Vektoren miteinander „multiplizieren". Da das Ergebnis der hier betrachteten Operation eine reelle Zahl (Skalar) ist, heißt die nachstehend definierte Verknüpfung *Skalarprodukt*.

Definition:

Für beliebige Vektoren definiert man

$$\text{im } \mathbb{R}^2 : \begin{pmatrix} a_1 \\ a_2 \end{pmatrix} \cdot \begin{pmatrix} b_1 \\ b_2 \end{pmatrix} = a_1 b_1 + a_2 b_2 \, ,$$

$$\text{im } \mathbb{R}^3 : \begin{pmatrix} a_1 \\ a_2 \\ a_3 \end{pmatrix} \cdot \begin{pmatrix} b_1 \\ b_2 \\ b_3 \end{pmatrix} = a_1 b_1 + a_2 b_2 + a_3 b_3 \, .$$

Auch wenn die so definierte Verknüpfung mit der üblichen Multiplikation nicht viel zu tun hat (insbesondere gibt es keine „Division" als Umkehroperation!), verwenden wir als Symbol den Malpunkt (oder lassen auch diesen einfach weg) – zu Missverständnissen sollte es dabei nicht kommen!

Rechenregeln für das Skalarprodukt:

Für beliebige Vektoren a, b, c sowie reelle Zahlen λ, μ gilt:

(i) $a \cdot b = b \cdot a$

(ii) $\lambda(a \cdot b) = (\lambda a) \cdot b = a \cdot (\lambda b)$

(iii) $a \cdot (b + c) = ab + ac$

(i) beinhaltet die *Symmetrie* des Skalarprodukts, (ii) und (iii) dessen *Bilinearität*.

Statt des Beweises, der durch Nachrechnen mittels Definition erfolgt, wollen wir Rechenregel (iii) an einem **Zahlenbeispiel** klar machen:

linke Seite:

$$\begin{pmatrix} 2 \\ 3 \end{pmatrix} \cdot \left[\begin{pmatrix} 1 \\ 4 \end{pmatrix} + \begin{pmatrix} -2 \\ 3 \end{pmatrix} \right] = \begin{pmatrix} 2 \\ 3 \end{pmatrix} \cdot \begin{pmatrix} -1 \\ 7 \end{pmatrix} = -2 + 21 = 19$$

rechte Seite:

$$\begin{pmatrix} 2 \\ 3 \end{pmatrix} \cdot \begin{pmatrix} 1 \\ 4 \end{pmatrix} + \begin{pmatrix} 2 \\ 3 \end{pmatrix} \cdot \begin{pmatrix} -2 \\ 3 \end{pmatrix} = (2 + 12) + (-4 + 9) = 19$$

Durch Anwendung dieser Rechenregeln erhalten wir den

Satz:

Für beliebige Vektoren x, y und Zahlen λ gilt:

$$(x + y)^2 = x^2 + 2xy + y^2$$
$$(x - y)^2 = x^2 - 2xy + y^2$$
$$(\lambda x)^2 = \lambda^2 x^2$$

Hinweis:

Für einen Vektor x steht x^2 für $x \cdot x$ (Skalarprodukt mit sich selbst).

Als Nächstes wollen wir die Länge (den Betrag) eines Vektors in der Ebene berechnen (siehe Bild 6.3.1).

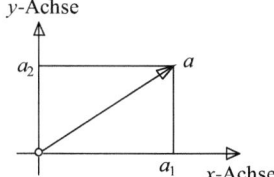

Bild 6.3.1: Länge eines Vektors

Mit dem Satz des PYTHAGORAS erhalten wir: *Länge* von $a = \sqrt{a_1^2 + a_2^2}$.

Andererseits ist der Ausdruck unter der Wurzel gerade das Skalarprodukt $a \cdot a$. Analog erhalten wir durch zweimalige Anwendung des Satz des PYTHAGORAS für die Länge eines Vektors im Raum $\sqrt{a_1^2 + a_2^2 + a_3^2}$, insgesamt also:

$$\textit{Länge (Betrag) von} \quad a = |a| = \begin{cases} \sqrt{a_1^2 + a_2^2} & = \sqrt{a^2} \quad (\text{im } \mathbb{R}^2) \\ \sqrt{a_1^2 + a_2^2 + a_3^2} & = \sqrt{a^2} \quad (\text{im } \mathbb{R}^3) \end{cases}$$

Jetzt können wir leicht den Abstand zweier Punkte (in der Ebene und im Raum) bestimmen (siehe Bild 6.3.2):

Abstand von a und $b = d(a, b) = |b - a|$ (= Länge des Verbindungspfeils)

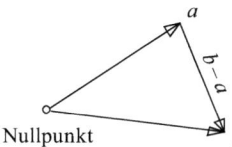

Nullpunkt   **Bild 6.3.2:** Abstand zweier Punkte

Beispiel:

Wir berechnen den Abstand von $\begin{pmatrix} 1 \\ 2 \\ -3 \end{pmatrix}$ und $\begin{pmatrix} -5 \\ 2 \\ 1 \end{pmatrix}$:

$$\left| \begin{pmatrix} -5 \\ 2 \\ 1 \end{pmatrix} - \begin{pmatrix} 1 \\ 2 \\ -3 \end{pmatrix} \right| = \left| \begin{pmatrix} -6 \\ 0 \\ 4 \end{pmatrix} \right| = \sqrt{36 + 16} = \sqrt{52}$$

Satz:

Zwei Vektoren a, b (beide $\neq$ Nullvektor) stehen genau dann aufeinander senkrecht, wenn $a \cdot b = 0$ ist.

Beweis:

Wir betrachten das von a und b aufgespannte Parallelogramm.

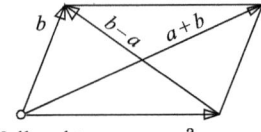

Nullpunt   a   **Bild 6.3.3:** Summe und Differenz von Vektoren

Das Parallelogramm ist genau dann ein Rechteck, wenn die beiden Diagonalen gleich lang sind.

$$a \perp b \quad \Leftrightarrow \quad |a + b| = |b - a| \quad \Leftrightarrow \quad (a + b)^2 = (b - a)^2$$
$$\Leftrightarrow a^2 + 2ab + b^2 = a^2 - 2ab + b^2 \quad \Leftrightarrow \quad ab = 0$$

$\square$

Beispiel:

Wir zeigen, dass sich die Höhen eines Dreiecks in einem Punkt schneiden.

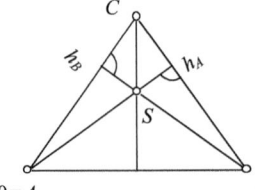

$0 = A$ B   **Bild 6.3.4:** Höhenschnittpunkt

Wir können ohne weiteres das Dreieck so legen, dass A in den Nullpunkt fällt. Wir bezeichnen Punkte und Vektoren mit den gleichen Buchstaben; ein Zahlentupel kann als Punkt oder Vektor interpretiert werden.

Wir definieren S als Schnittpunkt der Höhen h_A und h_B, also $S = h_A \cap h_B$, und zeigen: Der Vektor von C nach S steht senkrecht auf dem Vektor von A nach B.
Die beiden rechten Winkel in Bild 6.3.4 übersetzen wir in „Skalarprodukt = 0":

$$S \cdot (B - C) = 0 \quad \Rightarrow \quad SB - SC = 0 \tag{I}$$

$$C \cdot (S - B) = 0 \quad \Rightarrow \quad CS - CB = 0 \tag{II}$$

$$SB - CB = 0 \quad \Rightarrow \quad B \cdot (S - C) = 0 \tag{I+II}$$

Der Vektor von A nach B ist also senkrecht zu dem Vektor von C nach S.

Satz:

> Für den Winkel α zwischen zwei Vektoren $a, b (\neq 0)$ gilt: $\cos \alpha = \dfrac{a \cdot b}{|a| \cdot |b|}$.

Beweis:
Wir normieren die Vektoren a und b auf die Länge 1 (siehe Bild 6.3.5).

$$\tilde{a} = \frac{1}{|a|} \cdot a \qquad \tilde{b} = \frac{1}{|b|} \cdot b$$

Da $\tilde{a}$ und $\tilde{b}$ die Länge 1 haben, ist $\lambda = \cos \alpha$.

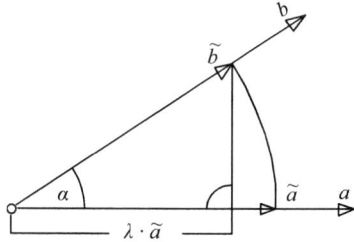

Bild 6.3.5: Winkel zwischen Vektoren

Wegen des rechten Winkels ist $\tilde{a} \cdot (\tilde{b} - \lambda \tilde{a}) = 0$, also auch $\tilde{a} \cdot \tilde{b} - \lambda \underbrace{\tilde{a} \tilde{a}}_{=1} = 0$ bzw. $\lambda = \tilde{a} \cdot \tilde{b}$.

Insgesamt haben wir somit $\cos \alpha = \lambda = \tilde{a} \cdot \tilde{b} = \dfrac{1}{|a|} \cdot a \cdot \dfrac{1}{|b|} \cdot b = \dfrac{a \cdot b}{|a| \cdot |b|}$. $\qquad \square$

Anwendungsbeispiel:

Wir berechnen den Winkel zwischen den Vektoren $a = \begin{pmatrix} 2 \\ 1 \\ 1 \end{pmatrix}$ und $b = \begin{pmatrix} 1 \\ -1 \\ 1 \end{pmatrix}$.

$a \cdot b = \begin{pmatrix} 2 \\ 1 \\ 1 \end{pmatrix} \cdot \begin{pmatrix} 1 \\ -1 \\ 1 \end{pmatrix} = 2 - 1 + 1 = 2, \ |a| = \sqrt{4+1+1} = \sqrt{6} \ \text{und} \ |b| = \sqrt{1+1+1} = \sqrt{3}$,

insgesamt also

$$\cos \alpha = \frac{2}{\sqrt{6 \cdot \sqrt{3}}} = \frac{2}{\sqrt{18}} \quad \Rightarrow \quad \alpha \approx 61.8°.$$

Bemerkung:

Mit Hilfe des Skalarprodukts können wir in der Ebene (Vektorraum $\mathbb{R}^2$) und im Raum (Vektorraum $\mathbb{R}^3$) Abstände zwischen Punkten und Winkel zwischen Geraden messen. Die Begriffe „Abstand" und „Winkel" waren uns dabei von vornehein anschaulich klar und wurden nicht definiert.

Betrachtet man den Sachverhalt abstrakter, so ist folgende Anschauungsweise angebracht: Die Begriffe „Abstand" und „Winkel" sind eigentlich noch gar nicht vorhanden. Erst mit der Einführung des Skalarprodukts werden diese Begriffe durch die entsprechenden Formeln definiert.

6.4 Geradengleichungen, Ebenengleichungen

In der Ebene kann man eine Gerade g auch noch anders als in 6.2. durch eine Gleichung darstellen.

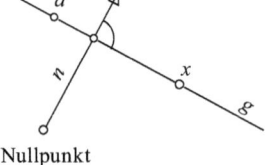

n: Normalenvektor (Vektor senkrecht zur Geraden g);
a: fester Punkt auf g

Nullpunkt

Bild 6.4.1: Geradengleichung

Für einen beliebigen Punkt x gilt:
x liegt genau dann auf g, wenn $n \cdot (x - a) = 0$, das heißt $nx - na = 0$ ist.

Ausführlich geschrieben:

$$n_1 x_1 + n_2 x_2 + \underbrace{(-n_1 a_1 - n_2 a_2)}_{\text{Konstante}} = 0$$

$$n_1 x_1 + n_2 x_2 + c = 0 \quad \text{(Geradengleichung)}$$

Jede Gleichung dieses Typs (mit festen n_1, n_2, $c \in \mathbb{R}$) bestimmt eine Gerade. Aus der Gleichung kann man sofort einen Normalenvektor (n_1, n_2) ablesen.

Umgekehrt gehört zu jeder Geraden eine Gleichung dieses Typs. Allerdings ist die Gleichung nur bis auf einen Faktor eindeutig bestimmt (Multiplikation der Gleichung mit einer Zahl ändert die Lösungsmenge nicht).

Beispiel:

Wir bestimmen die Gleichung der Geraden durch $\begin{pmatrix} 1 \\ 1 \end{pmatrix}$ und $\begin{pmatrix} 2 \\ -3 \end{pmatrix}$.

1. Möglichkeit: Wir setzen in den Ansatz: $ax + by + c = 0$ die beiden Punkte ein und erhalten

$$\text{(I)} \quad a + b + c = 0 \qquad \text{(II)} \quad 2a - 3b + c = 0 \,.$$

Jetzt hat man 2 Gleichungen mit 3 Unbekannten (Grund: Die Geradengleichung ist nicht eindeutig bestimmt). Wir wählen $b = 1$ und erhalten aus

(I) $\quad a + 1 + c = 0 \qquad \Rightarrow \quad c = -a - 1$

(II) $\quad 2a - 3 + c = 0 \qquad \Rightarrow \quad 2a - 3 - a - 1 = 0 \quad \Rightarrow \quad a = 4 \quad \Rightarrow \quad c = -5$

die Geradengleichung: $4x + y - 5 = 0$.

2. Möglichkeit: Wir bestimmen einen Normalenvektor n der Geraden:

Ein Richtungsvektor von g ist $\begin{pmatrix} 1 \\ 1 \end{pmatrix} - \begin{pmatrix} 2 \\ -3 \end{pmatrix} = \begin{pmatrix} -1 \\ 4 \end{pmatrix}$.

Daraus erhält man als Normalenvektor $n = \begin{pmatrix} 4 \\ 1 \end{pmatrix}$ (Komponenten des Richtungsvektors vertauschen und ein Vorzeichen ändern! Warum?). Ein Punkt a auf der Geraden ist zum Beispiel $\begin{pmatrix} 1 \\ 1 \end{pmatrix}$. Damit ergibt sich die Geradengleichung $n(x - a) = 0$ zu:

$$\begin{pmatrix} 4 \\ 1 \end{pmatrix} \cdot \left[\begin{pmatrix} x_1 \\ x_2 \end{pmatrix} - \begin{pmatrix} 1 \\ 1 \end{pmatrix} \right] = 0 \,, \text{ ausgeschrieben } 4x_1 + x_2 - 5 = 0.$$

Analog kann man im Raum eine Ebene durch eine Gleichung darstellen:

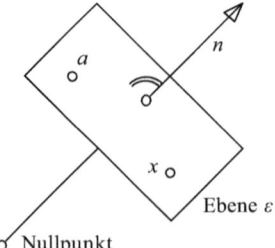

Bild 6.4.2: Ebenengleichung

n: Normalenvektor der Ebene; a: Punkt in ε

Der Punkt x liegt in $\varepsilon \Leftrightarrow n(x - a) = 0 \Leftrightarrow nx - na = 0$

Ausführlich geschrieben:

$$n_1 x_1 + n_2 x_2 + n_3 x_3 + c = 0$$

Jede solche Gleichung bestimmt eine Ebene. Aus der Gleichung kann man sofort einen Normalenvektor ablesen. Zu jeder Ebene gehört eine Gleichung dieses Typs, die aber nur bis auf einen Faktor eindeutig bestimmt ist.

Beispiel:
Gegeben sind die Ebene ε durch die Gleichung $2x + y - z + 1 = 0$ und die Gerade g durch die Parameterdarstellung $\begin{pmatrix} 5 \\ -2 \\ 1 \end{pmatrix} + \lambda \begin{pmatrix} 1 \\ 1 \\ 1 \end{pmatrix}$.

Gesucht ist der Durchstoßpunkt von g durch ε. Wir setzen die Parameterdarstellung von g in die Gleichung von ε ein:

$$2(5 + \lambda) + (-2 + \lambda) - (1 + \lambda) + 1 = 0$$
$$10 + 2\lambda - 2 + \lambda - 1 - \lambda + 1 = 0$$
$$2\lambda + 8 = 0 \qquad \Rightarrow \qquad \lambda = -4$$

$$\Rightarrow \quad \text{Durchstoßpunkt} = \begin{pmatrix} 5 \\ -2 \\ 1 \end{pmatrix} - 4 \begin{pmatrix} 1 \\ 1 \\ 1 \end{pmatrix} = \begin{pmatrix} 1 \\ -6 \\ -3 \end{pmatrix}$$

6.5 Kegelschnitte

Gegeben sei ein gerader Kreiskegel. Wir fassen diesen Kegel als „Doppelkegel (Sanduhr)" auf, der nach oben und unten unendlich groß ist. Die Kurven, die man erhält, wenn man den Kegel mit einer Ebene schneidet, die nicht durch die Kegelspitze geht, nennt man Kegelschnitte. Man unterscheidet drei Typen von Kegelschnitten.

α sei der Neigungswinkel des Kegels, β der Neigungswinkel der Ebene gegen die Horizontalebene. Je nach Größe dieser beiden Winkel ergeben sich Ellipsen, Parabeln und Hyperbeln (siehe Bild 6.5.1).

<u>Hinweis:</u> Dies ist keine zu beweisende Aussage, sondern Ellipsen, Parabeln und Hyperbeln werden so definiert.

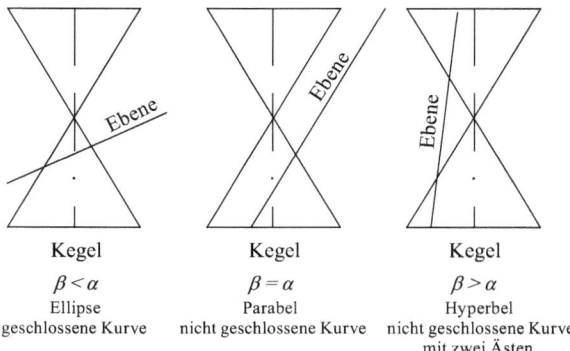

Kegel	Kegel	Kegel
$\beta < \alpha$	$\beta = \alpha$	$\beta > \alpha$
Ellipse	Parabel	Hyperbel
geschlossene Kurve	nicht geschlossene Kurve	nicht geschlossene Kurve mit zwei Ästen.

Bild 6.5.1: Kegelschnitte

Mit Hilfe der Dandelin*schen Kugeln* kann man geometrische Eigenschaften der Kegelschnitte herleiten. Für Ellipsen gilt zum Beispiel folgender

Satz:

> Ist E eine Ellipse, so gibt es zwei Punkte F_1 und F_2 und eine Länge l, so dass für jeden Ellipsenpunkt P gilt: Abstand (PF_1) + Abstand $(PF_2) = l$.

Mit Hilfe dieses Satzes kann man eine Ellipse auch konstruieren:

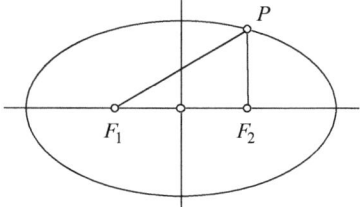

Bild 6.5.2: Gärtnerkonstruktion

Dieses Verfahren nennt man auch Gärtnerkonstruktion, weil man damit ellipsenförmige Blumenbeete herstellen kann. Dazu schlägt man in F_1 und F_2 Pfähle ein und befestigt daran eine Schnur der Länge l. Hält man die Schnur gespannt, so zeichnet der Punkt P eine Ellipse (siehe Bild 6.5.2).

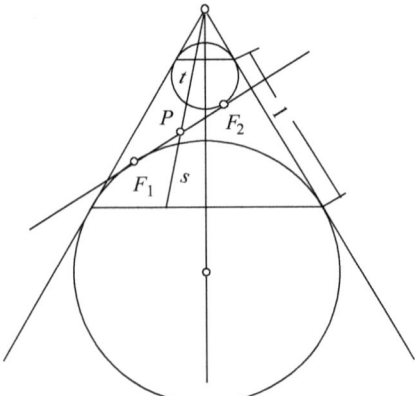

Bild 6.5.3: Kegel mit DANDELINschen Kugeln

s: Strecke von P bis zum „großen" Berührkreis,
t: Strecke von P bis zum „kleinen" Berührkreis.

Der Kegel wird mit einer Ebene ε geschnitten, als Schnittkurve entsteht eine Ellipse E. Wir stecken in den Kegel zwei Kugeln, die den Kegel jeweils entlang eines Kreises und zudem die Ebene in einem Punkt berühren. Die beiden Berührpunkte nennen wir F_1 und F_2. Für jeden Ellipsenpunkt P gilt:

$$PF_1 = s \qquad \text{(von } P \text{ aus Tangenten an die große Kugel)}$$
$$PF_2 = t \qquad \text{(von } P \text{ aus Tangenten an die kleine Kugel)}$$
$$s + t = l \qquad \text{Also folgt: } PF_1 + PF_2 = l$$

Hinweis: Man stelle sich eine Kugel und einen Punkt P vor. Die Tangenten von P an die Kugel berühren die Kugel entlang eines Kreises. Die Strecken von P bis zu den Tangentenberührpunkten sind alle gleich lang.

Bemerkung:
Man kann Ellipsen auch über diese ebene Eigenschaft ($PF_1 + PF_2 = l$) definieren und erhält dann dieselben Kurven wie bei der Definition über Kegelschnitte.

Definition:

> Gegeben sei eine Gleichung zweiten Grades mit den zwei Variablen x und y:
>
> $$a_{20}x^2 + a_{02}y^2 + a_{11}xy + a_{10}x + a_{01}y + a_{00} = 0.$$
>
> (Dabei sind die a_{ij} gegebene reelle Konstante.)
>
> Die Punkte der Ebene mit den Koordinaten (x, y), welche diese Gleichung erfüllen, bilden eine so genannte *Kurve 2. Ordnung*.

Interessant ist, dass man durch diesen völlig anderen Zugang im Wesentlichen wieder die Kegelschnitte erhält; ohne Beweis formulieren wir folgenden

Satz:

Die Kurven 2. Ordnung sind, bis auf unten genannte Ausnahmen, genau die Kegelschnitte. Eine Kurve 2. Ordnung ist also eine Ellipse, eine Parabel, eine Hyperbel oder eine Ausnahme.

Die Ausnahmen sind: Zwei Geraden, eine Gerade, ein Punkt, die leere Menge.

So lässt sich etwa die linke Seite der durch $2x^2 - y^2 - xy + 5x - 2y + 3 = 0$ gegebenen Kurve 2. Ordnung umformen in $\underbrace{(2x + y + 3)}_{\text{Geradengleichung}} \cdot \underbrace{(x - y + 1)}_{\text{Geradengleichung}} = 0$. Da dieses Produkt genau dann 0 ist, wenn eine der beiden Klammern 0 ist, besteht die Lösungsmenge aus zwei Geraden (also eine der oben genannten Ausnahmen).

Legt man das Koordinatensystem besonders günstig in eine Kurve 2. Ordnung, so erhält man die *Normalform* (von Ellipse, Parabel, Hyperbel). Die Normalform ist also die Gleichung einer Kurve bezüglich eines neuen, günstigeren Koordinatensystems. Eine Ellipse ist zum Beispiel die Lösungsmenge der Gleichung $\dfrac{x^2}{a^2} + \dfrac{y^2}{b^2} = 1$; a und b heißen die *Halbachsen* der Ellipse (siehe Bild 6.5.4).

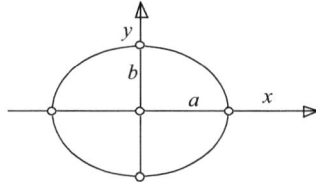

Bild 6.5.4: Normalform der Ellipse

Auch ein Kreis ist eine spezielle Ellipse. Wir setzen $a = b = R$ und erhalten die Kreisgleichung

$$\frac{x^2}{R^2} + \frac{y^2}{R^2} = 1 \quad \Leftrightarrow \quad x^2 + y^2 = R^2 \,.$$

Um eine Ellipse mit den Halbachsen a und b zu zeichnen, verwenden wir die in Bild 6.5.5 durchgeführte Konstruktion für einen beliebigen Ellipsenpunkt P:

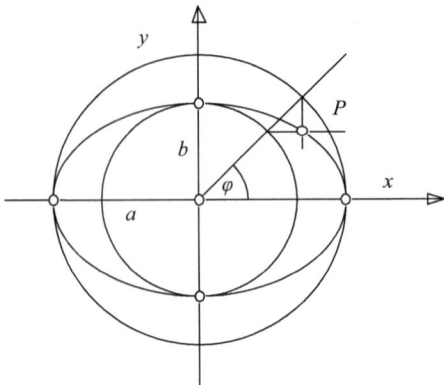

Bild 6.5.5: Konstruktion eines Ellipsenpunktes

Wir zeichnen um den Koordinatenursprung Kreise mit kleiner und großer Halbachse als Radien (kleiner und großer Scheitelkreis). Für einen beliebigen Winkel φ mit der positiven x-Achse ermitteln wir die Schnittpunkte des entsprechenden Strahls mit diesen beiden Kreisen. Parallelen zu den Koordinatenachsen durch diese Schnittpunkte schneiden sich im Ellipsenpunkt P.

Dass die Koordinaten x und y von P tatsächlich die Ellipsengleichung erfüllen, sieht man folgendermaßen:

Es ist $x = a \cos \varphi$ und $y = b \sin \varphi$, also

$$\frac{x^2}{a^2} + \frac{y^2}{b^2} = \frac{a^2 \cos^2 \varphi}{a^2} + \frac{b^2 \sin^2 \varphi}{b^2} = 1 \, .$$

6.6 Übungsaufgaben

1. Bestimmen Sie die Parameterdarstellung der Ebene durch die Punkte

$$\begin{pmatrix} 1 \\ 1 \\ 1 \end{pmatrix}, \begin{pmatrix} 2 \\ 3 \\ 1 \end{pmatrix}, \begin{pmatrix} 5 \\ -1 \\ 2 \end{pmatrix}$$

2. Zeigen Sie, dass sich die Seitenhalbierenden eines Dreiecks in einem Punkt schneiden.

3. Sind die drei Vektoren $a = \begin{pmatrix} 2 \\ -3 \\ 4 \end{pmatrix}, b = \begin{pmatrix} -5 \\ 1 \\ -2 \end{pmatrix}, c = \begin{pmatrix} 19 \\ -9 \\ 14 \end{pmatrix}$ linear unabhängig?

4. Es seien a und b linear unabhängige Vektoren. Sind dann auch $a + b$ und $a - b$ linear unabhängig?

5. Berechnen Sie die Koordinaten des Punktes P bezüglich der Basis a, b, c:

$$P = \begin{pmatrix} 8 \\ 3 \\ -3 \end{pmatrix}, a = \begin{pmatrix} 2 \\ 1 \\ 1 \end{pmatrix}, b = \begin{pmatrix} -1 \\ 1 \\ 1 \end{pmatrix}, c = \begin{pmatrix} 3 \\ 2 \\ -4 \end{pmatrix}$$

6. Zeigen Sie durch Nachrechnen, dass die drei Vektoren

$$a = \frac{1}{4} \begin{pmatrix} 2\sqrt{3} \\ \sqrt{2} \\ \sqrt{-2} \end{pmatrix}, b = \frac{1}{8} \begin{pmatrix} 2 \\ -3\sqrt{6} \\ \sqrt{-6} \end{pmatrix}, c = \frac{1}{8} \begin{pmatrix} 2\sqrt{3} \\ -\sqrt{2} \\ 5\sqrt{2} \end{pmatrix}$$

die Länge 1 haben und paarweise senkrecht aufeinander stehen.

7. In der Ebene betrachte man die Gerade durch den Punkt $P = (1, 2)$ mit dem Richtungsvektor $a = (1, -1)$. Welcher Punkt der Geraden hat von $Q = (2, 0)$ den geringsten Abstand? Wie groß ist dieser?

8. Berechnen Sie den Abstand der windschiefen Geraden g und h.

$$g: \begin{pmatrix} 3 \\ 2 \\ 1 \end{pmatrix} + \lambda \begin{pmatrix} -1 \\ 0 \\ 1 \end{pmatrix} \qquad h: \begin{pmatrix} 5 \\ 6 \\ -2 \end{pmatrix} + \mu \begin{pmatrix} 1 \\ 1 \\ -2 \end{pmatrix}$$

<u>Hinweis:</u> Die kürzeste Verbindungsstrecke steht senkrecht auf beiden Geraden.

9. Zeigen Sie, dass sich die Mittelsenkrechten eines Dreiecks in einem Punkt schneiden.

10. Durch die Gleichung $2x - y + 3z - 4 = 0$ ist eine Ebene ε gegeben. Geben Sie eine Parameterdarstellung von ε an. Berechnen Sie aus dieser Parameterdarstellung wieder die Gleichung der Ebene.

11. Zeigen Sie: Projiziert man einen Kreis in senkrechter Parallelprojektion auf eine Ebene ε, so ist sein Bild eine Ellipse.

Senkrechte Parallelprojektion: Die Projektionsstrahlen sind parallel zueinander und stehen senkrecht auf der Ebene ε.

7 Konvergenz

Wir kommen nun zu einem der wichtigsten Begriffe der Infinitesimalrechnung, der *Konvergenz*. Die meisten Studenten können sich zwar unter Aussagen wie „Die Folge $\frac{1}{n}$ geht mit wachsendem n gegen 0" oder „Die Funktion $\sin x$ geht für x gegen π gegen 0" etwas vorstellen, fragt man aber nach der genauen Bedeutung dieser Aussage, so stellt sich heraus, dass die Vorstellungen darüber oft sehr diffus und ungenau, manchmal sogar falsch sind. Insbesondere sind die Unterschiede zwischen dem Grenzwertbegriff für Folgen und dem für Funktionen vielen nicht klar.

Im ersten Abschnitt wollen wir deshalb zunächst Folgen und damit zusammenhängende Begriffe genauer kennen lernen. Danach wird der Konvergenzbegriff für Folgen eingeführt. Davon ausgehend definieren wir im dritten Abschnitt, was wir unter dem Grenzwert einer Funktion an einer Stelle a verstehen wollen. Im vierten Abschnitt behandeln wir schließlich den zentralen Begriff der Stetigkeit einer Funktion.

7.1 Zahlenfolgen

Eine vage Vorstellung von dem, was man unter Zahlenfolgen versteht, haben Sie sicher: Wir nummerieren dabei eine Menge reeller Zahlen durch, genauer gesagt:

Definition:

Eine *Folge* a_k (reeller Zahlen) ist eine Funktion a von $\mathbb{N}$ nach $\mathbb{R}$.

Statt $a(k)$ schreibt man üblicherweise a_k für den Funktionswert. Häufig beginnt eine Folge auch erst mit a_1 oder a_2 oder a_{k_0}; der Definitionsbereich ist also beschränkt auf $\{k \in \mathbb{N} \mid k \geq k_0\}$ [1].

Wie Funktionen einer reellen Veränderlichen können Folgen also durch Angabe einer Zuordnungsvorschrift *explizit* gegeben werden: So wird durch

$$a_k = \frac{(-1)^k}{k^3} \quad \text{oder} \quad b_k = \frac{3k-1}{k+1}$$

unmissverständlich ausgedrückt, wie jeder Folgenwert ($\cong$ Funktionswert) a_k bzw. b_k in Abhängigkeit von k berechnet werden kann; der Definitionsbereich ist – wenn nichts anderes angegeben wird – im ersten Fall $\mathbb{N}^+$ und im zweiten Fall $\mathbb{N}$.

---

[1] Ganz analog definiert man Folgen von Punkten, Vektoren, komplexen Zahlen etc. als Funktionen von $\mathbb{N}$ bzw. $\{k \in \mathbb{N} \mid k \geq k_0\}$ in die jeweilige Menge.

https://doi.org/10.1515/9783110526868-007

Darüber hinaus kann man sich aber die besonderen Eigenschaften des Definitionsbereichs $\mathbb{N}$ für die konkrete Angabe einer Folge mittels *rekursiver Definition* zunutze machen: Dabei wird ein *Start-* oder *Anfangswert* der Folge (meist a_0 oder a_1) sowie eine *Rekursionsvorschrift* angegeben, mit deren Hilfe allgemein aus der Kenntnis eines oder mehrerer der Folgenglieder bis a_k das nächste Folgenglied a_{k+1} berechnet werden kann. Dazu folgende

Beispiele:

1. Mit einer beliebig gegebenen reellen Zahl x definieren wir die Folge der a_k durch: $a_0 = 1$ (Startwert) und $a_{k+1} = x \cdot a_k$ (Rekursionsvorschrift).

Damit ist $a_1 = x \cdot a_0 = x$, $a_2 = x \cdot a_1 = x^2$, $a_3 = x \cdot a_2 = x^3$, usw. Wir erhalten also die Folge $a_k = x^k$ aller Potenzen von x.

Auch wenn es Ihnen auf den ersten Blick umständlich erscheint, die Folge der aufsteigenden Potenzen $a_k = x^k$ rekursiv zu definieren, wo man sie doch vermeintlich „direkt" berechnen kann, so wird bei genauerem Hinsehen klar, dass man dies bei „direkter Rechnung" eigentlich genauso macht: Sollen etwa die Zweierpotenzen als Folge angegeben werden, so wird jeder bei Kenntnis von $2^9 = 512$ den Wert des nächsten Folgeglieds 2^{10} nicht „neu" berechnen, sondern einfach den Vorgänger mit 2 multiplizieren – man rechnet also rekursiv! Im Gegensatz dazu würde man bei der entsprechenden Auswertung explizit gegebener Folgen wie etwa $a_k = \dfrac{(-1)^k}{k^3}$ oder $b_k = \dfrac{3k-1}{k+1}$ jedes k neu einsetzen und würde nicht von der Kenntnis früher berechneter Folgenglieder profitieren. Die weiteren Beispiele zeigen, dass sich viele wichtige Folgen nur rekursiv definieren lassen.

2. Durch $b_0 = 1$ (Startwert) und $b_{k+1} = (k+1)b_k$ für $k \geq 0$ (Rekursionsvorschrift) ist rekursiv eine Folge definiert, deren fünf ersten Glieder sich zu

$$b_0 = 1 \,, \qquad b_1 = (0+1)\,b_0 = 1 \,, \qquad b_2 = (1+1)\,b_1 = 2 \,,$$
$$b_3 = (2+1)b_2 = 6 \,, \qquad b_4 = (3+1)\,b_3 = 24$$

ergeben. Diese schnell wachsende Folge heißt die *Folge der Fakultäten*; b_k wird mit $k!$ (gelesen: „k Fakultät") bezeichnet. Etwas vereinfachend schreibt man auch

$$k! = 1 \cdot 2 \cdot 3 \cdot \ldots \cdot k = \prod_{i=1}^{k} i \quad \forall k \in \mathbb{N}^+ \,. \tag{1}$$

Die Rekursionsvorschrift lautet somit:

$$(k+1)! = (k+1) \cdot k! \tag{2}$$

Die Größe $k!$ gibt die Anzahl aller *Permutationen* einer k-elementigen Menge an[2], das ist die Anzahl aller Möglichkeiten, k Objekte in verschiedenen Reihenfolgen anzuord-

---

2) siehe hierzu auch Übungsaufgabe 1.

nen. Wir weisen ausdrücklich darauf hin, dass die Folge der Fakultäten nur rekursiv angegeben werden kann, die vermeintlich explizite Formel (1) beinhaltet die Rekursion „versteckt in den Pünktchen". Als Näherung für große k wird manchmal auch die STIRLINGsche Formel verwandt:

$$k! \approx \sqrt{2\pi k} \cdot k^k \cdot e^{-k}$$

3. Mit festem $\alpha \in \mathbb{R}$ definiert man rekursiv eine Folge c_k durch

$$c_0 = 1 \text{ (Startwert) und } c_{k+1} = \frac{\alpha - k}{k + 1} \cdot c_k \text{ für } k \geq 0 \text{ (Rekursionsvorschrift)}.$$

Demnach ist

$$c_0 = 1, \qquad\qquad c_1 = \frac{\alpha - 0}{0 + 1} \cdot c_0 = \frac{\alpha}{1},$$

$$c_2 = \frac{\alpha - 1}{1 + 1} \cdot c_1 = \frac{\alpha(\alpha - 1)}{1 \cdot 2}, \qquad c_3 = \frac{\alpha - 2}{2 + 1} \cdot c_2 = \frac{\alpha(\alpha - 1)(\alpha - 2)}{1 \cdot 2 \cdot 3}, \text{ usw.}$$

Die so definierte Folge c_k heißt die *Folge der Binomialkoeffizienten* und wird mit $\binom{\alpha}{k}$ bezeichnet. Etwas vereinfachend ausgedrückt ist also

$$\binom{\alpha}{k} = \frac{\alpha(\alpha - 1) \ldots (\alpha - (k - 1))}{k!}. \tag{3}$$

Dies entspricht der Definition, die wir für natürliche Zahlen $n \geq k$ bereits im Abschnitt 2.4 kennen gelernt haben. Beachten Sie jedoch, dass wir nun den Binomialkoeffizienten für beliebiges $\alpha \in \mathbb{R}$ und $k \in \mathbb{N}$ definiert haben.

In dieser Schreibweise lautet die Rekursionsvorschrift:

$$\binom{\alpha}{k + 1} = \frac{\alpha - k}{k + 1}\binom{\alpha}{k} \tag{4}$$

Für $\alpha \in \mathbb{R}$ und $k \in \mathbb{N}$ gilt die wichtige Formel[3]

$$\binom{\alpha}{k} + \binom{\alpha}{k + 1} = \binom{\alpha + 1}{k + 1} \tag{5}$$

die wir hier mit vollständiger Induktion beweisen wollen:

<u>Induktionsanfang</u> für $k = 0$:

$$\binom{\alpha}{0} + \binom{\alpha}{1} = \binom{\alpha + 1}{1},$$

---

3) Diese Formel liegt auch der Konstruktion des PASCALschen Dreiecks zugrunde.

denn linke wie rechte Seite ergeben nach der rekursiven Definition des Binomialkoeffizienten den Wert $1 + \alpha$.

Induktionsschritt: Unter der Annahme (IA), dass (5) für ein beliebiges festes $k \in \mathbb{N}$ gilt, beweisen wir, dass auch $\binom{\alpha}{k+1} + \binom{\alpha}{k+2} = \binom{\alpha+1}{k+2}$ richtig ist; typisch ist, dass dabei die Rekursionsformel (4) eine wichtige Rolle spielt:

$$\text{l.S.} = \binom{\alpha}{k+1} + \binom{\alpha}{k+2} \underset{(4)}{=} \binom{\alpha}{k+1}\left(1 + \frac{\alpha-(k+1)}{k+2}\right) = \frac{\alpha-k}{k+1}\binom{\alpha}{k}\frac{\alpha+1}{k+2}$$

$$\text{r.S.} = \binom{\alpha+1}{k+2} \underset{(4)}{=} \frac{(\alpha+1)-(k+1)}{k+2}\binom{\alpha+1}{k+1} \underset{(IA)}{=} \frac{\alpha-k}{k+2}\left(\binom{\alpha}{k} + \binom{\alpha}{k+1}\right)$$

$$= \frac{\alpha-k}{k+2}\binom{\alpha}{k}\left(1 + \frac{\alpha-k}{k+1}\right) = \frac{\alpha-k}{k+2}\binom{\alpha}{k}\frac{\alpha+1}{k+1}$$

Damit ist der Induktionsschritt vollzogen, (5) gilt also für alle $k \in \mathbb{N}$. $\square$

Ist darüber hinaus – wie in vielen kombinatorischen und stochastischen Anwendungen – auch $\underline{\alpha \in \mathbb{N}}$, so gilt

für $\alpha \geq k$:

$$\binom{\alpha}{k} = \frac{\alpha!}{k! \cdot (\alpha-k)!} \tag{6}$$

und für $\alpha < k$:

$$\binom{\alpha}{k} = 0. \tag{7}$$

(6) lässt sich leicht durch vollständige Induktion über $\alpha \in \mathbb{N}$ (Induktionsanfang für $\alpha = k$) beweisen (siehe Übungsaufgabe 2), (7) sieht man folgendermaßen:

Gemäß (3) besteht der Zähler von $\binom{\alpha}{k}$ aus dem Produkt der schrittweise um 1 abnehmenden ganzen Zahlen von α bis $\alpha - (k-1)$. Da $\alpha \geq 0$ und $\alpha - (k-1) \leq 0$ ist, ist einer der Faktoren 0, also der ganze Zähler gleich 0. Machen Sie sich klar, dass eine entsprechende Aussage nicht gilt, wenn zwar $\alpha < k$, aber nicht aus $\mathbb{N}$ ist.

4. Dass bei einer rekursiven Folgendefinition in der Rekursionsvorschrift nicht nur der jeweilige Vorgänger bei der Berechnung benutzt wird, zeigt folgendes Beispiel:

Wir definieren eine Folge d_k durch $d_0 = 0$ und $d_1 = 1$ (Startwerte) sowie die für $k \in \mathbb{N}^+$ gültige Rekursionsvorschrift $d_{k+1} = d_k + d_{k-1}$.

Jedes Folgenglied ergibt sich demnach als Summe der beiden Vorgänger, also $0, 1, 1, 2, 3, 5, 8, 13, \ldots$ Diese so genannten FIBONACCI-Zahlen ergeben sich rekursiv auf einfache Weise; viel komplizierter ist die explizite Formel von BINET/de MOIVRE.

Da Folgen reeller Zahlen spezielle Funktionen einer reellen Veränderlichen sind, können alle Begriffe und Eigenschaften (etwa Monotonie oder Beschränktheit), die im Kapitel 5 besprochen wurden, so übernommen werden. Wir wiederholen diese wichtigen Eigenschaften nun in Folgen-Notation:

Definition:

Es sei a_k eine Folge mit Definitionsbereich $D = \mathbb{N}$ bzw. $D = \{k \in \mathbb{N} \mid k \geq k_0\}$.

(i) a_k ist *monoton steigend* (bzw. *fallend*) $\Leftrightarrow \forall k \in D: a_k \leq a_{k+1}$ (bzw. $a_k \geq a_{k+1}$)

(ii) analog „*streng monoton*": mit „$<$" statt „$\leq$" bzw. „$>$" statt „$\geq$"

(iii) a_k ist *nach oben* (bzw. *nach unten*) *beschränkt*
$\Leftrightarrow \exists C \in \mathbb{R}: \forall k \in D: a_k \leq C$ (bzw. $a_k \geq C$)

Monotonie kann man – insbesondere bei rekursiv definierten Folgen – sehr bequem dadurch prüfen, dass man die Differenz bzw. den Quotienten zweier aufeinander folgender Folgenglieder mit 0 bzw. 1 vergleicht.

7.2 Konvergenz von Folgen

Aufgrund der Tatsache, dass der Definitionsbereich einer Folge stets unendlich viele Elemente hat, ist es nahe liegend, sich dafür zu interessieren, wie sich die Folgenglieder verhalten, wenn k immer größer wird. Betrachten wir dazu noch einmal die einführenden Beispiele $a_k = \frac{(-1)^k}{k^3}$ und $b_k = \frac{3k-1}{k+1}$, so stellen wir fest, dass die a_k sich immer mehr der Zahl 0 und die b_k dem Wert 3 nähern; die FIBONACCI-Zahlen und die Fakultäten hingegen werden immer größer, sie wachsen anscheinend „gegen Unendlich". Die a_k werden zwar niemals 0 – dazu müsste ja der Zähler 0 werden! – jedoch wird ihr Betrag beliebig klein, kleiner als jeder noch so kleine positive Wert ε, wenn nur k groß genug gewählt wird. Ähnlich verhält es sich mit der Abweichung der b_k vom Wert 3. Exakter drücken wir dies aus in folgender

Definition:

(i) Die Folge der a_k *konvergiert* gegen den Wert $a \in \mathbb{R}$, wenn bei genügend großem Index k der Term a_k *beliebig nahe* an a liegt, wenn es also für jedes noch so kleine positive ε ein $K \in \mathbb{N}$ gibt, so dass $|a - a_k|$ kleiner als ε ist, wenn nur $k \geq K$ ist. Man schreibt dafür auch $\lim\limits_{k \to \infty} a_k = a$ oder manchmal auch $\lim_{k \to \infty} a_k = a$.

(ii) Die Folge der a_k heißt *Nullfolge*, wenn sie im Sinne von (i) gegen $a = 0$ konvergiert.

(iii) Die Folge der a_k *konvergiert* gegen $+\infty$ (bzw. $-\infty$), wenn es für jedes noch so große positive M ein $K \in \mathbb{N}$ gibt, so dass $a_k > M$ (bzw. $a_k < -M$) ist, wenn nur $k \geq K$ ist. Man schreibt dann $\lim_{k \to \infty} a_k = \infty$ (bzw. $\lim_{k \to \infty} a_k = -\infty$).

(iv) Liegt weder (i) noch (iii) vor, so *divergiert* die Folge der a_k.

Wir weisen ausdrücklich darauf hin, dass wir zwischen Folgen, die gemäß (iii) gegen $\pm\infty$ konvergieren und solchen, die überhaupt keinen Grenzwert haben, also divergieren, hier unterscheiden wollen. Häufig werden nämlich – insbesondere im Zusammenhang mit Reihen – alle Folgen, die keinen Grenzwert in $\mathbb{R}$ haben, als divergent bezeichnet.

Außerdem wollen wir hier mit einem weit verbreiteten Irrtum aufräumen: Oft wird die Aussage „Die Folge der a_k konvergiert gegen a" so interpretiert, als wenn die a_k mit jedem Schritt a näher kämen, ohne diesen Wert jemals zu erreichen. Dies ist in doppelter Hinsicht falsch: Zum Einen bedeutet obige Definition der Konvergenz gegen a lediglich, dass man von einem bestimmbaren Index K an sicher sein kann, weniger als ε von a entfernt zu sein (und das für jedes noch so kleine ε!) und keinesfalls mit jedem Schritt a tatsächlich näher zu kommen; zum Anderen spricht überhaupt nichts dagegen, den Wert a zu erreichen – die konstante Folge, die für jeden Index den Wert a hat, konvergiert natürlich „wunderbar" gegen a!

Beispiele:

1. Die Folge $a_k = \dfrac{1}{k+1}$ ist eine Nullfolge, denn: Es sei ε eine beliebige (kleine) positive Zahl. Dann ist

$$|a_k - 0| < \varepsilon \quad \Leftrightarrow \quad \frac{1}{k+1} < \varepsilon \quad \Leftrightarrow \quad \frac{1}{\varepsilon} - 1 < k \tag{8}$$

Nach dem ARCHIMEDESschen Axiom gibt es für jede reelle Zahl x eine natürliche Zahl, die größer ist. Es sei K eine solche für $x = \frac{1}{\varepsilon} - 1$. Dann gilt nach (8) für alle $k \geq K$:

$$k \geq K > \frac{1}{\varepsilon} - 1 \quad \Rightarrow \quad |a_k - 0| < \varepsilon$$

2. Die Folge $a_k = \ln(k+1)$ konvergiert gegen $+\infty$, denn: Es sei M eine beliebige (große) positive Zahl. Dann ist $|a_k| = \ln(k+1) > M \Leftrightarrow k > e^M - 1$. Analog zur Argumentation in Beispiel 1 lässt sich ein Index K bestimmen, von dem an alle Folgenglieder größer als M sind, die Folge der a_k konvergiert also gegen $+\infty$.

Analog kann man zeigen, dass die Folgen $a_k = -k^\alpha$ (mit $\alpha > 0$) oder $a_k = -a^k$ (mit $a > 1$) gegen $-\infty$ konvergieren.

3. Die Folge $a_k = (-1)^k$ ist divergent, denn: Gegen 1 oder -1 kann sie nicht konvergieren, da jedes zweite Folgenglied vom angenommenen Grenzwert um 2 entfernt ist, also zum Beispiel für $\varepsilon = 1$ das Konvergenzkriterium nicht für <u>alle</u> $k \geq K$ erfüllt werden kann. Genauso schließt man jede andere reelle Zahl und auch $\pm\infty$ als Grenzwert aus. Die gegebene Folge ist somit divergent.

Natürlich ist es sehr umständlich, alle vorkommenden Grenzwerte nur mit obiger Definition zu bestimmen. In der Schule wurden hierzu bereits die elementaren Grenzwertsätze formuliert, die wir hier noch einmal zusammengestellt haben:

Satz:

Gegeben seien zwei Folgen a_k und b_k, die in $\mathbb{R}$(!) gegen a bzw. b konvergieren.

(i) Dann sind auch Summe, Differenz und Produkt dieser Folgen konvergent, und es gilt:

$$\lim_{k \to \infty} (a_k + b_k) = a + b, \quad \lim_{k \to \infty} (a_k - b_k) = a - b \text{ und } \lim_{k \to \infty} (a_k \cdot b_k) = a \cdot b.$$

(ii) Sind darüber hinaus alle $b_k \neq 0$ und ist $b \neq 0$, so ist auch der Quotient der Folgen konvergent mit $\lim_{k \to \infty} \dfrac{a_k}{b_k} = \dfrac{a}{b}$.

(iii) Ist α so gewählt, dass alle a_k^α und a^α definiert sind, so ist $\lim_{k \to \infty} a_k^\alpha = a^\alpha$.

Mit Hilfe dieses Satzes und Kenntnis einiger elementarer Grenzwerte wie etwa $\lim_{k \to \infty} \frac{1}{k} = 0$ oder $\lim_{k \to \infty} c = c$ (konstante Folge) können viele Grenzwerte berechnet werden, wie die folgenden Beispiele sowie weitere Übungsaufgaben zeigen.

Dabei ist jedoch stets zu beachten, dass die zur Anwendung des Satzes benötigten Einzelgrenzwerte in $\mathbb{R}$ existieren und, wenn man (ii) anwenden will, auch ungleich 0 sein müssen; häufig müssen deshalb die entsprechenden Ausdrücke durch Umformung erst „passend" gemacht werden.

Beispiele:
4. Wir wollen zeigen, dass die anfangs erwähnte Folge $b_k = \frac{3k-1}{k+1}$ gegen 3 konvergiert. Da b_k durch einen Quotient dargestellt wird, ist es nahe liegend, (ii) des Satzes zu benutzen. Dafür müssen jedoch Zähler und Nenner in $\mathbb{R}$ konvergieren, was hier nicht der Fall ist, da beide – wie man analog zu Beispiel 2 leicht sieht – gegen $+\infty$ konvergieren. Wir formen also den Bruch zunächst so um, dass unsere Grenzwertsätze anwendbar sind. Dazu kürzen wir durch die höchste vorkommende Potenz:

$$b_k = \frac{3k-1}{k+1} = \frac{k \cdot (3 - \frac{1}{k})}{k \cdot (1 + \frac{1}{k})} = \frac{3 - \frac{1}{k}}{1 + \frac{1}{k}}$$

Auf den letzten Bruch lassen sich die elementaren Grenzwertsätze nun anwenden: Der Zähler ist die Differenz zweier in $\mathbb{R}$ konvergierender Folgen, nämlich der konstanten Folge 3 und der Nullfolge $\frac{1}{k}$, und konvergiert mithin selbst, nämlich gegen $3 - 0 = 3$; genauso erhält man, dass der Nenner gegen 1 konvergiert. Nun kann, da der Nennergrenzwert $\neq 0$ ist, der Quotient der Einzelgrenzwerte gebildet werden; wir erhalten $\lim_{k \to \infty} b_k = \frac{3}{1} = 3$.

5. Es soll – falls vorhanden – $\lim_{k \to \infty} \left(\sqrt{k(k+1)} - k \right)$ bestimmt werden. Hier liegt offensichtlich die Differenz zweier Folgen vor, die beide gegen $+\infty$ gehen – unsere Grenzwertsätze sind also erst nach geschickter Umformung anwendbar:

$$\sqrt{k(k+1)} - k = \frac{\sqrt{k(k+1)} - k}{1} = \frac{\left(\sqrt{k(k+1)} - k \right) \left(\sqrt{k(k+1)} + k \right)}{\sqrt{k(k+1)} + k}$$

$$= \frac{k^2 + k - k^2}{\sqrt{k(k+1)} + k} = \frac{1}{\frac{1}{k} \left(\sqrt{k(k+1)} + k \right)} = \frac{1}{\sqrt{1 + \frac{1}{k}} + 1}$$

Am letzten Ausdruck lässt sich der gesuchte Grenzwert nun bequem „ablesen":

Der Ausdruck unter der Wurzel geht gegen 1, damit geht auch die Wurzel gegen 1 und der Nenner gegen 2; da der Zähler konstant gleich 1 ist, ist $\frac{1}{2}$ der gesuchte Grenzwert.

6. Für feste reelle Zahlen a und q betrachten wir die durch

$$S_0 = a \quad \text{und} \quad S_{k+1} = S_k + aq^{k+1} \tag{9}$$

rekursiv gegebene Folge S_k; diese können wir unter Verwendung des in 2.4 eingeführten Summenzeichens auch schreiben als

$$S_k = \sum_{l=0}^{k} aq^l = a + aq + \ldots + aq^k \,. \tag{10}$$

Die so definierte Folge der S_k heißt *geometrische Reihe* mit *Anfangsglied a* und *Quotient q*. Allgemein bezeichnet man die aus einer beliebig gegebenen Folge a_l durch Summation aller Folgenglieder bis zum k-ten erhaltene neue Folge S_k als *Reihe der a_l*.

Wir wollen nun untersuchen, für welche Werte von a und q die Folge der S_k in $\mathbb{R}$ konvergiert und was der Grenzwert ist. Dazu ist die Form (10) nicht unmittelbar geeignet, da ja bei jedem Folgenglied ein weiteres hinzutritt. Wir multiplizieren deshalb (10) mit q und erhalten mit den Rechenregeln für Summenzeichen:

$$q \cdot S_k = q \cdot \sum_{l=0}^{k} aq^l = \sum_{l=0}^{k} aq^{l+1} = \sum_{l=1}^{k+1} aq^l = \sum_{l=0}^{k+1} aq^l - aq^0 = S_{k+1} - a$$

In diese Formel setzen wir nun (9) ein: $q \cdot S_k = S_k + aq^{k+1} - a$, was sich für $q \neq 1$ nach S_k auflösen lässt:

$$S_k = a \cdot \frac{1 - q^{k+1}}{1 - q} \tag{11}$$

Mittels (11) lässt sich nun der Wert von $S_k = \sum_{l=0}^{k} aq^l$ direkt ohne Auswerten des Summenzeichens bestimmen, was auch in Beispiel 8 noch von Nutzen sein wird. Für die Konvergenzüberlegungen brauchen wir nur den Term q^{k+1} zu betrachten (alle anderen Ausdrücke bleiben ja konstant!). Überlegen Sie selbst anhand einer Fallunterscheidung, dass nur für $|q| < 1$ der Zähler einen Grenzwert in $\mathbb{R}$ hat, und zwar 1. S_k

konvergiert dann also gegen $\dfrac{a}{1-q}$. Für $q = 1$ ist (11) – wie oben erwähnt – nicht gültig, wir erhalten dann aus (10):

$$S_k = \sum_{l=0}^{k} aq^l = \sum_{l=0}^{k} a = (k+1) \cdot a$$

Dieser Ausdruck konvergiert für $a \neq 0$ je nach Vorzeichen gegen $\pm\infty$, also nicht in $\mathbb{R}$, für den uninteressanten Fall $a = 0$ hat S_k sowieso immer den Wert 0.

Zusammengefasst erhalten wir zur

Konvergenz der geometrischen Reihe:

> Die durch $S_k = \sum_{l=0}^{k} aq^l$ gegebene geometrische Reihe ist genau dann für $k \to \infty$ konvergent in $\mathbb{R}$, wenn $|q| < 1$ ist; der Grenzwert ist dann $\frac{a}{1-q}$ [4].

Unter den Folgen, die in $\mathbb{R}$ konvergieren, spielen die Nullfolgen eine besondere Rolle. Unmittelbar aus der Definition der Konvergenz gegen 0 ergeben sich einige wichtige Aussagen, die wir zusammenfassen wollen im folgenden

Satz:

> (i) $\lim_{k \to \infty} a_k = 0$ $\Leftrightarrow$ $\lim_{k \to \infty} |a_k| = 0$
> (ii) Ist a_k eine Nullfolge und b_k eine beliebige beschränkte Folge (b_k muss nicht konvergent sein!), so ist auch die Produktfolge $a_k \cdot b_k$ eine Nullfolge.

Machen Sie sich selbst klar, dass „$\Rightarrow$" in (i) zwar für beliebige in $\mathbb{R}$ konvergente Folgen gilt, „$\Leftarrow$" aber nur für Nullfolgen richtig ist – etwa am Beispiel $a_k = (-1)^k$!

Sowohl für praktische als auch für theoretische Belange – zum Beispiel bei der Integralrechnung in Kapitel 9 – ist der folgende Satz wichtig, dessen Aussagen auch anschaulich unmittelbar einleuchten:

Satz:

> Es gelte $\lim_{k \to \infty} a_k = a$ und $\lim_{k \to \infty} b_k = b$ mit $a, b \in \mathbb{R}$; es sei c_k eine weitere Folge.
> (i) Wenn $a_k \leq b_k$ für alle Folgenglieder gilt, so muss auch $a \leq b$ sein.
> (ii) Wenn $a_k \leq c_k \leq b_k$ für alle Folgenglieder gilt und außerdem $a = b$ ist, so ist auch die Folge der c_k konvergent, ihr Grenzwert ist ebenfalls a.

---

4) Das Ergebnis gilt übrigens genauso, wenn a und/oder q komplexe Zahlen sind.

Aber **Achtung:** Auch wenn bei (i) sogar $a_k < b_k$ gilt, kann man nur $a \leq b$ schließen, wie folgendes einfaches Beispiel zeigt: Zwar gilt $\frac{1}{k} < \frac{2}{k}$ offensichtlich für alle k, jedoch konvergieren beide Folgen gegen den gleichen Grenzwert, nämlich 0.

Als Letztes formulieren wir nun einen Satz, der „nur" eine Aussage zur Konvergenz einer Folge macht, mit dem aber kein Grenzwert „direkt" berechnet werden kann. Trotzdem ist dieser Satz, dessen Aussage ebenfalls anschaulich sofort einsichtig ist, wichtig, insbesondere für spätere Untersuchungen bei Reihen.

Satz:

> Es sei a_k eine Folge, die – evtl. erst von einem Index k_0 an – monoton wächst und nach oben beschränkt ist (bzw. monoton fällt und nach unten beschränkt ist). Dann ist a_k konvergent in $\mathbb{R}$.

Interessante Anwendungen dieses Satzes beinhalten etwa die folgenden

Beispiele:

7. Von der mit festem $C \in \mathbb{R}$ definierten Folge $a_k = \frac{C^k}{k!}$ soll gezeigt werden, dass sie gegen 0 konvergiert, also eine Nullfolge ist.

Der Nachweis erfolgt in drei Schritten: Zunächst wird für positive C gezeigt, dass die Folge überhaupt konvergent ist, dass es also ein $a \in \mathbb{R}$ mit $\lim_{k \to \infty} a_k = a$ gibt. Danach schließt man, dass $a = 0$ sein muss. Schließlich wird die Aussage auf negative C übertragen.

<u>1. Schritt:</u> Für $C = 0$ ergibt sich die konstante Folge vom Werte 0, die Behauptung ist also trivial. Für positives C hat die gegebene Folge nur positive Glieder und lässt sich auch rekursiv definieren durch

$$a_0 = 1 \quad \text{und} \quad a_{k+1} = a_k \cdot \frac{C}{k+1} \,. \tag{12}$$

Man wähle nun $k_0 \in \mathbb{N}$ so, dass $k_0 \geq C$ ist. Dies ist nach dem Axiom von ARCHIMEDES stets möglich. Für alle $k \geq k_0$ ist dann $\frac{C}{k+1} < 1$.

Nach (12) ist somit $a_{k+1} < a_k$. Deshalb ist die gegebene Folge von k_0 an monoton fallend. Da sie außerdem durch 0 nach unten beschränkt ist, muss sie konvergieren.

<u>2. Schritt:</u> Da $\lim_{k \to \infty} a_k = a$ (unbekannt) und $\lim_{k \to \infty} \frac{C}{k+1} = 0$ ist, existieren auf der rechten Seite von (12) beide Einzelgrenzwerte; damit ist also nach dem elementaren Grenzwertsatz

$$\lim_{k \to \infty} a_{k+1} = \lim_{k \to \infty} \left(a_k \cdot \frac{C}{k+1} \right) = \lim_{k \to \infty} a_k \cdot \lim_{k \to \infty} \frac{C}{k+1} = a \cdot 0 = 0 \,.$$

Offensichtlich ist aber $\lim_{k \to \infty} a_{k+1} = \lim_{k \to \infty} a_k = a$, womit $a = 0$ gezeigt ist.

3. Schritt: Für $C < 0$ betrachte man die Folge $|a_k| = \left| \dfrac{C^k}{k!} \right| = \dfrac{|C|^k}{k!}$. Für diese sind – mit $|C|$ statt C – obige Überlegungen anwendbar, so dass also die $|a_k|$ eine Nullfolge bilden. Unmittelbar aus der Definition der Konvergenz wird jedoch klar, dass allgemein die a_k genau dann eine Nullfolge (!) bilden, wenn dies auch für die Folge der Beträge gilt. Damit gilt $\lim_{k \to \infty} \dfrac{C^k}{k!} = 0$ auch für negative C.

8. Ganz analog wollen wir nun die auf $\mathbb{N}^+$ definierte Folge $a_k = \left(1 + \frac{1}{k} \right)^k$ auf Konvergenz in $\mathbb{R}$ untersuchen: Wir zeigen dazu, dass sie nach oben beschränkt ist (1. Schritt) und streng monoton wächst (2. Schritt):

1. Schritt: Für beliebige $k \geq 3$ formen wir a_k mit Hilfe des binomischen Satzes[5] um:

$$
\begin{aligned}
a_k &= \sum_{l=0}^{k} \binom{k}{l} \cdot 1^{k-l} \left(\frac{1}{k} \right)^l \\
&= 1 + \binom{k}{1} \cdot \left(\frac{1}{k} \right)^1 + \binom{k}{2} \cdot \left(\frac{1}{k} \right)^2 + \binom{k}{3} \cdot \left(\frac{1}{k} \right)^3 + \ldots + \binom{k}{k} \cdot \left(\frac{1}{k} \right)^k \\
&= 1 + k \frac{1}{k} + \frac{k(k-1)}{2!} \frac{1}{k^2} + \frac{k(k-1)(k-2)}{3!} \frac{1}{k^3} + \ldots + \frac{k(k-1) \cdot \ldots \cdot (k-(k-1))}{k!} \frac{1}{k^k} \\
&= 1 + 1 + \frac{1}{2!} \cdot \frac{k-1}{k} + \frac{1}{3!} \cdot \frac{k-1}{k} \frac{k-2}{k} + \ldots + \frac{1}{k!} \cdot \frac{k-1}{k} \frac{k-2}{k} \cdot \ldots \cdot \frac{1}{k} \qquad (13)
\end{aligned}
$$

In (13) sind alle vorkommenden Ausdrücke positiv, die Brüche alle kleiner als 1. Ersetzen wir also die Terme der Gestalt $\frac{k-l}{k}$ durch 1, so wird der resultierende Ausdruck größer, wir erhalten somit aus (13):

$$
a_k \leq 1 + 1 + \frac{1}{2!} + \frac{1}{3!} + \ldots + \frac{1}{k!} \qquad (14)
$$

Nach Definition der Fakultät gilt für $l \geq 2$: $l! = 2 \cdot 3 \cdot \ldots \cdot l \geq 2^{l-1}$

Setzen wir dies in (14) für jede Fakultät – im Nenner! – ein, erhalten wir als Abschätzung in die umgekehrte Richtung:

$$
\begin{aligned}
a_k &\leq 1 + 1 + \frac{1}{2!} + \frac{1}{3!} + \ldots + \frac{1}{k!} \leq 1 + 1 + \frac{1}{2^1} + \frac{1}{2^2} + \ldots + \frac{1}{2^{l-1}} \\
&= 1 + \left(\frac{1}{2} \right)^0 + \left(\frac{1}{2} \right)^1 + \left(\frac{1}{2} \right)^2 + \ldots + \left(\frac{1}{2} \right)^{k-1} = 1 + \sum_{l=0}^{k-1} \left(\frac{1}{2} \right)^l \\
&= 1 + \underbrace{\frac{1 - \left(\frac{1}{2} \right)^k}{1 - \frac{1}{2}}}_{\text{gemäß (11)}} = 1 + 2 \cdot \underbrace{\left(1 - \left(\frac{1}{2} \right)^k \right)}_{<1} < 3
\end{aligned}
$$

---

[5] vgl. Abschnitt 2.4.

Die letzte Ungleichung gilt für alle $k \geq 3$; da außerdem $a_1 = 2$ und $a_2 = 2.25$ ist, ist somit die Folge der a_k für alle $k \in \mathbb{N}^+$ durch 3 nach oben beschränkt.

2. Schritt: Wir formen die in (13) vorkommenden Brüche um: $\frac{k-l}{k} = 1 - \frac{l}{k}$ und setzen nun in (13) $k = n$ und $k = n+1$: Dann ist wegen $1 - \frac{l}{k} < 1 - \frac{l}{k+1}$ jeder solche Term in a_n kleiner als der entsprechende in a_{n+1}, das außerdem noch einen positiven Summanden mehr hat. Deshalb ist $a_n \leq a_{n+1}$. Da dies für alle $n \in \mathbb{N}$ gilt, ist die Folge monoton wachsend (sogar streng monoton wachsend).

Insgesamt muss sie also konvergieren. Ihr Grenzwert, den wir mit e bezeichnen, ist gemäß erstem Schritt höchstens 3. Wir definieren diesen als so genannte EULERsche *Zahl*; sie ist bekanntlich irrational, es ist e ≈ 2.71828182.

Wir möchten noch darauf hinweisen, dass es außer der hier dargestellten elementaren Einführung der EULERschen Zahl e $= \lim_{k\to\infty} \left(1 + \frac{1}{k}\right)^k$ noch andere – abstraktere – Zugänge zu dieser wichtigen Zahl gibt. Außerdem wollten wir Sie vor einem häufig gemachten **Fehler bewahren**, der bei der Grenzwertbestimmung von Ausdrücken der Gestalt $\lim_{k\to\infty} \left(1 + \frac{1}{k}\right)^k$ leider immer wieder zu beobachten ist: Da wird zunächst festgestellt, dass der Ausdruck in der Klammer gegen 1 geht. Wegen $1^k = 1$ muss dann – so wird argumentiert – der gesamte Ausdruck gegen 1 gehen. Falsch daran ist, dass entsprechende vermeintlich geltende „Grenzwertsätze" nur bei festem Exponenten oder fester Basis gelten – hier sind jedoch beide von k abhängig!

7.3 Grenzwert von Funktionen und Stetigkeit

Um den Grenzwertbegriff für Folgen zu verallgemeinern, betrachten wir nun die Funktion $f(x) = \frac{x^2-1}{x-1}$, die bekanntlich für $x = 1$ nicht definiert ist. Lässt sich trotzdem etwas über $f(x)$ aussagen, wenn x dem Wert 1 beliebig nahe kommt? Gibt es so etwas wie einen „$\lim_{x\to 1} f(x)$"?

Wenn die x-Werte Elemente einer Zahlenfolge wären, etwa $x_n = 1 + \frac{1}{n}$, ginge es leicht: $x_n \to 1$ wird durch $n \to \infty$ erreicht, und dann ist

$$\lim_{x\to 1} \frac{x^2-1}{x-1} = \lim_{n\to\infty} \frac{\left(1+\frac{1}{n}\right)^2 - 1}{1+\frac{1}{n}-1} = \lim_{n\to\infty} \frac{\left(2+\frac{1}{n}\right)\cdot\frac{1}{n}}{\frac{1}{n}} = \lim_{n\to\infty} \left(2+\frac{1}{n}\right) = 2 \,.$$

Ebenso gut könnte man aber $x_n = 1 - \frac{1}{n}$ oder irgendein anderes $x_n = 1 + g_n$ mit $\lim_{n\to\infty} g_n = 0$ wählen: Dann ist analog

$$\lim_{x\to 1} \frac{x^2-1}{x-1} = \lim_{n\to\infty} \frac{(1+g_n)^2-1}{1+g_n-1} = \lim_{n\to\infty} \frac{(2+g_n)\cdot g_n}{g_n} = \lim_{n\to\infty} (2+g_n) = 2 \,.$$

Hieraus ist ein entscheidender Unterschied zwischen dem Grenzwert einer Folge und dem Grenzwert einer Funktion abzulesen, den wir folgendermaßen formulieren:

Definition:

> $f(x)$ *hat für* $x \to x_0$ *den Grenzwert* a (geschrieben: $\lim_{x \to x_0} f(x) = a$), wenn für alle Folgen x_n, deren Glieder im Definitionsbereich von $f(x)$ liegen und die gegen x_0 konvergieren, die entstehenden Folgen $f(x_n)$ jeweils den (gleichen) Grenzwert a haben. Man sagt dann, dass $f(x)$ *für* $x \to x_0$ *gegen* a *konvergiert.* Hierbei können sowohl x_0 als auch a reelle Zahlen oder $\pm\infty$ sein.

In unserem Einführungsbeispiel können wir also auch so argumentieren:

Für $x \neq 1$ ist

$$\frac{x^2 - 1}{x - 1} = \frac{(x + 1)(x - 1)}{x - 1} = x + 1 \; ;$$

wenn wir für x eine beliebige Folge x_n einsetzen, die gegen 1 konvergiert, ohne den Wert 1 jedoch anzunehmen (Definitionslücke!), so konvergiert der letzte Ausdruck nach einem elementaren Grenzwertsatz gegen 2, es ist also

$$\lim_{x \to 1} \frac{x^2 - 1}{x - 1} = \lim_{x \to 1} (x + 1) = 2 \, .$$

Aber **Vorsicht:** Die Forderung in obiger Definition, dass alle diese möglichen Folgen gegen a konvergieren, ist sehr rigoros und muss genau beachtet werden. Zur Warnung versuchen wir, $\lim_{x \to 0} \sin \frac{1}{x}$ zu bestimmen:

Verwenden wir $x_n = \frac{1}{n\pi}$ mit $n \in \mathbb{N}$, so muss für $x_n \to 0$ nur n gegen ∞ gehen; und sicher ist $\lim_{n \to \infty} \sin \frac{1}{x_n} = \lim_{n \to \infty} \sin(n\pi) = 0$.

Auch für $x_n = -\frac{1}{n\pi}$ oder etwa $x_n = \frac{1}{n^2\pi}$ ergäbe sich derselbe Grenzwert. Daraus auf das Resultat 0 für den gesuchten Grenzwert $\lim_{x \to 0} \sin \frac{1}{x}$ zu schließen, wäre jedoch voreilig, denn mit $x_n = \frac{2}{(4n+1)\pi}$ ist $\lim_{n \to \infty} \sin \frac{1}{x_n} = \lim_{n \to \infty} \sin(2n\pi + \frac{\pi}{2}) = 1$, und mit $x_n = \frac{2}{(4n-1)\pi}$ ergibt sich $\lim_{n \to \infty} \sin \frac{1}{x_n} = \lim_{n \to \infty} \sin(2n\pi - \frac{\pi}{2}) = -1$.

Durch geeignete Wahl der x_n könnten wir jeden beliebigen Grenzwert von -1 bis +1 erzielen! Die Forderung „für alle Folgen x_n" in obiger Definition ist also nicht erfüllt; $\sin \frac{1}{x}$ hat somit keinen Grenzwert für $x \to 0$.

Die Definition von $\lim_{x \to x_0} f(x) = a$ lässt sich ohne Benutzung von Folgen (weniger anschaulich) auch so formulieren:

Definition:

> Kann man zu jedem noch so kleinen $\varepsilon > 0$ ein $\delta > 0$ angeben, so dass $|f(x) - a| < \varepsilon$ ist, wenn immer $|x - x_0| < \delta$ ist, dann hat $f(x)$ für $x \to x_0$ den Grenzwert a.

Bisher gingen wir davon aus, dass sich x auf beliebige Weise an x_0 annähern konnte (mit $x < x_0$ oder $x > x_0$ oder „hin- und her springend"). Nur dann sagt man, dass $\lim_{x \to x_0} f(x)$ existiert. Lässt man unter allen gegen x_0 konvergierenden Folgen zur Berechnung des Funktionsgrenzwerts nur solche zu, deren Glieder alle kleiner (bzw. größer) als x_0 sind, untersucht man also nur linksseitige (bzw. rechtsseitige) Annäherungen an x_0, so erhält man ggf. den *linksseitigen* Grenzwert $\lim_{x \to x_0-} f(x)$ (bzw. *rechtsseitigen* Grenzwert $\lim_{x \to x_0+} f(x)$). Bisweilen findet man dafür auch die Notationen $\lim_{x \to x_0-0} f(x)$ bzw. $\lim_{x \to x_0+0} f(x)$.

Aus der Definition wird sofort klar, dass diese *einseitigen* Grenzwerte „weniger" sind als der oben definierte *beidseitige* Grenzwert, das heißt: Ist $\lim_{x \to x_0} f(x) = a$, so gilt dies auch für $\lim_{x \to x_0-} f(x)$ und $\lim_{x \to x_0+} f(x)$, denn bei der Berechnung der einseitigen Grenzwerte wird jeweils nur eine Teilmenge derjenigen Folgen zugelassen, die beim beidseitigen Grenzwert herangezogen werden. Dass auch die Umkehrung dieses Sachverhalts richtig ist, ist nicht so leicht einsehbar, da es ja neben den bei $\lim_{x \to x_0-} f(x)$ und $\lim_{x \to x_0+} f(x)$ zu betrachtenden einseitigen Annäherungen an x_0 auch beliebig „hin und her springende" gibt (etwa $x_n = x_0 + \frac{(-1)^n}{n}$), die bei der Bestimmung von $\lim_{x \to x_0} f(x)$ ebenfalls zu berücksichtigen sind. Es gilt also folgender

Satz:

$$\lim_{x \to x_0} f(x) = a \quad \Leftrightarrow \quad \lim_{x \to x_0-} f(x) = a \quad \text{und} \quad \lim_{x \to x_0+} f(x) = a$$

Dass dieser Satz gerade für praktisches Rechnen von Bedeutung ist, zeigen folgende

Beispiele:

9. Für $f(x) = 2x^2 - 3x + 1$ ist $\lim_{x \to 1} f(x)$ gesucht:

Wir gehen nach Definition vor und betrachten eine beliebige Folge x_n, von der wir nur fordern, dass sie gegen 1 konvergiert. Für die Folge $f(x) = 2x_n^2 - 3x + 1$ können wir nun $\lim_{n \to \infty} f(x_n)$ mit den elementaren Grenzwertsätzen aus 7.2 bestimmen: Da x_n gegen 1 geht, konvergiert $2x_n^2$ gegen 2 und $-3x_n$ gegen -3, der Gesamtausdruck folglich gegen 0, das heißt, $\lim_{n \to \infty} f(x_n) = 0$ für jede derartige Folge x_n, womit $\lim_{x \to 1} f(x) = 0$ ist.

Wir weisen ausdrücklich darauf hin, dass wir den Wert 0 durch die obige Grenzwertbetrachtung und <u>nicht</u> durch bloßes Einsetzen von 1 in den Funktionsausdruck erhalten haben. Dass sich dabei der gleiche Wert ergibt, ist allerdings kein Zufall, sondern beruht auf der so genannten *Stetigkeit* von $f(x)$, auf die wir weiter unten noch ausführlich eingehen wollen. Machen Sie sich selbst klar, dass bei dieser Funktion $f(x)$ eine entsprechende Aussage nicht nur für $x_0 = 1$, sondern für jedes beliebige $x_0 \in \mathbb{R}$ gilt!

10. Für $f(x) = \frac{|x|}{x}$ ist $\lim_{x \to 0} f(x)$ gesucht:

Da der Absolutbetrag abschnittsweise für $x \geq 0$ und $x < 0$ definiert ist, liegt es nahe, zunächst die beiden einseitigen Grenzwerte zu betrachten:

Dazu sei zunächst x_n eine beliebige Nullfolge, deren Folgenglieder alle positiv sind. Nach Definition des Absolutbetrags ist hierfür

$$f(x_n) = \frac{|x_n|}{x_n} = \frac{x_n}{x_n} = 1\,,$$

also ist somit $\lim_{x \to 0+} f(x) = 1$. Ist dagegen x_n eine beliebige Nullfolge, deren Folgenglieder alle negativ sind, so ist

$$f(x_n) = \frac{|x_n|}{x_n} = \frac{-x_n}{x_n} = -1\,,$$

womit sich $\lim_{x \to 0-} f(x) = -1$ ergibt. Da links- und rechtsseitiger Grenzwert verschieden sind, kann also $\lim_{x \to 0} f(x)$ nicht existieren.

11. Wir wollen nun den nicht nur im Zusammenhang mit der Differentialrechnung häufig benutzten wichtigen Grenzwert $\lim_{x \to 0} \frac{\sin x}{x}$ bestimmen. Dazu überlegen wir zunächst, dass es genügt, $\lim_{x \to 0+} \frac{\sin x}{x}$ zu berechnen: Ist nämlich x_n eine beliebige Nullfolge mit ausschließlich negativen Werten, so durchläuft $|x_n|$ eine Nullfolge mit positiven Werten. Wegen

$$\frac{\sin x_n}{x_n} = \frac{\sin (-|x_n|)}{-|x_n|} = \frac{-\sin (|x_n|)}{-|x_n|} = \frac{\sin (|x_n|)}{x_n}$$

ist somit $\lim_{x \to 0-} \frac{\sin x}{x} = \lim_{x \to 0+} \frac{\sin x}{x}$.

Wir betrachten für ein festes $x \in\ ]0, \frac{\pi}{2}[$ (da x sowieso gegen 0 gehen soll, ist dies keine Einschränkung!) die in Bild 7.3.1 dargestellten Dreiecks- und Sektorflächen und vergleichen ihre Inhalte miteinander. Die beiden rechtwinkligen Dreiecke haben die Flächeninhalte $F_1 = \frac{1}{2} \sin x \cos x$ und $F_2 = \frac{1}{2} \tan x$ (Einheitskreis!). Nach Definition des Bogenmaßes ist x gerade die Länge des den Kreissektor begrenzenden Bogens, sie steht im gleichen Verhältnis zum Gesamtumfang wie die Sektorfläche F_S zur Gesamtfläche des Einheitskreises:

$$\frac{F_S}{\pi} = \frac{x}{2\pi} \quad \Rightarrow \quad F_S = \frac{x}{2}\,.$$

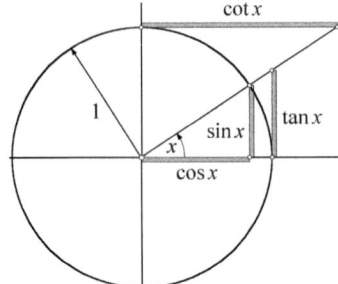

Bild 7.3.1: Die trigonometrischen Funktionswerte am Einheitskreis

Außerdem liegt die Sektorfläche größenmäßig offensichtlich zwischen den beiden Dreiecksflächen. Insgesamt haben wir also:

$$F_1 < F_S < F_2$$

$$\Rightarrow \quad \frac{1}{2}\sin x \cos x < \frac{1}{2}x < \frac{1}{2}\tan x$$

$$\Rightarrow \quad \sin x \cos x < x < \frac{\sin x}{\cos x} \qquad |\cdot\frac{1}{\sin x}(>0)$$

$$\Rightarrow \quad \cos x < \frac{x}{\sin x} < \frac{1}{\cos x} \tag{15}$$

Es sei nun x_n eine beliebige Nullfolge mit $0 < x_n < \frac{\pi}{2}$. In (15) eingesetzt, erhalten wir:

$$\cos x_n < \frac{x_n}{\sin x_n} < \frac{1}{\cos x_n} \tag{16}$$

Wegen der Stetigkeit der Kosinusfunktion (siehe weiter unten) geht $\cos x_n$ gegen 1. In (16) haben also die beiden „äußeren" Folgen den gleichen Grenzwert. Nach einem Grenzwertsatz aus 7.2 muss dann die „eingeschlossene" Folge auch gegen diesen Grenzwert konvergieren, es ist also $\lim_{n\to\infty}\frac{x_n}{\sin x_n} = 1$. Damit ist nach Kehrwertbildung auch $\lim_{x\to0+}\frac{\sin x}{x} = \lim_{x\to0}\frac{\sin x}{x} = 1$.

Von Funktionen, die sich „vernünftig" verhalten, erwartet man, dass sich an einer Stelle x_0 des Definitionsbereichs bei beidseitiger Annäherung nicht irgendein Grenzwert, sondern genau der dort vorliegende Funktionswert ergibt. Da dies nicht von vorneherein bei jeder Funktion der Fall ist, fordert man damit eine wichtige Eigenschaft, nämlich:

Definition:

(i) f heißt *stetig in* x_0 $\Leftrightarrow$ $f(x_0) = \lim_{x\to x_0} f(x)$.
(ii) f heißt *rechtsseitig stetig in* x_0 $\Leftrightarrow$ $f(x_0) = \lim_{x\to x_0+} f(x)$.
(iii) f heißt *linksseitig stetig in* x_0 $\Leftrightarrow$ $f(x_0) = \lim_{x\to x_0-} f(x)$.

Wir möchten ausdrücklich darauf hinweisen, dass die sehr knapp erscheinende Formulierung der Stetigkeit durch „$f(x_0) = \lim_{x\to x_0} f(x)$" einigen Gehalt besitzt: Zum Einen enthält sie die Tatsache, dass Stetigkeit nur an Stellen x_0 des Definitionsbereichs sinnvoll erklärt ist (eine etwa manchmal zu findende Aussage „$f(x) = \frac{1}{x}$ ist unstetig in 0" ist demnach Unsinn!), zum Anderen bedeutet die rechte Seite, dass $\lim_{x\to x_0} f(x)$ überhaupt existiert und darüber hinaus mit dem Funktionswert übereinstimmt. Die Stetigkeit ist – wie auch die später einzuführende Differenzierbarkeit – eine *lokale* Eigenschaft einer Funktion und ist somit an *jeder* einzelnen Stelle des Definitionsbereichs gegeben oder nicht gegeben. Die Aussage „Die Funktion $f(x)$ ist stetig" – ohne Bezug auf ein x_0 – hat also a priori keinen Sinn; wie zumeist üblich wollen wir darunter die Stetigkeit an *jeder* Stelle des Definitionsbereichs verstehen.

Beispiele:

12. Wir zeigen, dass die in Beispiel 9 betrachtete Funktion $f(x) = 2x^2 - 3x + 1$ an jeder beliebigen Stelle $x_0 \in \mathbb{R}$ stetig ist:

Dazu sei x_n eine beliebige Folge, die gegen x_0 konvergiert. Mit der gleichen Argumentation wie in Beispiel 9 können wir unter Benutzung der elementaren Grenzwertsätze zeigen, dass die Folge der Funktionswerte $f(x_n)$ gegen $2x_0^2 - 3x_0 + 1$, also gegen $f(x_0)$, konvergiert. Damit ist f stetig an jeder Stelle x_0.

Analog zeigt man, dass jedes Polynom überall stetig ist.

13. Die in unserem Einführungsbeispiel betrachtete Funktion $f(x) = \frac{x^2-1}{x-1}$ ist an der Stelle $x_0 = 1$ nicht definiert. Welche Funktionsvorschrift muss man für diese Stelle ergänzen, damit die neu entstandene auf ganz $\mathbb{R}$ definierte Funktion überall stetig ist?

Die Frage haben wir indirekt schon beantwortet: Wir haben doch weiter oben gezeigt, dass $\lim_{x\to 1}\frac{x^2-1}{x-1} = 2$ ist. Wenn wir also die Definitionslücke durch $f(1) = 2$ schließen, wird die neue Funktion an der Stelle $x_0 = 1$ stetig, für $x_0 \neq 1$ ist dies aber sowieso der Fall, da f hier mit dem (überall stetigen) Polynom $x + 1$ übereinstimmt. Diesen Vorgang nennt man allgemein *stetige Fortsetzung* einer Funktion f. Man schreibt dabei also an einer Definitionslücke x_0 einer ansonsten stetigen Funktion $f(x)$ den Grenzwert $\lim_{x\to x_0} f(x)$ (falls dieser existiert!) als Funktionswert vor.

Genauso wird die in $x_0 = 0$ nicht definierte Funktion $f(x) = \frac{\sin x}{x}$ (vgl. Beispiel 11) durch die Zusatzvorschrift $f(0) = 1$ zu einer auf ganz $\mathbb{R}$ stetigen Funktion (dass $f(x)$ auf $\mathbb{R}^*$ stetig ist, sehen wir später!).

14. Dass nicht jede Funktion mit Definitionslücke stetig fortsetzbar ist, können wir an der in Beispiel 10 auf $\mathbb{R}^*$ definierten Funktion $f(x) = \frac{|x|}{x}$ sehen:

Für alle negativen x ergibt sich mit der Definition des Absolutbetrages $f(x) = -1$, also auch $\lim_{x\to 0^-} f(x) = -1$, genauso folgt aus $f(x) = 1$ auf $\mathbb{R}^+$, dass $\lim_{x\to 0^+} f(x) = 1$ ist; damit ist $f(x)$ auf $\mathbb{R}^*$ stetig. Da jedoch $\lim_{x\to 0} f(x)$ nicht existiert, kann also durch keine zusätzliche Funktionsvorschrift an der Definitionslücke $x_0 = 0$ erreicht werden, dass f auch in $x_0 = 0$ stetig wird – man könnte höchstens durch die Vorschrift $f(0) = 1$ oder $f(0) = -1$ rechts- bzw. linksseitige Stetigkeit erreichen. Definiert man hier jedoch $f(0) = 0$, so ergibt sich die auch in der Programmierung wichtige so genannte *Signum-* oder *Vorzeichenfunktion* sgn(x):

$$\text{sgn}(x) = \begin{cases} 1 & \text{für } x > 0 \\ 0 & \text{für } x = 0 \\ -1 & \text{für } x < 0\,. \end{cases} \tag{17}$$

Aus den elementaren Grenzwertsätzen für Folgen ergibt sich unmittelbar der

Satz:

Sind f und g Funktionen mit $\lim_{x \to x_0} f(x) = a$ und $\lim_{x \to x_0} g(x) = b$, so gilt:

$$\lim_{x \to x_0} [f(x) + g(x)] = a + b, \lim_{x \to x_0} [f(x) - g(x)] = a - b, \lim_{x \to x_0} [f(x) \cdot g(x)] = a \cdot b$$

und, wenn $b \neq 0$ ist, $\lim_{x \to x_0} \dfrac{f(x)}{g(x)} = \dfrac{a}{b}$.

Daraus folgt sofort, dass Summe, Differenz, Produkt und – wenn möglich – Quotient zweier an der Stelle x_0 stetiger Funktionen in x_0 ebenfalls stetig sind.

Darüber hinaus kann man damit sowie weiter gehenden Grenzwertuntersuchungen zeigen, dass alle im Kapitel 5 besprochenen elementaren Funktionen auf ihren jeweiligen Definitionsbereichen stetig sind, es gilt also der

Satz:

Ganzrationale und gebrochen rationale Funktionen, Potenz- und Exponentialfunktionen und trigonometrische Funktionen sind auf ihrem jeweiligen Definitionsbereich stetig. Dasselbe gilt für deren ggf. existierende Umkehrfunktionen.

Die in diesem Satz ausgedrückte Tatsache, dass praktisch alle Ihnen bisher bekannten elementaren Funktionen überall stetig sind, führt häufig bei Studenten zu der Fehleinschätzung, dass Stetigkeit eine Eigenschaft ist, die schon in der allgemeinen Definition einer Funktion steckt. Dies ist aber – wie wir ja an entsprechenden Beispielen klar gemacht haben – nicht der Fall.

Eine der wichtigsten Eigenschaften stetiger Funktionen enthält der so genannte

Zwischenwertsatz:

Die Funktion f sei auf einem Intervall (!) I stetig, es seien a und b beliebige Stellen dieses Intervalls mit $a < b$. Dann gibt es für jeden Wert η zwischen $f(a)$ und $f(b)$ (mindestens) ein $\xi \in \,]a, b[$ mit $f(\xi) = \eta$.

Dieser so abstrakt klingende Satz lässt sich anschaulich gut erklären:

Er besagt, dass bei stetigen Funktionen der Übergang zwischen den Funktionswerten „kontinuierlich", also „stetig" vonstatten geht, es gibt keine Sprünge. Jeder von Ihnen hat diesen Satz – vielleicht ohne ihn explizit zu kennen – schon häufig angewandt, etwa in folgenden Zusammenhängen:

a) Sie fahren mit dem Wagen und schauen auf den Tachometer, der gerade 30 km/h zeigt. Nach einer Minute schauen Sie erneut hin und stellen fest, dass Sie nun 70 km/h schnell sind. Auch wenn der Geschwindigkeitsverlauf in dieser Zeit ansonsten völlig unbekannt ist, so können Sie jedoch sicher sein, dass Sie mindestens einmal für einen Augenblick die erlaubten 50 km/h gefahren sind. Dies liegt daran, dass die Geschwindigkeits/Zeit-Funktion auf dem gesamten Zeitintervall stetig ist.

b) Sie sollen für die Funktion $f(x) = x^4 + 2x^3 - 98x^2 + 2x + 1$ eine Nullstelle bestimmen. Sie setzen $x = 0$ und $x = 1$ ein und erhalten einen positiven und einen negativen Funktionswert. Daraus schließen Sie, dass f zwischen 0 und 1 mindestens eine Nullstelle haben muss. Warum? Sie haben den Zwischenwertsatz angewandt – Polynome sind ja auf ganz $\mathbb{R}$ stetig!

Vereinfacht ausgedrückt besagt der Zwischenwertsatz, dass man den Graphen einer auf einem Intervall stetigen Funktion zeichnen kann, ohne den Stift abzusetzen.

Wir wollen uns nun noch kurz das Verhalten rationaler Funktionen an den „Grenzen des Definitionsbereichs" ansehen:

Da ganzrationale Funktionen (Polynome) auf ganz $\mathbb{R}$ definiert sind, brauchen wir für diese nur den Grenzwert für $x \to \pm\infty$ zu untersuchen. Dabei erhalten wir unmittelbar aus der Definition dieser Grenzwerte sowie dem Monotonieverhalten von x^n mit $n \in \mathbb{N}^+$, dass x^n für $x \to +\infty$ stets gegen $+\infty$ geht; für $x \to -\infty$ gilt dies für gerade n, während für ungerade n der Grenzwert $-\infty$ ist. Damit gilt unter Berücksichtigung des Vorzeichens eines Faktors a für beliebige $k \in \mathbb{N}^+$:

$$\lim_{x \to +\infty} ax^n = \operatorname{sgn}(a)\infty \quad \text{und} \quad \lim_{x \to -\infty} ax^n = \begin{cases} \operatorname{sgn}(a)\infty & \text{falls } n \text{ gerade ist} \\ -\operatorname{sgn}(a)\infty & \text{falls } n \text{ ungerade ist .} \end{cases}$$

Betrachtet man stattdessen ein beliebiges Polynom n-ten Grades $p(x) = \sum_{k=0}^{n} a_k x^k$, so genügt es, wie oben das Verhalten von $a_n x^n$ zu betrachten, da sich dieser Term gegenüber allen niedrigeren Potenzen „durchsetzt", was leicht folgendermaßen einzusehen ist:

$$\text{Es ist } p(x) = \sum_{k=0}^{n} a_k x^k = a_n x^n \cdot \sum_{k=0}^{n} \frac{a_k}{a_n} x^{k-n} = a_n x^n \cdot \left(1 + \sum_{k=0}^{n-1} \frac{a_k}{a_n} x^{k-n} \right) . \quad (18)$$

Im letzten Summenzeichen hat jeder x-Term einen negativen Exponenten, geht also für $x \to \pm\infty$ gegen 0, also geht der Klammerausdruck gegen 1. Da somit auch

$$\lim_{x \to +\infty} \left| 1 + \sum_{k=0}^{n-1} \frac{a_k}{a_n} x^{k-n} \right| = 1 \text{ ist, gibt es ein } K \in \mathbb{R}^+ ,$$

so dass für alle $x \geq K$ der Ausdruck

$$\left| 1 + \sum_{k=0}^{n-1} \frac{a_k}{a_n} x^{k-n} \right| \geq \frac{1}{2}$$

ist.

Damit folgt aus (18) für alle $x \geq K$:

$$|p(x)| = |a_n x^n| \cdot \left| 1 + \sum_{k=0}^{n-1} \frac{a_k}{a_n} x^{k-n} \right| \geq \frac{1}{2} |a_n x^n| .$$

$p(x)$ hat somit das gleiche Grenzverhalten wie $\frac{1}{2} a_n x^n$, das heißt, wie $a_n x^n$.

Für gebrochen rationale Funktionen

$$f(x) = \frac{\sum_{k=0}^{n} a_k x^k}{\sum_{k=0}^{m} b_k x^k}$$

gehen wir ähnlich vor: Wir klammern jeweils die Summanden mit den höchsten Koeffizienten aus und untersuchen deren Verhalten für $x \to \pm\infty$.

Ist $m > n$, so geht $\frac{a_n x^n}{b_m x^m}$ gegen 0, also ist $\lim_{x \to \pm\infty} f(x) = 0$.

Ist $m = n$, so kürzen sich die x-Terme vollständig, es ist $\lim_{x \to \pm\infty} f(x) = \frac{a_n}{b_m}$.

Für $m < n$ hat der nach Kürzen erhaltene Ausdruck $\frac{a_n}{b_m} \cdot x^{n-m}$ einen positiven Exponenten; wir können die weiter oben für $a \cdot x^n$ durchgeführten Untersuchungen hierauf übertragen und erhalten somit $\lim_{x \to \pm\infty} f(x)$.

7.4 Übungsaufgaben

1. Zeigen Sie durch vollständige Induktion über n, dass es $n!$ Permutationen einer n-elementigen Menge gibt.

2. Beweisen Sie durch vollständige Induktion über k die für alle $\alpha \in \mathbb{N}$ mit $\alpha \geq k$ gültige Formel (6) aus Abschnitt 7.1:

$$\binom{\alpha}{k} = \frac{\alpha!}{k! \cdot (\alpha - k)!}$$

3. Folgern Sie aus 2. die für alle $\alpha \in \mathbb{N}$ mit $\alpha \geq k$ gültige Formel $\binom{\alpha}{k} = \binom{\alpha}{\alpha - k}$.

4. Zeigen Sie, dass eine n-elementige Menge $\binom{n}{k}$ k-elementige Teilmengen hat (vollständige Induktion über n für alle $k \leq n$).

5. Bestimmen Sie – falls vorhanden – die Grenzwerte der Folgen

(i) $\quad \dfrac{n^2(1 + 2n)}{4n^3 - 5n}$

(ii) $\quad \dfrac{1}{2n} \cdot \dfrac{(2n + 1)^3 - 8n^3}{(2n + 3)^2 - 4n^2}$

(iii) $\quad \left(1 - \dfrac{1}{n + 1}\right)^{2n}$

(iv) $\quad \left(\sqrt{n^2 + 3n + 1} - n\right)^{-2}$

(v) $\quad \sqrt{4n(9n + 2)} - 6n$

6. Die Folge der a_n sei rekursiv gegeben durch $a_0 = \dfrac{3}{2}$ und $a_{n+1} = \dfrac{a_n}{2} + \dfrac{1}{a_n}$.
Zeigen Sie, dass $\lim_{n \to \infty} a_n$ in $\mathbb{R}$ existiert und berechnen Sie dann diesen Grenzwert.
(<u>Hinweis:</u> Zeigen Sie zunächst, dass $a_{n+1}^2 \geq 2$ ist und beweisen Sie damit die Existenz
des Grenzwerts!)

7. Berechnen Sie:

(a) $\displaystyle\lim_{x \to 0} \frac{(x+3)^2 - 9}{x}$ (b) $\displaystyle\lim_{x \to 4} \frac{4 - x}{2 - \sqrt{x}}$ (c) $\displaystyle\lim_{x \to a} \frac{x^3 - a^3}{x - a}$

8. Für welche(s) $a \in \mathbb{R}$ existiert $\displaystyle\lim_{x \to 2} \left(\frac{1}{x^2 - 4} - \frac{a}{x - 2} \right)$ in $\mathbb{R}$? Welchen Wert hat er?

9. Begründen Sie, warum die durch

$$f(x) = \begin{cases} x^\alpha \sin\left(\frac{1}{x}\right) & \text{für } x > 0 \\ 0 & \text{für } x = 0 \end{cases}$$

gegebene Funktion für jedes $\alpha \in \mathbb{R}^+$ stetig ist, für $\alpha = 0$ aber nicht. Beschreiben Sie
für beide Fälle die Graphen von f.

10. Wie müssen bei der folgenden abschnittsweise definierten Funktion die Parameter a und b gewählt werden, damit f auf ganz $\mathbb{R}$ stetig wird?

$$f(x) = \begin{cases} -x - 1 & \text{für } x < -1 \\ a \cos\left(-\frac{\pi}{2} + \frac{\pi}{2}x\right) + b \sin\left(-\frac{\pi}{2} + \pi x\right) & \text{für } x \in [-1, 1] \\ \sqrt{x + 3} & \text{für } x > 1 \end{cases}$$

8 Differentialrechnung

In diesem Kapitel werden die Grundzüge der Differentialrechnung einer Veränderlichen dargestellt. Im ersten Abschnitt werden wir den Begriff der Ableitung einer Funktion einführen und diese als Steigung einer Tangenten an die Funktion interpretieren. Wichtige Ableitungsregeln werden im zweiten Abschnitt vorgestellt, im dritten leiten wir konkret die Ableitungen einiger elementarer Funktionen her. Der vierte und letzte Abschnitt dieses Kapitels ist einer wichtigen Anwendung der Differentialrechnung, der Kurvendiskussion, gewidmet.

8.1 Differenzierbarkeit

In Bild 8.1.1 sind die aus Abschnitt 5.5 bekannten Potenzfunktionen $p_2 \colon \mathbb{R} \to \mathbb{R}$, $x \mapsto x^2$, und $p_4 \colon \mathbb{R} \to \mathbb{R}$, $x \mapsto x^4$, dargestellt. Wie bereits damals etwas vage formuliert wurde und wie auch intuitiv klar ist, verläuft der Graph von p_4 an der Stelle $(1, 1)$ „steiler" als der von p_2. Doch wie lässt sich dieser offensichtliche optische Eindruck unterschiedlicher „Steilheit" mathematisch sauber fassen?

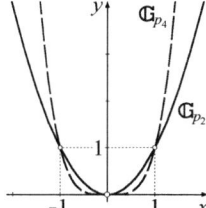
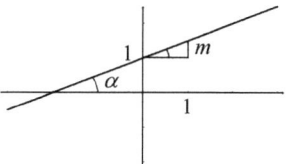

Bild 8.1.1: Unterschiedlich „steile" Funktionen   **Bild 8.1.2:** Steigungswinkel einer Geraden

Bei den linearen Funktionen der Form $f \colon \mathbb{R} \to \mathbb{R}$, $x \mapsto mx + t$, aus Abschnitt 5.2 hatten wir festgestellt, dass die Steigung m uns über die Beziehung $\tan \alpha = |m|$ die Möglichkeit gibt, den Winkel zu messen, der von der Geraden und der x-Achse (bzw. einer Parallelen dazu) eingeschlossen wird. Hier könnte man nun also sagen, dass eine lineare Funktion umso „steiler" verläuft, je größer α ist.

Bei der Differentialrechnung geht es nun darum, eine Funktion an einer Stelle x_0 „bestmöglich" und eindeutig durch eine Gerade, eine so genannte *Tangente* zu approximieren, um so den „Steilheits"-Begriff linearer Funktionen darauf übertragen zu können.

In Bild 8.1.3 ist nun eine Funktion f dargestellt samt zwei Punkten P und Q auf dem Graphen von f. Durch diese zwei Punkte kann man nun eine Gerade s mit der Funktionsgleichung $s(x) = mx + t$ legen. Eine solche Gerade wird *Sekante* genannt, ihre

https://doi.org/10.1515/9783110526868-008

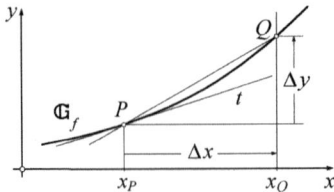

Bild 8.1.3: Tangente als Grenzlage der Sekante

Steigung m lässt sich berechnen, indem man folgendes Gleichungssystem löst:

$$f(x_Q) = s(x_Q) \qquad \Leftrightarrow \qquad f(x_Q) = m \cdot x_Q + t$$
$$f(x_P) = s(x_P) \qquad \Leftrightarrow \qquad f(x_P) = m \cdot x_P + t$$

Zieht man die beiden Gleichungen voneinander ab, so folgt daraus mit $x_Q - x_P \neq 0$:

$$f(x_Q) - f(x_P) = m \cdot (x_Q - x_P) \qquad \Leftrightarrow \qquad m = \frac{f(x_Q) - f(x_P)}{(x_Q - x_P)}$$

Benutzt man nun die Beziehung $x_Q = x_P + \Delta x$, so ergibt sich:

$$m = \frac{f(x_P + \Delta x) - f(x_P)}{\Delta x}$$

Dieses m könnte man nun als Maß für die Steigung von f an der Stelle x_P nehmen, jedoch hat diese Definition einige Nachteile:

- Da Q hier willkürlich gewählt ist, ist m himmelweit davon entfernt, eindeutig bestimmt zu sein.
- Dieser Wert approximiert das, was wir uns unter der „Steigung von f an der Stelle x_P" vorstellen, sehr schlecht. Zum Beispiel könnte man sich vorstellen, dass der Graph von f zwischen P und Q einige „wilde Schlenker" macht. So könnte f also „in Wirklichkeit" viel „steiler" oder „flacher" verlaufen, als m es angibt.

Intuitiv würden wir ein besseres m bekommen, wenn Δx klein wird, beliebig klein. Dies „schreit" förmlich nach den Methoden der Grenzwertrechnung, die in Kapitel 7 eingeführt wurden. Aus diesen anschaulichen Überlegungen heraus formulieren wir also folgende

Definition:

Seien $M, N \subseteq \mathbb{R}$, $x_0 \in M$, so dass es ein Intervall I gibt mit $x_0 \in I \subseteq M$. Sei eine Funktion $f\colon M \to N$ gegeben. Die Funktion f heißt *differenzierbar an der Stelle x_0*, wenn $\lim_{\Delta x \to 0} \frac{f(x_0 + \Delta x) - f(x_0)}{\Delta x}$ existiert. Dieser Grenzwert heißt *(erste) Ableitung von f an der Stelle x_0*, *Differentialquotient von f an der Stelle x_0* oder auch *Steigung von f an der Stelle x_0*. Wir schreiben

$$\frac{df}{dx}(x_0) := f'(x_0) := \lim_{\Delta x \to 0} \frac{f(x_0 + \Delta x) - f(x_0)}{\Delta x}$$

Die etwas „komplizierte" Konstruktion mit dem Intervall I, so dass $x_0 \in I \subseteq M$ ist, stellt sicher, dass in der Nähe von x_0 „genügend" Punkte im Definitionsbereich liegen, so dass wir den Funktionsgraphen von f dort durch eine Gerade approximieren können.

In dieser Definition muss Δx nicht positiv sein, der Funktionsgraph wird quasi von links und rechts gleichzeitig angenähert. Der erhaltene Grenzwert, der nun eindeutig definiert ist, entspricht der Steigung der *Tangenten*, worunter man sich eben jene Gerade vorstellt, die sich am „besten an den Graphen schmiegt".

Ist M jedoch ein abgeschlossenes Intervall der Form $[a, b]$, so lässt sich an den Punkten a und b – analog zur Stetigkeit – *linksseitige* und *rechtsseitige Differenzierbarkeit* definieren, indem man bei a nur den rechtsseitigen und bei b nur den linksseitigen Grenzwert des so genannten *Differenzenquotienten*

$$\frac{f(x_0 + \Delta x) - f(x_0)}{\Delta x}$$

betrachtet.

Nach kurzem Überlegen wird klar, dass sich der Grenzwert in der Definition der Ableitung äquivalent wie folgt ausdrücken lässt:

$$\frac{df}{dx}(x_0) := f'(x_0) := \lim_{x \to x_0} \frac{f(x) - f(x_0)}{x - x_0}$$

Die unterschiedlichen Schreibweisen $\frac{df}{dx}(x_0)$ (sprich: „df nach dx an der Stelle x_0") und $f'(x_0)$ (sprich: „f Strich von x_0") gehen übrigens auf LEIBNIZ bzw. NEWTON zurück; beide haben das Konzept des Ableitens unabhängig voneinander nahezu gleichzeitig entwickelt.

An dieser Stelle sei darauf hingewiesen, dass – analog zur Stetigkeit – die Differenzierbarkeit erst einmal eine lokale Eigenschaft ist, die für einzelne Stellen x_0 definiert ist. Während die Stetigkeit in einem Punkt anschaulich bedeutet, dass die Funktion dort keinen „Sprung" macht, bedeutet die Differenzierbarkeit an einer Stelle x_0 anschaulich, dass der Funktionsgraph dort keinen „Knick" hat, da man ihn ja eindeutig durch eine Gerade approximieren kann.

Es gilt dabei, dass die Differenzierbarkeit eine stärkere Eigenschaft als die Stetigkeit ist, es gilt folgender

Satz:

Ist eine Funktion f an der Stelle x_0 differenzierbar, so ist sie dort auch stetig.

Beweis:

Wir müssen zeigen, dass $\lim_{x \to x_0} f(x) = f(x_0)$ ist. Da $\lim_{x \to x_0}(x - x_0) = 0$ und somit existent ist, gilt nach den Grenzwertsätzen:

$$\lim_{x \to x_0} (f(x) - f(x_0)) = \lim_{x \to x_0} \left(\frac{f(x) - f(x_0)}{x - x_0} \cdot (x - x_0) \right)$$

$$= \lim_{x \to x_0} \frac{f(x) - f(x_0)}{x - x_0} \cdot \lim_{x \to x_0} (x - x_0) = f'(x_0) \cdot 0 = 0$$

Aus $\lim_{x \to x_0} (f(x) - f(x_0)) = 0$ folgt nach kurzem Überlegen $\lim_{x \to x_0} f(x) = f(x_0)$, also ist f an der Stelle x_0 auch stetig. □

Analog zur Stetigkeit lässt sich nun auch die globale Differenzierbarkeit definieren.

Definition:

Seien $M \subseteq \mathbb{R}$ ein Intervall, $N \subseteq \mathbb{R}$. Sei eine Funktion $f : M \to N$ gegeben. Die Funktion f heißt *(überall) differenzierbar*, wenn sie an jeder Stelle $x_0 \in M$ differenzierbar ist. Wir definieren die Funktion

$$f' : M \to \mathbb{R}, \ x \mapsto f'(x) .$$

Diese Funktion wird *(erste) Ableitung der Funktion f* genannt und manchmal auch mit $\frac{df}{dx}$ bezeichnet.

Die Ableitungsfunktion ordnet anschaulich jeder Stelle $x \in M$ die Steigung des Graphen von f an dieser Stelle zu. Aus obigem Satz ergibt sich nun folgende einfache

Folgerung:

Ist eine Funktion f überall differenzierbar, so ist sie auch überall stetig.

Nun kann es natürlich vorkommen, dass die Ableitungsfunktion selber auch wieder an manchen Stellen oder überall differenzierbar ist. Die Ableitung von f' bezeichnen wir als *zweite Ableitung* und schreiben an der Stelle $x_0 \in M$:

$$f''(x_0) := \frac{d^2 f}{dx^2}(x_0) := \frac{df'}{dx}(x_0)$$

Während die erste Ableitung anschaulich die Steigung des Funktionsgraphen von f beschreibt, also ein Maß für die Änderung der Funktionswerte von f ist, ist die zweite Ableitung nun ein Maß für die Änderung der Steigung von f. Dieses entspricht anschaulich der *Krümmung* des Graphen von f.

Darüber hinaus kann auch die zweite Ableitung noch differenzierbar sein, was zur Definition der *dritten Ableitung* führt und so fort. Mathematisch ist es sinnvoll, noch weitere Ableitungen zu definieren, sie lassen sich aber nicht mehr anschaulich deuten.

Beispiele:

1. Sei $c \in \mathbb{R}$ und die konstante Funktion $f \colon \mathbb{R} \to \mathbb{R}$, $f(x) = c$, gegeben. Ferner sei $x_0 \in \mathbb{R}$ beliebig. Dann gilt

$$f'(x_0) = \lim_{\Delta x \to 0} \frac{f(x_0 + \Delta x) - f(x_0)}{\Delta x} = \lim_{\Delta x \to 0} \frac{c - c}{\Delta x} = \lim_{\Delta x \to 0} \frac{0}{\Delta x} = \lim_{\Delta x \to 0} 0 = 0 \,.$$

2. Sei $f \colon \mathbb{R} \to \mathbb{R}$, $f(x) = x$ die *identische Funktion* und $x_0 \in \mathbb{R}$ beliebig. Dann gilt

$$f'(x_0) = \lim_{\Delta x \to 0} \frac{f(x_0 + \Delta x) - f(x_0)}{\Delta x} = \lim_{\Delta x \to 0} \frac{x_0 + \Delta x - x_0}{\Delta x} = \lim_{\Delta x \to 0} \frac{\Delta x}{\Delta x} = \lim_{\Delta x \to 0} 1 = 1 \,.$$

8.2 Ableitungsregeln

In diesem Abschnitt wollen wir uns mit wichtigen Ableitungsregeln beschäftigen. Sie werden erst einmal nur für **eine** Stelle x_0 aus dem Definitionsbereich formuliert, gelten für überall differenzierbare Funktionen natürlich dann auch auf dem gesamten Definitionsbereich.

Satz:

Seien $M, N_1, N_2 \subseteq \mathbb{R}$, $x_0 \in M$. Seien $f \colon M \to N_1$ und $g \colon M \to N_2$ an der Stelle x_0 differenzierbar. Sei $c \in \mathbb{R}$. Dann gilt:

(i) $f + c$ ist an der Stelle x_0 differenzierbar und $(f + c)'(x_0) = f'(x_0)$.

(ii) $f + g$ ist an der Stelle x_0 differenzierbar und

$$(f + g)'(x_0) = f'(x_0) + g'(x_0) \,. \qquad \text{(„Summenregel")}$$

(iii) $c \cdot f$ ist an der Stelle x_0 differenzierbar und $(c \cdot f)'(x_0) = c \cdot f'(x_0)$.

(iv) $f \cdot g$ ist an der Stelle x_0 differenzierbar und

$$(f \cdot g)'(x_0) = f(x_0) \cdot g'(x_0) + f'(x_0) \cdot g(x_0) \,. \qquad \text{(„Produktregel")}$$

(v) Ist $g(x_0) \neq 0$, so ist $\frac{f}{g}$ an der Stelle x_0 definiert, differenzierbar und

$$\left(\frac{f}{g} \right)'(x_0) = \frac{f'(x_0) \cdot g(x_0) - f(x_0) \cdot g'(x_0)}{g^2(x_0)} \qquad \text{(„Quotientenregel")}$$

Beweis:

(i), (ii) und (iii) ergeben sich sofort aus der Definition der Ableitung und den elementaren Grenzwertsätzen. Der Beweis dazu wird Ihnen überlassen. Teil (i) ist auch anschaulich klar, da die Addition einer Konstanten zu einer Funktion nur den Graphen „nach oben" beziehungsweise „nach unten" verschiebt, jedoch nichts an der Steigung ändert.

Mit dem Wissen aus Beispiel 1, dass die Ableitung der konstanten Funktion Null ist, kann man (i) auch als Spezialfall von (ii), (iii) als Spezialfall von (iv) auffassen.

(iv) Es ist

$$\frac{f(x) \cdot g(x) - f(x_0) \cdot g(x_0)}{x - x_0} = \frac{f(x) \cdot g(x) - f(x) \cdot g(x_0) + f(x) \cdot g(x_0) - f(x_0) \cdot g(x_0)}{x - x_0}$$

$$= \frac{f(x) \cdot g(x) - f(x) \cdot g(x_0)}{x - x_0} + \frac{f(x) \cdot g(x_0) - f(x_0) \cdot g(x_0)}{x - x_0}$$

$$= f(x) \cdot \frac{g(x) - g(x_0)}{x - x_0} + \frac{f(x) - f(x_0)}{x - x_0} \cdot g(x_0)$$

Da nach obigem Satz f bei x_0 auch stetig ist, existieren die einzelnen Grenzwerte und es gilt:

$$(f \cdot g)'(x_0) = \lim_{x \to x_0} \frac{f(x) \cdot g(x) - f(x_0) \cdot g(x_0)}{x - x_0}$$

$$= \lim_{x \to x_0} f(x) \cdot \lim_{x \to x_0} \frac{g(x) - g(x_0)}{x - x_0} + \lim_{x \to x_0} \left(\frac{f(x) - f(x_0)}{x - x_0} \cdot g(x_0) \right)$$

$$= f(x_0) \cdot g'(x_0) + f'(x_0) \cdot g(x_0)$$

(v) lässt sich ähnlich wie (iv) beweisen, nur mit etwas mehr Aufwand. Wesentlich eleganter geht es jedoch durch Anwendung der Kettenregel, die im Folgenden vorgestellt wird. Sie dürfen es dann einmal in Übungsaufgabe 3 selber versuchen. □

Satz: („Kettenregel")

Seien $M, N, O \subseteq \mathbb{R}$, $x_0 \in M$. Sei $f \colon M \to N$ an der Stelle x_0 differenzierbar, $g \colon N \to O$ an der Stelle $f(x_0)$. Dann ist $g \circ f$ an der Stelle x_0 differenzierbar, und es ist $(g \circ f)'(x_0) = g'(f(x_0)) \cdot f'(x_0)$.

Diese Regel ist sehr wichtig: Bei der Verknüpfung zweier Funktionen – und so etwas liegt fast immer vor! – reicht es, zuerst die „äußere" Funktion abzuleiten und die innere „stehen zu lassen" und dann das Ergebnis mit der Ableitung der „inneren Funktion" zu multiplizieren. Diese Regel werden wir gleich im nächsten Satz anwenden, doch zuerst der

Beweis:
Ist f in der Nähe von x_0 konstant, so ist auch $g \circ f$ dort konstant und die Ableitung analog zu Beispiel 1 dort Null, was sich auf beiden Seiten der Formel ergibt.

Ist nun f in der Nähe von x_0 nicht konstant, so ist $f(x) - f(x_0) \neq 0$ und wir können berechnen:

$$\frac{g \circ f(x) - g \circ f(x_0)}{x - x_0} = \frac{g \circ f(x) - g \circ f(x_0)}{f(x) - f(x_0)} \cdot \frac{f(x) - f(x_0)}{x - x_0}$$

Da aus $x \to x_0$ wegen der Stetigkeit von f auch $f(x) \to f(x_0)$ folgt, können wir mit Hilfe der Grenzwertsätze weiter schreiben:

$$(g \circ f)'(x_0) = \lim_{x \to x_0} \frac{g \circ f(x) - g \circ f(x_0)}{x - x_0}$$

$$= \lim_{f(x) \to f(x_0)} \frac{g \circ f(x) - g \circ f(x_0)}{f(x) - f(x_0)} \cdot \lim_{x \to x_0} \frac{f(x) - f(x_0)}{x - x_0} = g'(f(x_0)) \cdot f'(x_0)$$

$\square$

Bevor wir im nächsten Abschnitt dann die Ableitungen elementarer Funktionen berechnen, wollen wir hier noch eine Aussage über die Ableitung der Umkehrfunktion formulieren.

Satz:

Seien $M, N \subseteq \mathbb{R}$, $x_0 \in M$. Sei $f : M \to N$ bijektiv und in einer Umgebung von x_0 differenzierbar mit $f'(x_0) \neq 0$. Dann ist die Umkehrfunktion f^{-1} an der Stelle $y_0 := f(x_0)$ differenzierbar, und es gilt:

$$(f^{-1})'(y_0) = \frac{1}{f'(x_0)} = \frac{1}{f'(f^{-1}(y_0))}$$

Beweis:

Auf den Nachweis der Differenzierbarkeit von f^{-1} wollen wir hier verzichten; die Berechnung der Ableitung von f^{-1} ist eine schöne Anwendung der Kettenregel: Es gilt nämlich $f^{-1}(f(x)) = x$. Die rechte Seite dieser Gleichung können wir auch als Funktionswert der identischen Abbildung aus Beispiel 2 auffassen, deren Ableitung 1 ist. Links steht die verkettete Funktion $f^{-1} \circ f$. Da die rechte und die linke Funktion für alle $x \in M$ gleiche Werte haben, müssen sie auch in ihrer Ableitung übereinstimmen. Wir erhalten also $(f^{-1} \circ f)'(x_0) = 1$. Mit Hilfe der Kettenregel können wir die linke Seite umformulieren, wir erhalten: $(f^{-1})'(f(x_0)) \cdot f'(x_0) = 1$. Setzen wir $y_0 = f(x_0)$ und dividieren die Gleichung auf beiden Seiten durch $f'(x_0)$, ergibt sich

$$(f^{-1})'(y_0) = \frac{1}{f'(x_0)}.$$

$\square$

8.3 Ableitung elementarer Funktionen

Nachdem wir uns im letzten Abschnitt mit abstrakten Ableitungsregeln beschäftigt haben, wollen wir nun konkret einige Funktionen ableiten.

1. Zuerst wollen wir für $n \in \mathbb{N} \setminus \{0\}$ die Potenzfunktion p_n mit $p_n(x) = x^n$ ableiten. Wir zeigen, dass diese Funktion überall differenzierbar ist und $p_n'(x) = nx^{n-1}$ gilt. Den Beweis führen wir mit vollständige Induktion über n:

Induktionsanfang ($n = 1$): Für $n = 1$ ist p_1 die identische Funktion aus Beispiel 2 im Abschnitt 8.1, die Ableitung an jeder Stelle ist $p'_1(x) = 1 = 1x^{1-1}$.

Induktionsannahme: Für $n \in \mathbb{N} \setminus \{0\}$ ist $p'_n(x) = nx^{n-1}$ für alle $x \in \mathbb{R}$.

Induktionsschluss ($n \to n + 1$): Für $x \in \mathbb{R}$ schreiben wir

$$p_{n+1}(x) = x^{n+1} = x \cdot x^n = p_1(x) \cdot p_n(x).$$

Nach der Produktregel gilt also:

$$p'_{n+1}(x) = p'_1(x) \cdot p_n(x) + p_1(x) \cdot p'_n(x) = 1 \cdot x^n + x \cdot n \cdot x^{n-1} = (n + 1)x^{(n+1)-1}$$

$\square$

Anwendungsbeispiel:
Mit Hilfe dieser Regel und den Ableitungsregeln (i)–(iii) können wir nun Polynomfunktionen ableiten, etwa die durch $f(x) = 5x^4 + 7x^3 - 2x^2 + 3x - 5$ bestimmte Funktion: Da hier nur die Summe von Vielfachen von Potenzfunktionen und konstanten Funktionen vorliegt, gilt $f'(x) = 5 \cdot (x^4)' + 7(x^3)' - 2(x^2)' + 3(x)'$, wobei der konstante Summand von vornherein wegfällt. Also erhalten wir

$$f'(x) = 5 \cdot 4x^3 + 7 \cdot 3x^2 - 2 \cdot 2x^1 + 3 \cdot 1 = 20x^3 + 21x^2 - 4x + 3.$$

Bemerkung:
Diese Regel gilt auch für Potenzfunktionen p_b mit beliebigem $b \in \mathbb{R}$, jedoch nur an den Stellen, wo der Ausdruck $b \cdot x^{b-1}$ auch definiert ist, also zum Beispiel für die Wurzelfunktion $p_{\frac{1}{2}}$ nicht bei $x = 0$. Der Beweis hiervon geht für $x \in \mathbb{R}^+$ elegant mit Hilfe der Exponentialfunktion und der Kettenregel, was Sie in Aufgabe 4 einmal durchrechnen können.

2. Als Nächstes wollen wir die Ableitung der Sinusfunktion berechnen. Es ist für $x \in \mathbb{R}$

$$\frac{\sin(x + \Delta x) - \sin x}{\Delta x} = \frac{\sin x \cos(\Delta x) + \cos x \sin(\Delta x) - \sin x}{\Delta x}$$

$$= \sin x \frac{\cos(\Delta x) - 1}{\Delta x} + \cos x \frac{\sin \Delta x}{\Delta x} \qquad (1)$$

Wir wissen bereits aus Abschnitt 7.3, dass $\lim_{\Delta x \to 0} \frac{\sin \Delta x}{\Delta x} = 1$ ist. Damit berechnen wir nun den Grenzwert des ersten Bruchs in (1):

$$\frac{\cos(\Delta x) - 1}{\Delta x} = \frac{(\cos(\Delta x) - 1)(\cos(\Delta x) + 1)}{\Delta x(\cos(\Delta x) + 1)} = \frac{-\sin^2(\Delta x)}{\Delta x(\cos(\Delta x) + 1)}$$

$$= -\underbrace{\frac{\sin(\Delta x)}{\Delta x}}_{\to 1} \cdot \underbrace{\sin(\Delta x}_{\to 0} \cdot \underbrace{\frac{1}{(\cos(\Delta x) + 1)}}_{\to \frac{1}{2}}, \qquad \text{also} \quad \lim_{\Delta x \to 0} \frac{\cos(\Delta x) - 1}{\Delta x} = 0.$$

Somit erhalten wir aus (1):

$$\sin'(x) = \lim_{\Delta x \to 0} \frac{\sin(x + \Delta x) - \sin x}{\Delta x}$$

$$= \lim_{\Delta x \to 0} \left(\sin x \frac{\cos(\Delta x) - 1}{\Delta x} \right) + \lim_{\Delta x \to 0} \left(\cos x \frac{\sin \Delta x}{\Delta x} \right) = \sin x \cdot 0 + \cos x \cdot 1 = \cos x$$

In Aufgabe 5 können Sie analog zeigen, dass für alle $x \in \mathbb{R}$ gilt: $\cos'(x) = -\sin x$.

Anwendungsbeispiel:

Mit Hilfe der Quotientenregel können wir nun die Tangensfunktion an den Stellen, wo sie definiert ist, ableiten:

$$\tan'(x) = \left(\frac{\sin x}{\cos x} \right)' = \frac{\cos x \cdot \sin'(x) - \sin x \cdot \cos'(x)}{\cos^2 x} = \frac{\cos^2 x + \sin^2 x}{\cos^2 x}$$

$$= 1 + \tan^2 x = \frac{1}{\cos^2 x}$$

3. Nun wollen wir die natürliche Logarithmusfunktion ableiten und zeigen, dass auf ihrem ganzen Definitionsbereich $\mathbb{R}^+$ gilt:

$$\ln'(x) = \frac{1}{x} \, .$$

Beweis:

Wie gehabt berechnen wir den Grenzwert für $\Delta x \to 0$ des folgenden Quotienten:

$$\frac{\ln(x + \Delta x) - \ln x}{\Delta x} = \frac{1}{\Delta x} \ln \left(\frac{x + \Delta x}{x} \right) = \frac{1}{x} \frac{x}{\Delta x} \ln \left(1 + \frac{\Delta x}{x} \right) = \frac{1}{x} \ln \left(\left(1 + \frac{\Delta x}{x} \right)^{\frac{x}{\Delta x}} \right)$$

Betrachten wir nun zunächst den rechtsseitigen Grenzwert $\Delta x \to 0+$, so geht die substituierte Variable $t := \frac{x}{\Delta x}$ gegen $+\infty$. Man kann unter Benutzung der entsprechenden Aussage für natürliche Zahlen[1] zeigen, dass auch $\lim_{t \to \infty} \left(1 + \frac{1}{t} \right)^t = e$ ist. Damit folgt wegen der Stetigkeit der Logarithmusfunktion:

$$\lim_{\Delta x \to 0+} \frac{\ln(x + \Delta x) - \ln x}{\Delta x} = \lim_{t \to \infty} \frac{1}{x} \ln \left(\left(1 + \frac{1}{t} \right)^t \right) = \frac{1}{x} \ln e = \frac{1}{x}$$

$$\square$$

Eine analoge Überlegung für den linksseitigen Grenzwert $\Delta x \to 0-$ führt zum selben Ergebnis, insgesamt erhalten wir also $\ln'(x) = \frac{1}{x}$.

---

1) siehe Abschnitt 7.2.

4. Mit der Ableitung der Logarithmusfunktion können wir nun deren Umkehrfunktion f^{-1} – mit $f^{-1}(x) = e^x$ – differenzieren. Nach dem Satz über die Ableitung der Umkehrfunktion aus dem vorigen Abschnitt ist für $x \in \mathbb{R}$:

$$(f^{-1})'(x) = \frac{1}{f'(f^{-1}(x))} = \frac{1}{\ln'(e^x)} = \frac{1}{\frac{1}{e^x}} = e^x$$

Dies bedeutet, dass die Ableitung der e-Funktion an jeder Stelle ihrem Funktionswert entspricht.

Anwendungsbeispiel:
Es soll die Ableitung der allgemeinen Exponentialfunktion mit $\exp_a(x) = a^x$, $a \in \mathbb{R}^+$, bestimmt werden. Dazu wenden wir auf $\exp_a(x) = e^{x \ln a}$ (siehe Abschnitt 5.7) die Kettenregel an:

$$\exp_a'(x) = \left(e^{x \ln a}\right)' = e^{x \ln a} \cdot (x \ln a)' = a^x \cdot \ln a$$

5. Mit der Ableitung der Exponentialfunktion lassen sich nun auch die Ableitungen der hyperbolischen Funktionen berechnen:

$$\sinh'(x) = \cosh x \quad \text{und} \quad \cosh'(x) = \sinh x$$

Dies und die Ableitungen von tanh und coth können Sie in Aufgabe 6 berechnen.

6. Mit der Ableitung der Sinusfunktion können wir nun deren Umkehrfunktion f^{-1} mit $f^{-1}(x) = \arcsin x$ ableiten:

Bekanntlich hat $f'(x) = \cos x$ an den Stellen $\frac{\pi}{2}$ und $-\frac{\pi}{2}$ den Wert 0; da diese Werte von der Arcus-Sinus-Funktion an den Stellen 1 und –1 angenommen werden, ist diese nur im Innern ihres Definitionsbereichs, also auf $]-1, 1[$, differenzierbar. Damit gilt nach obiger Formel für alle $x \in]-1, 1[$:

$$\arcsin'(x) = \frac{1}{\sin'(\arcsin(x))} = \frac{1}{\cos(\arcsin(x))} = \frac{1}{\sqrt{1 - x^2}} \qquad \text{(siehe Kapitel 5, Aufg. 15)}$$

Im Folgenden werden die Ableitungen der wichtigsten elementaren Funktionen noch einmal aufgelistet. Die Formeln gelten jeweils für die $x \in \mathbb{R}$, wo Funktion und Ableitung auch definiert sind (siehe dazu auch Kapitel 2.3 und 5).

Zusammenfassung:

Seien $a \in \mathbb{R}^+$, $b \in \mathbb{R}^*$, $c \in \mathbb{R}$.

$f(x)$	$f'(x)$
c	0
x^b	bx^{b-1}
a^x	$\ln a \cdot a^x$
e^x	e^x
$\ln x$	$\dfrac{1}{x}$
$\sin x$	$\cos x$
$\cos x$	$-\sin x$
$\tan x$	$1 + \tan^2 x = \dfrac{1}{\cos^2 x}$
$\cot x$	$-1 - \cot^2 x = -\dfrac{1}{\sin^2 x}$
$\arcsin x$	$\dfrac{1}{\sqrt{1 - x^2}}$
$\arccos x$	$-\dfrac{1}{\sqrt{1 - x^2}}$
$\arctan x$	$\dfrac{1}{1 + x^2}$
$\text{arccot}\, x$	$-\dfrac{1}{1 + x^2}$
$\sinh x$	$\cosh x$
$\cosh x$	$\sinh x$
$\tanh x$	$1 - \tanh^2 x = \dfrac{1}{\cosh^2 x}$
$\coth x$	$1 - \coth^2 x = -\dfrac{1}{\sinh^2 x}$
$\text{arsinh}\, x$	$\dfrac{1}{\sqrt{x^2 + 1}}$
$\text{arcosh}\, x$	$\dfrac{1}{\sqrt{x^2 - 1}}$
$\text{artanh}\, x$	$\dfrac{1}{1 - x^2}$
$\text{arcoth}\, x$	$\dfrac{1}{1 - x^2}$

8.4 Kurvendiskussion

Bei der Kurvendiskussion geht es darum, das Verhalten einer Funktion beziehungsweise den Verlauf ihres Graphen zu untersuchen. Wichtige Hilfsmittel sind dabei die Methoden der Grenzwertrechnung, die Sie in Abschnitt 7.3 bereits kennen gelernt haben. Damit ist es uns zum Beispiel möglich, das Verhalten der Funktion im Unendlichen zu beschreiben. Die Differentialrechnung erlaubt uns nun, auch Aussagen über den Steigungsverlauf zu treffen.

In diesem Abschnitt werden wir zuerst ein paar Sätze herleiten, mit deren Hilfe wir am Ende beispielhaft einige Funktionen untersuchen werden. Dabei werden wir auch den wichtigen *Mittelwertsatz der Differentialrechnung* kennen lernen.

Eine der Fragen, die wir uns stellen werden, ist, wo die Funktion größte und kleinste Werte innerhalb kleiner Umgebungen annimmt. Dazu folgende

Definition:

Seien $M, N \subseteq \mathbb{R}$, $x_0 \in M$ und eine Funktion $f\colon M \to N$ gegeben. Wir sagen:

- f hat ein *lokales (relatives) Maximum bei x_0*, falls es ein $\varepsilon > 0$ gibt, so dass $]x_0 - \varepsilon, x_0 + \varepsilon[\subseteq M$ gilt und $\forall x \in]x_0 - \varepsilon, x_0 + \varepsilon[: f(x) \le f(x_0)$.

- f hat ein *lokales (relatives) Minimum bei x_0*, falls es ein $\varepsilon > 0$ gibt, so dass $]x_0 - \varepsilon, x_0 + \varepsilon[\subseteq M$ gilt und $\forall x \in]x_0 - \varepsilon, x_0 + \varepsilon[: f(x) \ge f(x_0)$.

- f hat ein *globales (absolutes) Maximum bei x_0*, falls für alle $x \in M$ gilt: $f(x) \le f(x_0)$.

- f hat ein *globales (absolutes) Minimum bei x_0*, falls für alle $x \in M$ gilt: $f(x) \ge f(x_0)$.

Statt Maximum oder Minimum sagen wir manchmal auch *Extremum*.

Die etwas kompliziertere Definition der lokalen Extrema stellt sicher, dass mit dem Punkt x_0 auch eine kleine Umgebung innerhalb des Definitionsbereichs M liegt; in dieser Umgebung hat f dann einen größten beziehungsweise kleinsten Funktionswert.

Beispiel:

Die Funktion aus Bild 8.4.1 lautet $f\colon [-3, 3] \to \mathbb{R}, f(x) = \frac{1}{8}x^3 - \frac{3}{8}x$. Sie hat bei -1 ein lokales Maximum mit $f(-1) = \frac{1}{4}$ und bei 1 ein lokales Minimum mit $f(1) = -\frac{1}{4}$. Die globalen Extrema liegen am Rand des Definitionsbereichs von f, bei -3 mit $f(-3) = -\frac{9}{4}$ ist ein globales Minimum, bei 3 mit $f(3) = \frac{9}{4}$ ein globales Maximum.

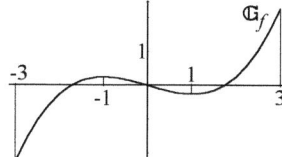

Bild 8.4.1: Lokale und globale Extrema

Gibt es eine Methode herauszufinden, wo solche Extremstellen einer Funktion liegen? Die Differentialrechnung gibt uns hier ein gutes Werkzeug an die Hand.

Satz:

Seien $M, N \subseteq \mathbb{R}$, $x_0 \in M$ und $f : M \to N$ gegeben. Die Funktion f habe an der Stelle x_0 ein lokales Extremum und sei dort differenzierbar. Dann ist $f'(x_0) = 0$.

Beweis:

Anschaulich ist dieser Satz gut zu verstehen, da an einer Extremstelle der Graph der Funktion irgendwie „flach" verläuft, die Tangente also die Steigung Null haben muss. Dies lässt sich auch in Bild 8.4.1 nachvollziehen.

Hier wird der Satz nur für den Fall eines Maximums bei x_0 bewiesen, den Fall des Minimums können Sie analog vielleicht selber beweisen ...

Um die Ableitung von f an der Stelle x_0 zu berechnen, müssen wir den Grenzwert des Differenzenquotienten für $\Delta x \to 0$ berechnen:

$$\frac{f(x_0 + \Delta x) - f(x_0)}{\Delta x} \tag{2}$$

Da bei x_0 ein lokales Maximum vorliegt, gibt es ein $\varepsilon > 0$, so dass für alle $x \in]x_0 - \varepsilon, x_0 + \varepsilon[$ gilt, dass $f(x) \leq f(x_0)$ ist. Ist insbesondere $|\Delta x| < \varepsilon$, so ist $f(x_0 + \Delta x) \leq f(x_0)$, also ist in (2) der Zähler $f(x_0 + \Delta x) - f(x_0) \leq 0$.

Nun wollen wir die Annäherung $\Delta x \to 0$ von links und von rechts getrennt untersuchen.

Nähert sich Δx von rechts an die Null an, so ist für $0 < \Delta x < \varepsilon$ der Quotient

$$\frac{\overset{\leq 0}{\overbrace{f(x_0 + \Delta x) - f(x_0)}}}{\underset{> 0}{\underbrace{\Delta x}}} \leq 0.$$

Also muss auch $\displaystyle\lim_{\Delta x \to 0+} \frac{f(x_0) + \Delta x) - f(x_0)}{\Delta x} \leq 0$ sein.

Bei Annäherung von links an die Null ist für $-\varepsilon < \Delta x < 0$ der Quotient aus (2)

$$\frac{\overbrace{f(x_0 + \Delta x) - f(x_0)}^{\leq 0}}{\underbrace{\Delta x}_{<0}} \geq 0, \quad \text{also ist} \quad \lim_{\Delta x \to 0-} \frac{f(x_0 + \Delta x) - f(x_0)}{\Delta x} \geq 0 \,.$$

Wegen

$$f'(x_0) = \lim_{\Delta x \to 0+} \frac{f(x_0 + \Delta x) - f(x_0)}{\Delta x} = \lim_{\Delta x \to 0-} \frac{f(x_0 + \Delta x) - f(x_0)}{\Delta x}$$

muss die Ableitung an der Stelle x_0 gleichzeitig ≤ 0 und ≥ 0 sein, also $f'(x_0) = 0$. $\quad\square$

Dieser Satz gibt uns also eine notwendige Bedingung für das Vorliegen eines lokalen Extremums an. Indem wir eine vorgegebene Funktion ableiten und die Nullstellen der Ableitung bestimmen, finden wir die Kandidaten für die Extremstellen der Funktion. Beachten Sie bitte, dass dieses aber kein hinreichendes Kriterium ist, das heißt, dass nicht bei jeder Nullstelle der ersten Ableitung ein Extremum vorliegen muss.

Gibt es auch eine hinreichende Bedingung für das Vorliegen eines Extremums? Später werden wir den Zusammenhang zwischen Monotonie und dem Vorzeichen der Ableitung untersuchen. Dabei werden wir feststellen, dass eine differenzierbare Funktion mehr oder weniger dort monoton steigt, wo $f'(x) \geq 0$ ist und dort fällt, wo $f'(x) \leq 0$ ist. Darüber hinaus kann man sich überlegen, dass an der Stelle x_0 sicher ein Maximum vorliegen muss, wenn die Funktion links von x_0 monoton steigt und rechts davon wieder fällt. Dies soll hier genügen, um die nächste Aussage zu motivieren.

Satz:

Seien $M, N \subseteq \mathbb{R}$, $x_0 \in M$ und $f: M \to N$ eine differenzierbare Funktion. Sei darüber hinaus $f'(x_0) = 0$.

- Hat f' bei x_0 einen Vorzeichenwechsel von „+" nach „–", so liegt bei x_0 ein lokales Maximum.
  Vorzeichenwechsel von „+" nach „–" bedeutet dabei: Es gibt ein $\varepsilon > 0$, so dass $]x_0 - \varepsilon, x_0 + \varepsilon[\subseteq M$ ist und außerdem

$$\forall x \in\,]x_0 - \varepsilon, x_0[:\, f'(x) > 0 \quad \wedge \quad \forall x \in\,]x_0, x_0 + \varepsilon[:\, f'(x) < 0 \text{ gilt} \,.$$

- Hat f' bei x_0 einen Vorzeichenwechsel von „–" nach „+", so liegt bei x_0 ein lokales Minimum (Vorzeichenwechsel von „–" nach „+" analog).
- Nimmt f' auf $]x_0 - \varepsilon, x_0 + \varepsilon[\setminus \{x_0\}$ nur positive oder nur negative Werte an, so liegt kein Extremum vor.

Dieses ist ein starkes Kriterium für das Vorliegen eines Extremums, da festgestellt wird, um welche Art von Extremum es sich ggf. handelt. Üblicherweise bestimmt man die Extremstellen einer Funktion also, indem man die Nullstellen der ersten Ableitung berechnet. In der Umgebung dieser Nullstellen untersucht man das Vorzeichen von f'. Liegt dort ein Vorzeichenwechsel vor, so lässt sich auch gleich die Art der Extremstelle bestimmen.

Etwas einfacher geht der Nachweis einer Extremstelle mit folgendem, allerdings etwas schwächeren Kriterium: Kann man zum Beispiel nachweisen, dass in einer Umgebung von x_0 – mit $f'(x_0) = 0$ – die Ableitung monoton fällt, so muss dort auf jeden Fall ein Vorzeichenwechsel der Ableitung von „+" nach „–", also ein Maximum von f vorliegen. Die Ableitung f' fällt – aufgrund des Zusammenhangs zwischen Ableitung und Monotonie, der später behandelt wird – zum Beispiel dort, wo die Ableitung der Ableitung, also die zweite Ableitung negativ ist. Wir formulieren folgenden

Satz:

Seien $M, N \subseteq \mathbb{R}$, $x_0 \in M$ und $f : M \to N$ eine zweimal differenzierbare Funktion.

- Ist $f'(x_0) = 0$ und $f''(x_0) < 0$, so hat f bei x_0 ein lokales Maximum.
- Ist $f'(x_0) = 0$ und $f''(x_0) > 0$, so hat f bei x_0 ein lokales Minimum.

Dieser Satz macht es uns recht leicht, Extremstellen zu finden und zu charakterisieren – sofern die zweite Ableitung ohne großen Aufwand zu berechnen ist. Beachten Sie bitte darüber hinaus, dass aus $f''(x_0) = 0$ nicht folgt, dass kein Extremum vorliegt. Das Ergebnis $f''(x_0) = 0$ bedeutet lediglich, dass man eine andere Methode wählen muss, um das Verhalten von f bei x_0 zu untersuchen.

Beispiel:
Wir betrachten noch einmal obiges Beispiel mit $f : [-3, 3] \to \mathbb{R}$, $f(x) = \frac{1}{8}x^3 - \frac{3}{8}x$. Diese Funktion ist zweimal differenzierbar mit $f'(x) = \frac{3}{8}(x^2 - 1) = \frac{3}{8}(x + 1)(x - 1)$ und $f''(x) = \frac{3}{4}x$. Die Nullstellen der ersten Ableitung sind genau -1 und 1; dabei gilt $f''(-1) = -\frac{3}{4} < 0$ und $f''(1) = \frac{3}{4} > 0$. Deshalb muss bei -1 ein lokales Maximum, bei 1 ein lokales Minimum vorliegen.

Im Folgenden werden wir nun, wie bereits angekündigt, den Zusammenhang zwischen Ableitung und Monotonie untersuchen. Dabei werden wir einige Resultate der Analysis kennen lernen, die für sich genommen bereits wichtige Aussagen darstellen.

Satz von ROLLE:

> Seien $a, b \in \mathbb{R}$ mit $a < b$ und sei $f: [a, b] \to \mathbb{R}$ stetig und auf $]a, b[$ differenzierbar. Sei $f(a) = f(b) = 0$ [2]. Dann gibt es ein $\xi \in]a, b[$ mit $f'(\xi) = 0$.
>
> Anders formuliert: Im Innern des Intervalls hat der Graph von f mindestens eine waagerechte Tangente (siehe Bild 8.4.2).

Beweis:

Ein Satz aus der Analysis besagt, dass stetige Funktionen auf abgeschlossenen Intervallen ihr (globales) Minimum und Maximum annehmen. Wir betrachten zwei Fälle:

Fall 1: $\forall x \in]a, b[: f(x) = f(a)$

Dies bedeutet, dass f eine konstante Funktion ist, deren Ableitung ja überall Null ist. Für jedes beliebige $\xi \in]a, b[$ gilt also $f'(\xi) = 0$.

Fall 2: $\exists x \in]a, b[: f(x) \neq f(a)$

Dann ist $f(x) < f(a)$ oder $f(x) > f(a)$. Jedenfalls kann $f(a) = f(b)$ nicht zugleich Minimalwert und Maximalwert sein. Also muss es ein $\xi \in]a, b[$ geben, wo ein Extremum vorliegt. Wie oben bereits bewiesen wurde, gilt dort $f'(\xi) = 0$. □

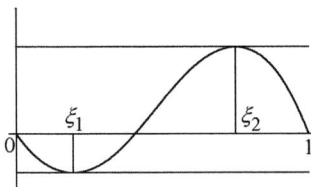

Bild 8.4.2: Zum Satz von ROLLE

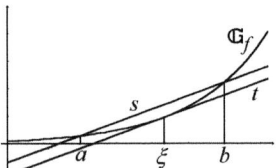

Bild 8.4.3: Zum Mittelwertsatz

Aus dem Satz von ROLLE folgt schnell der vielleicht wichtigste Satz der Differentialrechnung einer Veränderlichen, der

Mittelwertsatz der Differentialrechnung:

> Seien $a, b \in \mathbb{R}$ mit $a < b$ und sei $f: [a, b] \to \mathbb{R}$ stetig und auf $]a, b[$ differenzierbar. Dann gibt es ein $\xi \in]a, b[$ mit $f'(\xi) = \dfrac{f(b) - f(a)}{b - a}$.

---

2) Wie der Beweis zeigt, reicht die Voraussetzung $f(a) = f(b)$. Obige Formulierung ist jedoch die klassische, deshalb wird sie hier gebracht.

Dieser Satz ist wunderbar. Anschaulich können wir ihn wie folgt interpretieren (siehe Bild 8.4.3): Der Bruch auf der rechten Seite der Gleichung stellt die Steigung der Sekante s dar, die durch die Punkte $(a, f(a))$ und $b, f(b))$ gelegt wird. Auf dem Graphen zwischen a und b muss es (mindestens) eine Stelle ξ geben, wo die Tangente an den Graphen parallel zu s ist (da die Steigung übereinstimmt).

Beweis:
Wir definieren eine Hilfsfunktion $g\colon [a, b] \to \mathbb{R}$ durch

$$g(x) := f(x) - f(a) - \frac{f(b) - f(a)}{b - a} \cdot (x - a).$$

Wir stellen fest, dass $g(a) = g(b) = 0$ gilt. Anschaulich beschreibt diese Funktion übrigens an jeder Stelle die Differenz zwischen $f(x)$ und dem y-Wert der Sekante s.

Außerdem ist g auf dem Intervall $[a, b]$ stetig und auf (a, b) differenzierbar, da g nur Summe stetiger beziehungsweise differenzierbarer Funktionen ist.

Nach dem Satz von Rolle gibt es also ein $\xi \in \,]a, b[$ mit $g'(\xi) = 0$. Ableiten nach x und Einsetzen von ξ liefert:

$$g'(\xi) = f'(\xi) - \frac{f(b) - f(a)}{b - a} = 0, \quad \text{also}$$

$$f'(\xi) = \frac{f(b) - f(a)}{b - a}.$$

$\square$

Beispiele:
1. Noch einmal wollen wir das Beispiel von oben mit der Funktion $f\colon [-3, 3] \to \mathbb{R}$, $f(x) = \frac{1}{8}x^3 - \frac{3}{8}x$ betrachten. Sie erfüllt die Voraussetzungen des Mittelwertsatzes. Also gibt es ein $\xi \in \,]-3, 3[$, so dass $f'(\xi) = \frac{f(3) - f(-3)}{3 - (-3)} = \frac{\frac{9}{4} - \left(-\frac{9}{4}\right)}{6} = \frac{3}{4}$ gilt. Dieses ξ erfüllt also $f'(\xi) = \frac{3}{8}(\xi^2 - 1) = \frac{3}{4}$. Wir finden hier sogar zwei mögliche ξ, nämlich $\xi_1 = -\sqrt{3}$ und $\xi_2 = \sqrt{3}$.

2. Ein Radler macht einen Radlausflug von einer Stunde, während der er 20 km zurücklegt. Da er gute mathematische Grundkenntnisse besitzt, konstruiert er nun eine Funktion $s\colon [0, 1] \to \mathbb{R}$, wobei $s(t)$ den nach t Stunden zurückgelegten Weg bezeichnet. Dabei ist $s(0) = 0$ und $s(1) = 20$. Da er keine Sprünge gemacht hat und er auch ein normales Beschleunigungsverhalten gezeigt hat, nimmt er an, dass s auf $[0, 1]$ stetig und auf $]0, 1[$ differenzierbar ist. Dank des Mittelwertsatzes weiß er nun, dass mindestens zu einem Zeitpunkt t_0 seine Fahrgeschwindigkeit s' der durchschnittlichen Geschwindigkeit $\frac{s(1) - s(0)}{1 - 0} = 20$ entsprach.

Der Mittelwertsatz hat viele weitere interessante Anwendungen, wie etwa den folgenden

Satz:

Seien $a, b \in \mathbb{R}$ mit $a < b$ und sei $f \colon [a, b] \to \mathbb{R}$ stetig und auf $]a, b[$ differenzierbar. Dann gilt:

f ist genau dann monoton steigend, wenn $f'(x) \geq 0$ für alle $x \in]a, b[$ gilt.

f ist genau dann monoton fallend, wenn $f'(x) \leq 0$ für alle $x \in]a, b[$ gilt.

Beweis:

Wir werden nur Teil (i) des Satzes beweisen. Teil (ii) geht analog, Sie können es ja selbst einmal versuchen.

Die Aussage in Teil (i) ist eine Äquivalenz. Wie üblich zeigen wir dies, indem wir zwei Implikationen beweisen. Zunächst „$\Rightarrow$":

Sei f also monoton steigend. Zur Untersuchung der Ableitung an einer Stelle $x \in]a, b[$ betrachten wir den Differenzenquotienten

$$\frac{f(x + \Delta x) - f(x)}{\Delta x} \tag{3}$$

Dessen Grenzwert für $\Delta x \to 0$ gibt uns die Ableitung an der Stelle x an. Nähern wir uns von rechts mit $\Delta x > 0$, so ist wegen der Monotonie $f(x + \Delta x) - f(x) \geq 0$ und damit der Bruch in (3) nichtnegativ, da Zähler und Nenner nichtnegativ sind. Analoges gilt bei Annäherung von links, jedoch sind diesmal Zähler und Nenner nichtpositiv, der Bruch insgesamt wieder nichtnegativ. Dann muss dies auch für die Grenzwerte gelten und wir erhalten:

$$f'(x) = \lim_{\Delta x \to 0+} \frac{f(x + \Delta x) - f(x)}{\Delta x} = \lim_{\Delta x \to 0-} \frac{f(x + \Delta x) - f(x)}{\Delta x} \geq 0$$

Damit ist die eine Richtung der Behauptung bewiesen, nun zu „$\Leftarrow$":

Sei also $f'(x) \geq 0$ für alle $x \in]a, b[$. Wir zeigen nun, dass f monoton steigt. Seien dazu $x_1, x_2 \in [a, b]$ gewählt mit $x_1 < x_2$. Offensichtlich ist f auch auf $[x_1, x_2]$ stetig und auf $]x_1, x_2[$ differenzierbar. Nach dem Mittelwertsatz der Differentialrechnung gibt es also ein $\xi \in]x_1, x_2[$ mit $\dfrac{f(x_2) - f(x_1)}{x_2 - x_1} = f'(\xi)$. Da aber nach Voraussetzung $f'(\xi) \geq 0$ ist, muss $\dfrac{f(x_2) - f(x_1)}{x_2 - x_1} \geq 0$ sein, also wegen $x_2 - x_1 > 0$ auch der Zähler nichtnegativ sein. Darum gilt $f(x_2) \geq f(x_1)$, also steigt f monoton. $\qquad\square$

Dieser Satz beschreibt somit den Zusammenhang zwischen Monotonie und Ableitung. Es geht dabei aber nur um nicht-strenge Monotonie. Will man eine Aussage über strenge Monotonie treffen, so muss man beachten, dass sich keine Äquivalenz mehr formulieren lässt:

Satz:

Seien $a, b \in \mathbb{R}$ mit $a < b$ und sei $f : [a, b] \to \mathbb{R}$ stetig und auf $]a, b[$ differenzierbar. Dann gilt:

Gilt $f'(x) > 0$ für alle $x \in]a, b[$, so steigt f streng monoton.

Gilt $f'(x) < 0$ für alle $x \in]a, b[$, so fällt f streng monoton.

Beweis:

Der Beweis ist analog zum Beweis von „$\Leftarrow$" des vorhergehenden Satzes, lediglich wird dieses Mal „$\geq$" durch „$>$" ersetzt und „$\leq$" durch „$<$". $\qquad\qquad\square$

Bemerkung:

Die Aussagen der letzten beiden Sätze gelten auch für Funktionen, die auf ganz $\mathbb{R}$ definiert sind.

Beispiel:

Die Potenzfunktion $p_3 : \mathbb{R} \to \mathbb{R}$, $p_3(x) = x^3$ ist, wie in Abschnitt 5.5 dargelegt, streng monoton steigend. Dabei gilt $f'(x) = 3x^2 \geq 0$ für alle $x \in \mathbb{R}$ und $f'(0) = 0$. Wir haben also ein Beispiel für eine streng monoton steigende Funktion, für deren Ableitung nur $f'(x) \geq 0$ gilt. Deshalb lässt sich in obigem Satz keine Äquivalenz wie im vorhergehenden Satz mehr formulieren.

Bevor wir die in den letzten Sätzen gewonnenen Erkenntnisse auf konkrete Beispiele anwenden, wollen wir das Vorgehen bei einer Kurvendiskussion „rezeptmäßig" zusammenfassen.

Vorgehen bei der Kurvendiskussion:

1. Schritt: Wenn kein Definitionsbereich D_f explizit angegeben ist, bestimmt man den maximal möglichen und legt diesen den weiteren Untersuchungen zugrunde.

2. Schritt: Man prüft, wo auf D_f die Funktion f differenzierbar ist und bildet dort die Ableitung.

3. Schritt: Man bestimmt ggf. Symmetrieverhalten und Nullstellen von f.

4. Schritt: Man bestimmt die Nullstellen von f': Diese sind mögliche lokale Extrema von f.

5. Schritt: Man prüft für jede Nullstelle x_0 von f', ob bei x_0 ein Vorzeichenwechsel (VZW) stattfindet. Findet ein VZW von „+" nach „–" statt, liegt ein Maximum vor, im umgekehrten Fall ein Minimum. Sind alle Ableitungswerte in der Nähe von x_0 (außer x_0 selbst) positiv oder alle negativ, so liegt kein Extremum vor.

6. Schritt: Man bestimmt die Monotoniebereiche von f: Wo die erste Ableitung positiv (negativ) ist, steigt (fällt) f streng monoton.

7. Schritt: Man berechnet die zweite Ableitung und kann ggf. damit (statt mit dem 5. Schritt) prüfen, ob ein Minimum ($f''(x_0) > 0$) oder ein Maximum ($f''(x_0) < 0$) vorliegt; bei $f''(x_0) = 0$ ist keine Aussage möglich.

8. Schritt: Man bestimmt das Krümmungsverhalten von f: Wo f'' positiv (negativ) ist, ist der Graph von f linksgekrümmt (rechtsgekrümmt).

9. Schritt: Die Nullstellen x_1 von f'' sind mögliche Wendepunkte des Graphen von f: Analog zum 5. Schritt bedeutet ein VZW von „+" nach „–" einen Krümmungswechsel von Links- zu Rechtskrümmung, einer von „–" nach „+" das Umgekehrte. Ohne VZW liegt kein Wendepunkt vor.

10. Schritt: Das Verhalten an den Grenzen des Definitionsbereichs wird mittels Grenzwertrechnung untersucht; ist D_f ein abgeschlossenes oder halboffenes Intervall, so kommen die Eckpunkte als globale Extrema in Frage, was durch Einsetzen zu überprüfen ist.

Zum Abschluss wollen wir das oben beschriebene „Rezept" auf zwei **Beispiele** anwenden.

1. Wir untersuchen die durch $f(x) = e^x + \sqrt{1 - e^{2x}}$ gegebene Funktion:

Der maximal mögliche Definitionsbereich ist durch die Wurzel bestimmt; der Radikand ist genau dann negativ, wenn $x > 0$ ist, also ist $D_f = \,]-\infty, 0\,]$. Deshalb weist der Funktionsgraph keine Symmetrie auf.

Für alle $x \in D_f$ gilt: $f(x) = \underbrace{e^x}_{>0} + \underbrace{\sqrt{1 - e^{2x}}}_{\geq 0} > 0$, f hat also keine Nullstelle.

Da die e-Funktion überall differenzierbar ist, bereitet der erste Summand keine Schwierigkeiten; da eine Wurzel nicht differenzierbar ist, wenn der Radikand 0 wird, ist der zweite Summand von f für $x = 0$ nicht differenzierbar. f ist damit auf $]-\infty, 0\,[$ differenzierbar mit (Kettenregel):

$$f'(x) = e^x + \frac{1}{2\sqrt{1 - e^{2x}}} \cdot (-e^{2x}) \cdot 2 = e^x - \frac{e^{2x}}{\sqrt{1 - e^{2x}}}$$

Bei der Nullstellenbestimmung der ersten Ableitung erhalten wir mit $u := e^x > 0$:

$$0 = u - \frac{u^2}{\sqrt{1 - u^2}} \quad \Leftrightarrow \quad u = \sqrt{1 - u^2} \quad \Leftrightarrow \quad u^2 = \frac{1}{2}.$$

Da u positiv sein muss, kommt nur $u = \frac{1}{\sqrt{2}}$, also $x = \ln \frac{1}{\sqrt{2}} = -\ln \sqrt{2}$, als Lösung in Frage.

Für $x < -\ln \sqrt{2}$ ist $e^{2x} < \frac{1}{2}$ und damit auch $e^{2x} < 1 - e^{2x}$. Durch Wurzelziehen folgt hieraus, dass $\dfrac{e^x}{\sqrt{1 - e^{2x}}} < 1$ und somit $1 - \dfrac{e^x}{\sqrt{1 - e^{2x}}} > 0$ ist. Multiplikation mit e^x ergibt schließlich, dass $f'(x)$ links von $-\ln \sqrt{2}$ positiv ist. Das bedeutet, dass bis dahin f streng monoton wächst. Genauso zeigt man, dass rechts von $-\ln \sqrt{2}$ die Funktion f streng monoton fällt. Wegen des VZW liegt in $x_0 = -\ln \sqrt{2}$ also ein lokales Maximum.

$f(-\ln \sqrt{2}) = \sqrt{2} > 1$ ist der Wert des Maximums, wie Sie selbst durch Einsetzen einmal nachrechnen können.

Für $x \to -\infty$ geht $f(x)$ gegen $0 + \sqrt{1 - 0} = 1$ und $f'(x)$ gegen 0, das heißt, dass, von $-\infty$ her kommend, der Graph immer stärker ansteigt, was nur bei Linkskrümmung möglich ist. Da bei $x_0 = -\ln \sqrt{2}$ der Graph wegen des lokalen Maximums rechtsgekrümmt sein muss, muss davor ein Wendepunkt liegen. Auf die genaue Bestimmung soll hier verzichtet werden. Für $x = 0$ schließlich nimmt die Funktion den Wert 1 an, was weder ein globales Minimum (Verhalten für $x \to -\infty$!) noch ein globales Maximum (Funktionswert beim lokalen Maximum ist größer!) ist.

Mit diesen Informationen können wir den Graphen von f skizzieren, was in Bild 8.4.4 geschehen ist.

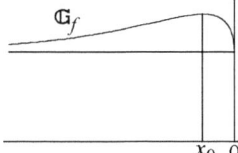

Bild 8.4.4: Zu Beispiel 1

2. Die durch $f(x) = x + \sin x$ auf ganz $\mathbb{R}$ definierte und differenzierbare Funktion ist wegen $f(-x) = -f(x)$ offensichtlich ungerade, wir beschränken uns deshalb bei der Kurvendiskussion auf $[\,0, \infty\,[$:

Wir raten sofort die Nullstelle $b = 0$. Dass dies die einzige ist, kann man etwa so einsehen: Eine Nullstelle von f ist ein Schnittpunkt der Graphen von $\sin x$ und $-x$, der zweiten Winkelhalbierenden. Diese hat rechts von 0 nur noch negative Werte, während der Sinus erst bei π ins Negative geht. Dort hat die durch die zweite Winkelhalbierende dargestellte Funktion aber bereits Werte kleiner als -3, liegt also in einem Bereich, den der Sinus nie erreichen kann.

$f'(x) = 1 + \cos x$ ist wegen der Kosinusfunktion stets ≥ 0, f ist also monoton steigend. Für $\cos x = -1$, also alle ungeradzahligen Vielfachen von π, besitzt der Graph von f eine waagerechte Tangente. Da hier jedoch kein VZW stattfindet, kann kein Extremwert vorliegen. f ist streng monoton wachsend.

$f''(x) = -\sin x$ hat bei allen Vielfachen von π den Wert 0. Da hier ein VZW stattfindet, liegen hier Wendepunkte vor.

Wegen $f(x) = x + \sin x \geq x - 1$ geht $f(x)$ gegen $+\infty$ bei $x \to +\infty$. Der Graph ist in Bild 8.4.5 skizziert.

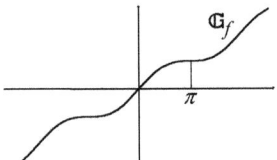

Bild 8.4.5: Zu Beispiel 2

8.5 Übungsaufgaben

1. Differenzieren Sie die Funktion $p_2 : \mathbb{R} \to \mathbb{R}$, $p_2(x) = x^2$, indem Sie die Definition der Ableitung verwenden. Was ist die Steigung von $\mathbb{G}_{p_2}$ an der Stelle $x_0 = 1$?

2. Zeigen Sie: Die Betragsfunktion $f : \mathbb{R} \to \mathbb{R}$, $f(x) = |x|$, ist an der Stelle $x_0 = 0$ stetig, aber nicht differenzierbar.

3. *Quotientenregel*

In dieser Aufgabe soll die Quotientenregel bewiesen werden. Diese ist im ersten Satz von Abschnitt 8.2 formuliert. Im Folgenden sollen die Funktionen f und g die Voraussetzungen des Satzes erfüllen, insbesondere soll $g(x_0) \neq 0$ sein.

(i) Beweisen Sie: $\left(\dfrac{1}{g}\right)'(x_0) = -\dfrac{g'(x_0)}{(g(x_0))^2}$, wobei $\dfrac{1}{g}$ durch $\dfrac{1}{g}(x) = \dfrac{1}{g(x)}$ definiert ist. Fassen Sie dazu $\dfrac{1}{g}$ als $p_{-1} \circ g$ auf $\left(\text{mit } p_{-1}(x) = \dfrac{1}{x}\right)$ und leiten Sie mit Hilfe der Kettenregel ab.

(ii) Beweisen Sie nun die Quotientenregel, indem Sie $\dfrac{f}{g}$ als $f \cdot \dfrac{1}{g}$ interpretieren und diesen Ausdruck mit Hilfe der Produktregel ableiten.

4. Zeigen Sie, dass für die Ableitung der Potenzfunktion p_b mit $b \in \mathbb{R}^*$ und $x \in \mathbb{R}^+$ gilt: $p_b'(x) = b x^{b-1}$. Schreiben Sie dazu $p_b(x) = x^b = e^{b \cdot \ln x}$ und leiten Sie mit Hilfe der Kettenregel ab.

5. Zeigen Sie mit Hilfe der Definition der Ableitung, dass $\cos'(x) = -\sin x$ für alle $x \in \mathbb{R}$ gilt.

6. Berechnen Sie die Ableitungen der hyperbolischen Funktionen. Was fällt Ihnen im Vergleich zu den trigonometrischen Funktionen auf?

7. Leiten Sie analog zu Punkt 6 von Abschnitt 8.3 arccos und arctan ab.

8. Die folgenden Funktionen $f: D_f \to \mathbb{R}$ haben jeweils größtmöglichen reellen Definitionsbereich D_f. Bestimmen Sie jeweils die Ableitung! Geben Sie die Gleichung der Tangente an den Graphen an der Stelle x_0 an

(i) $f(x) = 3x^4 + 2x^3 - 5x, \quad x_0 = 0$; (ii) $f(x) = \sqrt{x}$ (für $x \neq 0$!), $\quad x_0 = 1$;

(iii) $f(x) = \dfrac{x^2 - 2x + 1}{3x + 2}, \quad x_0 = 2$; (iv) $f(x) = \left(\dfrac{3x + 6}{2x - 1}\right)^2, \quad x_0 = 0.4$;

(v) $f(x) = \sin^2 x, \quad x_0 = \dfrac{\pi}{3}$; (vi) $f(x) = \sin(x^2), \quad x_0 = \dfrac{\sqrt{\pi}}{2}$;

(vii) $f(x) = e^{\sin x}, \quad x_0 = 0$; (viii) $f(x) = \ln((x + \sin x)^2), \quad x_0 = \pi$.

9. Sei $f: \mathbb{R} \to \mathbb{R}$, $f(x) = a_n x^n + a_{n-1} x^{n-1} + \ldots + a_1 x + a_0$ eine Polynomfunktion n-ten Grades. Zeigen Sie: f hat höchstens $n - 1$ lokale Extrema.

10. Der Zusammenhang zwischen Strom und Spannung wird durch die Beziehung $U = \dfrac{kT}{e} \cdot \ln\left(1 + \dfrac{I}{I_R}\right)$ beschrieben. Dabei sind e, k, T und I_R Konstante, auf die hier nicht näher eingegangen werden soll. Gesucht ist der dynamische Widerstand R_{dyn}, der über $R_{\text{dyn}} = \dfrac{dU}{dI}$ definiert ist.

11. Führen Sie Kurvendiskussionen für die wie folgt gegebenen Funktionen durch:

(i) $f_1(x) = \dfrac{x}{2x - 2}$ (ii) $f_2(x) = x^3 - 3ax$ (mit festem $a \in \mathbb{R}$)

(iii) $f_3(x) = \dfrac{1}{1 + x^2}$ (iv) $f_4(x) = \sin x \cdot \sin(2x)$

12. Der Ellipse $\dfrac{x^2}{a^2} + \dfrac{y^2}{b^2} = 1$ ist ein Rechteck mit Seitenlängen p, q, dessen Seiten parallel zu den Ellipsenachsen liegen sollen,

(i) von maximalem Flächeninhalt A, (ii) von maximalem Umfang U

einzubeschreiben. Drücken Sie jeweils p, q und A bzw. U durch a und b aus (auch für den Sonderfall $b = a$, den Kreis).

9 Integralrechnung

In diesem Kapitel wird zuerst einmal das Integral definiert und dann der wichtige Zusammenhang zwischen Integral- und Differentialrechnung hergestellt. Es folgen zwei Beispiele, nämlich die Berechnung der Fläche zwischen zwei Funktionsgraphen und die Herleitung der Formel für das Kugelvolumen. Zum Abschluss behandeln wir noch die Substitutionsregel und die partielle Integration, zwei Regeln, mit denen man Integrale berechnen kann.

9.1 Der Hauptsatz der Differential- und Integralrechnung

Wir wollen im Folgenden versuchen, die Fläche zwischen dem Graphen einer Funktion und der x-Achse zu berechnen.

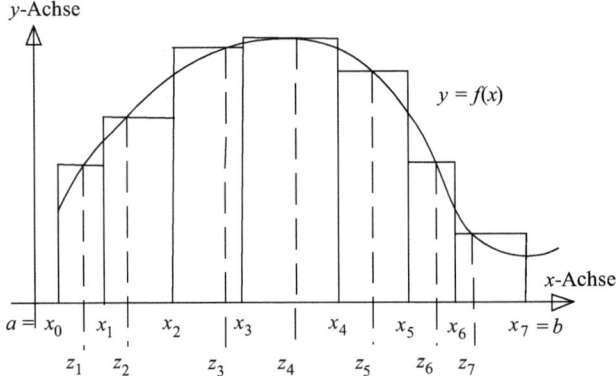

Bild 9.1.1: Zur Definition des Integrals

Dabei bezeichnen wir mit $F_{a,b}$ die Fläche zwischen dem Graphen von $f(x)$ und der x-Achse über dem Intervall $[a, b]$.

Wir teilen das Intervall $[a, b]$ in n Teilintervalle $[x_0, x_1], [x_1, x_2], \ldots, [x_{n-1}, x_n]$, die nicht gleich lang zu sein brauchen. Aus jedem Teilintervall wählen wir einen Punkt (Zwischenstelle) z_i. Dann nähern wir die gesuchte Fläche durch eine Summe von Rechteckflächen an (siehe Bild 9.1.1):

$$F_{a,b} \approx (x_1 - x_0)f(z_1) + (x_2 - x_1)f(z_2) + \ldots + (x_n - x_{n-1})f(z_n) = \sum_{i=1}^{n}(x_i - x_{i-1})f(z_i)$$

https://doi.org/10.1515/9783110526868-009

Macht man die Unterteilung des Intervalls $[a, b]$ immer feiner, so erhält man die gesuchte Fläche immer genauer. $F_{a,b}$ erhalten wir so als „Grenzwert":

$$F_{a,b} = \lim \sum_{i=1}^{n}(x_i - x_{i-1}) \cdot f(z_i) \quad \textit{Feinheit der Unterteilung gegen } 0$$

Diese Berechnung der Fläche hat mehrere **Schwachstellen**:

1. Flächenteile unter der x-Achse erhalten ein negatives Vorzeichen; positive und negative Flächenteile können sich zum Teil aufheben.

2. Der Grenzwert (Summe der Rechteckflächen bei Feinheit der Unterteilung gegen 0) ist nicht exakt definiert. Diesen Punkt wollen wir jedoch hier nicht näher untersuchen und es bei dieser vagen Definition belassen. Es kann aber vorkommen, dass der angegebene Grenzwert nicht existiert, dann ist die Fläche zwischen der x-Achse und der Funktion eben nicht messbar. Bei den Funktionen, die wir hier betrachten, tritt dieser Fall jedoch nicht ein, so dass wir von der Existenz des Grenzwertes ausgehen können.

Definition:

> Es sei $[a, b]$ ein Intervall der Zahlengeraden und $f : [a, b] \rightarrow \mathbb{R}$ eine Funktion. Wenn der Grenzwert $\lim \sum_{i=1}^{n}(x_i - x_{i-1}) \cdot f(z_i)$ *[Feinheit der Unterteilung gegen* 0] in $\mathbb{R}$ existiert, so bezeichnen wir ihn als *Integral* der Funktion f von a bis b.
>
> Schreibweise: $\int\limits_{a}^{b} f(x)dx$ oder auch $\int_{a}^{b} f(x)dx$

Das dx unter dem Integralzeichen benötigt man, um klarzustellen, welcher Buchstabe die Variable bezeichnet (bei der Angabe von f können ja viele Buchstaben vorkommen, zum Beispiel: $axy^2 + 2yx - b$).

Das Integral bedeutet also ein Flächenmaß, wobei Flächenteile über der x-Achse positiv, Flächenteile unter der x-Achse negativ gezählt werden.

Beispiele:
1. Für eine konstante Funktion $f(x) = k$ auf $[a, b]$ gilt natürlich:

$$\int\limits_{a}^{b} f(x)dx = \int\limits_{a}^{b} k dx = k(b - a) \quad \text{(Rechteckfläche)}$$

2. Für die Funktion $f(x) = x$ gilt:

$$\int\limits_{0}^{b} x \, dx = \frac{1}{2}b^2 \quad \text{(Fläche eines rechtwinkligen gleichseitigen Dreiecks)}$$

3. Wir wollen das Integral der Funktion $f(x) = x^2$ von $a = 0$ bis $b > 0$ berechnen.

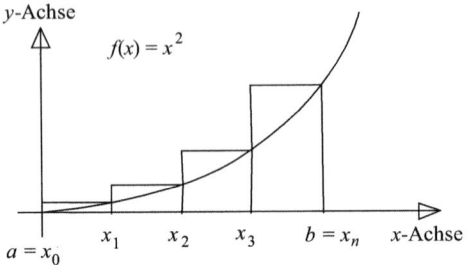

Bild 9.1.2: Integral von $f(x) = x^2$

Dazu unterteilen wir das Intervall $[0, b]$ in n gleich lange Teilintervalle der Länge $\Delta x = \frac{b}{n}$, etwa $[x_0, x_1], [x_1, x_2], \dots, [x_{n-1}, x_n]$. Als Zwischenstelle z_i wählen wir jeweils den rechten Intervallrand, also $z_i = x_i$. Damit erhalten wir als Näherungswert für die Fläche zwischen Graph und x-Achse:

$$\sum_{i=1}^{n} (x_i - x_{i-1}) \cdot f(x_i) = \sum_{i=1}^{n} \Delta x \cdot f(i \cdot \Delta x) = \sum_{i=1}^{n} \frac{b}{n} \cdot \frac{i^2 \cdot b^2}{n^2} = \frac{b^3}{n^3} \cdot \sum_{i=1}^{n} i^2$$

Für den Ausdruck $\sum_{i=1}^{n} i^2$ kennt man eine Formel, nämlich

$$\sum_{i=1}^{n} i^2 = \frac{n(n+1)(2n+1)}{6} .$$

Also ergibt sich der Näherungswert zu

$$\frac{b^3}{n^3} \cdot \frac{n(n+1)(2n+1)}{6} = b^3 \cdot \frac{2n^2 + 3n + 1}{6n^2}$$

Wir lassen die Feinheit der Unterteilung gegen 0, also n gegen ∞ gehen:

$$\int_0^b x^2 \, dx = \lim_{n \to \infty} \left(b^3 \frac{2n^2 + 3n + 1}{6n^2} \right)$$

$$= \frac{b^3}{6} \cdot \lim_{n \to \infty} \left(2 + \frac{3}{n} + \frac{1}{n^2} \right) = \frac{b^3}{6} \cdot 2 = \frac{1}{3} b^3$$

Also ist

$$\int_0^b x^2 \, dx = \frac{1}{3} b^3 .$$

Rechenregeln für Integrale:

(i) $\displaystyle\int_a^b k \cdot f(x)dx = k \cdot \int_a^b f(x)dx$ (k beliebige reelle Zahl)

(ii) $\displaystyle\int_a^b (f(x) + g(x))dx = \int_a^b f(x)dx + \int_a^b g(x)dx$

(iii) $\displaystyle\int_a^b f(x)dx = \int_a^c f(x)dx + \int_c^b f(x)dx$ (für beliebiges $c \in [a, b]$)

(iv) Es sei $f(x) \le g(x)$ für alle x aus $[a, b]$. Dann ist $\displaystyle\int_a^b f(x)dx \le \int_a^b g(x)dx$.

Diese Rechenregeln sind anschaulich klar oder ergeben sich unmittelbar aus der Definition, so dass wir hier auf einen Beweis verzichten.

Mittelwertsatz der Integralrechnung:

Es sei $f: [a, b] \to \mathbb{R}$ eine stetige Funktion. Dann gibt es ein $z \in [a, b]$ mit

$$\int_a^b f(x)dx = (b - a) \cdot f(z)$$

Zum Beweis erinnern wir uns daran, dass Stetigkeit auf einem Intervall anschaulich bedeutet, dass man den Funktionsgraphen ohne Absetzen zeichnen kann.

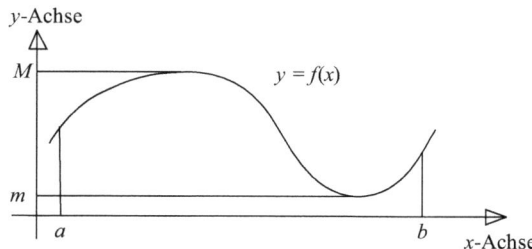

Bild 9.1.3: Mittelwertsatz der Integralrechnung

Ferner sei m der kleinste Wert und M der größte Wert, den f auf $[a, b]$ annimmt (diese müssen wegen der Abgeschlossenheit des Intervalls und der Stetigkeit von f existieren!). Dann gilt nach Rechenregel (iv) (siehe auch Bild 9.1.3):

$$m \cdot (b - a) \le \int_a^b f(x)dx \le M \cdot (b - a) \quad \Leftrightarrow \quad m \le \frac{1}{b - a} \cdot \int_a^b f(x)dx \le M$$

Der Ausdruck $\dfrac{1}{b-a} \cdot \displaystyle\int_a^b f(x)dx$ ist also ein Wert μ zwischen m und M. Nach dem Zwischenwertsatz (vgl. Abschnitt 7.3) gibt es wegen der Stetigkeit von f (mindestens) ein $z \in [a, b]$ mit $\mu = f(z)$, insgesamt also

$$\int_a^b f(x)dx = f(z) \cdot (b - a) \, .$$

$\square$

Um den wichtigen Hauptsatz der Differential- und Integralrechnung zu formulieren, müssen wir den anschaulichen Integralbegriff erweitern:

Definition:

Für $a > b$ definiert man $\int_a^b f(x)dx = - \int_b^a f(x)dx$, außerdem ist $\int_a^a f(x)dx = 0$.

Hauptsatz der Differential- und Integralrechnung (1. Version):

Es seien $f: [a, b] \to \mathbb{R}$ eine stetige Funktion und c ein innerer Punkt von $[a, b]$. Für $x \in [a, b]$ definieren wir:

$$F(x) = \int_c^x f(t)dt$$

Dann ist F differenzierbar, und es gilt: $F'(x) = f(x)$.

Wir haben die Variable unter dem Integralzeichen mit t bezeichnet, um sie nicht mit der oberen Grenze x des Integrals zu verwechseln.

Zum Beweis betrachten wir die in Bild 9.1.4 dargestellten Größen.

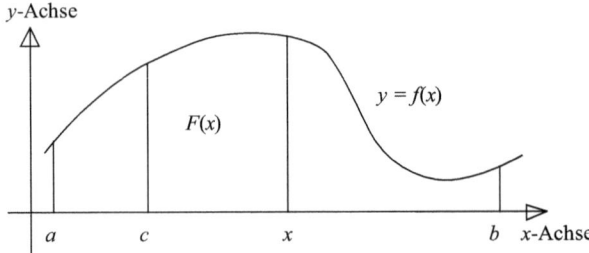

Bild 9.1.4: Zum Hauptsatz der Differential- und Integralrechnung

Nach der Definition der Ableitung ist

$$F'(x) = \lim_{h \to 0} \frac{F(x+h) - F(x)}{h} \ .$$

$$\frac{F(x+h) - F(x)}{h} = \frac{1}{h} \left(\int_c^{x+h} f(t)dt - \int_c^{x} f(t)dt \right)$$

$$= \frac{1}{h} \left(\int_c^{x} f(t)dt + \int_x^{x+h} f(t)dt - \int_c^{x} f(t)dt \right) = \frac{1}{h} \int_x^{x+h} f(t)dt$$

Nach dem Mittelwertsatz gibt es ein z_h zwischen x und $x + h$ mit

$$\int_x^{x+h} f(t)dt = h \cdot f(z_h) \ .$$

Also folgt:

$$\frac{F(x+h) - F(x)}{h} = \frac{1}{h} \cdot h \cdot f(z_h) = f(z_h)$$

Für $h \to 0$ geht $z_h \to x$, und, da f stetig ist, geht auch $f(z_h) \to f(x)$.

Insgesamt somit:

$$F'(x) = \lim_{h \to 0} \frac{F(x+h) - F(x)}{h} = \lim_{h \to 0} f(z_h) = f(x) \ .$$

$\square$

Definition:

Eine Funktion $F(x)$ heißt *Stammfunktion* von $f(x)$, wenn f die Ableitung von F ist, also $F'(x) = f(x)$ gilt.

Bemerkung:

Ist F eine Stammfunktion von f, so ist natürlich auch $F + c$ (c beliebige Konstante) eine Stammfunktion von f, eine Stammfunktion ist also, wenn sie existiert, nie eindeutig bestimmt.

Es gilt aber auch die Umkehrung: Sind F und G zwei Stammfunktionen von einer auf einem Intervall (!) definierten Funktion f, so unterscheiden sie sich nur durch eine Konstante.

Zum Nachweis differenzieren wir die Funktion $(F - G)$:

$(F - G)' = F' - G' = f - f = 0$ (Nullfunktion). Die einzige Funktion, die als Ableitung die Nullfunktion hat, ist die konstante Funktion, also ist $(F - G) = c$.

Hauptsatz der Differential- und Integralrechnung (2. Version):

Es seien $f: [a, b] \to \mathbb{R}$ eine stetige Funktion und $F: [a, b] \to \mathbb{R}$ irgendeine Stammfunktion von f.

Dann gilt:

$$\int_a^b f(x)dx = F(b) - F(a)$$

Wir definieren $\tilde{F}(x) = \int_a^x f(t)dt$. $\tilde{F}$ ist nach dem Hauptsatz (1. Version) auch eine Stammfunktion von f. Da sich zwei Stammfunktionen gemäß obiger Bemerkung nur durch eine Konstante unterscheiden, ist $F(x) = \tilde{F}(x) + c$.

$$F(b) - F(a) = \tilde{F}(b) + c - (\tilde{F}(a) + c) = \tilde{F}(b) - \tilde{F}(a)$$

$$= \int_a^b f(x)dx - \int_a^a f(x)dx = \int_a^b f(x)dx$$

Für $F(b) - F(a)$ schreibt man auch $F(x)\Big|_a^b$. $\qquad\qquad\square$

Zur Berechnung des Integrals einer Funktion f benötigt man also eine Stammfunktion F. Stammfunktionen zu berechnen ist wesentlich schwieriger als Funktionen abzuleiten. Zum Beispiel kann man die Funktion $f(x) = x \sin x^2$ leicht ableiten, eine Stammfunktion zu finden ist schon schwerer.

Wir geben nun eine Tabelle der wichtigsten Stammfunktionen an. Zum Beweis brauchen Sie jeweils nur zu prüfen, ob $F'(x) = f(x)$ ist. Nach dem oben Gesagten erhält man durch Addition jeder beliebigen Konstanten c wieder eine Stammfunktion von f:

Funktion f		**Stammfunktion** F
$f(x) = c$	(Konstante)	$F(x) = c \cdot x$
$f(x) = x$		$F(x) = \frac{1}{2}x^2$
$f(x) = x^n$	$(n \in \mathbb{N})$	$F(x) = \frac{1}{n+1}x^{n+1}$
$f(x) = e^x$		$F(x) = e^x$
$f(x) = \frac{1}{x}$	$(x > 0)$	$F(x) = \ln x$
$f(x) = \sin x$		$F(x) = -\cos x$
$f(x) = \cos x$		$F(x) = \sin x$

Bemerkung:
$\int_a^b f(x)dx$ hat als „Ergebnis" eine Zahl und wird auch als *bestimmtes Integral* bezeichnet. Die Menge aller Stammfunktionen F von f nennt man auch *unbestimmtes Integral* von f und bezeichnet dies mit $\int f(x)dx$. Man beachte, dass $\int f(x)dx$ nur bis auf eine Konstante eindeutig bestimmt ist.

9.2 Beispiele zur Integralrechnung

1. Wir wollen die Fläche unter einem „Sinusbogen" berechnen.

Da aus Symmetriegründen die Flächen unter allen „Sinusbögen" offensichtlich gleich groß sind, berechnen wir die Fläche unter dem Bogen von 0 bis π:

$$\int_0^\pi \sin x\,dx = -\cos x\Big|_0^\pi = (-\cos \pi) - (-\cos 0) = 1 - (-1) = 2$$

2. Wir berechnen das folgende Integral:

$$\int_a^b (5x^4 + 2x^2 + 3)\,dx = \left(5 \cdot \frac{1}{5}x^5 + 2 \cdot \frac{1}{3}x^3 + 3x\right)\Big|_a^b = b^5 - a^5 + \frac{2}{3}(b^3 - a^3) + 3(b - a)$$

3. Wir suchen eine Stammfunktion F von $f(x) = x^\alpha$ für $\alpha \neq -1$ und $x > 0$:

Wir zeigen durch Ableiten, dass $F(x) = \frac{1}{\alpha+1} \cdot x^{\alpha+1}$ eine solche ist. Beachten Sie dabei, dass die entsprechende Ableitungsregel für Potenzfunktionen nicht nur für natürliche, sondern für beliebige reelle Exponenten richtig ist. Es gilt hier also die gleiche Formel wie für x^n mit $n \in \mathbb{N}$.

4. Was ist eine Stammfunktion von $f(x) = \frac{1}{x}$ für $x < 0$?

Wir leiten die Funktion $F(x) = \ln(-x)$ (wohldefiniert, da $-x > 0$ ist!) mit der Kettenregel ab und erhalten: $F'(x) = \frac{1}{-x} \cdot (-1) = \frac{1}{x}$.

Da für $x > 0$ $\ln(x)$ eine Stammfunktion von $\frac{1}{x}$ ist, können wir die beiden Fälle folgendermaßen zusammenfassen:

Auf $\mathbb{R}^*$ ist $F(x) = \ln|x|$ eine Stammfunktion von $\frac{1}{x}$.

5. Wir wollen die Fläche zwischen den Graphen von $f(x) = \frac{1}{2}x^2 - 2$ und $g(x) = x - \frac{1}{2}$ berechnen (siehe Bild 9.2.1).

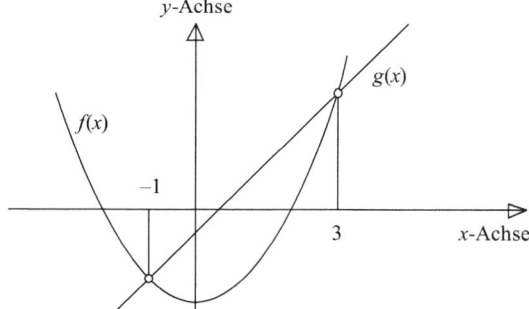

Bild 9.2.1: Fläche zwischen zwei Funktionsgraphen

Die beiden Graphen schneiden sich bei $x = -1$ und $x = 3$ (Rechnen Sie dies bitte selbst nach!). Gesucht ist also die eingeschlossene Fläche von $x = -1$ bis $x = 3$. Da sich die Fläche zum Teil über und zum Teil unter der x-Achse befindet, weiß man zunächst nicht, wie man sie berechnen soll. Wir helfen uns, indem wir die Fläche nach oben verschieben. Es sei c eine genügend große positive Zahl derart, dass das gesamte Flächenstück ganz über der x-Achse liegt (hier genügt etwa $c = 3$). Wir berechnen also nun die Fläche zwischen den Graphen von $f(x) + c$ und $g(x) + c$ im Bereich von $x = 1$ bis $x = 3$:

$$\text{Fläche} = \int_{-1}^{3} (g(x) + c)\,dx - \int_{-1}^{3} (f(x) + c)\,dx = \int_{-1}^{3} (g(x) + c - f(x) - c)\,dx$$

$$= \int_{-1}^{3} (g(x) - f(x))\,dx$$

Jetzt sieht man, dass der „Trick" eigentlich gar nicht nötig war – wir brauchen nur die Differenz „größere Funktion – kleinere Funktion" zu integrieren:

$$\text{Fläche} = \int_{-1}^{3} \left(x - \frac{1}{2} - \frac{1}{2}x^2 + 2 \right) dx = \left(-\frac{1}{2} \cdot \frac{1}{3}x^3 + \frac{1}{2}x^2 + \frac{3}{2}x \right)\Big|_{-1}^{3} = \frac{16}{3}$$

6. Wir wollen das Volumen V einer Kugel mit Radius R berechnen:

Um einen Näherungswert für V zu erhalten, zerschneiden wir die Kugel in n Scheiben – wie in Bild 9.2.2 dargestellt – und ersetzen die einzelnen Scheiben durch Zylinder.

Mit $x_i = i \cdot \frac{R}{n}$ bezeichne Q_i die Querschnittsfläche und R_i den Zylinderradius bei x_i, h sei die Höhe der kleinen Zylinder, also $h = \frac{R}{n}$.

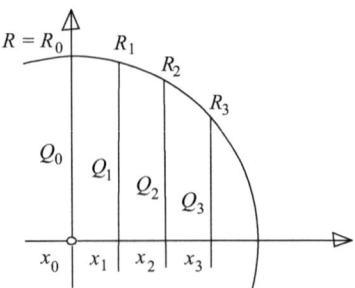

Bild 9.2.2: Volumen einer Kugel

Da $Q_i = R_i^2 \pi$ ist, erhält man $\frac{1}{2}V \approx Q_0 \cdot h + Q_1 \cdot h + \ldots + Q_{n-1} \cdot h$.

Die Näherung wird immer besser, je feiner die Unterteilung in dünne Scheiben wird. Das exakte Volumen erhält man, wenn man n gegen ∞ gehen lässt. Erinnern wir uns an die Definition des Integrals, so sehen wir, dass wir genau diesen Grenzwert erhalten, wenn wir die Funktion „$Q(x)$ = Querschnittsfläche bei x" integrieren (siehe Bild 9.2.3).

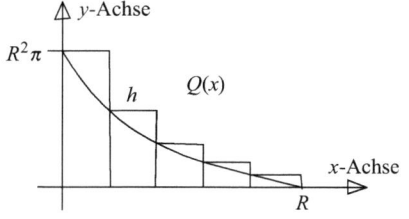

Bild 9.2.3: Integration der Querschnittsflächen

Somit haben wir: $\dfrac{1}{2}V = \displaystyle\int_0^R Q(x)\,dx$

Für den Radius R_x bei x gilt: $R^2 = R_x^2 + x^2$ (PYTHAGORAS), also $R_x^2 = R^2 - x^2$.

Damit ist $Q(x) = R_x^2\pi = (R^2 - x^2)\pi$ und

$$\frac{1}{2}V = \int_0^R (R^2 - x^2)\pi\,dx = \int_0^R (R^2\pi - x^2\pi)\,dx = \left(R^2\pi x - \frac{1}{3}x^3\pi\right)\Big|_0^R = \frac{2}{3}R^3\pi\,.$$

Insgesamt ist also das Kugelvolumen $V = \frac{4}{3}R^3\pi$.

9.3 Substitutionsregel und partielle Integration

Im Hauptsatz der Differential- und Integralrechnung haben wir gelernt, dass Integrieren in gewisser Weise die Umkehroperation des Differenzierens darstellt. Folglich können wir versuchen, Regeln der Differentialrechnung aus Kapitel 8 zu Integrationsregeln umzukehren. Aus der Kettenregel erhalten wir so die

Substitutionsregel:

Es seien I ein Intervall, $f: I \to \mathbb{R}$ eine stetige Funktion und $\varphi: [a, b] \to I$ eine stetig differenzierbare Funktion.

Dann gilt:

$$\int_a^b f(\varphi(t)) \cdot \varphi'(t)\,dt = \int_{\varphi(a)}^{\varphi(b)} f(t)\,dt$$

Beweis:

Es sei $F\colon I \to \mathbb{R}$ (irgend)eine Stammfunktion von f. Für $F \circ \varphi$ [Komposition der beiden Funktionen, also $(F \circ \varphi)(t) = F(\varphi(t))$] gilt dann nach der Kettenregel:

$$(F \circ \varphi)'(t) = F'(\varphi(t)) \cdot \varphi'(t) = f(\varphi(t)) \cdot \varphi'(t) \,.$$

Also ist

$$\int_a^b f(\varphi(t)) \cdot \varphi'(t)dt = \int_a^b (F \circ \varphi)'(t)dt = (F \circ \varphi)(t)\Big|_a^b = F(\varphi(b)) - F(\varphi(a)) = \int_{\varphi(a)}^{\varphi(b)} f(t)dt$$

$\square$

Für das unbestimmte Integral kann man die Substitutionsregel folgendermaßen umschreiben:

$$\int f(y(x)) \cdot y'(x)dx = \int f(y)dy$$

Wie diese Formel gemeint ist und dass es sich wirklich nur um eine Umschreibung und keinen wirklich neuen Satz handelt, sehen wir im nächsten Beispiel.

Beispiel:

1. Wir berechnen das gleiche Integral auf zwei verschiedene Weisen:

(a) Substitutionsregel mit Integrationsgrenzen:

$$\int_a^b \cos(t^2) \cdot 2t\,dt \overset{*}{=} \int_{a^2}^{b^2} \cos t\,dt = \sin b^2 - \sin a^2 \qquad {}^*\varphi(t) = t^2$$

(b) Substitutionsregel ohne Integrationsgrenzen:

$$\int \cos(x^2) \cdot 2x\,dx \overset{*}{=} \int \cos y\,dy = \sin y + c = \sin x^2 + c \qquad {}^*y(x) = x^2$$

$\sin x^2$ ist also eine Stammfunktion von $\cos(x^2) \cdot 2x$.

Damit ist

$$\int_a^b \cos(x^2) \cdot 2x\,dx = \sin x^2 \Big|_a^b = \sin b^2 - \sin a^2 \,.$$

2. Wir suchen eine Stammfunktion von $(\exp x^3) \cdot x^2$. [Wir haben hier e^x als $\exp x$ geschrieben.]

$$\int (\exp x^3) \cdot x^2\,dx = \frac{1}{3} \int (\exp x^3) \cdot 3x^2\,dx = \frac{1}{3} \int \exp y\,dy = \frac{1}{3} \exp y + c = \frac{1}{3} \exp x^3 + c$$

Durch Benutzung der Produktregel der Differentialrechnung erhalten wir die

Partielle Integration:

Es seien $f, g \colon [a, b] \to \mathbb{R}$ zwei stetig differenzierbare Funktionen. Dann gilt:

$$\int_a^b f(x) \cdot g'(x) dx = (f(x) \cdot g(x)) \Big|_a^b - \int_a^b f'(x) \cdot g(x) dx$$

Beweis:

Es sei $F = f \cdot g$. Nach der Produktregel gilt:

$$F'(x) = f'(x) \cdot g(x) + f(x) \cdot g'(x)$$

$$\Rightarrow \quad \int_a^b F'(x) dx = \int_a^b f'(x) \cdot g(x) dx + \int_a^b f(x) \cdot g'(x) dx = (f(x) \cdot g(x)) \Big|_a^b$$

Hieraus folgt die Behauptung durch Auflösen nach $\int_a^b f(x) \cdot g'(x) dx$. $\qquad \square$

Man kann auch die Formel für die partielle Integration ohne Integrationsgrenzen schreiben:

$$\int f(x) \cdot g'(x) dx = f(x) \cdot g(x) - \int f'(x) \cdot g(x) dx$$

Beispiele:

1. Man berechne $\int_a^b \ln x \, dx$ mit $a, b > 0$:

$$\int_a^b \ln x \cdot 1 \, dx = (x \ln x) \Big|_a^b - \int_a^b \frac{1}{x} \cdot x \, dx = (x \ln x - x) \Big|_a^b$$

Wir haben dabei $f(x) = \ln x$ und $g'(x) = 1$ gesetzt, es ist also $f'(x) = \frac{1}{x}$ und $g(x) = x$. $x \ln x - x$ ist also eine Stammfunktion von $\ln x$.

2. Man berechne eine Stammfunktion von $\sin^m x$ für $m = 0, 1, 2, 3, \ldots$

Wir setzen $J_m = \int \sin^m x \, dx$. Also ist

$$J_0 = \int \sin^0 x \, dx = \int 1 \, dx = x \quad (+\text{Konstante}) \quad \text{und}$$

$$J_1 = \int \sin^1 x \, dx = -\cos x \quad (+\text{Konstante}) \, .$$

Die Konstanten lassen wir im Weiteren weg, da wir <u>eine</u> Stammfunktion berechnen wollen – die Menge <u>aller</u> erhalten wir dann daraus. Es gilt für $m \geq 2$:

$$J_m = \int \underbrace{\sin^{m-1} x}_{f} \underbrace{\sin x}_{g'} dx \qquad \left[\begin{array}{l} f(x) = \sin^{m-1} x\,, \\ f'(x) = (m-1)\sin^{m-2} x \cos x \\ g(x) = -\cos x,\, g'(x) = \sin x \end{array} \right]$$

$$= -\sin^{m-1} x \cos x - \int (m-1)\sin^{m-2} x \cos x \cdot (-\cos x) dx$$

$$= -\sin^{m-1} x \cos x + (m-1) \cdot \int \sin^{m-2} x \cos^2 x \, dx$$

Wegen $\cos^2 x = 1 - \sin^2 x$ gilt weiter:

$$J_m = -\sin^{m-1} x \cos x + (m-1)\left[\int \sin^{m-2} x \, dx - \int \sin^m x \, dx \right]$$

$$= -\sin^{m-1} x \cos x + (m-1)[J_{m-2} - J_m]$$

Diese Gleichung kann man nach J_m auflösen:

$$J_m = \frac{(m-1)J_{m-2} - \sin^{m-1} x \cos x}{m}$$

Damit können wir die J_m rekursiv berechnen! Nehmen wir zum Beispiel an, J_9 ist gesucht. Dann erhalten wir folgende „Aufrufe": $J_9 \to J_7 \to J_5 \to J_3 \to J_1$.

Jetzt „stoppen" die Aufrufe, da $J_1 \to$ bekannt ist. Nun wird von unten her eingesetzt, und wir erhalten: $J_1 \to J_3 \to J_5 \to J_7 \to J_9$.

Zum Abschluss berechnen wir noch J_2 mit obiger Rekursionsformel:

$$J_2 = \frac{1 \cdot J_0 - \sin x \cos x}{2} = \frac{x - \sin x \cos x}{2}$$

9.4 Übungsaufgaben

1. Berechnen Sie:

(i) $\displaystyle\int (2x^5 - x^2 + 5)dx$ \qquad (ii) $\displaystyle\int \frac{1}{1-x^2} dx$

<u>Hinweis:</u> Bestimmen Sie zunächst $\alpha, \beta \in \mathbb{R}$ mit $\dfrac{1}{1-x^2} = \dfrac{\alpha}{1-x} + \dfrac{\beta}{1+x}$.

2. Skizzieren Sie die angegebenen Funktionen und berechnen Sie die eingeschlossenen Flächen:

(i) $f(x) = x^2 - 3$ \quad und \quad $g(x) = x - 1$

(ii) $f(x) = \frac{1}{2}(x-1)^2 - 2$ \quad und \quad $g(x) = -\frac{1}{2}(x-1)^2 + 2$

3. Mit Hilfe der Integralrechnung bestimme man eine Formel für die Oberfläche einer Kugel.

<u>Hinweis</u>: Gehen Sie ähnlich vor wie bei der Berechnung des Kugelvolumens.

4. Berechnen Sie mit Hilfe der Substitutionsregel:

(i) $\displaystyle\int_a^b \sin(2t+5)dt$ (ii) $\displaystyle\int_a^b t \cdot f(t^2)dt$ (iii) $\displaystyle\int_a^b \tan t\,dt$ für $-\dfrac{\pi}{2} < a < b < \dfrac{\pi}{2}$

5. Berechnen Sie mit Hilfe der partiellen Integration:

(i) $\displaystyle\int x^2 \sin x\, dx$ (ii) $\displaystyle\int_1^2 x^2 \cdot e^{-x} dx$

10 Wahrscheinlichkeitsrechnung

Führen wir ein physikalisches Experiment unter den exakt gleichen Bedingungen mehrfach aus, so erwarten wir zu Recht, dass es stets den gleichen – vorhersehbaren – Verlauf nimmt: Belasten wir zum Beispiel mehrmals die gleiche Feder mit dem gleichen Gewicht, so lässt sich jedes Mal die gleiche Ausdehnung der Feder beobachten. Dieser Tatsache liegt eine physikalische Gesetzmäßigkeit, das so genannte HOOKEsche Gesetz, zugrunde. Bei Kenntnis der Eingangsgrößen lässt sich sogar mit Hilfe der entsprechenden Formel das Ergebnis vorhersagen. Etwaige kleine Abweichungen bei mehrfacher Ausführung führen wir auf Messungenauigkeiten zurück, die an unserer Messmethode liegen können.

Wir kennen aber auch eine andere Art von Experimenten, bei der sich das Ergebnis nicht vorhersagen lässt: Wenn wir eine regelmäßige Münze werfen oder von einem gut gemischten Spielkartenstapel Karten verteilen, so kennen wir a priori das Ergebnis nicht. Genauso wenig lässt sich bei unserem Federexperiment die jeweilige Messungenauigkeit prognostizieren (dann würde man ja Vorkehrungen treffen, sie zu vermeiden!); ebenso wenig wissen wir im Vorhinein die Antwort, die uns eine zufällig ausgewählte unbekannte Person auf eine eindeutig formulierte Frage zu einem bestimmten Thema gibt. In allen Fällen hängt das Ergebnis vom Zufall ab, wir sprechen von so genannten *Zufallsexperimenten*.

Schon früh war man daran interessiert, die Gewinnchancen beim Glücksspiel zuverlässig abzuschätzen. Hier liegen die Wurzeln der Wahrscheinlichkeitsrechnung, deren Ziel es ist, die möglichen Ausgänge eines Zufallsexperiments mathematisch zu modellieren. Es liegt in der Natur der meisten Glücksspiele, dass es hierbei stets nur endlich viele mögliche Ausgänge eines Zufallsexperiments gibt. Anders ist es zum Beispiel bei Messfehlern, bei denen sich – zumindest theoretisch – unendlich viele verschiedene Ausgänge erwarten lassen.

In dieser hier behandelten Einführung in die Wahrscheinlichkeitsrechnung befassen wir uns weitgehend mit Zufallsexperimenten, bei denen nur endlich viele verschiedene Ausgänge zu erwarten sind. Dafür reicht die Kenntnis der in Kapitel 1 und 2 dieses Buches behandelten Stoffgebiete aus. Auf Zufallsexperimente mit unendlich vielen Ausgängen werden wir nur in einigen Ausblicken eingehen. Dafür ist eine Kenntnis der Analysis, die deutlich über die in Kapitel 7 bis 9 behandelten Stoffgebiete hinausgeht, erforderlich. Dies würde zweifellos den Rahmen eines Vorkurses sprengen.

10.1 Zufallsexperimente und Zufallsgrößen

Aus oben gemachten Ausführungen wird klar, was wir unter einem *Zufallsexperiment* verstehen wollen, so dass wir auf eine exakte Definition verzichten können: Es gibt ei-

https://doi.org/10.1515/9783110526868-010

nen genau festgelegten Plan zur Durchführung (und Wiederholung) des Experiments, alle möglichen Ausgänge sind vorher bekannt, das Ergebnis des einzelnen Versuchs ist jedoch nicht vorhersehbar, es hängt vom Zufall ab.

Wir fassen die möglichen Ausgänge eines Zufallsexperiments zur *Ergebnismenge* Ω zusammen. Diese soll in unseren weiteren Überlegungen zunächst endlich sein. Dass dies oft der Fall ist, zeigen die folgenden

Beispiele:

1. Beim Würfeln mit einem Würfel ist offensichtlich $\Omega = \{1, 2, 3, 4, 5, 6\}$ vernünftig, wirft man eine Münze, so ist $\Omega = \{\text{Kopf, Zahl}\}$ nahe liegend.

Benutzt man zwei Würfel (wegen der Unterscheidbarkeit in roter und grüner Farbe), so lässt sich die Ergebnismenge als $\Omega = \{(\omega_1, \omega_2) \mid 1 \le \omega_1, \omega_2 \le 6\}$ schreiben, wobei ω_1 das Ergebnis des roten und ω_2 das des grünen Würfels wiedergibt. Ω hat also offensichtlich 36 verschiedene Elemente. Überlegen Sie selbst, wie die Ergebnismenge bei nicht unterscheidbaren Würfeln aussieht. Wie viele Elemente hat diese?

2. n Zufallsexperimente mit den Ergebnismengen $\Omega_1, \ldots, \Omega_n$ lassen sich zu einem Gesamtexperiment mit der Ergebnismenge $\Omega = \Omega_1 \times \ldots \times \Omega_n$ zusammenfassen.

3. In einer Schachtel liegen vier von 1 bis 4 durchnummerierte Kugeln. Es werden gleichzeitig zwei entnommen. Überlegen Sie selbst, dass die Ergebnismenge Ω sowohl durch $\{(a_1, a_2) \mid 1 \le a_1, a_2 \le 4 \text{ und } a_1 < a_2\}$ als auch als Menge aller zweielementigen Teilmengen von $\{1, 2, 3, 4\}$ adäquat beschrieben werden kann. Wie sähe Ω aus, wenn man nacheinander ziehen würde und es auf die Reihenfolge ankäme?

4. Beim bekannten Zahlenlotto „6 aus 49" kann man analog die Menge aller sechselementigen Teilmengen von $\{1, 2, \ldots, 49\}$ als Ergebnismenge bezeichnen. Machen Sie sich klar, dass man genauso gut die Beschreibung

$$\Omega = \{(a_1, \ldots, a_6) \mid 1 \le a_i \le 49 \text{ und } a_1 < \ldots < a_6\}$$

nehmen könnte (dies entspricht der üblichen Form der Bekanntgabe des Ziehungsergebnisses), dass jedoch $\Omega = \{(a_1, \ldots, a_6) \mid 1 \le a_i \le 49 \text{ und alle } a_i \text{ verschieden }\}$ für unsere Zwecke nicht brauchbar wäre!

Definition:

Gegeben sei ein Zufallsexperiment mit einer Ergebnismenge Ω.

(i) Eine beliebige Teilmenge A von Ω heißt *Ereignis*, eine einelementige Teilmenge von Ω heißt *Elementarereignis*.

(ii) Man sagt „*Das Ereignis A ist eingetreten*", wenn das bei der Durchführung des Zufallsexperiments eingetretene Ergebnis ω in A liegt, wenn also $\omega \in A$ gilt.

(iii) Ω selbst heißt *sicheres Ereignis*, die leere Menge $\emptyset$ heißt *unmögliches Ereignis*.

Da Ereignisse Mengen sind, lassen sich die in 1.2 vorgestellten Begriffe und Bezeichnungsweisen ohne Weiteres in den Zusammenhang eines Zufallsexperiments „übersetzen", man sagt etwa:

Das Ereignis $A \cap B$ ist eingetreten genau dann, wenn A und B eingetreten sind;

das Ereignis $A \cup B$ ist eingetreten genau dann, wenn A oder B eingetreten ist;

das Ereignis $A \setminus B$ ist eingetreten genau dann, wenn A eingetreten ist und B nicht.

$\Omega \setminus A$ heißt *Gegenereignis (Komplementärereignis)* von A und wird mit $\overline{A}$ bezeichnet, es ist genau dann eingetreten, wenn A nicht eingetreten ist.

Wenn sich die Ereignisse A und B gegenseitig ausschließen, heißen sie *disjunkt*, man schreibt dafür $A \cap B = \emptyset$.

Sind A und B disjunkte Ereignisse, so schreibt man auch $A + B$ statt $A \cup B$.

Bemerkung:
Diese auch bei disjunkten Mengen nicht unübliche Schreibweise lässt sich folgendermaßen begründen:

Bezeichnet $|M|$ die in 1.2 eingeführte Mächtigkeit einer Menge, so gilt für endliche Mengen A und B:

$$|A \cup B| = |A| + |B| - |A \cap B|$$

Denn bei der Anzahlberechnung der Elemente der Vereinigungsmenge als Summe der Elementanzahlen der beteiligten Mengen werden diejenigen Elemente doppelt gezählt, die in beiden, also im Durchschnitt, liegen. Deshalb muss dessen Mächtigkeit einmal abgezogen werden. Sind die beiden Mengen A und B aber disjunkt, ist der Durchschnitt demgemäß leer. Also muss in obiger Formel nichts abgezogen werden, es gilt dann:

$$|A + B| = |A| + |B|$$

Beispiel:
Beim zweimaligen Würfeln, wobei es auf die Reihenfolge ankommen soll, wählen wir als Ergebnismenge $\Omega = \{1, 2, \ldots, 6\} \times \{1, 2, \ldots, 6\}$.

Wir betrachten die Ereignisse

A: „Erster Wurf ist eine 5."

und B: „Zweites Wurfergebnis ist größer als das erste."

In der Mengennotation:

$$A = \{(5, 1), (5, 2), (5, 3), (5, 4), (5, 5), (5, 6)\}$$

$$B = \begin{Bmatrix} (1, 2), (1, 3), (1, 4), (1, 5), (1, 6), (2, 3), (2, 4), (2, 5), \\ (2, 6), (3, 4), (3, 5), (3, 6), (4, 5), (4, 6), (5, 6) \end{Bmatrix}$$

A und B sind gemäß obiger verbaler Definition nur dann beide eingetreten, wenn der erste Wurf eine 5 und der zweite eine 6 ergeben hat. Ein Blick auf die Mengenbeschreibungen bestätigt das: Offenbar ist $A \cap B = \{(5, 6)\}$.

Wie wir an unseren bisherigen Beispielen sehen, können Ergebnisse eines Zufallsexperiments alles Mögliche sein, etwa die Seite einer Münze oder die Farbe einer gezogenen Kugel oder Ähnliches. Auch bei unserem Würfelexperiment ist ja genau genommen die oben liegende Würfelseite, die eine bestimmte Augenzahl zeigt, zum Beispiel 5, das Ergebnis und nicht die Zahl 5. Nicht nur aus Gründen der einfacheren Notation, sondern vor allem, weil wir mit Zufallsergebnissen rechnen wollen, haben wir aber dem Zufallsergebnis „Die Würfelfläche mit der Augenzahl 5 liegt oben" eine Zahl – hier nahe liegend 5 – zugeordnet.

Wir haben damit bereits eine wichtige Definition benutzt:

Definition:

> Gegeben sei ein Zufallsexperiment mit einer Ergebnismenge Ω.
>
> Eine Abbildung (Funktion) $X \colon \Omega \to \mathbb{R}$ heißt *Zufallsgröße* oder *Zufallsvariable*.

Zufallsgrößen werden üblicherweise mit Großbuchstaben bezeichnet, häufig werden dabei X, Y, Z_1 oder ähnliche benutzt.

Beispiel:
Wir betrachten noch einmal das im letzten Beispiel beschriebene Zufallsexperiment des zweimaligen Würfelns, also $\Omega = \{1, 2, \ldots, 6\} \times \{1, 2, \ldots, 6\}$, und interessieren uns dabei für die Zufallsvariable $X = $ Augensumme.

Ist also zum Beispiel (ω_1, ω_2) ein erzieltes Ergebnis, so ist die Zufallsvariable X demgemäß definiert als $X(\omega_1, \omega_2) = \omega_1 + \omega_2$.

Bezeichnen X_1 / X_2 die Zufallsvariablen „Ergebnis im ersten/zweiten Wurf", so lässt sich wegen $X(\omega_1, \omega_2) = \omega_1 + \omega_2 = X_1(\omega_1, \omega_2) + X_2(\omega_1, \omega_2) = (X_1 + X_2)(\omega_1, \omega_2)$ auch kurz $X = X_1 + X_2$ schreiben. Anders ausgedrückt: Da Zufallsgrößen (des gleichen Zufallsexperiments) ja nichts anderes sind als reellwertige Funktionen mit gleichem Definitionsbereich, kann man mit ihnen rechnen wie mit „normalen" Funktionen, man kann sie insbesondere addieren oder multiplizieren.

Bei Zufallsgrößen sind noch folgende abkürzende Schreibweisen üblich:

$$\{X = k\} = \{\omega \in \Omega \mid X(\omega) = k\}$$

$$\text{oder } \{X \geq c\} = \{\omega \in \Omega \mid X(\omega) \geq c\} \text{ oder ähnlich.}$$

Spezielle Zufallsgrößen sind die so genannten *Indikatorfunktionen*. Diese zeigen an, ob bei einem Zufallsexperiment ein gegebenes Ereignis A eingetreten ist, genauer:

$I_A : \Omega \to \mathbb{R}$ ist gegeben durch

$$I_A(\omega) = \begin{cases} 1 \text{ falls } \omega \in A \\ 0 \text{ falls } \omega \notin A \end{cases}.$$

Da Indikatorfunktionen nur die Werte 0 oder 1 annehmen, lassen sich folgende Regeln leicht zeigen:

$$I_{A \cap B} = I_A \cdot I_B \qquad I_A \cdot I_A = I_A \qquad I_{\overline{A}} = 1 - I_A$$

Mit Indikatorfunktionen kann man so genannte Zählvariable konstruieren:

Für Ereignisse $A_1, \ldots, A_n$ definieren wir $X = I_{A_1} + \ldots + I_{A_n}$. $X(\omega)$ gibt also die Anzahl der Ereignisse aus $A_1, \ldots A_n$ an, die beim Ergebnis ω eingetreten sind. Anwendung findet dies etwa bei folgendem

Beispiel:
Bei einem Bernoulli-Experiment gibt es nur zwei mögliche Ergebnisse, Erfolg – auch mit 1 bezeichnet – und Misserfolg – üblicherweise mit 0 bezeichnet. Bei n-maliger Wiederholung dieses Zufallsexperiments kann man also $\Omega = \{0, 1\}^n$ als Ergebnismenge nehmen. Definieren wir ferner für jedes feste $i \in \{1, \ldots, n\}$

$$A_i = \{(a_1, \ldots, a_n) \in \Omega \mid a_i = 1\} \,,$$

so zählt die Zufallsvariable $X = I_{A_1} + \ldots + I_{A_n}$ die Anzahl der Erfolge bei n-maliger Durchführung des Experiments.

10.2 Relative Häufigkeit und Wahrscheinlichkeit

Wir führen ein Zufallsexperiment n-mal durch, die Ergebnisse fassen wir als n-Tupel $(\omega_1, \ldots, \omega_n)$ zusammen. Wir betrachten nun ein beliebiges Ereignis A und interessieren uns dafür, wie oft A bei den durchgeführten n Versuchen eingetreten ist. Wir formulieren damit die folgende

Definition:

Ein Zufallsexperiment mit Ergebnismenge Ω werde n-mal wiederholt, ω_j bezeichne dabei das Ergebnis der j-ten Wiederholung, es sei A ein Ereignis aus Ω. Dann heißt $r_n(A) := \frac{1}{n} \left| \{ j \in \{1, \dots, n\} \mid \omega_j \in A \} \right|$ die *relative Häufigkeit von A*.

Aufgrund der Definition gelten für relative Häufigkeiten offensichtlich folgende

Einfache Regeln:

1. $0 \leq r_n(A) \leq 1$
2. $r_n(\Omega) = 1$
3. $r_n(A + B) = r_n(A) + r_n(B)$

(<u>Zur Erinnerung:</u> „+" bedeutet, dass A und B disjunkt sind!)

Lässt man nun n immer größer werden, so stellt man fest, dass sich für ein gegebenes Ereignis A die relativen Häufigkeiten $r_n(A)$ immer weniger ändern, sie stabilisieren sich bei einem A kennzeichnenden Wert zwischen 0 und 1. Führen Sie dazu einmal folgenden Versuch aus:

Werfen Sie eine Münze 10mal, 20mal, 30mal usw. und berechnen Sie jedes Mal die relative Häufigkeit des Ereignisses „Zahl". Es ist durchaus möglich, dass Ihre so entstandene Zahlenreihe mit 0.7 oder 0.3 beginnt, Sie werden aber, wenn Sie den Versuch einige hundertmal durchgeführt haben, feststellen, dass die errechneten Häufigkeitswerte nur noch sehr wenig von 0.5 abweichen.

Es liegt deshalb nahe, diesen empirisch ermittelten „Grenzwert" als *Wahrscheinlichkeit* des Ereignisses A zu bezeichnen. In unserem Beispiel ist der Wert 0.5 nicht überraschend, da wir bei einer ordnungsgemäßen Münze davon ausgehen, dass jede der beiden Seiten „gleich wahrscheinlich" ist. Bei einem „fairen" Würfel ist es ähnlich – wir ordnen jeder Würfelseite die gleiche Wahrscheinlichkeit $\frac{1}{6}$ zu. Sie kennen sicher noch weitere so genannte LAPLACE-*Experimente*[1]) (das sind Zufallsexperimente, bei denen es nur endlich viele gleich wahrscheinliche Ergebnisse gibt) – bei solchen Zufallsexperimenten ist die Definition der Wahrscheinlichkeit eines Ereignisses nahe liegend.

Es gibt aber auch andere Zufallsexperimente, bei denen es nicht so einfach ist, die Wahrscheinlichkeit eines Ereignisses plausibel zu definieren. So ist es einleuchtend, dass man so sicher nicht die Wahrscheinlichkeit festsetzen kann, mit der bei einer bestimmten Messmethode für eine physikalische Größe eine vorgegebene Abweichung vom wahren Wert eintritt, denn dafür gibt es prinzipiell so viele denkbare Werte, wie es reelle Zahlen gibt.

---

1) zur Definition siehe auch 1.3.

In den 30er Jahren des vorigen Jahrhunderts erkannte man, dass die genaue Ermittlung der Wahrscheinlichkeit eines Einzelereignisses gar nicht das Entscheidende für die Wahrscheinlichkeitsrechnung ist, sondern vielmehr die Tatsache, wie die Auswirkung auf andere Ereignisse modelliert werden kann. Die eingangs formulierten einfachen Regeln zur relativen Häufigkeit wurden dabei zur Grundlage dafür, was man von einer für jedes Ereignis definierten Zahl zwischen 0 und 1 erwartet, damit man sie als *Wahrscheinlichkeit* des Ereignisses bezeichnen kann, man erhielt so die

Definition:

Gegeben sei eine Ergebnismenge Ω, es bezeichne $\mathbb{P}(\Omega)$ die Potenzmenge von Ω, also die Menge aller Teilmengen von Ω.

Eine Funktion $p \colon \mathbb{P}(\Omega) \to [0, 1]$ heißt *Wahrscheinlichkeitsmaß* (*Wahrscheinlichkeitsverteilung*), wenn Folgendes gilt:

(i) $p(\Omega) = 1$,

(ii) $p(A + B) = p(A) + p(B)$ für beliebige disjunkte Ereignisse A und B.

$p(A)$ heißt dann *Wahrscheinlichkeit von A*.

Unmittelbar aus diesen so genannten KOLMOGOROFF-*Axiomen* ergeben sich einige

Folgerungen:

1. $p(\emptyset) = 0$

2. $p\left(\sum_{i=1}^{n} A_i\right) = \sum_{i=1}^{n} p(A_i)$

   (Dabei bezeichnet $\sum_{i=1}^{n} A_i$ die Vereinigung paarweise disjunkter Mengen.)

3. $p(\overline{A}) = 1 - p(A)$

4. $A \subseteq B \quad \Rightarrow \quad p(A) \leq p(B)$

5. $p(A \cup B) = p(A) + p(B) - p(A \cap B)$

6. $p(A \cup B \cup C) = p(A) + p(B) + p(C) - p(A \cap B) - p(A \cap C) - p(B \cap C) + p(A \cap B \cap C)$

7. $p\left(\bigcup_{i=1}^{n} A_i\right) \leq \sum_{i=1}^{n} p(A_i)$

Wie man diese wichtigen Regeln aus den KOLMOGOROFF-Axiomen erhält, überlassen wir Ihnen als Übung.

Nun erscheint es im allgemeinen Fall nicht gerade einfach, bei einem Zufallsexperiment eine Wahrscheinlichkeitsverteilung anzugeben, da man ja jeder beliebigen Teilmenge von Ω eine Zahl zwischen 0 und 1 in der Weise zuordnen muss, dass die KOLMOGOROFF-Axiome erfüllt sind. Ist aber die Ergebnismenge Ω endlich, etwa $\Omega = \{\omega_1, \ldots, \omega_n\}$, so hilft uns obige Folgerung **2.** bei der Angabe einer Wahrscheinlichkeitsverteilung:

Ist für jedes Elementarereignis ω_j seine Wahrscheinlichkeit bekannt, so kann man für jedes beliebige „zusammengesetzte" Ereignis A dessen Wahrscheinlichkeit erhalten, indem man die Wahrscheinlichkeiten der in A liegenden Elementarereignisse addiert, als Formel:

$$p(A) = \sum_{\omega \in A} p(\{\omega\}) \,.$$

Man beachte, dass wegen der Endlichkeit von Ω jede Teilmenge A ebenfalls endlich und damit auch obige Summe endlich ist.

Besonders einfach ist diese Konstruktion bei einem LAPLACE-Experiment: Hier sind die Elementarereignisse gleich wahrscheinlich, nämlich jeweils $\frac{1}{n}$. Für ein beliebiges Ereignis A ist also $p(A) = \frac{|A|}{n}$.

Mit $\Omega = \{\omega_1, \ldots, \omega_n\}$ schreibt man auch abkürzend $p(\{\omega_i\}) = p(\omega_i)$.

Aus dem ersten KOLMOGOROFF-Axiom ergibt sich mit obigen Folgerungen:

$$1 = p(\Omega) = p\left(\sum_{i=1}^{n} \{\omega_i\}\right) = \sum_{i=1}^{n} p(\omega_i)$$

Dass die Summe aller Einzelwahrscheinlichkeiten stets 1 ergeben muss, kann man also als Probe dafür verwenden, dass tatsächlich eine Wahrscheinlichkeitsverteilung vorliegt.

Beispiel:
Die vier Buchstaben a, b, c, d seien die einzigen möglichen Ergebnisse eines Zufallsexperiments, also ist $\Omega = \{a, b, c, d\}$. Darüber hinaus seien die Wahrscheinlichkeiten dieser Elementarereignisse gegeben als

$$p(a) = 0.1, \ p(b) = 0.4, \ p(c) = 0.2, \ p(d) = 0.3 \,.$$

Dass dies tatsächlich eine Wahrscheinlichkeitsverteilung ist, zeigt die oben beschriebene Probe. Mühelos lassen sich daraus aber auch die Wahrscheinlichkeiten aller anderen möglichen Ereignisse berechnen, etwa für

$$A = \{a, b\}: \quad p(A) = p(a) + p(b) = 0.1 + 0.4 = 0.5 \,,$$
$$B = \{a, b, d\}: \quad p(B) = p(a) + p(b) + p(d) = 0.1 + 0.4 + 0.3 = 0.8 \,.$$

Wegen $\overline{B} = \Omega \setminus B = \{c\}$ kann man $p(\overline{B})$ auf zwei Wegen bestimmen, einmal direkt als $p(c) = 0.2$ und einmal über Folgerung **3.** als $p(\overline{B}) = 1 - p(B) = 1 - 0.8 = 0.2$.

Bei „mehrstufigen" Zufallsexperimenten kann man die Wahrscheinlichkeitsverteilung oft durch ein *Baumdiagramm*, auch *Wahrscheinlichkeitsbaum* genannt, angeben. Wir erläutern dies an folgendem

Beispiel:
In einer Urne befinden sich 5 rote (*r*) und 3 grüne (*g*) Kugeln. Es wird nun zufällig eine Kugel gezogen und diese – zusammen mit zwei weiteren der gleichen Farbe – zurückgelegt. Dann zieht man ein zweites Mal. Die Situation haben wir in Bild 10.2.1 dargestellt. Die Wahrscheinlichkeit *p*, aus insgesamt *n* Kugeln mit *m* Kugeln einer bestimmten Farbe diese Farbe zu ziehen, können wir als klassische Wahrscheinlichkeit (siehe 1.3) gemäß $p = \frac{m}{n}$ berechnen.

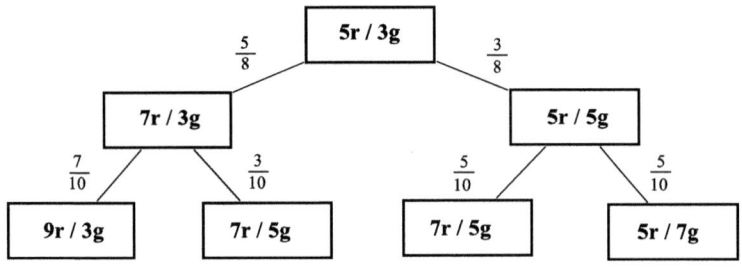

Bild 10.2.1: Baumdiagramm des Beispiels (mit zusätzlichen Kugeln)

1. Pfadregel: Die Wahrscheinlichkeit eines Pfades erhält man, indem man die Wahrscheinlichkeiten entlang des Pfades multipliziert.

2. Pfadregel: Die Wahrscheinlichkeit eines Ereignisses erhält man, indem man die Wahrscheinlichkeiten aller Pfade, die zum Eintritt dieses Ereignisses führen, addiert.

Durch Anwendung dieser Regeln ergibt sich hier etwa:

$p(\text{„zweimal Rot gezogen"}) = p(\text{„Pfad ganz links"}) = \frac{5}{8} \cdot \frac{7}{10} = \frac{7}{16}$

$p(\text{„2. Kugel ist rot"}) = p(\text{„erster oder dritter Ausgang"}) = \frac{5}{8} \cdot \frac{7}{10} + \frac{3}{8} \cdot \frac{5}{10} = \frac{5}{8}$

Wir modifizieren nun unser Zufallsexperiment dahingehend, dass wir nach jedem Zug nur die gezogene Kugel zurücklegen, aber keine weiteren hinzufügen. Unser Baumdiagramm sieht nun wie in Bild 10.2.2 dargestellt aus.

Es ist unschwer zu erkennen, dass dieses Diagramm wesentlich einfacher ist als das erste, genauer gesagt: es sieht an jeder Verzweigung gleich aus. Man braucht also nur einen einzigen „Knoten" zu kennen und kann damit jede weitere Stufe des Experi-

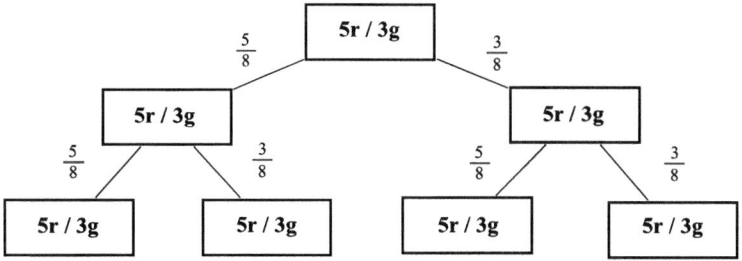

Bild 10.2.2: Baumdiagramm des modifizierten Beispiels (ohne zusätzliche Kugeln)

ments darstellen. Das liegt daran, dass vor jedem Zug immer die gleiche Situation vorliegt, nämlich dass die Urne 5 rote und 3 grüne Kugeln enthält. So ist die Wahrscheinlichkeit für das Ziehen von (r, r, g) als $p = \frac{5}{8} \cdot \frac{5}{8} \cdot \frac{3}{8} = \frac{75}{512}$ leicht zu bestimmen, das gleiche Resultat erhalten wir auch bei (r, g, r) oder bei (g, r, r).

Bei der Bewertung von Wahrscheinlichkeiten ist es wichtig, das Zufallsexperiment und die Fragestellung genau zu definieren. Das verdeutlichen wir mit folgendem

Beispiel:
Zwei Spieler A und B werfen eine Münze und vereinbaren, dass bei „Kopf" A und bei „Zahl" B die jeweilige Runde gewinnt. Sie zahlen je 10 Euro Einsatz und vereinbaren, dass derjenige den gesamten Betrag erhält, der zuerst sechs Runden gewonnen hat. Es ist klar, dass bei einer „fairen" Münze jeder der beiden die gleiche Gewinnchance hat und dass nach spätestens elf Runden ein Gewinner feststeht.

Nach acht Runden, von denen A fünf und B drei gewonnen hat, müssen sie das Spiel abbrechen und wollen die 20 Euro möglichst gerecht aufteilen. Wie?

Wir berechnen dazu die Gewinnwahrscheinlichkeitsverteilung für die beiden Spieler in der geschilderten Situation, ohne dafür wie oben ein Baumdiagramm zu zeichnen: Es ist klar, dass nach drei weiteren Runden auf jeden Fall ein Gewinner feststeht. Wir stellen dazu die acht denkbaren Verläufe (in der offensichtlichen Weise) dar:

$$AAA, BAA, ABA, AAB, ABB, BAB, BBA \quad \text{und} \quad BBB$$

Jede dieser Möglichkeiten ist offenbar gleich wahrscheinlich, also $\frac{1}{8}$. Nur bei der letztgenannten ist B, dem ja beim Abbruch noch drei Siege fehlen, der Gesamtgewinner. Die Wahrscheinlichkeit, dass B noch den Einsatz gewinnen würde, ist also $\frac{1}{8}$, womit die von A $\frac{7}{8}$ beträgt. Die Spieler sollten die 20 Euro also auch in diesem Verhältnis aufteilen (2.50 und 17.50 Euro).

10.3 Bedingte Wahrscheinlichkeit und Unabhängigkeit von Ereignissen

Wir haben bei den letzten Beispielen gesehen, dass die Wahrscheinlichkeit eines Ereignisses A davon abhängen kann, ob ein anderes Ereignis B eingetreten ist oder nicht. So hängt in unserem Ziehungsexperiment (mit Zurücklegen von zusätzlichen Kugeln) die Wahrscheinlichkeit, zum Beispiel im zweiten Zug Rot zu erhalten, davon ab, wie viele rote Kugeln aktuell in der Urne sind. Das wiederum beruht auf der Tatsache, ob nach dem ersten Zug rote oder grüne Kugeln „nachgelegt" werden.

Wir betrachten nun unter Zuhilfenahme von Bild 10.2.1 folgende Ereignisse:

A: Die zweite Kugel ist rot.

B: Die erste Kugel ist rot.

Die Wahrscheinlichkeit von A haben wir oben berechnet, nämlich $p(A) = \frac{5}{8}$. Ebenfalls aus obiger Rechnung kennen wir die Wahrscheinlichkeit, dass beide Ereignisse eintreten, es ist $p(A \cap B) = \frac{7}{16}$.

Wenn nun bekannt ist, dass im ersten Zug eine rote Kugel gezogen wurde, so hat sich die Situation geändert: Es ist aus unserem Baum leicht abzulesen, dass mit einer Wahrscheinlichkeit von $\frac{7}{10}$ nun „Rot" gezogen wird, anders formuliert: Unter der Bedingung, dass das Ereignis B eingetreten ist, ist die Wahrscheinlichkeit von A gestiegen.

Zur genaueren Untersuchung dieser so genannten bedingten Wahrscheinlichkeit betrachten wir ein LAPLACE-Experiment mit n verschiedenen gleich wahrscheinlichen Ausgängen. Gegeben seien ferner zwei Ereignisse A und B. Es gelte:

A tritt bei k von n Ergebnissen ein, bei $l \leq k$ Ausgängen sei zusätzlich B eingetreten, B selbst tritt m-mal ein. Wir haben also:

$$p(A) = \frac{k}{n}, \quad p(B) = \frac{m}{n} \quad \text{und} \quad p(A \cap B) = \frac{l}{n}$$

Setzen wir zusätzlich voraus, dass B nicht das unmögliche Ereignis, also $m > 0$ ist, so können wir nun die Wahrscheinlichkeit $\tilde{p}$ dafür ausrechnen, dass A eintritt unter der Bedingung, dass B eingetreten ist, was ja bei l von m Ausgängen der Fall ist:

$$\tilde{p} = \frac{l}{m} = \frac{l \cdot \frac{1}{n}}{m \cdot \frac{1}{n}} = \frac{\frac{l}{n}}{\frac{m}{n}} = \frac{p(A \cap B)}{p(B)} \tag{1}$$

Fordern wir zusätzlich, dass der Eintritt von A unabhängig von dem von B sein soll, also dass $\tilde{p} = p(A)$ ist, so muss dann gemäß (1) gelten:

$$p(A \cap B) = p(A) \cdot p(B) \tag{2}$$

Nicht nur für LAPLACE-Experimente erweist es sich als sinnvoll, die Gleichungen (1) und (2) zugrunde zu legen für die folgende

Definition:

Es seien A und B Ereignisse, $p(B) \neq 0$.

(i) Unter der *bedingten Wahrscheinlichkeit* $p(A|B)$ („A unter der Bedingung B") versteht man den Ausdruck

$$p(A|B) = \frac{p(A \cap B)}{p(B)}.$$

(ii) A und B heißen *unabhängig* $\Leftrightarrow$ $p(A \cap B) = p(A) \cdot p(B)$

Hieraus ergeben sich unmittelbar zwei

Folgerungen:

1. Ist auch $p(A) \neq 0$, so kann wie in (i) auch die Wahrscheinlichkeit von B unter der Bedingung, dass A eingetreten ist, angegeben werden, es ist $p(B|A) = \frac{p(A \cap B)}{p(A)}$. Durch Auflösung beider Gleichungen nach $p(A \cap B)$ erhält man den

Multiplikationssatz:

$$p(A) \cdot p(B|A) = p(A \cap B) = p(B) \cdot p(A|B)$$

2. Sind A und B unabhängige Ereignisse, so gilt dies auch für die Komplementärereignisse $\overline{A}$ und $\overline{B}$, denn mit den Rechenregeln für Wahrscheinlichkeiten gilt:

$$p\left(\overline{A}\right) \cdot p\left(\overline{B}\right) = (1 - p(A)) \cdot (1 - p(B)) = 1 - p(A) - p(B) + p(A) \cdot p(B)$$
$$= 1 - [p(A) + p(B) - p(A) \cdot p(B)] = 1 - p(A \cup B)$$
$$= p\left(\overline{A \cup B}\right) = p\left(\overline{A} \cap \overline{B}\right)$$

10.4 Einige elementare Beispiele

Wir erinnern uns zunächst daran, dass bei einem LAPLACE-Experiment die Ergebnismenge Ω endlich ist und alle Elementarereignisse gleich wahrscheinlich sind. Die Wahrscheinlichkeit eines Ereignisses A lässt sich also berechnen, wenn wir die Anzahl der Elemente von A und Ω kennen. Es liegt somit auf der Hand, dass nun die Grundlagen aus der Kombinatorik, die wir in 1.3 dargestellt haben, sehr nützlich sein können.

1. Beim bekannten Zahlenlotto „6 aus 49" wollen wir die Wahrscheinlichkeiten der einzelnen Gewinnklassen berechnen (ohne Berücksichtigung der so genannten Superzahl, die in einer zweiten unabhängigen Ziehung ermittelt wird).

Wir hatten bereits in 1.3 ermittelt, dass sich die Gesamtzahl aller Tipps, also 6 Kugeln („Richtige") aus 49 auszuwählen, auf $\binom{49}{6} = 13983816$ beläuft (Urnenmodell: Ziehen ohne Zurücklegen ohne Reihenfolge, siehe 2b)). Die bei der Ziehung ermittelten Gewinnzahlen bilden die einzige Möglichkeit, die zu sechs Richtigen führt, also ist die Wahrscheinlichkeit, den Hauptgewinn zu erzielen,

$$p(\text{„6 Richtige"}) = \frac{1}{13983816} \approx 7.15 \cdot 10^{-8}\,.$$

Um (genau) 5 Richtige zu erreichen, hat man mehr Möglichkeiten: Aus den gezogenen 6 Gewinnzahlen (= Menge $\mathbb{G}$) müssen 5 getroffen werden, aus dem aus 43 Kugeln bestehenden Rest (= Menge $\mathbb{V}$) muss eine ausgewählt werden. Dafür hat man gemäß unserer kombinatorischen Formeln $\binom{6}{5} \cdot \binom{43}{1} = 6 \cdot 43 = 258$ Möglichkeiten, womit sich die gesuchte Wahrscheinlichkeit zu

$$p(\text{„5 Richtige"}) = \frac{258}{13983816} \approx 1.84 \cdot 10^{-5}$$

ergibt. Analog erhält man die anderen Gewinnwahrscheinlichkeiten:

$$p(\text{„4 Richtige"}) = \frac{\binom{6}{4} \cdot \binom{43}{2}}{\binom{49}{6}} = \frac{31543}{13983816} \approx 2.26 \cdot 10^{-3}\,,$$

$$p(\text{„3 Richtige"}) = \frac{\binom{6}{3} \cdot \binom{43}{3}}{\binom{49}{6}} = \frac{246820}{13983816} \approx 0.0177\,.$$

2. Es sollen drei (nicht unterscheidbare) Kugeln zufällig in drei Schachteln verteilt werden, wobei Mehrfachbelegungen erlaubt sind. Wir interessieren uns für die Wahrscheinlichkeit, dass genau ein Fach leer bleibt.

Die Gesamtzahl N aller Möglichkeiten erhält man direkt mit dem Teilchen-Fächer-Modell in 1.3 unter Verwendung der Formel 2a), es ist mit $n = k = 3$:

$$N = \binom{n + k - 1}{k} = \binom{3 + 3 - 1}{3} = \binom{5}{3} = 10$$

Dieses Ergebnis lässt sich wegen der im Vergleich zu Beispiel 1 kleinen Zahlen auch leicht „zu Fuß", also ohne Benutzung einer Formel, erhalten:

Bei der Verteilung von drei Kugeln auf drei Schachteln gibt es drei unterschiedliche Ergebnisse:

1. Alle Kugeln landen in einer Schachtel – dafür gibt es drei Möglichkeiten.
2. In jeder Schachtel landet eine – nur eine Möglichkeit.
3. Eine Schachtel bleibt leer, eine andere enthält eine und die dritte enthält zwei Kugeln – dafür gibt es sechs Möglichkeiten, nämlich:

Damit die erste Schachtel leer bleibt, müssen in der nächsten eine und der dritten zwei sein oder umgekehrt, insgesamt also zwei Möglichkeiten.

Analoges gilt, wenn die zweite oder dritte Schachtel leer bleiben soll, es gibt also insgesamt sechs Möglichkeiten, damit genau eine Schachtel leer bleibt.

Die Wahrscheinlichkeit, dass genau eine Schachtel leer bleibt, ist somit $\frac{6}{10} = 0.6$.

Dabei wird natürlich angenommen, dass die zehn Verteilungsmöglichkeiten alle gleich wahrscheinlich sind, anders formuliert: Wir stellen uns vor, dass die zehn oben skizzierten Verteilungsmöglichkeiten – als Ergebnis fotografiert – in einer Urne lägen und jemand zieht zufällig eines der zehn Fotos.

Aber entspricht das tatsächlich dem realen Verteilvorgang der Kugeln? Kommt nicht eine andere Modellvorstellung der Realität näher?

Wir denken uns dazu die gleichen Kugeln zusätzlich mit einer Zahl 1, 2 oder 3 versehen – die Kugeln sind also nun unterscheidbar. Wir haben nun 3 Möglichkeiten, die erste Kugel unterzubringen, genauso 3 für die zweite und 3 für die dritte, insgesamt also $3 \cdot 3 \cdot 3 = 27$ – offensichtlich gleich wahrscheinliche Verteilungsmöglichkeiten insgesamt. Für die drei unterschiedlichen Verteilergebnisse (siehe oben) erhält man bei diesem Modell:

1. Alle Kugeln landen in einer Schachtel – dafür gibt es nach wie vor drei Möglichkeiten.
2. In jeder Schachtel landet eine Kugel – dafür gibt es mehrere Möglichkeiten, denn außer der Möglichkeit, dass die erste Kugel in der ersten, die zweite Kugel in der zweiten und die dritte Kugel in der dritten Schachtel landet, führt auch jede Permutation der Kugeln zum gleichen Verteilungsbild, es gibt also $3! = 6$ Möglichkeiten.
3. Eine Schachtel bleibt leer, eine andere enthält eine und die dritte enthält zwei Kugeln – dafür gibt es jetzt die restlichen 18 Möglichkeiten.

Die Wahrscheinlichkeit, dass genau eine Schachtel leer bleibt, ist nun $\frac{18}{27} = \frac{2}{3} \approx 0.67$.

Beide Rechnungen sind richtig, die Unterschiede im Ergebnis rühren daher, dass unterschiedliche Ergebnismengen und unterschiedliche LAPLACE-Experimente zugrunde gelegt werden. Das Ergebnis zeigt uns, dass man bei der Modellierung der Realität (nicht nur zum Zwecke der Wahrscheinlichkeitsrechnung) sehr genau hinsehen muss.

3. Wir führen ein BERNOULLI-Experiment n-mal durch (zum Beispiel wir würfeln n-mal mit dem gleichen Würfel). Die Wahrscheinlichkeit eines Erfolges sei p, die eines Misserfolges ist also $q = 1 - p$. Bezeichnen wir in unserem Beispiel etwa das Würfeln einer Sechs als Erfolg, so ist $p = \frac{1}{6}$ und $q = \frac{5}{6}$.

Wir interessieren uns nun für die Wahrscheinlichkeit, bei n Durchführungen genau k Erfolge (und damit $n - k$ Misserfolge) zu erzielen. Die Ergebnisse notieren wir in einem n-Tupel, wobei wir 1 bei Erfolg und 0 bei Misserfolg schreiben. Nach Voraussetzung sind die einzelnen Wiederholungen voneinander unabhängig, man kann also die Einzelwahrscheinlichkeiten miteinander multiplizieren, um ein bestimmtes Ergebnis-n-Tupel zu erreichen.

Das Ergebnis $(1, 0, \dots, 0)$ erzielen wir zum Beispiel mit der Wahrscheinlichkeit

$$\tilde{p} = p \cdot \underbrace{q \cdot \dots \cdot q}_{(n-1)-\text{mal}} = p^1 \cdot q^{n-1} \, .$$

Das ist aber nicht die einzige Möglichkeit, genau einen Erfolg zu erzielen, denn dieser kann genauso gut beim 2., 3. oder n-ten Versuch eintreten. Offensichtlich geschieht dies immer mit der gleichen Wahrscheinlichkeit $\tilde{p}$. Die Wahrscheinlichkeit, genau einen Erfolg zu erzielen, ist demnach

$$p_1 = n \cdot \tilde{p} = n \cdot p^1 \cdot q^{n-1} \, .$$

Analog überlegen wir uns die Situation für zwei gewünschte Erfolge:

Das Ergebnis $(1, 1, 0, \dots, 0)$ erhalten wir mit der Wahrscheinlichkeit

$$\tilde{\tilde{p}} = p \cdot p \cdot \underbrace{q \cdot \dots \cdot q}_{(n-2)-\text{mal}} = p^2 \cdot q^{n-2} \, .$$

Wir überlegen uns, dass wir genau $\binom{n}{2}$ Möglichkeiten haben, die zwei „Erfolgspositionen" im Ergebnis-n-Tupel auszuwählen, es ist also

$$p_2 = \binom{n}{2} \cdot \tilde{\tilde{p}} = \binom{n}{2} \cdot p^2 \cdot q^{n-2} \, .$$

Dieses Ergebnis lässt sich leicht verallgemeinern:

Bezeichnet p_k die Wahrscheinlichkeit, bei der n-fachen Wiederholung eines BERNOULLI-Experiments mit Erfolgswahrscheinlichkeit p genau k Erfolge zu erzielen, so ist

$$p_k = \binom{n}{k} \cdot p^k \cdot q^{n-k} \text{ mit } q = 1 - p \, .$$

Die so induzierte Zufallsvariable $X = $ „Anzahl der Erfolge bei n Versuchen" ist, wie man sagt, *binomialverteilt*. Wir werden darauf in anderem Zusammenhang noch genauer eingehen.

10.5 Zufallsvariablen und ihre Verteilungen

Wir sind nun in der Lage, den Begriff Wahrscheinlichkeitsverteilungen für eine Zufallsvariable, also eine Funktion $X\colon \Omega \to \mathbb{R}$, zu erklären. Wir gehen dafür wieder von einer endlichen Ergebnismenge Ω aus. Da der Wertebereich W_X höchstens so viele Elemente wie Ω hat, ist auch dieser endlich, etwa $W_X = \{x_1, \ldots, x_n\}$. Diesen nehmen wir jetzt statt der eigentlichen Ergebnismenge Ω und verfahren wie oben – die Elemente x_i aus W_X sind die Elementarereignisse. Statt $p(\{x_i\})$ oder $p(X = x_i)$ schreibt man meist einfach p_i. Für die Probe auf Wahrscheinlichkeitsverteilung muss man nun einfach prüfen, ob $\sum_{i=1}^{n} p_i = 1$ ist.

Beispiele:

1. Im ersten Beispiel in 10.2 hatten wir für die Ereignismenge $\Omega = \{a, b, c, d\}$ die Wahrscheinlichkeiten $p(a) = 0.1$, $p(b) = 0.4$, $p(c) = 0.2$, $p(d) = 0.3$ gegeben.

Wir definieren nun zusätzlich die Zufallsvariable $X\colon \Omega \to \mathbb{R}$ durch

$$X(a) = 1, X(b) = 0, X(c) = 2 \quad \text{und} \quad X(d) = 0 \,.$$

X nimmt also nur die drei Werte $x_1 = 1$, $x_2 = 0$ und $x_3 = 2$ an. Wir erhalten damit für die entsprechenden Wahrscheinlichkeiten

$$p_1 = p(X = x_1) = p(X = 1) = p(\{a\}) = 0.1 \,,$$
$$p_2 = p(X = x_2) = p(X = 0) = p(\{b, d\}) = 0.4 + 0.3 = 0.7 \text{ und}$$
$$p_3 = p(X = x_3) = p(X = 2) = p(\{c\}) = 0.2 \,.$$

Es ist unschwer zu erkennen, dass die Probe „aufgeht", dass also $\sum_{i=1}^{3} p_i = 1$ ist.

2. Eine Zufallsvariable X nehme die n verschiedenen Werte $x_1, \ldots, x_n$ jeweils mit gleicher Wahrscheinlichkeit, also $\frac{1}{n}$, an (zum Beispiel die Werte 1 bis 6 beim Würfeln). Man sagt, dass X *gleichverteilt* ist. Es ist also für jedes $k \in \{1, \ldots, n\}$:

$$p_k = p(X = x_k) = \frac{1}{n}$$

Dass auch hier die Probe „Summe aller Wahrscheinlichkeiten ist 1" aufgeht, ist trivial.

3. Wir betrachten die in 10.4, Beispiel 3, angesprochene Zufallsvariable X, die bei der n-fachen Wiederholung eines BERNOULLI-Experiments mit Erfolgswahrscheinlichkeit p die Anzahl k der Erfolge zählt. X kann also nur die Werte 0 bis n annehmen. Es ist also

$$p_k = p(X = k) = \binom{n}{k} \cdot p^k \cdot q^{n-k} \text{ mit } q = 1 - p \,.$$

Zur Probe berechnen wir $\sum_{k=0}^{n} p_k$ und erhalten mittels binomischem Satz (siehe 2.4):

$$\sum_{k=0}^{n} p_k = \sum_{k=0}^{n} \binom{n}{k} \cdot p^k \cdot q^{n-k} = (p + q)^n = 1^n = 1$$

Es liegt also eine Wahrscheinlichkeitsverteilung, die so genannte *Binomialverteilung* mit den Parametern n und p, vor. Man sagt auch, dass X *binomialverteilt* ist, in Kurzform $X \sim \text{Bi}(n, p)$. Dies entspricht beim Urnenmodell „Ziehen mit Zurücklegen".

4. Wir verallgemeinern das Beispiel 2 aus 10.4 (Zahlenlotto „6 aus 49"). Wir betrachten also das Urnenmodell „Ziehen ohne Zurücklegen" mit

N = Gesamtzahl der Kugeln, M = Gesamtzahl der Gewinnkugeln,
n = Gesamtzahl der Züge.

Die Zufallsvariable X gebe die Anzahl k der Erfolge bei n Zügen an. k kann also höchstens n, aber auch höchstens M sein, da ja nicht zurückgelegt wird. Andererseits muss aber k nicht nur mindestens 0, sondern es muss auch die Zahl $n - k$ der gezogenen „Nieten" höchstens gleich deren Gesamtzahl $N - M$ sein. Damit lassen sich die im vorigen Abschnitt erzielten Ergebnisse sofort übertragen, wir erhalten:

$$p_k = p(X = k) = \frac{\binom{M}{k} \cdot \binom{N-M}{n-k}}{\binom{N}{M}}$$

Diese Formel gilt für alle $k \in \{0, \ldots, n\}$; auch die oben genannten Einschränkungen für k (zum Beispiel, dass ein $k > M$ nicht vorkommen kann) sind in ihr enthalten: Wegen $\binom{l}{m} = 0$ für $l < m$ ist in diesen Fällen $p(X = k) = 0$.

Die so erhaltene Verteilung heißt *hypergeometrische Verteilung* mit den Parametern N, M und n, man schreibt kurz $X \sim \text{H}(N, M, n)$.

Die hypergeometrische Verteilung ist für größere Zahlen sehr unhandlich in der Anwendung. Andererseits kann man sich leicht vorstellen, dass bei großem N (zum Beispiel 100) und vergleichsweise kleinem n (etwa 5) es keinen wesentlichen Unterschied für den Kugelbestand in der Urne macht, ob man die gezogene Kugel zurücklegt oder nicht, man kann also näherungsweise dann auch die Binomialverteilung mit Erfolgswahrscheinlichkeit $\frac{M}{N}$ anwenden. Die Erfahrung zeigt, dass für $n < \frac{N}{10}$ $\text{H}(N, M, n)$ gut durch $\text{Bi}(n, \frac{M}{N})$ approximiert werden kann. In den Übungsaufgaben werden wir dies noch an konkreten Zahlenbeispielen sehen.

Die auf diese Weise konstruierten Wahrscheinlichkeitsverteilungen von Zufallsgröße gehören zu den so genannten *diskret verteilten Zufallsvariablen*, die im Allgemeinen noch weitere Bedingungen erfüllen müssen; diese sind jedoch wegen der vorausgesetzten Endlichkeit der Ergebnismenge hier automatisch erfüllt.

10.6 Erwartungswert und Varianz

Wir würfeln n-mal, die betrachtete Zufallsvariable X sei die dabei erzielte Augenzahl. Für $i \in \{1, \ldots, 6\}$ gebe a_i an, wie oft dabei die Augenzahl i erzielt wurde.

Wir wollen nun berechnen, welchen Wert W wir „im Durchschnitt" oder „im Mittel" gewürfelt haben. Dazu addieren wir alle erzielten Wurfergebnisse und teilen dann durch n. Es ist also

$$W = (1 \cdot a_1 + 2 \cdot a_2 + \ldots + 6 \cdot a_6) : n = \frac{1}{n} \cdot \sum_{i=1}^{6} i \cdot a_i = \sum_{i=1}^{6} i \cdot \frac{a_i}{n} = \sum_{i=1}^{6} i \cdot h_i$$

Dabei ist h_i die relative Häufigkeit des Ereignisses „Augenzahl $= i$" in unserer Versuchsreihe.

Für große n nähert sich diese gemäß unseren Überlegungen in 10.2 der Wahrscheinlichkeit $p_i = p(X = i)$ immer mehr an. Ein von n unabhängiger Mittelwert für unser Würfelexperiment ist demnach

$$W = \sum_{i=1}^{6} i \cdot p_i = \sum_{i=1}^{6} (i \cdot \tfrac{1}{6}) = \tfrac{1}{6}(1 + 2 + \ldots + 6) = \frac{21}{6} = 3.5 \, .$$

Wir verallgemeinern dies zur folgenden

Definition:

X sei eine Zufallsvariable, die nur die Werte $\{x_1, \ldots, x_n\}$ annehmen kann, es bezeichne $p_i = p(X = x_i)$.

Dann heißt die Zahl $\displaystyle\sum_{i=1}^{n} x_i p_i = \sum_{i=1}^{n} x_i \cdot p(X = x_i)$ der *Erwartungswert* (*Mittelwert*) von X; sie wird mit $\mathrm{E}[X]$ (manchmal auch einfach $\mathrm{E}X$) oder mit μ_X bezeichnet.

Für Zufallsvariablen mit endlicher Ergebnismenge lässt sich also stets mit obiger Formel der Erwartungswert definieren, da die Summe endlich, also stets wohldefiniert ist. Bei unendlichem Ω ist dies nicht unbedingt der Fall, man muss hier stets noch eine Konvergenzuntersuchung durchführen.

Beispiele:
1. Die Zufallsvariable X sei gleichverteilt und nehme die Werte $\{x_1, \ldots, x_n\}$ an. Dann gilt für den Erwartungswert gemäß Definition:

$$\mathrm{E}[X] = \sum_{i=1}^{n} x_i p_i = \sum_{i=1}^{n} \left(x_i \cdot \tfrac{1}{n}\right) = \tfrac{1}{n} \cdot \sum_{i=1}^{n} x_i \, ,$$

also, wie zu erwarten war, das arithmetische Mittel von $x_1, \ldots, x_n$.

2. Wir würfeln mit zwei (unterscheidbaren) Würfeln, die Zufallsvariable X sei die Augensumme der beiden. Gesucht ist der Erwartungswert von X.

X kann offensichtlich nur die Zahlen 2 bis 12 annehmen. Wir bestimmen auf elementare Weise die Wahrscheinlichkeitsverteilung von X:

Die Ergebnismenge ist $\{(a, b) \mid a, b \in \{1, \ldots, 6\}\}$, sie hat 36 Elemente. Jedes Elementarereignis ist gleich wahrscheinlich, es ist also $p(a, b) = \frac{1}{36}$ für jedes (a, b).

Für jedes $k \in \{2, \ldots, 12\}$ überlegen wir uns nun, für wie viele (a, b) die Würfelsumme S den Wert k ergibt; wir müssen dabei beachten, dass für ein gefundenes (a, b) dies genauso für (b, a) der Fall ist, im Einzelnen:

$$S = 2: \text{ nur für } (1,1) \text{ möglich, also} \qquad p_2 = p(X = 2) = \tfrac{1}{36}$$

$$S = 3: \text{ für } (1,2) \text{ und } (2,1) \text{ möglich, also} \qquad p_3 = p(X = 3) = \tfrac{2}{36}$$

$$S = 4: \text{ für } (1,3), (3,1) \text{ und } (2,2) \text{ möglich, also} \qquad p_4 = p(X = 4) = \tfrac{3}{36}$$

Analog erhalten wir die anderen Werte:

$$p_5 = p(X = 5) = \tfrac{4}{36} = p(X = 9) = p_9, \quad p_6 = p(X = 6) = \tfrac{5}{36} = p(X = 8) = p_8,$$

$$p_7 = p(X = 7) = \tfrac{6}{36}, \quad p_{10} = p(X = 10) = \tfrac{3}{36} = p_4, \quad p_{11} = p(X = 11) = \tfrac{2}{36} = p_3,$$

$$p_{12} = p(X = 12) = \tfrac{1}{36} = p_2.$$

Damit können wir nun wie oben den Erwartungswert berechnen:

$$E[X] = \sum_{i=2}^{12} x_i p_i = \sum_{i=2}^{12} i \cdot p_i = \tfrac{1}{36} \cdot (2 \cdot 1 + 3 \cdot 2 + 4 \cdot 3 + \ldots + 12 \cdot 1) = \tfrac{1}{36} \cdot 252 = 7,$$

der doppelte Wert von dem, der sich beim einmaligen Würfeln ergibt.

3. Die Zufallsvariable X sei binomialverteilt, also $X \sim \text{Bi}(n, p)$.

Demgemäß ist für alle $k \in \{0, \ldots, n\}$

$$p_k = p(X = k) = \binom{n}{k} \cdot p^k \cdot q^{n-k} (\text{ mit } q = 1 - p).$$

Wir wollen den Erwartungswert von X mit der Definition $E[X] = \sum_{k=0}^{n} k \cdot p_k$ berechnen und stellen sofort fest, dass der erste Summand verschwindet, die Summation also auch bei $k = 1$ beginnen kann. Unter Benutzung wichtiger Eigenschaften von Fakultät und Binomialkoeffizient sowie des binomischen Satzes erhalten wir:

$$
\begin{aligned}
E[X] &= \sum_{k=1}^{n} k \cdot p_k = \sum_{k=1}^{n} \left(k \cdot \binom{n}{k} \cdot p^k \cdot q^{n-k} \right) \\
&= p \cdot \sum_{k=1}^{n} \left(k \cdot \frac{n \cdot (n-1)!}{(n-k)! \cdot k \cdot (k-1)!} \cdot p^{k-1} \cdot q^{(n-1)-(k-1)} \right) \\
&\overset{l=k-1}{=} p \cdot n \cdot \sum_{l=0}^{n-1} \left(\underbrace{\frac{(n-1)!}{(n-1-l)! \cdot l!}}_{=\binom{n-1}{l}} \cdot p^l \cdot q^{(n-1)-l} \right) = n\,p\,\underbrace{(p+q)^{n-1}}_{=1} = n\,p
\end{aligned}
$$

4. Ist X hypergeometrisch verteilt mit den Parametern N, M und n, so liefert eine ähnliche Rechnung wie oben $E[X] = n \cdot \frac{M}{N}$. Wir sehen also, dass die hypergeometrische Verteilung $H(N, M, n)$ den gleichen Erwartungswert hat wie die sie approximierende Binomialverteilung $Bi(n, \frac{M}{N})$, die diese (siehe 10.5) gegebenenfalls approximiert. Bemerkenswert ist, dass dieses Ergebnis immer und nicht nur approximativ gilt – also auch für relativ große n.

Direkt aus der Definition des Erwartungswerts lassen sich einige wichtige Regeln für das Rechnen mit Erwartungswerten ableiten:

Satz: (Linearität des Erwartungswertes)

Es seien X, Y Zufallsvariablen, $c, d \in \mathbb{R}$. Dann gilt:

(i) $E[c] = c$ Dabei bezeichnet c diejenige „konstante" Zufallsvariable, die immer den Wert c annimmt.

(ii) $E[cX + dY] = cE[X] + dE[Y]$

Achtung: Im Allgemeinen gilt aber nicht, dass $E[X \cdot Y] = E[X] \cdot E[Y]$ ist.

Um den Erwartungswert eines Produkts zu bestimmen, benötigen wir noch die „Unabhängigkeit von Zufallsvariablen", ein Begriff, der die in 10.3 definierte „Unabhängigkeit von Ereignissen" in nahe liegender Weise verallgemeinert. Es genügt im hier betrachteten Zusammenhang, ihn nur für Zufallsvariable, die endlich viele verschiedene Werte annehmen können, zu formulieren:

Definition:

Es seien X und Y Zufallsvariablen, die die Werte $x_1, \ldots, x_n$ bzw. $y_1, \ldots, y_m$ annehmen.

X und Y heißen *unabhängig*, genau dann, wenn für alle x_i und alle y_j die Ereignisse „$X = x_i$" und „$Y = y_j$" unabhängig sind, in anderen Worten:

$$p(X = x_i, Y = y_j) = p(X = x_i) \cdot p(Y = y_j) \quad \text{für alle } x_i \text{ und } y_j$$

Damit erhalten wir den

Satz: (Erwartungswert eines Produkts)

Sind X und Y unabhängige Zufallsvariable, so gilt $E[X \cdot Y] = E[X] \cdot E[Y]$.

Beweis:
Da die Zufallsvariable $X \cdot Y$ die Werte $\{x_i y_j \mid i = 1, \ldots, n, j = 1, \ldots, m\}$ annimmt, ergibt sich ihr Erwartungswert als Doppelsumme:

$$E[X \cdot Y] = \sum_{i=1}^{n} \sum_{j=1}^{m} x_i y_j \cdot p(X = x_i, Y = y_j) = \sum_{i=1}^{n} \sum_{j=1}^{m} x_i y_j \cdot p(X = x_i) \cdot p(Y = y_j)$$

$$= \sum_{i=1}^{n} \left(x_i \cdot p(X = x_i) \underbrace{\sum_{j=1}^{m} y_j \cdot p(Y = y_j)}_{= E[Y]} \right) = E[Y] \underbrace{\sum_{i=1}^{n} x_i \cdot p(X = x_i)}_{= E[X]} = E[X] \cdot E[Y]$$

$\square$

Beweisen Sie auf ähnliche Weise den Satz über die Linearität des Erwartungswert als Übung.

Mit Hilfe des letztgenannten Satzes können wir die Erwartungswerte aus Beispiel 2 und 3 auch direkt angeben:

In Beispiel 2 (zweimaliges Würfeln) können wir die Zufallsvariablen X_1 und X_2 (Augenzahl des ersten bzw. zweiten Würfels) einführen. Sie sind zwar nicht gleich, aber identisch verteilt, haben also beide den im ersten Beispiel ermittelten Erwartungswert $E[X_i] = 3.5$. Die Zufallsvariable „Gesamtaugenzahl" ist aber die Summe der beiden, so dass wir erhalten:

$$E[X] = E[X_1 + X_2] = E[X_1] + E[X_2] = 3.5 + 3.5 = 7$$

Genauso können wir bei $X \sim \mathrm{Bi}(n, p)$ vorgehen: Bezeichnen wir mit X_i die Zufallsvariable „Anzahl der Erfolge im i-ten Zug", so kann diese nur die Werte 1 (mit Wahrscheinlichkeit p) und 0 (mit Wahrscheinlichkeit $1-p$) annehmen, der Erwartungswert ist jeweils $E[X_i] = p$. Damit gilt wegen der Linearität:

$$E[X] = E[X_1 + \ldots + X_n] = E[X_1] + \ldots + E[X_n] = n \cdot p \, ,$$

also das Ergebnis aus Beispiel 3.

Wir wollen nun noch einmal ein Würfelexperiment durchführen: Dafür würfelt Spieler S einmal und erhält einen Gewinn gemäß folgendem Gewinnplan:

Bei 3 oder 5 wird 1 Euro, bei 6 werden 5 Euro ausgezahlt, sonst nichts. Wie hoch muss der Einsatz pro Wurf mindestens sein, damit die Bank „im Mittel" nicht verliert?

Wenn wir mit X wieder die erzielte Augenzahl bezeichnen, so ist der oben berechnete Erwartungswert 3.5 hierfür irrelevant, viel mehr sind wir an dem Erwartungswert einer anderen Zufallsvariable $Y = $ „erzielter Gewinn" interessiert. Wir betrachten deshalb deren Wahrscheinlichkeitsverteilung:

$$p(Y = 0) = p(X = 1) + p(X = 2) + p(X = 4) = \tfrac{1}{6} + \tfrac{1}{6} + \tfrac{1}{6} = \tfrac{1}{2}$$
$$p(Y = 1) = p(X = 3) + p(X = 5) = \tfrac{1}{6} + \tfrac{1}{6} = \tfrac{1}{3}$$
$$p(Y = 5) = p(X = 6) = \tfrac{1}{6}$$

Damit ist

$$E[Y] = 0 \cdot \tfrac{1}{2} + 1 \cdot \tfrac{1}{3} + 5 \cdot \tfrac{1}{6} = \tfrac{7}{6} \, ,$$

der Einsatz muss demnach mindestens 1.17 Euro sein, damit die Bank „im Mittel" nicht verliert.

Wir haben hier also den Erwartungswert der Zufallsvariablen $Y = g(X)$ bestimmt, wobei $g(x)$ eine reellwertige Funktion ist, für die in unserem Beispiel gilt:

$$g(x) = \begin{cases} 0 & \text{für } x = 1, 2, 4 \\ 1 & \text{für } x = 3, 5 \\ 5 & \text{für } x = 6 \end{cases}$$

Wir verallgemeinern diese Überlegungen zur

Definition:

Gegeben seien eine Zufallsvariable X, die die Werte $x_1, \ldots, x_n$ annehmen kann sowie eine Funktion $g \colon \mathbb{R} \to \mathbb{R}$.

Dann heißt

$$E[g(X)] = \sum_{i=1}^{n} g(x_i) \cdot p(X = x_i)$$

der *Erwartungswert der Funktion g*.

Der Erwartungswert von g ist also nichts anderes als der Erwartungswert (Mittelwert) der durch $Y = g(X)$ gegebenen Zufallsvariablen. Die am Anfang dieses Abschnitts eingeführte Definition von $E[X]$ ergibt sich offensichtlich als Spezialfall für die Identität auf $\mathbb{R}$, also für $g(x) = x$.

Wir haben gesehen, dass der Erwartungswert einer Zufallsvariablen X eine Zahl ist, mit der wir über X eine pauschale Aussage machen können, nämlich dass die Werte von X „im Mittel" um den Wert $E[X]$ schwanken. Genauere Aussagen können wir damit über X nicht treffen. Insbesondere sagt dieser Wert überhaupt nichts darüber aus, wie stark X um diesen Wert schwankt. Wir betrachten etwa folgendes Beispiel:

Die Zufallsvariable X sei gleichverteilt auf den ganzen Zahlen zwischen -3 und $+3$, sie nimmt also jeden Wert mit der Wahrscheinlichkeit $\frac{1}{7}$ an. Eine zweite Zufallsvariable Y nehme auch nur Werte in diesem Bereich an, aber mit folgender Verteilung:

$$p(Y = -1) = p(Y = 1) = \tfrac{1}{7}, \quad p(Y = 0) = \tfrac{5}{7}$$

Offensichtlich haben beide den Erwartungswert 0, „streuen" aber sehr unterschiedlich um diesen Wert. Zur Kennzeichnung der Streuung einer Verteilung benutzt man die so genannte Varianz, gegeben durch folgende

Definition:

> Es sei X eine Zufallsvariable, die die Werte $\{x_1, \ldots, x_n\}$ annehmen kann, der Erwartungswert sei $E[X] = \mu$.
>
> Die durch $\mathrm{Var}(X) := E[(X - \mu)^2] = \sum_{i=1}^{n}(x_i - \mu)^2 \cdot p(X = x_i)$ gegebene Zahl heißt *Varianz* von X. Da sie offensichtlich nie negativ werden kann, wird sie oft mit dem Formelbuchstaben σ^2 bezeichnet. Der Ausdruck $\sigma = \sqrt{\mathrm{Var}(X)}$ heißt *Standardabweichung* von X.

Dass dies ein vernünftiges Streuungsmaß ist, sieht man etwa folgendermaßen:

Es werden alle Abweichungen vom Mittelwert μ gemessen (das Quadrat nimmt man, damit sich diese Abweichungen nicht zufällig aufheben), mit der entsprechenden Wahrscheinlichkeit gewichtet und dann aufaddiert.

In unserem Einführungsbeispiel haben wir somit wegen $\mu = 0$:

$$E[(X - \mu)^2] = \sum_{i=1}^{7} x_i^2 \cdot \tfrac{1}{7} = \tfrac{1}{7}\left((-3)^2 + (-2)^2 + (-1)^2 + 0^2 + 1^2 + 2^2 + 3^2\right) = \frac{28}{7} = 4 \,,$$

$$E[(Y - \mu)^2] = \sum_{i=1}^{3} x_i^2 p(X = x_i) = \left(\tfrac{1}{7}(-1)^2 + \tfrac{5}{7} \cdot 0^2 + \tfrac{1}{7} \cdot 1^2\right) = \tfrac{2}{7}$$

Normalerweise ist die Varianz (echt) positiv, denn als Summe von Quadraten kann sie nur dann 0 sein, wenn jeder Summand 0 ist, das heißt, wenn für jeden Wert x_i, den X

annehmen kann, die Abweichung von μ gleich 0 ist – die Zufallsvariable nimmt also nur einen einzigen Wert, ihren Erwartungswert, an. Sie ist dann also eine Konstante und somit keine „echte" Zufallsvariable.

Für das Berechnen einer Varianz sind oft folgende Rechenregeln hilfreich:

Satz:

> Es sei X eine Zufallsvariable mit $E[X] = \mu$, es seien a, b reelle Zahlen. Dann gilt:
>
> (i) $\text{Var}(X) = E[X^2] - \mu^2 = E[X^2] - (E[X])^2$
> (ii) $\text{Var}(aX + b) = a^2 \text{Var}(X)$

Beweis:
zu (i): Gemäß Definition und den Rechenregeln für Erwartungswerte erhalten wir:

$$\text{Var}(X) = E[(X - \mu)^2] = E[X^2 - 2\mu X + \mu^2] = E[X^2] - 2\mu \cdot E[X] + E[\mu^2]$$
$$= E[X^2] - 2\mu^2 + \mu^2 = E[X^2] - \mu^2 = E[X^2] - (E[X])^2$$

zu (ii): Es ist $E[aX + b] = a \cdot E[X] + b = a\mu + b$ und damit nach Definition:

$$\text{Var}(aX + b) = E[\left((aX + b) - (a\mu + b)\right)^2] = E[\left(a(X - \mu)\right)^2]$$
$$= a^2 E[(X - \mu)^2] = a^2 \text{Var}(X)$$

$\square$

Wir wollen nun prüfen, ob wie beim Erwartungswert auch hier eine „Linearität" gilt, ob also für zwei Zufallsvariable X und Y auch $\text{Var}(X + Y) = \text{Var}(X) + \text{Var}(Y)$ richtig ist.

Dazu berechnen wir mit $E[X] = \mu_X$ und $E[Y] = \mu_Y$ die Varianz von $Z = X + Y$, deren Erwartungswert $E[X + Y] = \mu_X + \mu_Y$ ist:

$$\text{Var}(Z) = E[\left((X + Y) - (\mu_X + \mu_Y)\right)^2] = E[\left((X - \mu_X) + (Y - \mu_Y)\right)^2]$$
$$= E[(X - \mu_X)^2 + 2(X - \mu_X)(Y - \mu_Y) + (Y - \mu_Y)^2]$$
$$= E[(X - \mu_X)^2] + E[(Y - \mu_Y)^2] + 2E[(X - \mu_X)(Y - \mu_Y)]$$
$$= \text{Var}(X) + \text{Var}(Y) + 2\text{cov}(X, Y)$$

$\text{Var}(X + Y) = \text{Var}(X) + \text{Var}(Y)$ gilt also genau dann, wenn die *Kovarianz* von X und Y, definiert durch $\text{cov}(X, Y) = E[(X - \mu_X)(Y - \mu_Y)]$, gleich 0 ist. Es ist leicht zu zeigen (wir überlassen Ihnen deshalb den Nachweis als Übung), dass

$$\text{cov}(X, Y) = 0 \quad \Leftrightarrow \quad E[X \cdot Y] = E[X] \cdot E[Y]$$

gilt. Da die letzte Beziehung bedeutet, dass die Zufallsvariablen X und Y unabhängig sind, ist also die Kovarianz ein Maß für die gegenseitige Abhängigkeit von Zufallsgrößen. Es würde zu weit gehen, im hier gesteckten Rahmen eines Vorkurses darauf näher einzugehen.

Die Varianz der Binomialverteilung bestimmen wir in folgendem

Beispiel:
Es sei $X \sim \text{Bi}(n, p)$, also ist $E[X] = n \cdot p$, wir erhalten also (analog zu oben):

$$\text{Var}(X) = E[X^2] - (E[X])^2 = \sum_{k=1}^{n} k^2 \binom{n}{k} p^k q^{n-k} - (np)^2$$

$$= \sum_{\substack{k=1 \\ =0 \text{ für } k=1}}^{n} k(k-1) \binom{n}{k} p^k q^{n-k} + \underbrace{\sum_{k=1}^{n} k \binom{n}{k} p^k q^{n-k}}_{n \cdot p} - (np)^2$$

$$= p^2 \cdot \sum_{k=2}^{n} k(k-1) \binom{n}{k} p^{k-2} q^{n-k} + np - (np)^2$$

$$= p^2 \cdot \left(\sum_{l=0}^{n-2} (l+2)(l+1) \binom{n}{l+2} p^l q^{(n-2)-l} \right) + np - (np)^2$$

$$= p^2 \cdot \left(\sum_{l=0}^{n-2} (l+2)(l+1) \frac{n!}{(n-l-2)!(l+2)!} p^l q^{(n-2)-l} \right) + np - (np)^2$$

$$= p^2 \cdot n(n-1) \left(\sum_{l=0}^{n-2} \underbrace{\frac{(n-2)!}{(n-l-2)!l!}}_{\binom{n-2}{l}} p^l q^{(n-2)-l} \right) + np - (np)^2$$

$$= p^2 \cdot n(n-1) \underbrace{(p+q)^{n-2}}_{=1} + np - (np)^2 = p^2 n^2 - p^2 n + np - p^2 n^2 = npq$$

Mit ähnlichen Umformungen kann man zeigen, dass sich für eine hypergeometrisch verteilte Zufallsvariable X für die Varianz

$$\sigma^2 = n \cdot \frac{M}{N} \cdot \left(1 - \frac{M}{N}\right) \cdot \frac{N-n}{N-1}$$

ergibt. Analysiert man diesen komplizierten Ausdruck für $n \ll N$ genauer, so sieht man, dass der letzte Bruch fast 1 ist; setzt man weiter $p = \frac{M}{N}$, so erhält man die Varianz der $H(N, M, n)$ approximierenden Binomialverteilung.

Für eine beliebige Zufallsvariable X, die den Erwartungswert μ und die Varianz $\sigma^2 > 0$ besitzt, erhält man durch $Z := \frac{X-\mu}{\sigma}$ eine neue Zufallsvariable, die so genannte *standardisierte Zufallsvariable Z*. Für diese gilt folgender

Satz:

Die aus X erhaltene Zufallsvariable in Standardform $Z := \frac{X-\mu}{\sigma}$ hat den Erwartungswert 0 und die Varianz 1.

Beweis:

Nach den Rechenregeln von Erwartungswert und Varianz gilt:

$$E[Z] = E\left[\frac{X-\mu}{\sigma}\right] = \frac{1}{\sigma}E[X-\mu] = \frac{1}{\sigma}(E[X]-\mu) = 0 \text{ sowie}$$

$$\mathrm{Var}\left(\frac{X-\mu}{\sigma}\right) = \mathrm{Var}\left(\frac{X}{\sigma} - \frac{\mu}{\sigma}\right) = \frac{1}{\sigma^2}\mathrm{Var}(X) = 1 \; . \qquad \square$$

Diese Standardisierung, eine lineare Transformation der ursprünglichen Zufallsvariablen, spielt eine wichtige Rolle bei so genannten stetigen Verteilungen, insbesondere bei der Normalverteilung, die Ihnen im Studium häufig begegnen wird.

10.7 Zufallsexperimente mit unendlicher Ergebnismenge

Wir hatten bisher vorausgesetzt, dass bei den betrachteten Zufallsexperimenten stets eine endliche Ergebnismenge zugrunde lag. Dies ist auch bei vielen Anwendungen der Fall, wie wir in den vorigen Abschnitten sehen konnten.

Es gibt jedoch auch zahlreiche Beispiele, bei denen ein Zufallsexperiment bzw. die mit ihm verknüpfte Zufallsvariable prinzipiell unendlich viele Ausgänge haben bzw. Werte annehmen kann, etwa:

Eine Münze wird so lange geworfen, bis zum ersten Mal „Zahl" erscheint – die damit verknüpfte Zufallsvariable

$$X = \text{Anzahl der Würfe bis zur ersten „Zahl"}$$

kann offenbar jede noch so große natürliche Zahl als Wert annehmen, wenn auch mit verschwindend geringer Wahrscheinlichkeit.

Genauso kann bei der Messung einer physikalischen Größe mit anschließender Rundung auf einen ganzzahligen Wert $\bar{a}$ der echte Wert a im Intervall $[\bar{a} - 0.5, \bar{a} + 0.5[$ liegen, also sogar überabzählbar viele Werte annehmen.

Wir wollen in diesem Abschnitt andeuten, wie sich die bisher eingeführten Begriffe und Definitionen verallgemeinern lassen und auf welche zusätzlichen Probleme man bei unendlichen Ergebnismengen stößt. Sehr schnell wird dabei klar werden, dass die in den Kapiteln 1–9 behandelte Mathematik nicht ausreicht – wir können manche Ergebnisse nur angeben, ohne sie exakt zu begründen.

Zur Untersuchung des obigen Münzwurfexperiments verallgemeinern wir die Fragestellung wie folgt:

Ein BERNOULLI-Experiment mit der Erfolgswahrscheinlichkeit $p \in {]0, 1[}$ wird so lange wiederholt, bis der erste Erfolg eintritt, die Zufallsvariable X gibt die Anzahl der dazu benötigten Würfe k an, X kann also prinzipiell jeden beliebigen natürlichen Wert annehmen.

Es sei $k \in \mathbb{N}^+$ nun fest gewählt. Damit $X = k$ ist, müssen also $k - 1$ Misserfolge eingetreten sein (die Wahrscheinlichkeit dafür ist jeweils $q = 1 - p$), im k-ten Versuch tritt mit Wahrscheinlichkeit p der Erfolg ein. Damit ist

$$p_k = p(X = k) = q^{k-1} \cdot p \,.$$

Wenn dies eine Wahrscheinlichkeitsverteilung der Zufallsvariablen X sein soll, muss die Summe aller Wahrscheinlichkeiten 1 sein. Wir müssen also prüfen, ob die unendliche Summe $\sum_{k=1}^{\infty} p_k = 1$ ist, also überprüfen, ob $\lim_{n \to \infty} \left(\sum_{k=1}^{n} p_k \right)$ in $\mathbb{R}$ existiert und den Wert 1 hat. Ein solches Problem, nämlich die Konvergenz einer so genannten Reihe (= unendliche Summe) zu untersuchen, haben wir bereits als Beispiel 6 in Kapitel 7.2 behandelt. So etwas kam bei den bisher behandelten endlichen Ergebnismengen nicht vor, da hier die Summen stets endlich viele Summanden hatten.

Für die Lösung unserer Fragestellung benutzen wir ein Ergebnis aus dem oben erwähnten Beispiel für die so genannte geometrische Reihe, nämlich:

Für jedes

$$x \in {]{-1}, 1[} \text{ ist } \sum_{k=0}^{\infty} x^k = \frac{1}{1 - x} \,. \tag{1}$$

Es ist

$$\sum_{k=1}^{\infty} p_k = \sum_{k=1}^{\infty} q^{k-1} p = p \cdot \sum_{l=0}^{\infty} q^l \underset{(1)}{=} p \cdot \frac{1}{1 - q} = \frac{p}{p} = 1 \,.$$

Wir haben also tatsächlich eine Wahrscheinlichkeitsverteilung vorliegen, die so genannte *geometrische Verteilung*.

Wir wollen nun versuchen, die Begriffe Erwartungswert und Varianz für eine Zufallsvariable mit einer abzählbaren Ergebnismenge Ω zu übertragen und erhalten durch sinngemäße Übertragung aus 10.6 die

Definition:

Es sei X eine Zufallsvariable, die die abzählbar vielen Werte $x_1, x_2, x_3, \ldots$ annehmen kann.

(i) Der *Erwartungswert* (*Mittelwert*) der Zufallsvariablen X ist definiert als

$$\mu = \mathrm{E}[X] = \sum_{i=1}^{\infty} x_i \cdot p(X = x_i) \,.$$

(ii) Existiert der Erwartungswert μ von X, so definiert man die *Varianz* von X als

$$\sigma^2 = \text{Var}(X) = \text{E}[(X - \mu)^2] = \sum_{i=1}^{\infty} (x_i - \mu)^2 \cdot p(X = x_i) \,.$$

$\sigma = \sqrt{\text{Var}(X)}$ heißt *Standardabweichung* von X.

Achtung: Im Gegensatz zum endlichen Fall müssen Erwartungswert und/oder Varianz nicht unbedingt existieren, da die auftretenden Summen im unendlichen Fall eine zusätzliche Konvergenzuntersuchung erforderlich machen. In der Tat gibt es Verteilungen, die keinen Erwartungswert (und somit auch keine Varianz) besitzen; es gibt auch Beispiele dafür, dass zwar ein Erwartungswert, aber keine Varianz existiert. Darauf näher einzugehen, würde hier zu weit führen.

Wir untersuchen stattdessen, ob die oben eingeführte geometrische Verteilung Erwartungswert und Varianz besitzt und berechnen diese gegebenenfalls.

Beispiel:
Für die Zufallsvariable „X = Anzahl der Versuche bis zum ersten Erfolg" hatten wir mit $k \in \mathbb{N}^+$ die Wahrscheinlichkeitsverteilung $p_k = p(X = k) = q^{k-1} \cdot p$ bestimmt.

Um gemäß obiger Formeln Erwartungswert und Varianz zu bestimmen, benötigen wir noch ein Resultat aus der Theorie der Potenzreihen, mit denen Sie sich in den Anfangssemestern Ihres Studiums beschäftigen werden:

Satz (Gliedweise Differentiation einer Potenzreihe):

Die Potenzreihe $\sum_{k=0}^{\infty} b_k x^k$ konvergiere für jedes x aus dem Intervall $I =]-\rho, \rho[$ gegen einen Wert $f(x)$, kurz ausgedrückt: $f(x) = \sum_{k=0}^{\infty} b_k x^k$ auf $]-\rho, \rho[$.

Dann konvergieren, auch auf I, $\sum_{k=1}^{\infty} b_k k \cdot x^{k-1}$ gegen $f'(x)$ und $\sum_{k=2}^{\infty} b_k k \cdot (k-1) \cdot x^{k-2}$ gegen $f''(x)$.

Wir wenden diesen Satz auf (1) an, also gilt auf $]-1, 1[$:

$$\sum_{k=0}^{\infty} x^k = \frac{1}{1-x} \quad \Rightarrow \quad \sum_{k=1}^{\infty} k \cdot x^{k-1} = \left(\frac{1}{1-x}\right)' = \frac{1}{(1-x)^2} \tag{2}$$

$$\text{und} \quad \sum_{k=2}^{\infty} k \cdot (k-1) \cdot x^{k-2} = \left(\frac{1}{(1-x)^2}\right)' = \frac{2}{(1-x)^3} \tag{3}$$

Mit diesen Formeln erhalten wir, wenn wir $x = q$ einsetzen:

$$\mu = \mathrm{E}[X] = \sum_{k=1}^{\infty} k \cdot p \cdot q^{k-1} = p \cdot \sum_{k=1}^{\infty} k \cdot q^{k-1} = p \cdot \underbrace{\frac{1}{(1-q)^2}}_{=p} = \frac{1}{p} \text{ sowie}$$

$$\sigma^2 = \mathrm{Var}(X) = \mathrm{E}[X^2] - (\mathrm{E}[X])^2 = \sum_{k=1}^{\infty} k^2 \cdot p \cdot q^{k-1} - \frac{1}{p^2}$$

$$= p \sum_{k=1}^{\infty} k(k-1) \cdot q^{k-1} + p \sum_{k=1}^{\infty} k \cdot q^{k-1} - \frac{1}{p^2} = pq \sum_{k=2}^{\infty} k(k-1) \cdot q^{k-2} + \frac{1}{p} - \frac{1}{p^2}$$

$$= pq \frac{2}{(1-q)^3} + \frac{1}{p} - \frac{1}{p^2} = \frac{2(1-p)}{p^2} + \frac{1}{p} - \frac{1}{p^2} = \frac{1-p}{p^2}$$

Die geometrische Verteilung hat also Erwartungswert und Varianz, nämlich $\mu = \frac{1}{p}$ und $\sigma^2 = \frac{1-p}{p^2}$.

Es sei darauf hingewiesen, dass manchmal die Zufallsvariable Y, die die Anzahl der Misserfolge bis zum ersten Erfolg zählt, als geometrisch verteilt bezeichnet wird. Offensichtlich ist $X = Y + 1$; damit ist nach den im vorigen Abschnitt behandelten Rechenregeln $\mathrm{E}[Y] = \mathrm{E}[X] - 1 = \frac{1}{p} - 1 = \frac{1-p}{p}$ und $\mathrm{Var}(X) = \mathrm{Var}(Y)$.

Für unser betrachtetes Münzwurfexperiment haben wegen $p = \frac{1}{2}$ Erwartungswert und Varianz beide den Wert 2. Für den Mittelwert ist das Ergebnis keine Überraschung. Führt man nämlich das Experiment „Münzwurf bis zum ersten Mal ‚Zahl'" sehr oft aus und notiert jeweils die dabei benötigte Wurfzahl, so wird man „im Mittel" zweimal werfen müssen.

Wir betrachten nun das folgende Zufallsexperiment:

Die Deutsche Bahn hat festgestellt, dass durchschnittlich 36 Fahrgäste pro Stunde das Reisezentrum eines bestimmten Bahnhofs aufsuchen. Wir wollen nun berechnen, wie groß die Wahrscheinlichkeit ist, dass an einem festen Tag in einem gegebenen Zeitraum genau k Fahrgäste kommen, zum Beispiel am Dienstag zwischen 8.05 und 8.10 Uhr.

Dazu stellen wir uns zunächst vor, dass – etwa durch eine Schranke im Eingangsbereich – in jeder Minute nur genau ein Fahrgast eingelassen wird. Die Aufgabenstellung konkretisiert sich damit wie folgt: Der in jeder Minute mögliche Eintritt eines Fahrgasts ist ein BERNOULLI-Experiment mit Erfolgswahrscheinlichkeit $\frac{36}{60} = 0.6$, es wird fünfmal durchgeführt. Wir haben es also mit einer Binomialverteilung zu tun mit den Parametern $p_1 = 0.6$ und $n_1 = 5$.

Aber wird dadurch die Situation richtig abgebildet? Die Einschränkung, dass die Fahrgäste nur einzeln pro Minute zugelassen werden, war doch sehr willkürlich. Lassen wir den sekündlichen Zutritt (weiterhin nur einzeln) zu, so liegt wieder eine Binomialverteilung vor, diesmal mit $p_2 = \frac{36}{3600} = 0.01$ und $n_2 = 5 \cdot 60 = 300$. Wir stellen fest, dass $n_1 \cdot p_1 = n_2 \cdot p_2 = 3$ ist, also in beiden Fällen gleich. Das wird sich auch nicht ändern, wenn wir nun den minimalen Abstand zwischen zwei Einzelankünften von einer Sekunde (theoretisch) immer weiter verkleinern – n wird in gleichem Maße größer, wie sich p verkleinert, das Produkt $n \cdot p$ bleibt konstant, es wird mit λ bezeichnet. Diesen Parameter λ (=3 in unserem Beispiel) kann man auch direkt erhalten:

$$\lambda = \text{Rate} \left[\frac{1}{\text{Zeiteinheit}} \right] \times \text{Dauer [Zeiteinheit]} \ ,$$

$$\text{hier also} \quad \lambda = \frac{36}{\text{Stunde}} \cdot \frac{1}{12} \text{Stunde} = 3 \ .$$

Es ist offensichtlich, dass die Situation umso genauer beschrieben wird, je größer n wird, denn theoretisch kann die Ankunft eines Fahrgasts ja zu jedem reellen Zeitpunkt innerhalb des ausgewählten Zeitintervalls stattfinden. Man ist also an einem Grenzwert für $n \to \infty$ interessiert. Das Resultat beinhaltet der

Grenzwertsatz von POISSON:

> Für jedes $k \in \mathbb{N}$ ist
>
> $$\lim_{\substack{n \to \infty \\ \lambda = np}} \left(\binom{n}{k} p^k (1-p)^{n-k} \right) = \frac{\lambda^k}{k!} \cdot e^{-\lambda} =: p_k \quad \text{(mit } \lambda = np \text{ konstant)}.$$
>
> Die durch $(p_k)_{k \in \mathbb{N}}$ definierte Wahrscheinlichkeitsverteilung heißt POISSON-*Verteilung* mit Parameter λ.

Damit durch $(p_k)_{k \in \mathbb{N}}$ tatsächlich eine Wahrscheinlichkeitsverteilung gegeben ist, muss die Summe aller Wahrscheinlichkeiten 1 sein, man muss also wieder die unendliche Summe $\sum_{k=0}^{\infty} p_k$ auf Konvergenz prüfen. Dazu benutzen wir aus der Theorie der Potenzreihen das folgende Resultat:

Für alle $x \in \mathbb{R}$ konvergiert die Potenzreihe $\sum_{k=0}^{\infty} \frac{x^k}{k!}$ gegen e^x. Damit erhalten wir:

$$\sum_{k=0}^{\infty} \frac{\lambda^k}{k!} \cdot e^{-\lambda} = e^{-\lambda} \sum_{k=0}^{\infty} \frac{\lambda^k}{k!} = e^{-\lambda} \cdot e^{\lambda} = 1 \ .$$

Für die POISSON-Verteilung gibt es nach dem oben Gesagten zwei wichtige Anwendungsmöglichkeiten:

1. Ein (seltenes) Ereignis (etwa Ankunft eines Kunden, Auftreten eines Signals o. Ä.) trete mit einer Rate α auf. Gesucht ist die Wahrscheinlichkeit dafür, dass in einem gegebenen Zeitraum t das Ereignis k-mal auftritt. Die zugehörige Zufallsvariable X, die alle natürlichen Zahlen annehmen kann, also einen abzählbaren Ergebnisraum hat, ist POISSON-verteilt mit Parameter $\lambda = \alpha \cdot t$.

2. Nach dem Grenzwertsatz von POISSON konvergiert die Binomialverteilung bei konstantem $\lambda = n \cdot p$ für $n \to \infty$ gegen die POISSON-Verteilung mit Parameter λ. Das heißt, dass man für große n und entsprechend kleine p die Wahrscheinlichkeiten einer binomialverteilten Zufallsvariable hinreichend genau mit der POISSON-Verteilung berechnen kann. Für $n \geq 50$ und $p \leq 0.05$ ist diese Approximation hinreichend gut, etwa bei folgendem

Beispiel:

Ein BERNOULLI-Experiment mit Erfolgswahrscheinlichkeit $p = 0.05$ werde 50mal durchgeführt. Gesucht ist die Wahrscheinlichkeit dafür, dass es zwei Erfolge gibt.

Exakte Rechnung mit Bi(50, 0.05) liefert $p(X = 2) = \binom{50}{2} \cdot 0.05^2 \cdot 0.95^{48} = 0.2611$, während sich bei der Näherung mit der POISSON-Verteilung mit Parameter $\lambda = 2.5$ $p(X = 2) = \frac{2.5^2}{2!} \cdot e^{-2.5} = 0.2565$ ergibt, also ein brauchbarer Näherungswert.

Wir wollen nun Erwartungswert und Varianz der POISSON-Verteilung berechnen. Wie bei der geometrischen Verteilung sind hier wieder unendliche Summen zu untersuchen, wir benutzen diesmal, dass $e^x = \sum_{k=0}^{\infty} \frac{x^k}{k!}$ für alle $x \in \mathbb{R}$ gilt:

Mit $x = \lambda$ und einer Summationsindexverschiebung ergibt sich nun für den Erwartungswert:

$$\mathrm{E}[X] = \sum_{k=0}^{\infty} k \cdot \frac{\lambda^k}{k!} e^{-\lambda} = e^{-\lambda} \sum_{k=1}^{\infty} k \cdot \frac{\lambda^k}{k!} = e^{-\lambda} \lambda \sum_{k=1}^{\infty} \frac{\lambda^{k-1}}{(k-1)!} = e^{-\lambda} \lambda \sum_{k=0}^{\infty} \frac{\lambda^k}{k!} = e^{-\lambda} \lambda e^{\lambda} = \lambda$$

und genauso für die Varianz:

$$\mathrm{Var}(X) = \mathrm{E}[X^2] - (\mathrm{E}[X])^2 = \sum_{k=0}^{\infty} k^2 \cdot \frac{\lambda^k}{k!} e^{-\lambda} - \lambda^2 = e^{-\lambda} \sum_{k=1}^{\infty} k^2 \cdot \frac{\lambda^k}{k!} - \lambda^2$$

$$= e^{-\lambda} \sum_{k=2}^{\infty} k(k-1) \cdot \frac{\lambda^k}{k!} + \sum_{k=1}^{\infty} k \cdot \frac{\lambda^k}{k!} \cdot e^{-\lambda} - \lambda^2$$

$$= e^{-\lambda} \lambda^2 \sum_{k=2}^{\infty} \frac{\lambda^{k-2}}{(k-2)!} + \lambda - \lambda^2 = e^{-\lambda} \lambda^2 e^{\lambda} + \lambda - \lambda^2 = \lambda$$

Für die POISSON-Verteilung sind also Erwartungswert und Varianz gleich, nämlich gleich dem Parameter λ.

Wir betrachten nun das am Beginn dieses Abschnitts beschriebene Rundungsbeispiel: Prinzipiell ist für den echten Wert a bei ganzzahliger Rundung auf $\bar{a}$ jede reelle Zahl aus $[\bar{a} - 0.5, \bar{a} + 0.5[$ möglich. Wir gehen vernünftigerweise davon aus, dass jeder Wert aus diesem Intervall gleich wahrscheinlich ist.

Versuchen wir nun, für die Zufallsvariable „X = wahrer Wert" wie oben eine Wahrscheinlichkeit $p(X = a) > 0$ anzugeben, so sehen wir sofort die Schwierigkeit: Da „$X \in [\bar{a} - 0.5, \bar{a} + 0.5[$" das sichere Ereignis ist, muss die Summe über alle Einzelwahrscheinlichkeiten 1 ergeben, was bei überabzählbar vielen gleichen positiven Summanden nicht möglich ist, das heißt wir haben hier nur die Möglichkeit, dass $p(X = a) = 0$ ist, und zwar für jedes einzelne a, obwohl natürlich das Ereignis „$X = a$" nicht unmöglich ist! Wir haben hier also folgende scheinbar paradoxe Situation:

Die Aussage „Ist das Ereignis A unmöglich, so ist seine Wahrscheinlichkeit 0.", die sich unmittelbar aus den Kolmogoroff-Axiomen ergibt, lässt sich nicht umkehren, das heißt, die Aussage „Hat ein Ereignis A die Wahrscheinlichkeit 0, so ist es unmöglich." ist im Allgemeinen falsch, genauer gesagt gilt sie nur für die bisher behandelten diskreten Verteilungen.

Um in unserem Beispiel trotzdem auf elementare Weise eine vernünftige Wahrscheinlichkeitsverteilung zu erhalten, verallgemeinern wir die Fragestellung ein wenig:

Gegeben seien zwei reelle Zahlen a und b mit $a < b$. Die Zufallsvariable X nehme jeden Wert aus[2] $[a, b]$ mit gleicher Wahrscheinlichkeit an, Zahlen außerhalb des Intervalls können nicht angenommen werden. Da, wie oben ausgeführt, „Einzelwahrscheinlichkeiten" nicht vernünftig anzugeben sind, bestimmen wir für jedes feste $x \in \,]a, b[$ die Wahrscheinlichkeit dafür, dass X Werte in $[a, x]$ hat. Würden wir dazu ein entsprechendes Zufallsexperiment sehr oft ausführen, so würden wir wegen der geforderten gleichmäßigen Verteilung auf das Intervall $[a, b]$ erwarten, dass die relative Häufigkeit h der Ereignisse, in das Teilintervall $[a, x]$ zu fallen, dessen Anteil am Gesamtintervall entspricht, das heißt wir haben

$$h = \frac{\text{Länge von}\,[a, x]}{\text{Länge von}\,[a, b]} = \frac{x - a}{b - a} = \frac{1}{b - a} \cdot (x - a)\,.$$

Der letzte Ausdruck ist ein vernünftiges Maß für die Wahrscheinlichkeit, dass die Zufallsvariable X Werte kleiner oder gleich x annimmt, da Werte kleiner als a sowieso nicht angenommen werden. Wir definieren also für jedes $x \in \,]a, b[$:

$$p(X \leq x) = \frac{1}{b - a} \cdot (x - a)$$

Dass dies vernünftig ist, zeigt sich auch beim Einsetzen der Eckpunkte – es ergeben sich 0 bzw. 1.

Das oben stehende Produkt lässt sich aber auch als Flächeninhalt eines Rechtecks interpretieren (siehe Bild 10.7.1).

---

[2] Ob ein oder beide Eckpunkte des Intervalls zum Bereich gehören, ist unerheblich, da die Wahrscheinlichkeit, einen bestimmten Einzelwert anzunehmen, sowieso 0 ist.

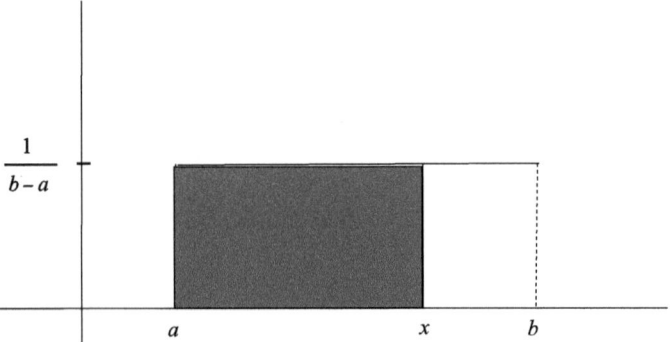

Bild 10.7.1: Dichtefunktion der Gleichverteilung

Diese Fläche wiederum lässt sich nach 9.1 als Integral der konstanten Funktion vom Werte $\frac{1}{b-a}$ berechnen. Um der Tatsache Rechnung zu tragen, dass X außerhalb von $[a, b]$ sowieso keinen Wert annehmen kann, erweitern wir den Definitionsbereich der zu integrierenden Funktion durch Nullsetzen dort auf ganz $\mathbb{R}$ und erhalten:

Mit $f : \mathbb{R} \to \mathbb{R}$, definiert durch

$$f(t) = \begin{cases} \frac{1}{b-a} & \text{für } t \in [a, b] \\ 0 & \text{für } t \notin [a, b] \, , \end{cases}$$

lässt sich die gesuchte Wahrscheinlichkeit angeben als

$$p(X \le x) = \int\limits_{-\infty}^{x} f(t)dt \, .$$

Das Integral ist ein so genanntes *uneigentliches Integral*, worunter man den Grenzwert von bestimmten Integralen im folgenden Sinne versteht:

$$\int\limits_{-\infty}^{b} f(x)dx = \lim_{a \to -\infty} \int\limits_{a}^{b} f(x)dx \quad \text{bzw.} \quad \int\limits_{a}^{\infty} f(x)dx = \lim_{b \to \infty} \int\limits_{a}^{b} f(x)dx \, .$$

Auch wenn alle bestimmten Integrale $\int_{a}^{b} f(x)dx$ existieren, muss wegen des anschließenden Grenzprozesses das unbestimmte nicht existieren. Für die Existenz des – beidseitig – unbestimmten Integrals $\int_{-\infty}^{\infty} f(x)dx$ müssen die beiden unbestimmten Integrale $\int_{-\infty}^{0} f(x)dx$ und $\int_{0}^{\infty} f(x)dx$ existieren – das gesuchte Integral ergibt sich dann als Summe der beiden.

Damit erhalten wir die

Definition:

Gegeben sei eine Funktion $f : \mathbb{R} \to \mathbb{R}$ mit

a) $f(t) \geq 0$ für alle $t \in \mathbb{R}$,

b) $\displaystyle\int_{-\infty}^{\infty} f(t)dt = 1$.

Die Wahrscheinlichkeitsverteilung der Zufallsvariablen X lasse sich für jedes $x \in \mathbb{R}$ angeben als

$$p(X \leq x) = \int_{-\infty}^{x} f(t)dt.$$

Dann heißt X *stetige* Zufallsvariable, die Funktion f *Dichtefunktion* von X.

Für eine stetige Zufallsvariable lässt sich die Wahrscheinlichkeit, dass sie einen Wert aus einem gegebenen Intervall $]\,a,\,b]$ (mit $a < b$) annimmt, mit Hilfe des zweiten KOLMOGOROFF-Axioms sowie mit den Rechenregeln für bestimmte Integrale wie folgt angeben:

$$p(X \leq b) = p(X \leq a) + p(a < X \leq b)$$

$$\Leftrightarrow \quad p(a < X \leq b) = p(X \leq b) - p(X \leq a)$$

$$= \int_{-\infty}^{b} f(t)dt - \int_{-\infty}^{a} f(t)dt = \int_{-\infty}^{a} f(t)dt + \int_{a}^{b} f(t)dt - \int_{-\infty}^{a} f(t)dt = \int_{a}^{b} f(t)dt$$

Die Wahrscheinlichkeit, dass eine stetige Zufallsvariable Werte zwischen a und b annimmt, lässt sich also durch das bestimmte Integral $\int_{a}^{b} f(t)dt$ berechnen. Da, wie oben bereits bemerkt, für jedes $x \in \mathbb{R}$ $p(X = x) = 0$ ist, ist es egal, ob das Intervall offen, halboffen oder abgeschlossen ist.

Offensichtlich ist die oben behandelte Zufallsvariable X, die die ganzzahlige Rundung beschreibt, stetig, denn ihre Dichtefunktion $f(t)$ ist stets ≥ 0, und es gilt außerdem:

$$\int_{-\infty}^{\infty} f(t)dt = \int_{-\infty}^{a} \underbrace{f(t)}_{=0}\, dt + \int_{a}^{b} f(t)dt + \int_{b}^{\infty} \underbrace{f(t)}_{=0}\, dt = 0 + \int_{a}^{b} \frac{1}{b-a}dt + 0 = \frac{b-a}{b-a} = 1$$

X heißt – genauso wie im bereits im Abschnitt 10.5 behandelten endlichen Fall – *gleichverteilt* (auf $[a, b]$).

Wenn wir die Begriffe „Erwartungswert" und „Varianz" vom diskreten auf den stetigen Fall übertragen wollen, so müssen wir uns die Analogie klar machen: Was im diskreten Fall die Wahrscheinlichkeit eines Einzelwerts ist, entspricht im stetigen Fall der Dichtefunktion, die – endliche oder unendliche – Summe wird nun durch das Integral ersetzt. Wir erhalten so die

Definition:

Es sei X eine stetige Zufallsvariable mit Dichtefunktion $f: \mathbb{R} \to \mathbb{R}$. Dann definiert man:

(i) $\mu = E[X] = \int\limits_{-\infty}^{\infty} x f(x) \cdot dx$ heißt *Erwartungswert* (*Mittelwert*) von X.

(ii) Ist μ der Erwartungswert von X, so definiert man die *Varianz* von X als

$\sigma^2 = \text{Var}(X) = \int\limits_{-\infty}^{\infty} (x - \mu)^2 f(x) \cdot dx$, die Wurzel daraus heißt wie früher *Standardabweichung*.

Es sei darauf hingewiesen, dass es wie im unendlichen diskreten Fall auch Beispiele stetiger Zufallsvariablen gibt, die keinen Erwartungswert und/oder keine Varianz haben, da das uneigentliche Integral in der Definition nicht unbedingt existieren muss.

Wir wollen nun diese Größen bei einer Gleichverteilung mit der Dichtefunktion f, gegeben durch

$$f(t) = \begin{cases} \frac{1}{b-a} & \text{für } t \in [a, b] \\ 0 & \text{für } t \notin [a, b] \end{cases}$$

berechnen. Aufgrund der Definition (die Dichtefunktion hat nur auf einem beschränkten Intervall von 0 verschiedene Werte) existieren Erwartungswert und Varianz; sie ergeben sich zu:

$$\mu = E[X] = \int\limits_{-\infty}^{\infty} x f(x) \cdot dx = \int\limits_{a}^{b} x \frac{1}{b-a} \cdot dx = \frac{1}{b-a} \left[\frac{1}{2} x^2 \right]_a^b = \frac{1}{2} \frac{b^2 - a^2}{b-a} = \frac{1}{2}(a+b)$$

sowie

$$\sigma^2 = \text{Var}(X) = \int\limits_{-\infty}^{\infty} (x - \mu)^2 f(x) \cdot dx = \frac{1}{b-a} \left(\int\limits_{a}^{b} x^2 \cdot dx - 2 \int\limits_{a}^{b} x \mu \cdot dx + \int\limits_{a}^{b} \mu^2 \cdot dx \right)$$

$$= \frac{1}{b-a} \left(\left[\frac{1}{3} x^3 \right]_a^b - (a+b) \left[\frac{1}{2} x^2 \right]_a^b + \frac{1}{4}(a+b)^2 (b-a) \right)$$

$$= \frac{1}{3}(a^2 + ab + b^2) - \frac{1}{2}(a+b)^2 + \frac{1}{4}(a+b)^2 = \frac{1}{3}(a^2 + ab + b^2) - \frac{1}{4}(a^2 + 2ab + b^2)$$

$$= \frac{(b-a)^2}{12}$$

Das Ergebnis für den Erwartungswert ist nicht überraschend, denn $\mu = \frac{1}{2}(a+b)$ ist ja tatsächlich der <u>Mittel</u>wert (arithmetisches Mittel) von a und b.

Wir wollen nun noch zwei weitere wichtige Beispiele stetiger Verteilungen kurz behandeln – auf eine Herleitung der Formeln soll hier verzichtet werden.

1. Exponentialverteilung

Mit festem $\alpha \in \mathbb{R}^+$ sei $f : \mathbb{R} \to \mathbb{R}$ gegeben durch

$$f(t) = \begin{cases} \alpha \cdot e^{-\alpha t} & \text{für } t \geq 0 \\ 0 & \text{für } t < 0] \end{cases}.$$

Die Zufallsvariable X, gegeben durch

$$p(X \leq x) = \int\limits_{-\infty}^{x} f(t)dt ,$$

heißt *exponentialverteilt* mit Parameter α.

Um zu zeigen, dass auf diese Weise eine stetige Verteilung definiert ist, dass also f eine Dichtefunktion ist, muss nur nachgewiesen werden, dass $\int_{-\infty}^{\infty} f(t)dt = 1$ ist, da wegen $\alpha > 0$ die Funktion $f(t)$ keine negativen Werte annimmt. Da auf $\mathbb{R}^-$ $f(t) = 0$ ist, ergibt sich für das Integral:

$$\int\limits_{-\infty}^{\infty} f(t)dt = \int\limits_{0}^{\infty} \alpha \cdot e^{-\alpha t}dt = \lim_{b \to \infty} \int\limits_{0}^{b} \alpha \cdot e^{-\alpha t}dt = \lim_{b \to \infty}\left[-e^{-\alpha t}\right]_0^b = \lim_{b \to \infty}\left(\underset{\to 0}{\underline{-e^{-\alpha b}}} + 1\right) = 1$$

Die Exponentialverteilung ist ein einfaches und besonders häufig vorkommendes Beispiel einer so genannten *Lebensdauerverteilung*. Die stetige Zufallsvariable X gibt dabei die Lebensdauer eines „Systems" (zum Beispiel einer Maschine, eines Bauteils, auch eines Menschen etc.) an, welches zum Zeitpunkt $x = 0$ (Beginn der Betrachtung) intakt ist. Für positive x gibt also $F(x) = p(X \leq x) = \int_{-\infty}^{x} f(t)dt$ die Wahrscheinlichkeit dafür an, dass das System bis zum Zeitpunkt x ausgefallen ist.

Die Komplementärwahrscheinlichkeit $R(x) = 1 - F(x)$ heißt *Intaktwahrscheinlichkeit*; sie gibt die Wahrscheinlichkeit dafür an, dass zum Zeitpunkt x das System noch intakt ist.

Die Exponentialverteilung wendet man als Lebensdauerverteilung für Systeme mit zeitlich konstanter Ausfallrate α an. Eine solche liegt vor, wenn zu jedem beliebigen Zeitpunkt x die Wahrscheinlichkeit, im folgenden Zeitintervall der Länge Δx auszufallen, die gleiche ist, anders formuliert:

Für alle x und alle Δx aus $\mathbb{R}^+$ ist

$$p(X > x + \Delta x \mid X > x) = p(X > \Delta x) .$$

Dies gilt für viele technische Systeme, die ihre „Kinderkrankheiten" überwunden haben und bei denen die „Alterungserscheinungen" noch nicht eingesetzt haben, also im „eingeschwungenen Zustand", wo die Ausfallrate als zeitlich konstant angenommen wird. Dieser Bereich wird üblicherweise heuristisch ermittelt.

Für die Lebensdauer des Systems „Mensch" ist die Annahme einer konstanten Ausfallrate allerdings unrealistisch. Lebensversicherungen wählen hier – ebenfalls heuristisch ermittelte – Ausfallraten, die durch relativ einfache monoton wachsende, von der Zeit abhängige Funktionen $\lambda(t)$ dargestellt werden.

Die oben definierte Exponentialverteilung besitzt Erwartungswert und Varianz, und zwar ist $E[X] = \frac{1}{\alpha}$ und $\text{Var}[X] = \frac{1}{\alpha^2}$, also $\mu = \sigma = \frac{1}{\alpha}$. Der Beweis ist eine gute Übung zur Integralrechnung – wir überlassen ihn Ihnen zur Übung.

Ist M die heuristisch ermittelte mittlere Ausfallzeit eines Systems, so erhält man, da der (theoretische) Mittelwert ja $\mu = \frac{1}{\alpha}$ ist, bequem den Parameter α der Exponentialverteilung als Kehrwert der mittleren Ausfallzeit.

2. Normalverteilung

Die meist gebrauchte stetige Verteilung ist die Normalverteilung. Da die hierfür benötigten Integrationstechniken nicht elementar sind und weit über den Rahmen eines Vorkurses hinausgehen, beschränken wir uns hier auf die Mitteilung von Ergebnissen.

Für feste $\mu \in \mathbb{R}$ und $\sigma \in \mathbb{R}^+$ ist durch $f(x) = \dfrac{1}{\sigma\sqrt{2\pi}} \cdot e^{-\frac{(x-\mu)^2}{2\sigma^2}}$ eine Dichtefunktion gegeben (Beweis unterbleibt, da nicht elementar zu führen!). Die damit durch

$$F(x) = p(X \leq x) = \int_{-\infty}^{x} \frac{1}{\sigma\sqrt{2\pi}} \cdot e^{-\frac{(t-\mu)^2}{2\sigma^2}} \, dt$$

gegebene stetige Zufallsvariable X heißt *normalverteilt* mit Parametern μ und σ.

In Bild 10.7.2 ist der Verlauf solcher GAUSSschen Glockenkurven mit unterschiedlichen σ-Werten dargestellt.

Eine nicht ganz elementare Rechnung zeigt, dass die Normalverteilung Erwartungswert und Varianz besitzt, und zwar genau die Parameterwerte μ und σ^2 – die Parameterbezeichnungen waren also nicht zufällig so gewählt!

Eine besondere Rolle für das praktische Rechnen spielt die so genannte *Standardnormalverteilung*, die man mit den Parametern $\mu = 0$ und $\sigma = 1$ erhält.

Die Zufallsvariable wird dann meist mit Z und die Dichtefunktion mit $\varphi(t)$ statt $f(t)$ bezeichnet, statt $F(x)$ schreibt man meist $\phi(x)$.

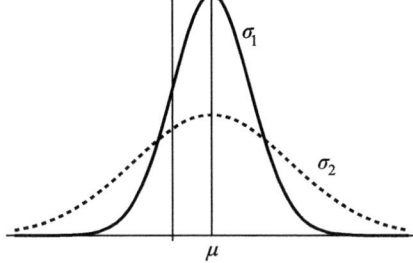

Bild 10.7.2: Dichtefunktion der Normalverteilung mit verschiedenen Varianzen ($\sigma_1 < \sigma_2$)

Damit gilt für jedes $x \in \mathbb{R}$:

$$p(Z \leq x) = \int_{-\infty}^{x} \frac{1}{\sqrt{2\pi}} \cdot e^{-\frac{t^2}{2^2}} \, dt =: \phi(x).$$

Dieses Integral lässt sich nicht elementar berechnen, sondern nur numerisch für konkrete Werte von x auswerten. In Tabellen, die in den meisten Formelsammlungen zu finden sind, kann man diese Wahrscheinlichkeiten für ausreichend viele x-Werte nachschlagen. Die meisten Tabellen nutzen die offensichtliche Symmetrie der Dichtefunktion hinsichtlich der y-Achse aus, also dass $\phi(0) = 0.5$ ist, und enden bei $x \approx 3$, womit man keinen großen Fehler macht. Eine weitere Auflistung hätte keinen praktischen Nutzen, da zum Beispiel $\phi(3.39) = 0.9997$, also annähernd 1, ist.

Mit Hilfe dieser Tabellenwerte kann man aber auch Wahrscheinlichkeiten für normalverteilte Zufallsvariablen mit beliebigen Parametern μ und σ auf folgende Art berechnen:

Für eine beliebige stetige Verteilung ist $\quad p(a < X \leq b) = p(X \leq b) - p(X \leq a)$. $\qquad$ (4)

Wie wir in 10.6 gesehen haben, erhält man ganz allgemein aus einer Zufallsvariablen X mit Erwartungswert μ und Standardabweichung σ durch die Transformation $Z = \frac{X-\mu}{\sigma}$ die Zufallsvariable in standardisierter Form (mit Erwartungswert 0 und Varianz 1). Für diese ist die Wahrscheinlichkeitsverteilung durch $\phi(x)$ gegeben.

Durch elementare Rechnung erhält man:

$$X \leq a \quad \Leftrightarrow \quad X - \mu \leq a - \mu \quad \Leftrightarrow \quad \underbrace{\frac{X-\mu}{\sigma}}_{=Z} \leq \frac{a-\mu}{\sigma}$$

Damit und mit (4) ergibt sich:

$$p(a < X \leq b) = p\left(\underbrace{\frac{X-\mu}{\sigma}}_{=Z} \leq \frac{b-\mu}{\sigma}\right) - p\left(\underbrace{\frac{X-\mu}{\sigma}}_{=Z} \leq \frac{a-\mu}{\sigma}\right) = \phi\left(\frac{b-\mu}{\sigma}\right) - \phi\left(\frac{a-\mu}{\sigma}\right)$$

Wie man die Normalverteilung praktisch anwendet, zeigt etwa das folgende

Beispiel:
Die Füllmenge pro Flasche einer automatischen Getränkeabfüllanlage kann als normalverteilte Zufallsvariable X angesehen werden, dabei ist der Mittelwert μ die Sollfüllmenge, die Standardabweichung σ ist ein Maß für die Ungenauigkeit der Anlage, sie wird meist heuristisch ermittelt.

Es sollen nun Mineralwasserflaschen (Sollfüllmenge 0.7 Liter) mit einer Anlage abgefüllt werden, deren Standardabweichung $5\,\mathrm{cm}^3$ beträgt. Flaschen, deren Inhalt um mehr als $10\,\mathrm{cm}^3$ vom Sollwert abweichen, werden aussortiert. Wir interessieren uns für die Wahrscheinlichkeit p, eine Flasche zu akzeptieren.

Gesucht ist also $p(690 \leq X \leq 710)$ einer mit $\mu = 700$ und $\sigma = 5$ normalverteilten Zufallsvariablen X. Laut obiger allgemeiner Formel ist

$$p = p(690 \leq X \leq 710) = \phi\left(\frac{710 - 700}{5}\right) - \phi\left(\frac{690 - 700}{5}\right) = \phi(2) - \phi(-2)$$

$\phi(2)$ erhält man aus der Tabelle; wegen der bezüglich 0 symmetrischen Dichtefunktion der Standardnormalverteilung gilt für alle $x \in \mathbb{R}$: $\phi(-x) = 1 - \phi(x)$. Damit ist

$$p = \phi(2) - (1 - \phi(2)) = 2\phi(2) - 1 = 2 \cdot 0.9772 - 1 = 0.9544 \approx 95\,\%\,.$$

Zweifellos ist dies die „klassische" Anwendung der Normalverteilung – Sie können sich sicher leicht viele ähnlich gelagerte Beispiele – nicht nur aus der Technik – vorstellen.

Aber auch als „Approximationsverteilung" ist die Normalverteilung von überragender Bedeutung.

Sei etwa X binomialverteilt mit Parametern n und p, so ist für entsprechend große Werte von k die Berechnung von $p(X = k)$ wegen des Binomialkoeffizienten und der unangenehmen Potenzen recht aufwendig.

Da hilft der Grenzwertsatz von DE MOIVRE–LAPLACE, der besagt, dass sich die Binomialverteilung durch eine Normalverteilung approximieren lässt, genauer:

$$p(X = k) \approx \frac{1}{\sqrt{2\pi}\sqrt{np(1-p)}} e^{-\frac{(k-np)^2}{2np(1-p)}}$$

$p(X = k)$ kann also durch die Dichtefunktion einer mit den Parametern $\mu = np$ und $\sigma^2 = np(1-p)$ normalverteilten Zufallsvariablen näherungsweise dargestellt werden.

Für $k_1, k_2 \in \{0, \ldots, n\}$ gilt darüber hinaus:

$$p(k_1 \leq X \leq k_2) = \sum_{k=k_1}^{k_2} \binom{n}{k} p^k (1-p)^{n-k} \approx \phi\left(\frac{k_2 + 0.5 - np}{\sqrt{np(1-p)}}\right) - \phi\left(\frac{k_1 - 0.5 - np}{\sqrt{np(1-p)}}\right)$$

Man beachte die so genannte „Stetigkeitskorrektur" ± 0.5 im Argument von ϕ, auf deren Zustandekommen wir hier allerdings nicht näher eingehen wollen.

Die Erfahrung zeigt, dass die Binomialverteilung mit den Parametern n und p gut durch eine Normalverteilung mit $\mu = n \cdot p$ und $\sigma = \sqrt{n \cdot p \cdot (1-p)}$ approximiert werden kann, wenn $n \cdot p \cdot (1-p) > 9$ ist, insbesondere also in den Fällen von p nahe $\frac{1}{2}$, die von der POISSON-Verteilung nicht „abgedeckt" werden.

Aber auch dann, wenn eine Verteilung gänzlich unbekannt ist, der Verlauf ihrer Dichtefunktion aber grob einer GAUSSschen Glockenkurve ähnelt, also an den Rändern (fast) 0 ist, nimmt man gerne die Normalverteilung als hinreichend gute Approximation. Dies ist zum Beispiel immer dann der Fall, wenn sich die betrachtete Zufallsvariable X als Summe (vieler) unabhängiger identisch verteilter Zufallsvariablen darstellen lässt.

10.8 Übungsaufgaben

1. Leiten Sie aus den KOLMOGOROFF-Axiomen unter Benutzung der in 1.2 behandelten Gesetze zur Mengenlehre die folgenden Regeln für Wahrscheinlichkeiten her:

(i) $p(\emptyset) = 0$

(ii) $p\left(\sum_{i=1}^{n} A_i\right) = \sum_{i=1}^{n} p(A_i)$

  (Dabei bezeichnet $\sum_{i=1}^{n} A_i$ die Vereinigung paarweise disjunkter Mengen.)

(iii) $p(\overline{A}) = 1 - p(A)$

(iv) $A \subseteq B \quad \Rightarrow \quad p(A) \leq p(B)$

(v) $p(A \cup B) = p(A) + p(B) - p(A \cap B)$

(vi) $p(A \cup B \cup C) = p(A) + p(B) + p(C) - p(A \cap B) - p(A \cap C) - p(B \cap C) + p(A \cap B \cap C)$

(vii) $p\left(\bigcup_{i=1}^{n} A_i\right) \leq \sum_{i=1}^{n} p(A_i)$

2. Es seien A_1, A_2 und A_3 drei <u>unabhängige</u> Ereignisse, für alle sei $p(A_i) = 0.9$. Ferner sei $B := A_1 \cup A_2 \cup A_3$ und $C := A_1 \cup A_2$.

Berechnen Sie:

  (i) $p(C)$ (ii) $p(B)$ (iii) $p(C \cap A_3)$ (iv) $p(B|\overline{A}_3)$

<u>Hinweis:</u> Sie benötigen, dass aus der Unabhängigkeit von A_i und A_j auch die von A_i und $\overline{A}_j$ folgt. Warum gilt das?

3. Von drei Ereignissen A, B und C sei folgendes bekannt:

a) Mindestens eines der drei tritt stets ein.
b) A und C schließen sich gegenseitig aus.
c) A und B sind unabhängig voneinander.
d) B und C sind unabhängig voneinander.
e) $p(A) = 0.3$, $p(B) = 0.4$.

Berechnen Sie $p(C)$, $p(A|\overline{C})$ und $p(B \cup C|A)$.

4. Wir werfen gleichzeitig mit zwei Würfeln. Die Zufallsvariable X gebe die maximale Augenzahl an. Geben Sie in geeigneten Ereignisräumen Ω_1 und Ω_2 jeweils diejenigen Ereignisse ω an, für die $X(\omega) = 3$ ist, und zwar

(i) wenn beide Würfel weiß sind und
(ii) wenn ein Würfel grün und der andere rot ist.

5. In einer Urne befinden sich insgesamt acht Kugeln, und zwar sechs rote und zwei schwarze. Wir ziehen eine Kugel und legen dafür eine Kugel der anderen Farbe in die Urne zurück. Anschließend wiederholen wir diesen Vorgang. Wir ziehen dann ein drittes Mal.

(i) Wie groß ist die Wahrscheinlichkeit, dass diese Kugel rot ist?
(ii) Wie groß ist die Wahrscheinlichkeit, dass die erste gezogene Kugel rot war, wenn diese Kugel schwarz ist?

6. Die Firma MEMOREKK, Hersteller von Speicherplatinen, führt die Qualitätskontrolle bei den ihr von den verschiedenen Chipherstellern gelieferten Chips stets nach dem gleichen Prüfplan durch:

Bei einer neuen Lieferung wird eine beliebige Stichprobe mit 5 Chips entnommen, um sie genauestens zu überprüfen. Sind alle intakt, so wird die gesamte Lieferung akzeptiert, ist mehr als einer defekt, so wird sie insgesamt zurückgeschickt. Ist genau ein Chip defekt, so wird eine neue Stichprobe – diesmal vom Umfang 10 – entnommen. Enthält diese keinen defekten Chip, so wird die Lieferung akzeptiert, ansonsten endgültig verworfen.

(i) Wie groß ist die Wahrscheinlichkeit, dass eine Lieferung der Firma MAGIC SILICON, deren Ausschussanteil üblicherweise 1 % enthält, dabei akzeptiert wird?
(ii) Der Marktneuling CALP (Chips at lowest price) hat von diesem Prüfverfahren gehört und bietet seine Produkte, die im Durchschnitt zu 10 % Ausschuss sind, der Firma MEMOREKK an, verlangt jedoch, dass eine Lieferung nur dann zurückgewiesen werden darf, wenn eine Zufallsstichprobe aus 8 Chips mehr als einen defekten enthält. Mit welchem Prüfverfahren „fährt CALP besser"?

7. Bei der Herstellung von Bratpfannen weisen 6 % der produzierten Stücke einen Fehler in der Antihaftbeschichtung, 4 % eine Durchbiegung des Bodens und 9 % einen Oberflächenfehler auf. Die beschriebenen Fehler treten unabhängig voneinander auf. Hat eine Pfanne <u>nur</u> einen Oberflächenfehler, so kann sie noch als Sonderangebot mit Preisnachlass verkauft werden, tritt einer der anderen Fehler auf, so ist das Produkt Ausschuss.

  (i) Wie groß ist der zu erwartende Anteil einwandfreier Pfannen?

  (ii) Wie hoch ist der Ausschussanteil?

  (iii) Zu welchem Preis können die Pfannen, die nur einen Oberflächenfehler aufweisen, verkauft werden, wenn die einwandfreien zum Stückpreis von 30 Euro in den Handel kommen und jede <u>produzierte</u> Pfanne durchschnittlich 26.20 Euro einbringen soll?

8. Berechnen Sie Erwartungswert und Varianz der hypergeometrischen Verteilung.

9. Wir würfeln zweimal. Dabei sei X die minimale Augenzahl. Wie groß ist $E[X]$?

10. Zeigen Sie: $cov(X, Y) = 0 \quad \Leftrightarrow \quad E[X \cdot Y] = E[X] \cdot E[Y]$

11. Bei der Überprüfung einer Serie von 100 000 Druckplatten wurde festgestellt, dass 3340 unbrauchbar waren.

  (i) Geben Sie an, wie die Zufallsvariable „X = Anzahl der defekten unter 60 zufällig ausgewählten (verschiedenen) Druckplatten" exakt verteilt ist.

  (ii) Berechnen Sie durch geeignete Approximation obiger Verteilung die Wahrscheinlichkeit dafür, dass unter den 60 ausgewählten mindestens 4 defekt sind.

12. Dem Besitzer eines reichlich betagten Automobils ist bekannt, dass die Batterie mit einer Wahrscheinlichkeit von 50 % in Ordnung ist und dass die Zündkerzen jeweils mit einer Wahrscheinlichkeit von 80 % funktionieren. Außerdem weiß er, dass sein Fahrzeug genau dann anspringt, wenn die Batterie und mindestens 3 der 4 Zündkerzen funktionieren. Alle Ereignisse können als unabhängig voneinander angesehen werden.

  (i) Wie groß ist die Wahrscheinlichkeit p, dass sein Auto anspringt?

  (ii) Geben Sie die Verteilung der Zufallsvariablen „X = Anzahl der Startversuche bis zum (ersten) Anspringen" an. Sie können dabei davon ausgehen, dass das Ergebnis jedes Startversuchs unabhängig von den anderen ist und sich die Intaktwahrscheinlichkeiten der einzelnen Bauteile nicht ändern. Um das „krumme" Ergebnis aus (i) nicht verwenden zu müssen, setzen Sie der Einfachheit halber hier $p = 0.4$. Wie groß ist die Wahrscheinlichkeit, dass er mehr als drei Startversuche braucht?

13. Zeigen Sie, dass die in 10.7 definierte Exponentialverteilung Erwartungswert und Varianz besitzt, und zwar ist $E[X] = \frac{1}{\alpha}$ und $\text{Var}[X] = \frac{1}{\alpha^2}$.

<u>Hinweis</u>: Benutzen Sie die partielle Integration sowie ohne Beweis die Tatsache, dass

$$\lim_{x \to \infty} \frac{x^n}{e^{\alpha x}} = 0$$

ist (für beliebige $n \in \mathbb{N}$ und $\alpha \in \mathbb{R}^+$).

14. Eine Kfz -Werkstatt hat festgestellt, dass die Reparaturdauer eines Fahrzeugs exponentialverteilt ist und die mittlere Reparaturdauer 3 Stunden beträgt.

   (i) Geben Sie für die Zufallsvariable „X = Reparaturdauer eines Fahrzeugs" die Verteilung $p(X \leq x)$ (mit $x \in \mathbb{R}$) sowie deren Varianz σ^2 an. Wie groß ist hier $E[X]$?

   (ii) Ist die Wahrscheinlichkeit, dass ein Fahrzeug länger als drei Stunden repariert wird, größer oder kleiner als diejenige, dass es vor dem Ablauf von drei Stunden fertig ist, oder sind beide Wahrscheinlichkeiten gleich? Wie groß ist die Wahrscheinlichkeit, dass die Reparatur <u>genau</u> drei Stunden dauert?

   (iii) Wie groß ist die Wahrscheinlichkeit, dass ein Fahrzeug in weniger als zwei Stunden repariert ist?

   (iv) In der Werkstatt werden täglich von 8 bis 16 Uhr an insgesamt 6 Plätzen gleichzeitig Fahrzeuge ohne Unterbrechung repariert (Pausen sollen in dieser Rechnung vernachlässigt werden!). Wie groß ist die Wahrscheinlichkeit, dass von den sechs Fahrzeugen, mit deren Reparatur um 8 Uhr begonnen wurde, um 10 Uhr erst höchstens eins repariert ist?

15. Man hat 1000 Kugeln und zwei Schachteln A und B. In A passen 520 Kugeln, in B 510. Wie groß ist die Wahrscheinlichkeit, dass beim zufälligen Verteilen aller Kugeln auf die beiden Schachteln keine Kugel übrig bleibt?

11 Lösungen der Übungsaufgaben

11.1 Nützliche Grundlagen

1.

A	B	$\overline{A}$	$\overline{B}$	$A \Rightarrow B$	$\neg(A \Rightarrow B)$	$A \wedge \overline{B}$	$\overline{A} \vee B$
w	w	f	f	w	f	f	w
w	f	f	w	f	w	w	f
f	w	w	f	w	f	f	w
f	f	w	w	w	f	f	w
1	2	3	4	5	6	7	8

Spalten 3 und 4 sind durch Negation von erster bzw. zweiter entstanden. Die fünfte Spalte wiederholt die Definition der Implikation, die sechste ist deren Negation. Spalte 7 entsteht mittels Konjunktion aus 1 und 4, Spalte 8 mittels Disjunktion aus 2 und 3. Da die Spalten 5 und 8 bzw. 6 und 7 jeweils die gleichen Wahrheitswerteverteilungen aufweisen, sind die entsprechenden logischen Ausdrücke äquivalent.

2. zu zeigen: $(A \Rightarrow B) \Leftrightarrow (\overline{B} \Rightarrow \overline{A})$ und $(A \Leftrightarrow B) \Leftrightarrow ((A \Rightarrow B) \wedge (B \Rightarrow A))$

A	B	$\overline{A}$	$\overline{B}$	$A \Rightarrow B$	$\overline{B} \Rightarrow \overline{A}$	$B \Rightarrow A$	$(A \Rightarrow B) \wedge (B \Rightarrow A)$	$A \Leftrightarrow B$
w	w	f	f	w	w	w	w	w
w	f	f	w	f	f	w	f	f
f	w	w	f	w	w	f	f	f
f	f	w	w	w	w	w	w	w
1	2	3	4	5	6	7	8	9

Spalten 3 und 4 sind durch Negation von erster bzw. zweiter entstanden. Die fünfte Spalte enthält die Definition von $A \Rightarrow B$, die neunte die von $A \Leftrightarrow B$. Sechste und siebte Spalte ergeben sich durch die Wahrheitswerteverteilung der Implikation, anschließend die achte mittels Konjunktion aus fünfter und siebter. Schließlich stellen wir fest, dass die Wahrheitswerte in fünfter und sechster bzw. achter und neunter Spalte sich entsprechen, womit die beiden Gesetze nachgewiesen sind.

https://doi.org/10.1515/9783110526868-011

3. zu zeigen: $A \wedge (B \vee C) \quad \hat{=} \quad (A \wedge B) \vee (A \wedge C)$

A	B	C	B ∨ C	A ∧ (B ∨ C)	A ∧ B	A ∧ C	(A ∧ B) ∨ (A ∧ C)
w	w	w	w	**w**	w	w	**w**
w	f	w	w	**w**	f	w	**w**
f	w	w	w	**f**	f	f	**f**
f	f	w	w	**f**	f	f	**f**
w	w	f	w	**w**	w	f	**w**
w	f	f	f	**f**	f	f	**f**
f	w	f	w	**f**	f	f	**f**
f	f	f	f	**f**	f	f	**f**

zu zeigen: $A \vee (B \wedge C) \quad \hat{=} \quad (A \vee B) \wedge (A \vee C)$

A	B	C	B ∧ C	A ∨ (B ∧ C)	A ∨ B	A ∨ C	(A ∨ B) ∧ (A ∨ C)
w	w	w	w	**w**	w	w	**w**
w	f	w	f	**w**	w	w	**w**
f	w	w	w	**w**	w	w	**w**
f	f	w	f	**f**	f	w	**f**
w	w	f	f	**w**	w	w	**w**
w	f	f	f	**w**	w	w	**w**
f	w	f	f	**f**	w	f	**f**
f	f	f	f	**f**	f	f	**f**

zu zeigen: $(A \Leftrightarrow B) \wedge (B \Leftrightarrow C) \quad \hat{=} \quad (A \Rightarrow B) \wedge (B \Rightarrow C) \wedge (C \Rightarrow A)$

A	B	C	A ⇔ B	B ⇔ C	li. Seite.	A ⇒ B	B ⇒ C	C ⇒ A	re. Seite
w	w	w	w	w	**w**	w	w	w	**w**
w	f	w	f	f	**f**	f	w	w	**f**
f	w	w	f	w	**f**	w	w	f	**f**
f	f	w	w	f	**f**	w	w	f	**f**
w	w	f	w	f	**f**	w	f	w	**f**
w	f	f	f	w	**f**	f	w	w	**f**
f	w	f	f	f	**f**	w	f	w	**f**
f	f	f	w	w	**w**	w	w	w	**w**

4. Damit $(A \Rightarrow B) \wedge A$ wahr ist, muss A wahr sein. Damit $A \Rightarrow B$ auch wahr ist, muss zusätzlich B wahr sein. Ansonsten ist die Aussage falsch, sie entspricht somit $A \wedge B$. Analog: $(A \Rightarrow B) \wedge \overline{A} \stackrel{\wedge}{=} \overline{A}$, $(A \Rightarrow B) \wedge B \stackrel{\wedge}{=} B$ und $(A \Rightarrow B) \wedge \overline{B} \stackrel{\wedge}{=} \overline{A} \wedge \overline{B}$.

A	B	$\overline{A}$	$\overline{B}$	$A \Rightarrow B$	$A \wedge B$	$\overline{A} \wedge \overline{B}$	(i)	(ii)	(iii)	(iv)
w	w	f	f	w	w	f	w	f	w	f
w	f	f	w	f	f	f	f	f	f	f
f	w	w	f	w	f	f	w	w	f
f	f	w	w	w	f	w	f	w	f	w

5. (i) Wir formalisieren zunächst die Aussage „Alle Informatikstudenten sind bärtig und haben schwarze Haare.", führen die Negation dann formal durch und „übersetzen" schließlich die verneinte Aussage in Umgangssprache:

Mit dem Einsetzungsbereich E = Menge aller Informatikstudenten haben wir die beiden Aussageformen:

$B(x) \stackrel{\wedge}{=}$ „x ist bärtig" und $S(x) \stackrel{\wedge}{=}$ „x hat schwarze Haare"

Wir negieren also die gegebene All-Aussage $\forall x\colon (B(x) \wedge S(x))$ und erhalten daraus die Existenz-Aussage $\exists x\colon \neg (B(x) \wedge S(x)) \stackrel{\wedge}{=} \exists x\colon \left(\overline{B(x)} \vee \overline{S(x)}\right)$, im Klartext: „Es gibt (mindestens) einen Informatikstudenten, der keinen Bart oder keine schwarzen Haare hat."

(ii) Analog „Es gibt einen Elektrotechnikstudenten, der aus Nürnberg oder Würzburg stammt.":

E = Menge aller Elektrotechnikstudenten, $N(x) \stackrel{\wedge}{=}$ „x stammt aus Nürnberg", $W(x) \stackrel{\wedge}{=}$ „x stammt aus Würzburg";

gegebene Existenz-Aussage: $\quad \exists x\colon (N(x) \vee W(x))$

gesuchte Verneinung: $\quad \forall x\colon \neg (N(x) \vee W(x)) \stackrel{\wedge}{=} \forall x\colon \left(\overline{N(x)} \wedge \overline{W(x)}\right)$,

anders: „Alle Elektrotechnikstudenten stammen weder aus Nürnberg noch aus Würzburg."

(iii) „Für alle natürlichen Zahlen gilt: Wenn $a < b$ ist, so ist $a^2 < b^2$." wird formalisiert mittels E = Menge aller natürlichen Zahlen und den zweistelligen Aussageformen $A(a, b) \stackrel{\wedge}{=} (a < b)$ und $B(a, b) \stackrel{\wedge}{=} (a^2 < b^2)$ zu: $\forall a, b\colon (A(a, b) \Rightarrow B(a, b))$.

Gesuchte Verneinung: $\exists a, b\colon (A(a, b) \wedge \neg B(a, b))$, also $\exists a, b\colon (a < b) \wedge (a^2 \geq b^2)$, im Klartext: Es gibt natürliche Zahlen a und b mit $a < b$, aber $a^2 \geq b^2$ (eine offensichtlich falsche Aussage!)

6. Mit $A = \{1, 2, 3\}$ und $B = \{2, 4, 6, 8, 10\}$ ergibt sich:

$A \cap B = \{2\}$, $A \cup B = \{1, 2, 3, 4, 6, 8, 10\}$, $A \setminus B = \{1, 3\}$ und $B \setminus A = \{4, 6, 8, 10\}$.

$A \times B = \{(1, 2), (1, 4), \dots, (1, 10), (2, 2), \dots, (2, 10), (3, 2), \dots, (3, 10)\}$

$B \times A = \{(2, 1), (4, 1), \dots, (10, 1), (2, 2), \dots, (10, 2), (2, 3), \dots, (10, 3)\}$

7. Da A zwei Elemente hat, besitzt die Potenzmenge von A $2^2 = 4$ Elemente, nämlich die einelementigen Teilmengen $\{a\}$ und $\{b\}$, die Menge A selbst sowie die leere Menge. Also: $\mathbb{P}(A) = \{\{a\}, \{b\}, \{a, b\}, \emptyset\}$.

Auch B besitzt zwei Elemente, wobei man zwischen dem Element a und der einelementigen Menge $\{a\}$ unterscheiden muss. Man erhält demnach die Potenzmenge von B am einfachsten dadurch, dass man in $\mathbb{P}(A)$ einfach b durch $\{a\}$ ersetzt:

$$\mathbb{P}(B) = \{\{a\}, \{\{a\}\}, \{a, \{a\}\}, \emptyset\}.$$

Die leere Menge C besitzt nur sich selbst als Teilmenge, also $\mathbb{P}(C) = \{\emptyset\}$.

Es ist $D = \{\emptyset\} = \mathbb{P}(C)$ (s. o.), besitzt also als einelementige Menge nur die leere Menge und sich selbst als Teilmengen: $\mathbb{P}(D) = \{\emptyset, \{\emptyset\}\}$.

Unter Benutzung von $\mathbb{P}(A)$ erhält man nun mit $a = \emptyset$, $b = \{\emptyset\}$:

$$E = \mathbb{P}(D) = \{\{\emptyset\}, \{\{\emptyset\}\}, \{\emptyset, \{\emptyset\}\}, \emptyset\}.$$

8. (i) $\quad M = ((A \cap B) \cup (\overline{A} \cap B)) \cup (A \cap \overline{B})$

$\qquad\qquad = ((A \cup \overline{A}) \cap B) \cup (A \cap \overline{B})$ $\qquad$ (Distributivgesetz)

$\qquad\qquad = B \cup (A \cap \overline{B})$ $\qquad\qquad\qquad$ (wegen $A \cup \overline{A} = G$ und $G \cap B = B$)

$\qquad\qquad = (B \cup A) \cap (B \cup \overline{B})$ $\qquad\qquad$ (Distributivgesetz)

$\qquad\qquad = B \cup A$ $\qquad\qquad\qquad\qquad$ (wegen $B \cup \overline{B} = G$ und $G \cap X = X$)

$\qquad\qquad = A \cup B$ $\qquad\qquad\qquad\qquad$ (Kommutativgesetz)

(ii) Neben dem Distributivgesetz benutzen wir noch die folgenden Regeln:

$$(X \cap Y) \subseteq X \text{ bzw. } (X \cap Y) \subseteq Y \text{ sowie } (X \subseteq Y) \Rightarrow (X \cup Y = Y).$$

$$N = [(A \cap (\overline{A} \cup B)) \cup (B \cap (B \cup C))] \cup [B \cap C]$$

$$= [(A \cap \overline{A}) \cup (A \cap B)) \cup ((B \cap B) \cup (B \cap C))] \cup [B \cap C]$$

$$= [(\emptyset \cup (A \cap B)) \cup (B \cup (B \cap C))] \cup [B \cap C]$$

$$= [(A \cap B) \cup B] \cup [B \cap C]$$

$$= B \cup [B \cap C]$$

$$= B$$

9. Es bezeichne B die Menge aller Bier- und W die Menge aller Weintrinker. Mit dem VENN-Diagramm für die Vereinigung zweier Mengen (siehe Bild 1.2.2) machen wir uns klar, dass $B \cup W = (B \setminus W) \cup (W \setminus B) \cup (B \cap W)$ ist. Dies ist eine so genannte *disjunkte* Vereinigung, das heißt, dass alle paarweisen Durchschnitte die leere Menge ergeben, anders ausgedrückt: Jedes Element von B und W kommt in dieser Darstellung genau einmal vor, die Elementzahlen der drei beteiligten Mengen addieren sich zur Gesamtzahl.

Laut Aufgabenstellung hat $B \cap W$ 42 Elemente; da B 75 und W 68 Elemente hat, bleiben somit für $B \setminus W$ noch $75 - 42 = 33$ und für $W \setminus B$ 26 übrig. Nach obigen Überlegungen hat $B \cup W$ dann $42 + 33 + 26 = 101$ Elemente. Dies widerspricht der Tatsache, dass nur 99 Personen befragt wurden (bei denen es zudem sicher noch zusätzlich Antialkoholiker gegeben hat, die in keiner der genannten Mengen vorkommen). Das Ergebnis der Umfrage muss also falsch sein!

10. $\binom{12}{2} = 66$

11. $\binom{22}{11} : 2 = 352716$

12. $\binom{12}{5} = 792$

13. Teilchen-Fächer-Modell mit $k = 4$ unterscheidbaren Teilchen, $n = 10$ Fächer:

Anzahl ohne Mehrfachbelegung: $\qquad\qquad 10 \cdot 9 \cdot 8 \cdot 7 = 5040$

Anzahl, wenn Mehrfachbelegung erlaubt: $\quad 10^4$

Also: $\quad P = 5040 : 10000 = 0.504$

11.2 Elementare Arithmetik

1. (i) $\dfrac{x^2 + y^2}{xy} = \dfrac{x}{y} + \dfrac{y}{x}$; x, y, z müssen $\neq 0$ sein.

(ii) $\dfrac{1}{4(x+y)}$; x und y müssen $\neq 0$ und $x \neq -y$ sein.

(iii) $\dfrac{1}{2}$; es muss $x \neq y$ und $x \neq -y$ sein, damit alle „kleinen" Nenner von 0 verschieden sind, damit auch der Nenner des „großen" Bruchs nicht 0 wird, müssen zusätzlich x und $y \neq 0$ sein.

(iv) $\dfrac{3^n}{2^{2n+m}(x-y)^n(x+y)^m}$; es muss $x \neq y$ und $x \neq -y$ sein.

(v) $\dfrac{y^2}{\sqrt{2x^2 - 2xy + y^2}}$; es dürfen x und y nicht beide gleichzeitig 0 sein, denn: $(x - y)^2 + x^2 = 2x^2 - 2xy + y^2$ ist als Summe von Quadraten stets ≥ 0, die vorkommenden Wurzeln existieren also immer. Da die eine jedoch im Nenner vorkommt, ist auch 0 auszuschließen; es darf also nicht gleichzeitig $x = 0$ und $x = y$ gelten.

2. (i) Da $-ab$ das (eindeutig bestimmte) additiv inverse Element zu ab ist, muss nur gezeigt werden, dass $(-a) \cdot b$ ebenfalls die Eigenschaft besitzt, zu ab addiert, 0 zu ergeben: $ab + (-a)b = (a + (-a)) \cdot b = 0 \cdot b = 0$ (mit Distributivgesetz). Mit $a = 1$ ergibt sich daraus der zweite Teil.

(ii) Nach Definition der Subtraktion ist $a - (-b) = a + (-(-b)) = a + b$.

(iii) Argumentation wie in (i) unter Benutzung von Kommutativ- und Assoziativgesetz:
$(-a - b) + (a + b) = (-a) + (-b) + a + b = ((-a) + a) + ((-b) + b) = 0 + 0 = 0$

(iv) $\frac{1}{d} \cdot \frac{1}{e}$ ist invers zu de, denn: $\left(\frac{1}{d} \cdot \frac{1}{e}\right) \cdot (de) = \left(\frac{1}{d} \cdot d\right)\left(\frac{1}{e} \cdot e\right) = 1 \cdot 1 = 1$, also ist $\frac{1}{d} \cdot \frac{1}{e} = \frac{1}{de}$. Damit ist nach Definition der Division und mit Assoziativ- und Kommutativgesetz $\frac{a}{d} \cdot \frac{b}{e} = \left(a \cdot \frac{1}{d}\right) \cdot \left(b \cdot \frac{1}{e}\right) = (a \cdot b) \cdot \left(\frac{1}{d} \cdot \frac{1}{e}\right) = (a \cdot b) \cdot \frac{1}{de} = \frac{ab}{de}$

3. (i) $\sqrt{3}$ (ii) $\dfrac{5\sqrt{15} + 1}{11}$ (iii) $\dfrac{3\sqrt{7} - \sqrt{14}}{7}$

4. (i) -2 (ii) 3 (iii) $(\lg 2)^2 + \lg 5 \cdot \underbrace{\lg 20}_{=\lg 2 + \lg 10} = \lg 2 \underbrace{(\lg 2 + \lg 5)}_{} + \lg 5 = 1$
                                                              $=\lg 10 = 1$

(iv) $\dfrac{1}{8}$ (v) $\dfrac{5}{3}$ (vi) 5 (vii) $-\dfrac{3}{8}$

(viii) $\dfrac{1}{2} \ln\left(\dfrac{y}{x} + \sqrt{\dfrac{y^2}{x^2} - 1}\right) - \dfrac{1}{2} \ln \dfrac{1}{y - \sqrt{y^2 - x^2}} + \ln \sqrt{x} = \ln \dfrac{\sqrt{\frac{y}{x} + \sqrt{\frac{y^2}{x^2} - 1}} \cdot \sqrt{x}}{\sqrt{\frac{1}{y - \sqrt{y^2 - x^2}}}} = \ln x$

5. (i) $\dbinom{8}{5} = \dfrac{8 \cdot 7 \cdot \cancel{6} \cdot \cancel{5} \cdot \overbrace{(8 - (5 - 1))}^{= \cancel{4}}}{1 \cdot \cancel{2} \cdot \cancel{3} \cdot \cancel{4} \cdot \cancel{5}} = 8 \cdot 7 = 56$

(ii) $\dbinom{100}{98} = \dfrac{100 \cdot 99 \cdot 98 \cdot \ldots \cdot \cancel{4} \cdot \cancel{3}}{1 \cdot 2 \cdot \cancel{3} \cdot \ldots \cdot 98} = \dfrac{100 \cdot 99}{2} = 4950$

(iii) $\dbinom{100}{98} = \dfrac{100 \cdot 99}{1 \cdot 2} = 4950$

(iv) $\dbinom{100}{100} = \dfrac{100 \cdot 99 \cdot \ldots \cdot 2 \cdot 1}{1 \cdot 2 \cdot \ldots \cdot 99 \cdot 100} = 1$

(v) $\dfrac{\binom{n}{k+1}}{\binom{n}{k}} = \dfrac{n \cdot (n-1) \cdot \ldots \cdot (n-k)}{1 \cdot 2 \cdot \ldots \cdot k \cdot (k+1)} \cdot \dfrac{1 \cdot 2 \cdot \ldots \cdot k}{n \cdot (n-1) \cdot \ldots \cdot (n-k-1)} = \dfrac{n-k}{k+1}$

6. Mit $n = k + l$ ist also $\binom{n}{k} = \binom{n}{l}$ zu zeigen: Für $l = k$ ist dies klar; für $l \neq k$ nehmen wir $l < k$ an ($l > k$ geht analog durch Vertauschen von k und l):

$$\binom{n}{k} = \frac{n \cdot (n-1) \cdot \ldots \cdot \overbrace{(n-l+1)}^{=k} \cdot \overbrace{(n-l)}^{} \cdot \ldots \cdot (n-k+1)}{1 \cdot 2 \cdot \ldots \cdot l \cdot \underbrace{(l+1)}_{=l+1} \cdot \ldots \cdot k}$$

$$= \frac{n \cdot (n-1) \cdot \ldots \cdot (n-l+1)}{1 \cdot 2 \cdot \ldots \cdot l} = \binom{n}{l}$$

7. (i) $\displaystyle\sum_{k=10}^{25} (k+1)^2 - 2 \sum_{k=12}^{28} (k-2) = \sum_{k=10}^{25} (k^2 + 2k + 1) - 2 \sum_{k=10}^{26} k$

$$= \sum_{k=10}^{25} (k^2 + 1) - 2 \cdot 26$$

$$= \sum_{k=10}^{25} k^2 + \underbrace{\sum_{k=10}^{25} 1}_{=16} - 52 = 5204$$

(ii) $\displaystyle\sum_{k=2}^{101} (k+2) + \sum_{k=4}^{103} (k-3)^2 = \sum_{k=4}^{103} k + \sum_{k=1}^{100} k^2 = 343700$

8. $|15xy - 5x^2| = |5x| \cdot |3y - x| \leq |5x| \cdot (|3y| + |x|) \leq 10 \cdot 11 = 110$;

$|15xy - 5x^2| = |5x| \cdot |3y - x| \geq |5x| \cdot ||3y| - |x|| \geq 5 \cdot 1 = 5$

9. $(2x+1)^4 = 16x^4 + 32x^3 + 24x^2 + 8x + 1$;

$(x-y)^5 = \displaystyle\sum_{k=0}^{5} \binom{5}{k} \cdot x^{5-k}(-y)^k = x^5 - 5x^4 y + 10x^3 y^2 - 10x^2 y^3 + 5xy^4 - y^5$

10. Nur Induktionsschluss (Rest selbst!):

$$\sum_{k=1}^{n+1} k^2 = \sum_{k=1}^{n} k^2 + (n+1)^2 \underset{\text{(IA)}}{=} \frac{n(n+1)(2n+1)}{6} + (n+1)^2$$

$$= \frac{1}{6}(n+1)\,(n(2n+1) + 6(n+1))$$

$$= \frac{1}{6}(n+1)(2n^2 + 7n + 6) = \frac{(n+1)(n+2)(2n+3)}{6}$$

11. Induktionsanfang: für $n = 0$: $11^0 - 6 = -5$ ist durch 5 teilbar.
Induktionsannahme: $11^n - 6$ ist durch 5 teilbar, etwa $11^n - 6 = 5l$.
Induktionsschluss:

$$11^{n+1} - 6 = 11 \cdot 11^n - 6 = 10 \cdot 11^n + \underbrace{11^n - 6}_{=5l} = 5 \cdot (2 \cdot 11^n + l) = 5 \cdot l',$$

also durch 5 teilbar.

12. Induktionsanfang: für $n = 0$: Die leere Menge hat nur sich selbst als Teilmenge, insgesamt also $2^0 = 1$ Teilmengen.

Induktionsannahme: Jede n-elementige Menge hat 2^n Teilmengen.

Induktionsschluss: E sei M eine beliebige $(n + 1)$-elementige Menge, a ein beliebiges Element aus M. Dann ist $N = M \setminus \{a\}$ eine n-elementige Menge, die also nach Induktionsannahme 2^n Teilmengen besitzt. Da nach Konstruktion in keiner dieser Teilmengen das Element a enthalten ist, erhält man nochmals 2^n Teilmengen von M, indem man zu jeder Teilmenge von N das Element a hinzufügt. M hat also insgesamt $2^n + 2^n = 2^{n+1}$ verschiedene Teilmengen.

13. Bei der Vereinfachung der komplexen Zahlen z_i werden die üblichen von $\mathbb{R}$ her bekannten Rechenregeln angewandt; j wird dabei wie eine reelle Variable behandelt, zusätzlich ist $j^2 = -1$. Um „Nenner reell zu machen", wird der gesamte Bruch mit der konjugiert komplexen Zahl des Nenners erweitert. Es ergeben sich:

$$z_1 = 1 + 7j \quad ; \quad z_2 = -2 - 2j \quad ; \quad z_3 = -\frac{6}{5} + \frac{2}{5}j \quad ; \quad z_4 = 1 \quad ; \quad z_5 = \frac{56}{5} - \frac{53}{5}j$$

14. Für die EULERsche Darstellung der komplexen Zahl $z = a + bj$ benötigt man Betrag r und Argument φ von z, die sich aus Realteil a und Imaginärteil b wie folgt berechnen lassen: $r = \sqrt{a^2 + b^2}$ und $\varphi = \arctan \frac{b}{a} + \kappa$ wobei der „Korrekturwinkel" κ vom jeweiligen Quadranten abhängt (vgl. Abschnitt 2.5). Damit ergeben sich:

$$z_1 = 5 \cdot e^{0.927j}; \quad z_2 = 2 \cdot \sqrt{3} \cdot e^{-\frac{\pi}{6}j} = 3.464 \cdot e^{-0.524j}; \quad z_3 = 17.321 \cdot e^{0.404j}.$$

15. Nach Definition ist $e^{j\varphi} = \cos \varphi + j \sin \varphi$ (eine Unterscheidung der Quadranten ist nicht notwendig!). Damit ergeben sich:

$$z_1 = 6 \left(\frac{1}{2} + j\frac{1}{2} \sqrt{3} \right) = 3 + 5.196j;$$

$$z_2 = -2\sqrt{2} - 2j\sqrt{2} = -2.828 - 2.828j;$$

$$z_3 = 0.540 + 0.841j$$

(Bogenmaß beachten!).

16. Verknüpfungstafeln in $\mathbb{Z}_6$:

+	$\bar{0}$	$\bar{1}$	$\bar{2}$	$\bar{3}$	$\bar{4}$	$\bar{5}$
$\bar{0}$	$\bar{0}$	$\bar{1}$	$\bar{2}$	$\bar{3}$	$\bar{4}$	$\bar{5}$
$\bar{1}$	$\bar{1}$	$\bar{2}$	$\bar{3}$	$\bar{4}$	$\bar{5}$	$\bar{0}$
$\bar{2}$	$\bar{2}$	$\bar{3}$	$\bar{4}$	$\bar{5}$	$\bar{0}$	$\bar{1}$
$\bar{3}$	$\bar{3}$	$\bar{4}$	$\bar{5}$	$\bar{0}$	$\bar{1}$	$\bar{2}$
$\bar{4}$	$\bar{4}$	$\bar{5}$	$\bar{0}$	$\bar{1}$	$\bar{2}$	$\bar{3}$
$\bar{5}$	$\bar{5}$	$\bar{0}$	$\bar{1}$	$\bar{2}$	$\bar{3}$	$\bar{4}$

$\cdot$	$\bar{0}$	$\bar{1}$	$\bar{2}$	$\bar{3}$	$\bar{4}$	$\bar{5}$
$\bar{0}$	$\bar{0}$	$\bar{0}$	$\bar{0}$	$\bar{0}$	$\bar{0}$	$\bar{0}$
$\bar{1}$	$\bar{0}$	$\bar{1}$	$\bar{2}$	$\bar{3}$	$\bar{4}$	$\bar{5}$
$\bar{2}$	$\bar{0}$	$\bar{2}$	$\bar{4}$	$\bar{0}$	$\bar{2}$	$\bar{4}$
$\bar{3}$	$\bar{0}$	$\bar{3}$	$\bar{0}$	$\bar{3}$	$\bar{0}$	$\bar{3}$
$\bar{4}$	$\bar{0}$	$\bar{4}$	$\bar{2}$	$\bar{0}$	$\bar{4}$	$\bar{2}$
$\bar{5}$	$\bar{0}$	$\bar{5}$	$\bar{4}$	$\bar{3}$	$\bar{2}$	$\bar{1}$

Additiv invers zueinander sind diejenigen Elemente, bei denen in der Additionstafel sich $\bar{0}$ ergibt, also $\bar{0}$ und $\bar{3}$ zu sich selbst, $\bar{1}$ zu $\bar{5}$ und $\bar{2}$ zu $\bar{4}$. Allgemein gilt: $\bar{k}$ ist additiv invers zu $\overline{n-k}$.

Aus der Multiplikationstafel suchen wir alle diejenigen Stellen, die $\bar{1}$ als Ergebnis haben. Dies ist nur bei $\bar{1} \cdot \bar{1}$ und $\bar{5} \cdot \bar{5}$ der Fall, alle anderen beitzen also kein multiplikativ inverses Element.

17. Multiplikativ inverse Elemente in $\mathbb{Z}_7$: $\bar{1}$ und $\bar{6}$ jeweils zu sich selbst, $\bar{2}$ zu $\bar{4}$ und $\bar{3}$ zu $\bar{5}$.

$$\frac{\bar{3}}{\bar{6}} = \bar{3} \cdot \frac{\bar{1}}{\bar{6}} = \bar{3} \cdot \bar{6} = \bar{4}; \qquad -\frac{\bar{2}}{\bar{5}} = -\bar{2} \cdot \frac{\bar{1}}{\bar{5}} = -\bar{2} \cdot \bar{3} = -\bar{6} = \bar{1} \quad \text{und} \quad \frac{\bar{3}}{\bar{6}} - \frac{\bar{2}}{\bar{5}} = \bar{4} + \bar{1} = \bar{5}.$$

Andererseits:

$$\frac{\bar{3} \cdot \bar{5} - \bar{2} \cdot \bar{6}}{\bar{6} \cdot \bar{5}} = \frac{\bar{3}}{\bar{2}} = \bar{3} \cdot \bar{4} = \bar{5}.$$

18. Es ist stets

$$\bar{1} \cdot \bar{1} = \bar{1} \quad \text{und} \quad \overline{m-1} \cdot \overline{m-1} = \overline{(m-1)^2} = \overline{m^2 - 2m + 1} = \overline{m^2} - \overline{2m} + \bar{1} = \bar{1}.$$

$\overline{m^2}$ und $\overline{2m}$ sind beide gleich $\bar{0}$, da ihre Repräsentanten durch m teilbar sind.

11.3 Gleichungen und Ungleichungen

1. (i) $x_1 = 1, x_2 = -10$

(ii) $x_1 = \frac{1}{2}\sqrt{3}, x_2 = -2\sqrt{3}$

(iii) keine Lösung

(iv) $x_1 = 1, x_2 = 7, x_3 = -4$

(v) $x_1 = -2, x_2 = -\frac{3}{2} + \frac{1}{2}\sqrt{57}, x_3 = -\frac{3}{2} - \frac{1}{2}\sqrt{57}$

(vi) $x_1 = -1, x_2 = 3, x_3 = -5$; $(x + 1)$ lässt sich zweimal „herausdividieren"!

(vii) hat keine Lösung, was sich durch Substitution $y := x^2$ zeigen lässt.

(viii) Substitution $y := x^7$; $x_1 = \sqrt[7]{\frac{3}{4} + \frac{1}{4}\sqrt{113}}$, $x_2 = -\sqrt[7]{-\frac{3}{4} + \frac{1}{4}\sqrt{113}}$

(ix) Substitution $y := x^4$; Ausklammern von $(y - 2)$; $x_1 = \sqrt[4]{2}, x_2 = -\sqrt[4]{2}, x_3 = \frac{1}{2}\sqrt[4]{8}$, $x_4 = -\frac{1}{2}\sqrt[4]{8}$

2. Ist a positiv (negativ) und c negativ (positiv), ist $-4ac \geq 0$. Da $b^2 \geq 0$ stets gilt, ist dann die Diskriminante $b^2 - 4ac \geq 0$. Die Gleichung ist also lösbar, das Vorzeichen von b hat keinen Einfluss.

3. Untersuchung der Diskriminante $4 - 4t^2 = 4(1 - t^2)$; die Gleichung hat

(i) keine Lösung, falls $|t| > 1$, das heißt $t \in \mathbb{R} \setminus [-1, 1]$,
(ii) genau die eine Lösung $x = t$, falls $|t| = 1$, das heißt $t \in \{-1, 1\}$ und
(iii) genau die beiden Lösungen $x_{1/2} = 1 \pm \sqrt{1 - t^2}$, falls $|t| < 1$, das heißt $t \in \,]-1, 1[$.

4. Nach 4 Sekunden: $s \approx \frac{1}{2} \cdot 9.81\,\text{ms}^{-2} \cdot 16\,\text{s}^2 \approx 78.48\,\text{m}$.

$$t = \sqrt{\frac{2s}{g}} \text{ (negative Lösung hier sinnlos!); bei } s = 100\,\text{m}: t \approx \sqrt{\frac{2 \cdot 100\,\text{m}}{9.81\,\text{ms}^{-2}}} \approx 4.5\,\text{s}$$

5. (i) $D = \mathbb{R} \setminus \{-3\}, L = \{-2, 10\}$
   (ii) $D = \mathbb{R} \setminus \{-2, 4\}, L = \left\{\frac{3}{2} + \frac{1}{2}\sqrt{41}, \frac{3}{2} - \frac{1}{2}\sqrt{41}\right\}$
   (iii) rechter Nenner ist $(x + 5) \cdot \left(x - \frac{1}{2}\right)$; $D = \mathbb{R} \setminus \left\{-5, \frac{1}{2}\right\}, L = \emptyset (-5 \notin D!)$

6. Probe nicht vergessen! Definitionsbereich so wählen, dass unter den Wurzeln nichts Negatives steht!

(i) $D = \left[-\frac{1}{2}, 1\right]$; $x = 1$
(ii) $D = \left[-\frac{1}{3}, \infty\right[$; $x_1 = 0, x_2 = 1$
(iii) $D = [6, \infty[$; $x_1 = 7, x_2 = -\frac{7}{3} \notin D$
(iv) $D = [6, \infty[$; keine Lösung: $x_1 = 7$ besteht Probe nicht, $x_2 = -\frac{7}{3} \notin D$!
(v) $D = [-1, 1]$; keine Lösung!

7. (i) $x = 5$
   (ii) $x_1 = \frac{1}{6}, x_2 = \frac{11}{4}$
   (iii) $x_1 = \sqrt{2}, x_2 = -\sqrt{2}, x_3 = 2, x_4 = -2$
   (iv) $x_1 = -10, x_2 = \frac{9}{2} - \frac{1}{2}\sqrt{73}$

8. (i) $L = \{(1, 2, 3)\}$

(ii) $L = \{(3 - t, 2 - t, t) \mid t \in \mathbb{R}\}$

(iii) $L = \emptyset$

(iv) $L = \{(2, -1), (-2, 1)\}$

9. Das Gleichungssystem hat nur Lösungen für $t \in \{1, -1\}$. Dann gilt:

$$L = \{(s, 3t - 2s) \mid s \in \mathbb{R}\}$$

10. Sei $a :=$ „Alter von Jean-Luc", $b :=$ „Alter von William". Man erhält

$$\begin{cases} a + b = 24 \\ a - 9 = 2(b - 9) \end{cases}$$

und die Lösung $b = 11$. Die Zusatzfrage war nicht ganz ernst gemeint …

11. Sei $x :=$ „Alter von Claudia", $y :=$ „Alter von Jochen" und $z :=$ „Alter von Ute". Der Ansatz

$$\begin{cases} y - x = 2 \\ x - z = 31 \\ x + y + z = 100 \end{cases}$$

führt zu $z = 12$, was der gesuchten Zahl entspricht.

12. Sei $m :=$ „Anzahl der männlichen Gäste", $w :=$ „Anzahl der weiblichen Gäste". Mit $m > w$ und

$$\begin{cases} m + w = 6 \cdot 9 \\ m \cdot w = 720 \end{cases}$$

erhält man die Lösung $w = 24$.

13. (i) $D = \mathbb{R} \setminus \{13\}, L = \left]-\infty, \frac{5}{2}\right] \cup \left]13, \infty\right[$

(ii) $D = \mathbb{R} \setminus \{0\}, L = \left]-\infty, 0\right[$

(iii) $D = \mathbb{R} \setminus \{0\}, L = \left]-\infty, 0\right[\cup \left]\frac{2}{3}, \infty\right[$

(iv) $D = \mathbb{R} \setminus \{2, -3\}, L = \left]-\infty, -8\right] \cup \left]-3, 2\right[$

(v) $D = \mathbb{R} \setminus \{-1, 2\}, L = \left]2, \infty\right[$

(vi) $D = \mathbb{R} \setminus \{1, -1\}, L = \left]-\infty, -1\right[\cup \left]1, \infty\right[$

(vii) $D = \mathbb{R} \setminus \{3\}, L = D$

14. (i) $D = \mathbb{C} \setminus \{2\}, z = -\frac{3j}{1-2j} = \frac{6}{5} - \frac{3}{5}j$

(ii) $D = \mathbb{C} \setminus \{-1\}, z = \frac{-2+j}{3-j} = -\frac{7}{10} + \frac{1}{10}j$

(iii) $D = \mathbb{C} \setminus \{1\}, z = -\frac{1}{3j} + 1 = 1 + \frac{1}{3}j$

(iv) $D = \mathbb{C} \setminus \{2j, -2j\}, z = 5 + 3j$

15. (i) Einsetzen von $z = x + jy$ und Vergleich von Real- und Imaginärteil führt zu

$$\begin{cases} x^2 + y^2 - x = 9 \\ y = 3 \, ; \end{cases}$$

die Lösungen sind $z_1 = -3j$ und $z_2 = 1 - 3j$.

(ii) Insgesamt muss $z \neq 0$ gelten. Erweitern von $\dfrac{z}{\overline{z}}$ zu $\dfrac{z^2}{z \cdot \overline{z}}$, Einsetzen von $z \cdot \overline{z} = 5$ und Substitution $z = x + jy$ führen zu

$$\begin{cases} x^2 - y^2 = 3 \\ 2xy = 4 \end{cases}$$

und zu den Lösungen $z_1 = 2 + j$ und $z_1 = -2 - j$.

16. (i) Einsetzen von $z = x + jy$ ergibt

$$\begin{cases} -x < y \\ y < 2 - x \, , \end{cases}$$

ein Punkt (x, y) muss also zwischen den beiden parallelen Geraden $y = -x$ und $y = 2 - x$ liegen (siehe Bild 11.3.1).

(ii) Einsetzen von $z = x + jy$ ergibt

$$\sqrt{(x-2)^2 + y^2} < \sqrt{(2x-1)^2 + 4y^2} \quad \Leftrightarrow \quad 1 < x^2 + y^2 \, .$$

Da $\{(x, y) \in \mathbb{R}^2 \mid x^2 + y^2 \leq 1\}$ den Einheitskreis mit Radius 1 um den Ursprung beschreibt (siehe dazu auch Abschnitt 6.4), kann die Lösung als die Menge aller Punkte **außerhalb** des Einheitskreises interpretiert werden (siehe Bild 11.3.2).

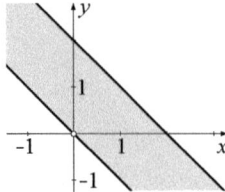

Bild 11.3.1: Zu Aufgabe 16 (i)

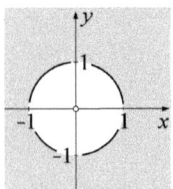

Bild 11.3.2: Zu Aufgabe 16 (ii)

11.4 Elementare Geometrie und Trigonometrie

1. Spiegelung an einer Geraden h durch Z. Der Winkel zwischen g und h beträgt $15°$.

2. Symmetrien:

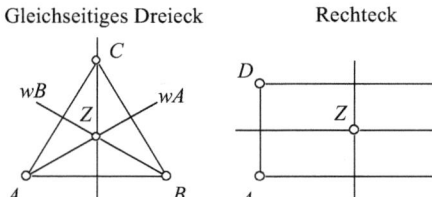

Gleichseitiges Dreieck   Rechteck

Bild 11.4.1: Symmetrien eines gleichseitigen Dreiecks und eines Rechtecks

Spiegelung an wA, wB, wC; Spiegelungen an w, s
Drehungen um Z: d120, d240; Drehung um Z: d180

Symmetrien des Dreiecks:

	d0	d120	d240	wA	wB	wC
d0	d0	d120	d240	wA	wB	wC
d120	d120	d240	d0	wB	wC	wA
d240	d240	d0	d120	wC	wA	wB
wA	wA	wC	wB	d0	d240	d120
wB	wB	wA	wC	d120	d0	d240
wC	wC	wB	wA	d240	d120	d0

Symmetrien des Rechtecks:

	d0	d180	w	s
d0	d0	d180	w	s
d180	d180	d0	s	w
w	w	s	d0	d180
s	s	w	d180	d0

3. Kathetensatz:
$$a^2 = q \cdot c$$
$$h^2 = a^2 - q^2$$
$$h^2 = b^2 - p^2 = c^2 - a^2 - p^2 \quad \Rightarrow$$
$$a^2 - q^2 = c^2 - a^2 - p^2 \quad \Rightarrow$$
$$2a^2 = c^2 - p^2 + q^2 = c^2 - (c - q)^2 + q^2 \quad \Rightarrow$$
$$a^2 = q \cdot c$$

Höhensatz:
$$h^2 = p \cdot q$$
$$h^2 = a^2 - q^2 = q \cdot c - q^2 = q(c - q) = q \cdot p$$

4.

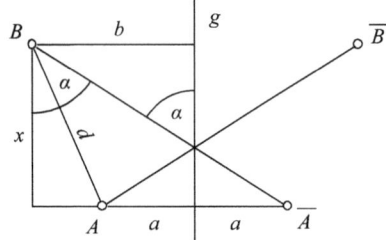

Bild 11.4.2: Eishockey

Die „virtuellen" Punkte $\overline{A}$ und $\overline{B}$ entstehen durch Spiegelung von A und B an der Geraden g.

$$\tan \alpha = \frac{b + a}{x} \quad \Rightarrow \quad x = 9.99 \, [m]$$
$$d^2 = x^2 + (b - a)^2 \quad \Rightarrow \quad d = 10.77 \, [m]$$

5. x sei die Länge der gemeinsamen Dreiecksseite.

$$\frac{x}{\sin \alpha} = \frac{s}{\sin (180° - \alpha - \beta)} \quad \Rightarrow \quad x = 8.152 \, [km]$$
$$\frac{x}{\sin (180° - \delta - \gamma)} = \frac{t}{\sin \gamma} \; ; \quad t = 5.240 \, [km]$$

11.5 Elementare Funktionen

1. Mittels der Definition $\mathbb{G} := \{(x, y) \in M \times N \mid y = f(x)\}$ ist klar, dass jeweils die erste Komponente x eines Paars (x, y) in $\mathbb{G}$ jeweils dem Argument, die zweite Komponente y des Paars dem Bild des Arguments der Funktion – sofern es sich um eine Funktion handelt – entspricht.

(i) keine Funktion, da $5 \in M$ kein Bild zugeordnet ist;

(ii) keine Funktion, da $5 \in M$ kein eindeutiges Bild zugeordnet ist (1 oder 7);

(iii) Funktion, weder surjektiv ($7 \in N$ hat kein Urbild) noch injektiv ($1, 3, 5 \in M$ werden beispielsweise auf den gleichen Wert 1 abgebildet) und damit nicht bijektiv;

(iv) Funktion, surjektiv (jeder Wert aus N wird angenommen!), injektiv (kein Wert kommt doppelt vor!) und somit bijektiv; der Graph der Umkehrfunktion ist $\{(1, 1), (2, 3), (3, 5), (4, 2), (5, 4)\}$;

(v) Wegen $x + y = 37 \quad \Leftrightarrow \quad y = 37 - x$ entspricht die Funktion einer auf $\mathbb{Q}$ eingeschränkten linearen Funktion; surjektiv und injektiv, Graph der Umkehrfunktion $\{(x, y) \in \mathbb{Q} \times \mathbb{Q} \mid x + y = 37\} = \mathbb{G}$, also derselbe!

(vi) Funktion; weder injektiv (zum Beispiel ist $f(1) = -1 = f(3)$) noch surjektiv (zum Beispiel wird keine Zahl aus M auf $0 \in \mathbb{Z}$ abgebildet) und somit nicht bijektiv;

(vii) surjektive Funktion, nicht injektiv (wieder $f(1) = -1 = f(3)$), also nicht bijektiv;

(viii) keine Funktion, da zum Beispiel $(0, 1)$ und $(0, -1)$ in $\mathbb{G}$, also wird 0 kein eindeutiger Wert zugeordnet.

2. Seien $x, y \in \mathbb{R}$ mit $x < y$.

(i) $x < y \quad \Rightarrow \quad g(x) \leq g(y) \quad \Rightarrow \quad f(g(x)) \leq f(g(y)) \quad \Rightarrow \quad f \circ g$ wächst monoton.

(ii) $x < y \quad \Rightarrow \quad g(x) \geq g(y) \quad \Rightarrow \quad f(g(x)) \leq f(g(y)) \quad \Rightarrow \quad f \circ g$ wächst monoton.

(iii) $x < y \quad \Rightarrow \quad g(x) \geq g(y) \quad \Rightarrow \quad f(g(x)) \geq f(g(y)) \quad \Rightarrow \quad f \circ g$ fällt monoton.

(iv) $x < y \quad \Rightarrow \quad g(x) \leq g(y) \quad \Rightarrow \quad f(g(x)) \geq f(g(y)) \quad \Rightarrow \quad f \circ g$ fällt monoton.

3. Sei $x \in \mathbb{R}$.

(i) $f \circ g(-x) = f(g(-x)) = f(g(x)) = f \circ g(x) \Rightarrow f \circ g$ gerade

(ii) $f \circ g(-x) = f(-g(x)) = -f(g(x)) = -f \circ g(x) \Rightarrow f \circ g$ ungerade

(iii) $f \circ g(-x) = f(-g(x)) = f(g(x)) = f \circ g(x) \Rightarrow f \circ g$ gerade

(iv) $f \circ g(-x) = f(g(x)) = f \circ g(x) \Rightarrow f \circ g$ gerade

4. Sei $x \in \mathbb{R}$.

(i) $(f + g)(-x) = f(-x) + g(-x) = f(x) + g(x) = (f + g)(x) \quad \Rightarrow \quad f + g$ gerade

$(f \cdot g)(-x) = f(-x) \cdot g(-x) = f(x) \cdot g(x) = (f \cdot g)(x) \quad \Rightarrow \quad f \cdot g$ gerade

Vergleich: Summe und Produkt gerader Zahlen sind gerade.

(ii) $(f + g)(-x) = -f(x) - g(x) = -(f + g)(x) \quad \Rightarrow \quad f + g$ ungerade

$(f \cdot g)(-x) = (-f(x)) \cdot (-g(x)) = f(x) \cdot g(x) = (f \cdot g)(x) \quad \Rightarrow \quad f \cdot g$ gerade

Vergleich: Summe ungerader Zahlen ist gerade, Produkt ungerader Zahlen ist ungerade, also anders als bei Funktionen!

(iii) $(f + g)(-x) = f(-x) + g(-x) = f(x) - g(x) \neq \pm(f + g)(x)$ i. A.

$(f \cdot g)(-x) = f(x) \cdot (-g(x)) = -f(x) \cdot g(x) = -(f \cdot g)(x) \quad \Rightarrow \quad f \cdot g$ ungerade

Vergleich: Summe gerader und ungerader Zahl ist ungerade, Produkt gerader Zahl mit ungerader ist gerade, also anders als bei Funktionen!

5. $f(0) = f(-0) = -f(0) \quad \Rightarrow \quad f(0) = -f(0) \quad \Rightarrow \quad 2f(0) = 0 \quad \Rightarrow \quad f(0) = 0$

6. Nein, denn die Menge aller ungeraden Funktionen von $\mathbb{R}$ nach $\mathbb{R}$ und die aller geraden Funktionen von $\mathbb{R}$ nach $\mathbb{R}$ sind weder disjunkt – denn $f \colon \mathbb{R} \to \mathbb{R}$, $f(x) = 0$, ist gerade und ungerade zugleich – noch ist ihre Vereinigung die Menge aller Funktionen von $\mathbb{R}$ nach $\mathbb{R}$, denn zum Beispiel ist $f \colon \mathbb{R} \to \mathbb{R}$, $f(x) = x + 1$ weder gerade noch ungerade.

7. Definiere die Funktionen $g \colon \mathbb{R} \to \mathbb{R}$, $g(x) := \frac{1}{2}f(x) + \frac{1}{2}f(-x)$ und $u \colon \mathbb{R} \to \mathbb{R}$, $u(x) := \frac{1}{2}f(x) - \frac{1}{2}f(-x)$; g ist gerade wegen $g(-x) = \frac{1}{2}f(-x) + \frac{1}{2}f(x) = g(x)$;

u ist ungerade wegen $u(-x) = \frac{1}{2}f(-x) - \frac{1}{2}f(x) = -u(x)$ für alle $x \in \mathbb{R}$; $f = g + u$, da auf ganz $\mathbb{R}$ gilt: $g(x) + u(x) = \frac{1}{2}f(x) + \frac{1}{2}f(-x) + \frac{1}{2}f(x) - \frac{1}{2}f(-x) = f(x)$

8. Surjektivität: Sei $y_0 \in \mathbb{R}$ ein beliebiger Wert. Wegen

$$y = mx + t \quad \Leftrightarrow \quad x = \frac{1}{m}y - \frac{t}{m}$$

gilt für $x_0 = \frac{1}{m}y_0 - \frac{t}{m}$, dass $f(x_0) = y_0$ ist. Also werden alle Werte des Zielbereichs angenommen, f ist surjektiv und damit sogar bijektiv. Die Umkehrfunktion lautet:

$$f^{-1} \colon \mathbb{R} \to \mathbb{R}, \quad f^{-1}(x) = \frac{1}{m}x - \frac{t}{m}.$$

Konkret: $f^{-1}(x) = \frac{1}{2}x - 2$.

9. (i) Allgemeine Geradengleichung aus Ansatz:

$$\begin{cases} f(x_1) = y_1 \\ f(x_2) = y_2 \,, \end{cases} \quad \text{also} \quad \begin{cases} mx_1 + t = y_1 \\ mx_2 + t = y_2 \,. \end{cases}$$

Auflösen dieses linearen Gleichungssystems nach m und t liefert

$$f(x) = \frac{y_1 - y_2}{x_1 - x_2} \cdot x - \frac{y_1 - y_2}{x_1 - x_2} x_2 + y_2 = \frac{y_1 - y_2}{x_1 - x_2} \cdot (x - x_2) + y_2 \,.$$

Der Nenner ist dabei genau dann nicht Null, wenn $x_1 \neq x_2$ ist; für $x_1 = x_2$ liegen die beiden Punkte auf einer Geraden senkrecht zur x-Achse, die nicht Graph einer Funktion sein kann. Im konkreten Fall ist $f(x) = -2x$.

(ii) $|m| = \tan(60°) = \sqrt{3}$ und $m > 0$, da f monoton wächst; also $f(x) = \sqrt{3} \cdot x + t$; t erhält man aus $f(2) = 0$, also $f(x) = \sqrt{3} \cdot x - 2\sqrt{3}$

10. Die Nullstellen – falls vorhanden – sind

$$x_{1/2} = \frac{-b \pm \sqrt{b^2 - 4ac}}{2a} \,;$$

ihr Abstand ist $x_1 - x_2 = \dfrac{\sqrt{b^2 - 4ac}}{a}$; 2 Nullstellen, wenn $x_1 - x_2 \neq 0$, also wenn die Diskriminante $b^2 - 4ac > 0$ ist; 1 Nullstelle, wenn $x_1 - x_2 = 0$, also $b^2 - 4ac = 0$ ist; sonst keine Nullstellen.

11. Parabelgleichung in Scheitelform: $f(x) = a(x - x_S)^2 + y_S$; Normalparabel $\Rightarrow a = 1$; also $f(x) = (x - 2)^2 - 4 = x^2 - 4x$.

12. Scheitel in $(-2, 2)$; also $f(x) = a(x + 2)^2 + 2$; $f(-3) = 0$, also $a + 2 = 0$, somit $a = -2$; insgesamt $f(x) = -2(x + 2)^2 + 2 = -2x^2 - 8x - 6$.

13. Skizzen der Graphen von f_1 und f_2:

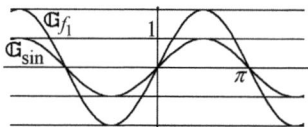

Bild 11.5.1: Graph von f_1

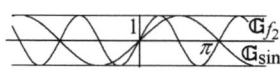

Bild 11.5.2: Graph von f_2

Vergleich f_1 und sin: $\mathbb{G}_{sin}$ wird in y-Richtung um Faktor 2 gestreckt; die maximale Auslenkung (Amplitude) wird verdoppelt, $W_{f_1} = [-2, 2]$; Periodenlänge gleich;

Vergleich f_2 und sin: $\mathbb{G}_{sin}$ wird in x-Richtung um Faktor 2 gestaucht; die Periodenlänge wird also auf π halbiert, die Amplitude bleibt unverändert;

Skizzen der Graphen von f_3 und f_4:

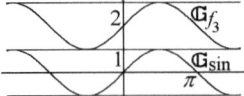

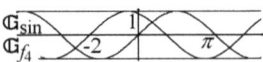

Bild 11.5.3: Graph von f_3 **Bild 11.5.4:** Graph von f_4

Vergleich f_3 und sin: $\mathbb{G}_{\sin}$ wird in y-Richtung um 2 „nach oben" verschoben; $W_{f_3} = [1, 3]$; Periodenlänge und Amplitude unverändert;

Vergleich f_4 und sin: $\mathbb{G}_{\sin}$ wird in x-Richtung um 2 „nach links" verschoben; Wertebereich, Periodenlänge und Amplitude unverändert.

14. $\sin x = \begin{cases} \sqrt{1 - \cos^2 x} & \text{für } x \in [2k\pi, (2k + 1)\pi] \\ -\sqrt{1 - \cos^2 x} & \text{für } x \in \,](2k + 1)\pi, (2k + 2)\pi[\end{cases}$, $k \in \mathbb{Z}$;   also

$$\tan x = \frac{\sin x}{\cos x} = \begin{cases} \frac{\sqrt{1 - \cos^2 x}}{\cos x} & \text{für } x \in [2k\pi, (2k + 1)\pi] \\ -\frac{\sqrt{1 - \cos^2 x}}{\cos x} & \text{für } x \in \,](2k + 1)\pi, (2k + 2)\pi[\end{cases}$$, $k \in \mathbb{Z}$.

Die rechte Seite ist auch π-periodisch, da Verschiebung im Argument von cos um π (also x auf $x+\pi$) zwar Vorzeichenwechsel des cos bewirkt, dieser durch die verschiedenen Vorzeichen des Terms auf den Teilintervallen jedoch wieder „aufgefangen" wird.

Zur Darstellung von sin: Auflösen des Ansatzes

$$\tan^2 x = \frac{\sin^2 x}{\cos^2 x} = \frac{\sin^2 x}{1 - \sin^2 x}$$

nach $\sin^2 x$ führt zu

$$\sin^2 x = \frac{\tan^2 x}{\tan^2 x + 1} \, ;$$

Berücksichtigung der Vorzeichen führt zu

$$\sin x = \begin{cases} \frac{\tan x}{\sqrt{\tan^2 x + 1}} & \text{für } x \in \,]\frac{(4k-1)}{2}\pi, \frac{(4k+1)}{2}\pi[\\ -\frac{\tan x}{\sqrt{\tan^2 x + 1}} & \text{für } x \in \,]\frac{(4k+1)}{2}\pi, \frac{(4k+3)}{2}\pi[\end{cases}$$, $k \in \mathbb{Z}$;

die Teilintervalle haben die Länge π; die unterschiedlichen Vorzeichen vor den Brüchen bewirken, dass sich die Funktionswerte von sin erst nach 2π wiederholen.

15. Auf $W_{\arcsin} = \left[-\frac{\pi}{2}, \frac{\pi}{2}\right]$ gilt:

$$\cos x = \sqrt{1 - \sin^2 x} \quad \Rightarrow \quad \cos(\arcsin x) = \sqrt{1 - (\sin \arcsin x)^2} = \sqrt{1 - x^2} \,;$$

$$\tan(\arcsin x) = \frac{\sin(\arcsin x)}{\cos(\arcsin x)} = \frac{x}{\sqrt{1 - x^2}} \,;$$

auf $W_{\arccos} = [0, \pi]$ gilt:

$$\sin x = \sqrt{1 - \cos^2 x} \quad \Rightarrow \quad \sin(\arccos x) = \sqrt{1 - \cos(\arccos x)^2} = \sqrt{1 - x^2} \,.$$

16. Seien im Folgenden $x, y \in \mathbb{R}$ und $x < y$.

(i) $\cosh^2 x - \sinh^2 x = \frac{1}{4}(e^x + e^{-x})^2 - \frac{1}{4}(e^x - e^{-x})^2 = \frac{1}{4} \cdot 4 e^x e^{-x} = 1$.

(ii) Aus (i) folgt $\cosh^2 x = 1 + \sinh^2 x \geq 1$, da $\sinh^2 x \geq 0$ ist $\Rightarrow |\cosh x| \geq 1$; wegen $e^x > 0$ und $e^{-x} > 0$ ist $\cosh x > 0$, also $\cosh x \geq 1$.

Aus (i) folgt nach Division beider Seiten durch $\cosh^2 x (\neq 0!)$:

$$1 - \underbrace{\frac{\sinh^2 x}{\cosh^2 x}}_{=\tanh^2 x} = \underbrace{\frac{1}{\cosh^2 x}}_{>0} \Rightarrow 1 - \tanh^2 x > 0 \Rightarrow |\tanh x| < 1 \Rightarrow -1 < \tanh x < 1$$

(iii) e-Funktion wächst streng monoton

$$\Rightarrow \quad e^x < e^y \quad \Rightarrow \quad e^{-x} = \frac{1}{e^x} > \frac{1}{e^y} = e^{-y} \quad \Rightarrow \quad -e^{-x} < -e^{-y} \,;$$

Addition der ersten und der letzten Ungleichung liefert

$$e^x - e^{-x} < e^y - e^{-y} \quad \Rightarrow \quad \sinh x = \frac{1}{2}(e^x - e^{-x}) < \frac{1}{2}(e^y - e^{-y}) = \sinh y$$

$$\Rightarrow \quad \sinh \text{ wächst streng monoton;}$$

für $x \in \mathbb{R}^+ \cup \{0\}$ gilt:

$$e^{-x} < e^x \Rightarrow \quad 0 \leq \frac{1}{2}(e^x - e^{-x}) = \sinh x \,;$$

also gilt für $x, y \in \mathbb{R}^+ \cup \{0\}$ mit $x < y$:

$$0 < \sinh x < \sinh y \quad \Rightarrow \quad \sinh^2 x < \sinh^2 y \,;$$

mit (i) folgt: $\cosh^2 x = 1 + \sinh^2 x < 1 + \sinh^2 y = \cosh^2 y$ und wegen der Positivität des $\cosh$ gilt letztlich $\cosh x < \cosh y$; auf $\mathbb{R}^+ \cup \{0\}$ steigt $\cosh$ also streng monoton.

(iv) arsinh: Aus $\sinh s = t \Leftrightarrow \frac{1}{2}(e^s - e^{-s}) = t$ erhalten wir mit Substitution $u := e^s$:

$$\frac{1}{2}\left(u - \frac{1}{u}\right) = t \quad \Leftrightarrow \quad u^2 - 2tu - 1 = 0$$

$$\Leftrightarrow \quad u_{1/2} = \frac{2t \pm \sqrt{4t^2 + 4}}{2} = t \pm \sqrt{t^2 + 1};$$

da $u > 0$ gilt, kommt nur die Lösung mit „+" in Frage; Rücksubstitution:

$$e^s = t + \sqrt{t^2 + 1} \quad \Leftrightarrow \quad s = \ln(e^s) = \ln(t + \sqrt{t^2 + 1})$$

arcosh: analog; Ansatz $\cosh s = t$ und Substitution führen zu $u^2 - 2tu + 1 = 0$; Lösungen hiervon sind $u_{1/2} = \frac{2t \pm \sqrt{4t^2 - 4}}{2} = t \pm \sqrt{t^2 - 1}$; wiederum kommt nur die Lösung mit „+" in Betracht, damit $u \geq 1$ ist; Rücksubstitution führt zu

$$s = \ln(t + \sqrt{t^2 - 1}).$$

17. Einsetzen der Definition von sinh und cosh führt zur Gleichung

$$\frac{1}{2}(1 + e)\left(e^{\frac{x}{3}} - e^{-\frac{x}{3}}\right) + \frac{1}{2}(1 - e)\left(e^{\frac{x}{3}} + e^{-\frac{x}{3}}\right) = e - 1;$$

Substitution $u := e^{\frac{x}{3}}$ und Multiplikation mit $2u$ liefert $u^2 - (e-1)u - e = 0$, also $(u - e)(u + 1) = 0$; Lösungen sind $u_1 = e$ und $u_2 = -1$; wegen $u = e^{\frac{x}{3}} > 0$ kommt nur u_1 in Frage, Rücksubstitution liefert $e^{\frac{x}{3}} = e \quad \Leftrightarrow \quad x = 3$.

11.6 Vektorrechnung und analytische Geometrie

1. Aufpunkt: $\begin{pmatrix} 1 \\ 1 \\ 1 \end{pmatrix}$

Richtungsvektoren: $\begin{pmatrix} 2 \\ 3 \\ 1 \end{pmatrix} - \begin{pmatrix} 1 \\ 1 \\ 1 \end{pmatrix} = \begin{pmatrix} 1 \\ 2 \\ 0 \end{pmatrix}$, $\begin{pmatrix} 5 \\ -1 \\ 2 \end{pmatrix} - \begin{pmatrix} 1 \\ 1 \\ 1 \end{pmatrix} = \begin{pmatrix} 4 \\ -2 \\ 1 \end{pmatrix}$

2. Wir berechnen den Schnittpunkt Z von sA und sB und zeigen dann, dass die dritte Seitenhalbierende durch Z geht.

Ohne Einschränkung können wir $A = 0$ annehmen:

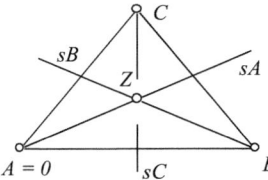

Bild 11.6.1: Schnittpunkt der Seitenhalbierenden

$$sA: \quad \lambda \cdot \left(B + \frac{1}{2}(-B + C) \right) \qquad sB: \quad B + \mu \left(-B + \frac{1}{2}C \right)$$

Durch Gleichsetzen ergibt sich:

$$\left(\frac{1}{2}\lambda - 1 + \mu \right) B + \left(\frac{1}{2}\lambda - \frac{1}{2}\mu \right) C = 0$$

Da B und C linear unabhängig sind, folgt: $\frac{1}{2}\lambda - 1 + \mu = 0$ und $\frac{1}{2}\lambda - \frac{1}{2}\mu = 0$

Daraus berechnet man $\mu = \lambda = \frac{2}{3} \quad \Rightarrow \quad Z = \frac{1}{3}B + \frac{1}{3}C$

$$s_C: C + \gamma \left(-C + \frac{1}{2}B \right) \quad \text{Für} \quad \gamma = \frac{2}{3} \quad \text{gilt:} \quad Z = C + \gamma \left(-C + \frac{1}{2}B \right)$$

3. Das lineare Gleichungssystem

$$
\begin{aligned}
2\alpha &\quad -5\beta &\quad +19\gamma &= 0 \\
-3\alpha &\quad + \beta &\quad - 9\gamma &= 0 \\
4\alpha &\quad -2\beta &\quad +14\gamma &= 0
\end{aligned}
$$

hat nicht nur die Lösung $\alpha = \beta = \gamma = 0$, sondern zum Beispiel auch

$\alpha = -2$, $\beta = 3$, $\gamma = 1$. Also sind die drei Vektoren linear abhängig.

4. $\lambda(a + b) + \mu(a - b) = 0 \quad \Leftrightarrow \quad (\lambda + \mu)a + (\lambda - \mu)b = 0$

$$\Leftrightarrow \quad \lambda + \mu = 0 \quad \text{und} \quad \lambda - \mu = 0 \quad \Rightarrow \quad -2\mu = 0 \quad \Rightarrow \quad \lambda = \mu = 0$$

Also sind $a + b$ und $a - b$ linear unabhängig.

5. Es ist das folgende lineare Gleichungssystem zu lösen:

$$2x - y + 3z = 8; \quad x + y + 2z = 3; \quad x + y - 4z = -3$$

Lösung: $x = 2$, $y = -1$, $z = 1$

6. Länge von $a = |a| = \frac{1}{4}\sqrt{4 \cdot 3 + 2 + 2} = 1$

$$a \cdot b = \frac{1}{4}\begin{pmatrix} 2\sqrt{3} \\ \sqrt{2} \\ -\sqrt{2} \end{pmatrix} \cdot \frac{1}{8}\begin{pmatrix} 2 \\ -3\sqrt{6} \\ -\sqrt{6} \end{pmatrix}$$

$$= \frac{1}{32} \cdot (4\sqrt{3} - 3\sqrt{6}\sqrt{2} + \sqrt{2}\sqrt{6})$$

$$= \frac{1}{32}\sqrt{3}\left(4 - 3\sqrt{2}\sqrt{2} + \sqrt{2}\sqrt{2}\right) = 0$$

7. $g: \begin{pmatrix} 1 \\ 2 \end{pmatrix} + \lambda \begin{pmatrix} 1 \\ -1 \end{pmatrix} \quad Q = \begin{pmatrix} 2 \\ 0 \end{pmatrix}$

Wir fällen von Q aus das Lot auf g. Es ergibt sich der Lotfußpunkt F.

$$\left[\underbrace{\begin{pmatrix} 1 \\ 2 \end{pmatrix} + \lambda \begin{pmatrix} 1 \\ -1 \end{pmatrix}}_{F} - Q\right] \cdot \begin{pmatrix} 1 \\ -1 \end{pmatrix} = 0 \quad \Rightarrow \quad \lambda = \frac{3}{2} \quad \Rightarrow \quad F = \begin{pmatrix} 1 \\ 2 \end{pmatrix} + \frac{3}{2}\begin{pmatrix} 1 \\ -1 \end{pmatrix} = \begin{pmatrix} \frac{5}{2} \\ \frac{1}{2} \end{pmatrix}$$

Abstand von F und $Q = d(F, Q) = |F - Q| = \sqrt{\frac{1}{2}}$

8. $G = \begin{pmatrix} 3 \\ 2 \\ 1 \end{pmatrix} + \lambda \begin{pmatrix} -1 \\ 0 \\ 1 \end{pmatrix} \qquad H = \begin{pmatrix} 5 \\ 6 \\ -2 \end{pmatrix} + \mu \begin{pmatrix} 1 \\ 1 \\ -2 \end{pmatrix}$

Die beiden rechten Winkel in Bild 11.6.2 übersetzen wir in „Skalarprodukt = 0". Damit ergeben sich zwei Gleichungen mit zwei Unbekannten.

$(G - H) \cdot \begin{pmatrix} -1 \\ 0 \\ 1 \end{pmatrix} = 0$ und $(G - H) \cdot \begin{pmatrix} 1 \\ 1 \\ -2 \end{pmatrix} = 0$. Ergebnis: $\lambda = 2$, $\mu = -3$.

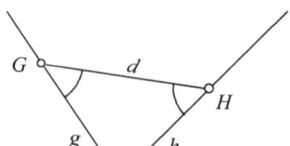

Bild 11.6.2: Abstand windschiefer Geraden

9. Ohne Einschränkung können wir $A = 0$ annehmen. Wir berechnen zuerst den Schnittpunkt Z der Mittelsenkrechten mb und ma. Dann zeigen wir, dass die Verbindungsgerade von Z und M (Mitte von AB) senkrecht auf B steht.

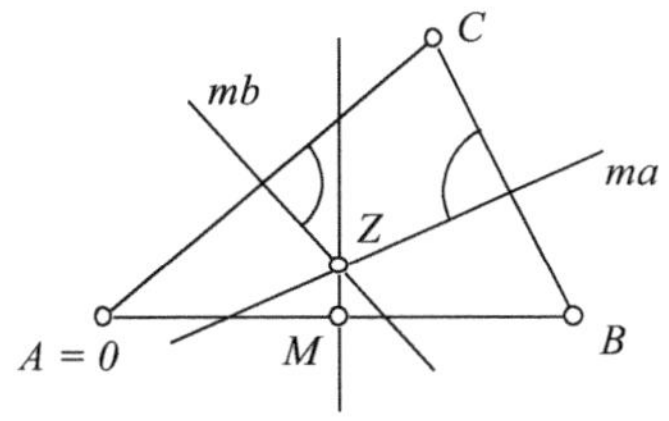

Bild 11.6.3: Schnittpunkt der Mittelsenkrechten

(I) $\quad C \cdot \left(-\frac{1}{2}C + Z\right) = 0$

(II) $\quad (B - C) \cdot \left(-Z + B + \frac{1}{2}(-B + C)\right) = 0$

(I) $\quad -\frac{1}{2}CC + CZ = 0$

(II) $\quad -BZ + \frac{1}{2}BB + \frac{1}{2}BC + CZ - \frac{1}{2}CB - \frac{1}{2}CC = 0$

(II) $\quad BZ - \frac{1}{2}BB - CZ + \frac{1}{2}CC = 0$

(II) + (I) $\quad BZ - \frac{1}{2}BB = 0 \qquad (\star)$

Zu zeigen ist: $\left(-\frac{1}{2}B + Z\right) \cdot B = 0$. Das ist aber gerade $(\star)$.

10. Einen Lotvektor n der Ebene kann man aus der Gleichung ablesen.

$$n = \begin{pmatrix} 2 \\ -1 \\ 3 \end{pmatrix} \quad \text{Aufpunkt } P = \begin{pmatrix} 0 \\ -1 \\ 1 \end{pmatrix}$$

Aus n bekommen wir zwei Richtungsvektoren: $v = \begin{pmatrix} 0 \\ 3 \\ 1 \end{pmatrix} \quad w = \begin{pmatrix} 3 \\ 0 \\ -2 \end{pmatrix}$

Daraus ergibt sich die Parameterdarstellung der Ebene:

$$\begin{pmatrix} 0 \\ -1 \\ 1 \end{pmatrix} + \lambda \begin{pmatrix} 0 \\ 3 \\ 1 \end{pmatrix} + \mu \begin{pmatrix} 3 \\ 0 \\ -2 \end{pmatrix}$$

11. Die Kurve der Kreisprojektion bezeichnen wir mit E. Durch Drehen des Kreises im Raum erkennt man den Zusammenhang zwischen dem gezeichneten Kreis K und E. Der Kreispunkt P geht über in den Kurvenpunkt $f(P)$, wobei die Strecken PQ um einen konstanten Faktor s gekürzt werden. Also:

$$\overline{PQ} \cdot s = \overline{f(P)Q} \,. \quad \text{Es ist} \quad a \cdot s = b \,.$$

Hat $f(P)$ die Koordinaten (x, y) so hat P die Koordinaten
$(x, \frac{1}{s} \cdot y) = (x, \frac{a}{b} \cdot y)$. Da P die Kreisgleichung erfüllt, gilt:

$$x^2 + \left(\frac{a}{b} \cdot y\right)^2 = a^2 \quad \Rightarrow \quad \frac{x^2}{a^2} + \frac{a^2 y^2}{b^2 a^2} = 1 \quad \Rightarrow \quad \frac{x^2}{a^2} + \frac{y^2}{b^2} = 1$$

Das ist aber gerade die Gleichung einer Ellipse mit den Halbachsen a und b.

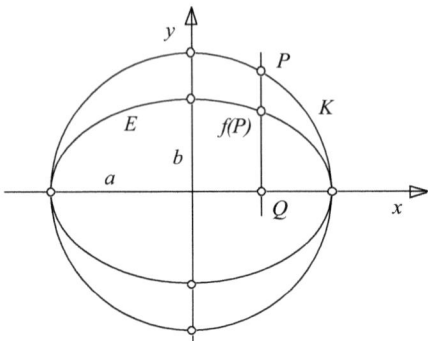

Bild 11.6.4: Parallelprojektion eines Kreises

11.7 Konvergenz

1. Nur Induktionsschritt (Induktionsanfang trivial):

Betrachte beliebige Menge M mit $n + 1$ Elementen, $M = N \cup \{a\}$ mit $a \notin N$. Da N n Elemente hat, gibt es nach Induktionsannahme $n!$ Permutationen von N. In eine beliebige Anordnung der Elemente von N kann man nun das Element a vor das erste und hinter jedes einfügen, also an insgesamt $n + 1$ Positionen und erhält so $n + 1$ verschiedene Anordnungen der Elemente von M. Dies kann man mit jeder Anordnung von N machen, man erhält auf diese Weise alle Permutationen von M, nämlich $n! \cdot (n + 1) = (n + 1)!$ Stück.

2. Nur Induktionsschritt (Induktionsanfang trivial):

$$\binom{\alpha}{k+1} = \frac{\alpha - k}{k + 1}\binom{\alpha}{k} \underset{\text{(IA)}}{=} \frac{\alpha - k}{k + 1} \cdot \frac{\alpha!}{k! \cdot (\alpha - k)!} = \frac{\alpha!}{(k + 1)! \cdot (\alpha - k - 1)!}$$

3. $\binom{\alpha}{a - k} \underset{\text{(2.)}}{=} \frac{\alpha!}{(\alpha - k)!(\alpha - (\alpha - k))!} = \frac{\alpha!}{(\alpha - k)! k!} \underset{\text{(2.)}}{=} \binom{\alpha}{k}$.

4. $H(n)$ lautet: Für alle $k \leq n$ hat eine n-elementige Menge $\binom{n}{k}$ k-elementige Teilmengen. Dies ist für $n = 0$ trivial, da eine 0-elementige Menge (die leere Menge!) nur sich selbst als Teilmenge hat; nach Definition ist $\binom{0}{0} = 1$.

Beim Induktionsschritt betrachte man die $(n + 1)$-elementige Menge $M = N \cup \{a\}$. Für eine k-elementige Teilmenge T gibt es zwei Möglichkeiten: Entweder sie enthält das Element a nicht – dann ist sie auch Teilmenge von N – oder sie enthält a – dann ist $T \setminus \{a\}$ eine $(k - 1)$-elementige Teilmenge von N. Da N n Elemente hat, gibt es nach Induktionsannahme für den ersten Fall $\binom{n}{k}$, für den zweiten $\binom{n}{k-1}$ verschiedene Möglichkeiten, insgesamt also $\binom{n+1}{k}$ Teilmengen.

5. (i) $\lim\limits_{n \to \infty} \dfrac{n^2(1 + 2n)}{4n^3 - 5n} = \dfrac{2}{4} = \dfrac{1}{2}$

(ii) $\lim\limits_{n \to \infty} \dfrac{1}{2n} \cdot \dfrac{(2n + 1)^3 - 8n^3}{(2n + 3)^2 - 4n^2} = \dfrac{12}{24} = \dfrac{1}{2}$

(iii) $\lim\limits_{n \to \infty} \left(1 - \dfrac{1}{n+1}\right)^{2n} = \dfrac{1}{e^2}$

(iv) $\lim\limits_{n \to \infty} \left(\sqrt{n^2 + 3n + 1} - n\right)^{-2} = \left(\dfrac{2}{3}\right)^2 = \dfrac{4}{9}$

(v) $\lim\limits_{n \to \infty} \left(\sqrt{4n(9n + 2)} - 6n\right) = \dfrac{2}{3}$

6. Zunächst zeigt man $a_{n+1}^2 = \left(\dfrac{a_n}{2} + \dfrac{1}{a_n}\right)^2 \geq 2$ durch Äquivalenzumformungen; wegen $a_0^2 = \dfrac{9}{4} > 2$ ist $|a_n| \geq \sqrt{2}$ für alle $n \in \mathbb{N}$. Aus der Rekursionsformel wird unmittelbar klar, dass alle a_n positiv sind, also: $a_n \geq \sqrt{2}$. Die zu untersuchende Folge ist somit nach unten beschränkt. Wegen $a_n - a_{n+1} = \dfrac{a_n^2 - 2}{2a_n} \geq 0$ ist sie auch monoton fallend, besitzt also einen Grenzwert a in $\mathbb{R}$, der $\geq \sqrt{2}$ ist. Wegen $a = \lim\limits_{n \to \infty} a_n = \lim\limits_{n \to \infty} a_{n+1}$ ergibt die Rekursionsgleichung $a = \dfrac{a}{2} + \dfrac{1}{a}$, also $a = \sqrt{2}$.

7. (i) $\lim\limits_{x \to 0} \dfrac{(x + 3)^2 - 9}{x} = 6$ (ii) $\lim\limits_{x \to 4} \dfrac{4 - x}{2 - \sqrt{x}} = 4$ (iii) $\lim\limits_{x \to a} \dfrac{x^3 - a^3}{x - a} = 3a^2$

8. Für $x \to 2$ geht der Nenner gegen 0, der Zähler gegen $1 - 4a$. Ist der Zählergrenzwert ungleich 0, so existiert der Gesamtgrenzwert nicht in $\mathbb{R}$ (Nenner geht gegen 0!). Der Ausdruck kann nur dann einen Grenzwert haben, wenn $a = \dfrac{1}{4}$ ist.

Dieser ergibt sich zu $-\dfrac{1}{16}$.

9. Für $x_0 \neq 0$ liegt für jedes $\alpha \in \mathbb{R}_0^+$ Stetigkeit vor, da hier die Funktionen x^α, $\frac{1}{x}$ und $\sin x$, aus denen $f(x)$ zusammengesetzt ist, stetig sind. Mit $\alpha \in \mathbb{R}^+$ untersuchen wir nun die Stetigkeit in $x_0 = 0$ mittels einer beliebige Nullfolge x_n, die an keiner Stelle den Wert 0 annimmt. Damit ist $f(x_n) = x_n^\alpha \cdot \sin(\frac{1}{x_n})$. Da $\alpha > 0$ ist, ist auch x_n^α eine Nullfolge. $\sin(\frac{1}{x_n})$ ist im Allgemeinen nicht konvergent, aber wegen der Sinusfunktion beschränkt. Damit ist $\lim_{n\to\infty} f(x_n) = 0$, also gleich $f(x_0)$, und somit auch stetig in $x_0 = 0$. Für $\alpha = 0$ fehlt wegen $x_n^0 = 1$ die Nullfolge als Faktor, es bleibt nur die im Allgemeinen nicht konvergente Folge $\sin(\frac{1}{x_n})$ übrig.

Zur Veranschaulichung sind in Bild 11.7.1 und 11.7.2 beide Fälle dargestellt.

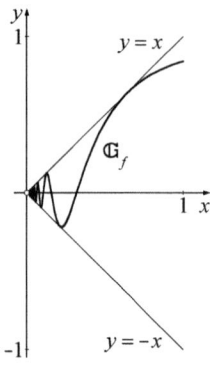

Bild 11.7.1: Zu Übungsaufgabe 9, $\alpha = 1$

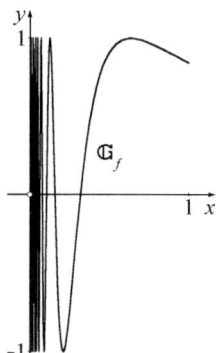

Bild 11.7.2: Zu Übungsaufgabe 9, $\alpha = 0$

10. Da alle drei Abschnittsfunktionen über ihren jeweiligen Geltungsbereich hinaus stetig sind (die ersten beiden sind auf ganz $\mathbb{R}$, die dritte auf $[-3, \infty[$ stetig, muss lediglich die Stetigkeit in den beiden „Flickstellen" -1 und 1 untersucht werden. Im Einzelnen gilt bei $x_0 = -1$:

$$\lim_{x\to(-1)-} f(x) = \lim_{x\to(-1)-} (-x - 1) = 0$$

$$\lim_{x\to(-1)+} f(x) = \lim_{x\to(-1)+} \left(a \cos\left(-\frac{\pi}{2} + \frac{\pi}{2}x \right) + b \sin\left(-\frac{\pi}{2} + \pi x \right) \right) = -a + b$$

Damit in $x_0 = -1$ Stetigkeit vorliegt, müssen rechts- und linksseitiger Grenzwert gleich sein, also muss $a = b$ gelten.

Analog bei $x_0 = 1$: $\lim_{x\to 1-} f(x) = a + b$, $\lim_{x\to 1+} f(x) = \lim_{x\to 1+} \sqrt{x + 3} = 2$; also ist $a = b = 1$.

11.8 Differentialrechnung

1. $p_2'(x) = \lim\limits_{\Delta x \to 0} \dfrac{(x+\Delta x)^2 - x^2}{\Delta x} = \lim\limits_{\Delta x \to 0} \dfrac{2x\Delta x + (\Delta x)^2}{\Delta x} = \lim\limits_{\Delta x \to 0} (2x + \Delta x) = 2x;$

speziell: $p_2'(1) = 2$.

2. Zur Stetigkeit an der Stelle $x_0 = 0$: $\lim\limits_{x \to 0+} f(x) = \lim\limits_{x \to 0+} |x| = \lim\limits_{x \to 0+} x = 0 = f(0)$

und $\lim\limits_{x \to 0-} f(x) = \lim\limits_{x \to 0-} |x| = \lim\limits_{x \to 0-} (-x) = 0 = f(0)$;

keine Differenzierbarkeit in 0:

für $x \to 0+$ ist $\quad \lim\limits_{x \to 0+} \dfrac{f(x) - f(0)}{x - 0} = \lim\limits_{x \to 0+} \dfrac{|x|}{x} = \lim\limits_{x \to 0+} \dfrac{x}{x} = 1$

und für $x \to 0-$ gilt $\quad \lim\limits_{x \to 0-} \dfrac{f(x) - f(0)}{x - 0} = \lim\limits_{x \to 0-} \dfrac{|x|}{x} = \lim\limits_{x \to 0-} \dfrac{-x}{x} = -1 \neq 1$,

das heißt Grenzwert existiert nicht bei $x_0 = 0$.

3. (i) mit $p_{-1}'(x) = -\dfrac{1}{x^2}$ folgt:

$$\left(\frac{1}{g}\right)'(x) = (p_{-1} \circ g)'(x) = p_{-1}'(g(x)) \cdot g'(x) = -\frac{1}{(g(x))^2} \cdot g'(x) = -\frac{g'(x)}{(g(x))^2}$$

(ii) $\left(\dfrac{f}{g}\right)'(x) = \left(f \cdot \dfrac{1}{g}\right)'(x) = f'(x) \cdot \dfrac{1}{g(x)} + f(x) \cdot \left(-\dfrac{g'(x)}{(g(x))^2}\right) = \dfrac{f'(x)g(x) - f(x)g'(x)}{(g(x))^2}$

4. $p_b'(x) = (e^{b \cdot \ln x})' = e^{b \cdot \ln x} \cdot b \cdot \dfrac{1}{x} = b \cdot x^b \cdot \dfrac{1}{x} = b \cdot x^{b-1}$

5. Zuerst wird der Differenzenquotient betrachtet:

$$\frac{\cos(x+\Delta x) - \cos(x)}{\Delta x} = \frac{\cos x \cos(\Delta x) - \sin x \sin(\Delta x) - \cos x}{\Delta x}$$

$$= \cos x \cdot \frac{\cos(\Delta x) - 1}{\Delta x} - \sin x \cdot \frac{\sin(\Delta x)}{\Delta x};$$

für $\Delta x \to 0$ geht $\frac{\cos(\Delta x)-1}{\Delta x} \to 0$ (siehe Abschnitt 8.3) und $\frac{\sin(\Delta x)}{\Delta x} \to 1$ (siehe Abschnitt 7.3); die Grenzwertsätze ergeben

$$\cos' x = \lim_{\Delta x \to 0} \frac{\cos(x+\Delta x) - \cos(x)}{\Delta x} = \cos x \cdot \lim_{\Delta x \to 0} \frac{\cos(\Delta x) - 1}{\Delta x} - \sin x \cdot \lim_{\Delta x \to 0} \frac{\sin(\Delta x)}{\Delta x}$$

$$= \cos x \cdot 0 - \sin x \cdot 1 = -\sin x$$

6. $\sinh'(x) = \left(\frac{1}{2}\left(e^x - e^{-x}\right)\right)' = \frac{1}{2}\left(e^x - e^{-x} \cdot (-1)\right) = \frac{1}{2}\left(e^x + e^{-x}\right) = \cosh(x)$

$\cosh'(x) = \left(\frac{1}{2}\left(e^x + e^{-x}\right)\right)' = \frac{1}{2}\left(e^x + e^{-x} \cdot (-1)\right) = \frac{1}{2}\left(e^x - e^{-x}\right) = \sinh(x)$

$\tanh'(x) = \left(\dfrac{\sinh x}{\cosh x}\right)' = \dfrac{\cosh^2 x - \sinh^2 x}{\cosh^2 x} = \dfrac{1}{\cosh^2 x}$

$\coth'(x) = \left(\dfrac{\cosh x}{\sinh x}\right)' = \dfrac{\sinh^2 x - \cosh^2 x}{\sinh^2 x} = -\dfrac{1}{\sinh^2 x}$

Vergleich mit den Ableitungen der trigonometrischen Funktionen: Bei Ableitung des cosh kommt im Vergleich zur Ableitung von cos kein Faktor „−1" dazu. Das hat zur Folge, dass die Ableitungen der hyperbolischen Funktionen sich bereits nach zweimaligem Differenzieren wiederholen, während dies bei den trigonometrischen erst nach vier Schritten der Fall ist.

7. $\arccos'(x) = \dfrac{1}{\cos'(\arccos x)} = -\dfrac{1}{\sin \arccos x} = -\dfrac{1}{\sqrt{1 - x^2}}$ (für $|x| < 1$);

zur Berechnung von $\sin \arccos x$ siehe auch Kapitel 5, Aufgabe 15!

$\arctan'(x) = \dfrac{1}{\tan'(\arctan x)} = \dfrac{1}{1 + (\tan(\arctan x))^2} = \dfrac{1}{1 + x^2}$

8. Die Gleichung der Tangente t an x_0 hat die Form $t(x) = mx + r$ mit $m = f'(x_0)$; aus $t(x_0) = f(x_0)$ bekommt man r; also $t(x) = f'(x_0) \cdot x - f'(x_0) \cdot x_0 + f(x_0)$.

(i) $f'(x) = 12x^3 + 6x^2 - 5$, $t(x) = -5x$;

(ii) $f'(x) = \dfrac{1}{2\sqrt{x}}$, $t(x) = \dfrac{1}{2} \cdot x + \dfrac{1}{2}$;

(iii) $f'(x) = \dfrac{3x^2 + 4x - 7}{(3x + 2)^2}$, $t(x) = \dfrac{13}{64} \cdot x - \dfrac{9}{32}$;

(iv) $f'(x) = \dfrac{-90(x + 2)}{(2x - 1)^3}$, $t(x) = 27000 \cdot x - 9504$;

(v) $f'(x) = 2\sin x \cos x$, $t(x) = \dfrac{\sqrt{3}}{2} \cdot x + \dfrac{3}{4} - \dfrac{\pi}{6}\sqrt{3}$;

(vi) $f'(x) = 2x\cos(x^2)$, $t(x) = \dfrac{1}{2}\sqrt{2\pi} \cdot x + \dfrac{1}{2}\sqrt{2} - \dfrac{1}{4}\sqrt{2\pi}$;

(vii) $f'(x) = e^{\sin x} \cdot \cos x$, $t(x) = x + 1$;

(viii) $f'(x) = \dfrac{1}{(x + \sin x)^2} \cdot 2(x + \sin x) \cdot (1 + \cos x) = \dfrac{2 + 2\cos x}{x + \sin x}$, $t(x) = 2\ln \pi$.

9. Falls ein lokales Extremum bei $x \in \mathbb{R}$ vorliegt, muss $f'(x) = 0$ gelten. Wegen $f'(x) = na_n x^{n-1} + (n-1)a_{n-1}x^{n-2} + \ldots + a_1$ ist die Ableitung eine Polynomfunktion $(n-1)$-ten Grades, hat also höchstens $n-1$ Nullstellen. Also hat f höchstens $n-1$ lokale Extrema.

10. $R_{\mathrm{dyn}} = \dfrac{dU}{dI} = \dfrac{kT}{e} \cdot \dfrac{1}{1 + \frac{I}{I_R}} \cdot \dfrac{1}{I_R} = \dfrac{kT}{e} \cdot \dfrac{1}{I_R + I}$

11. (i) $D_{f_1} = \mathbb{R} \setminus \{1\}$; Nullstelle bei $x = 0$;

$f_1'(x) = -\dfrac{1}{2(x-1)^2}$; f_1' hat keine Nullstellen, also hat f_1 keine Extrema; für alle $x \in D_f$ ist $f_1'(x) < 0 \Rightarrow$ auf $]-\infty, 1[$ und auf $]1, \infty[$ fällt f_1 streng monoton; $f_1''(x) = \dfrac{1}{(x-1)^3}$, f_1'' hat also keine Nullstellen und f_1 somit keine Wendepunkte;

Verhalten im Unendlichen: Polynomdivision liefert

$$f_1(x) = \tfrac{1}{2}\left(1 + \tfrac{1}{x-1}\right) \quad \Rightarrow \quad \lim_{x \to \pm\infty} f_1(x) = \tfrac{1}{2} \quad \text{(Asymptote } a_1\text{)};$$

Verhalten an der Definitionslücke: $f_1(x) \to \pm\infty$ für $x \to 1\pm$ (Asymptote a_2)

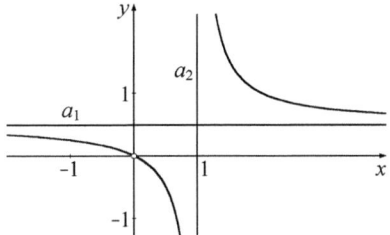

Bild 11.8.1: Zu Aufgabe 11 (i)

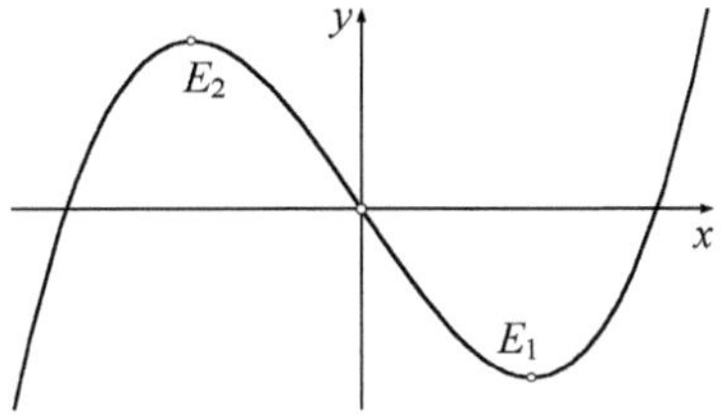

Bild 11.8.2: Zu Aufgabe 11 (ii)

(ii) $D_{f_2} = \mathbb{R}$; ungerade Funktion; Nullstellen bei $x = 0$ und, falls $a > 0$, bei $x = \pm\sqrt{3a}$;

$f_2'(x) = 3 \cdot (x^2 - a)$, hat Nullstellen bei $\pm\sqrt{a}$, falls $a > 0$;

falls $a > 0$ gilt: Auf $]-\infty, -\sqrt{a}[$ und auf $]\sqrt{a}, \infty[$ steigt f_2 streng monoton; auf $[-\sqrt{a}, \sqrt{a}]$ fällt f_2 streng monoton; also ist bei $-\sqrt{a}$ ein Maximum (E_2), bei $\sqrt{a}$ ein Minimum (E_1);

Wendepunkt bei $x = 0$ wegen $f_2''(x) = 6x$ (unabhängig von a!); Verhalten im Unendlichen: für $x \to \pm\infty$ strebt $f(x) \to \pm\infty$; siehe Bild 11.8.2.

(iii) $D_{f_3} = \mathbb{R}$; gerade Funktion; keine Nullstellen;

$f'_3(x) = \dfrac{-2x}{(1+x^2)^2}$ $\quad \Rightarrow$ Extremum E bei $x = 0$;

für $x < 0$ steigt f_3, für $x > 0$ fällt f_3 $\quad \Rightarrow$ Maximum bei $x = 0$;

$f''_3(x) = 2\dfrac{3x^2 - 1}{(1+x^2)^3}$ $\quad \Rightarrow$ Wendepunkte $W_{1/2}$ bei $x_{1/2} = \pm\frac{1}{3}\sqrt{3}$;

Verhalten im Unendlichen: $\lim_{x \to \pm\infty} f(x) = 0$; siehe Bild 11.8.3.

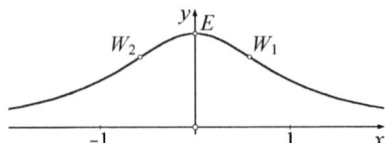 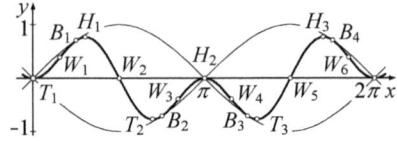

Bild 11.8.3: Zu Aufgabe 11 (iii) **Bild 11.8.4:** Zu Aufgabe 11 (iv)

(iv) $D_{f_4} = \mathbb{R}$; gerade Funktion; Periodenlänge 2π; im Folgenden wird nur das Intervall $I = [0, 2\pi]$ betrachtet, Aussagen für Stellen x_0 gelten wegen der Periodizität ebenso für $x_0 + 2k\pi$, $k \in \mathbb{Z}$;

f_4 hat Nullstelle, falls $\sin x = 0$ oder $\sin 2x = 0$, also für $x \in \left\{0, \frac{1}{2}\pi, \pi, \frac{3}{2}\pi, 2\pi\right\}$;

$f'_4(x) = \cos x \sin 2x + 2 \sin x \cos 2x$; geschicktes Umformen mittels der Additionstheoreme führt zu $f'_4(x) = 2 \sin x (2 \cos^2 x - \sin^2 x) = 2 \sin x (2 - 3 \sin^2 x)$;

mit $p_1 := \arcsin(\frac{1}{3}\sqrt{6})$ liegt für $x \in \{0, p_1, \pi - p_1, \pi, \pi + p_1, 2\pi - p_1, 2\pi\}$ also eine Nullstelle von f'_4 in I vor; Untersuchung des VZW ergibt jeweils, dass ein Extremum vorliegt, abwechselnd Minimum und Maximum; in Bild 11.8.4 sind die Extrempunkte mit T_i (bei Minima) und H_i (bei Maxima) gekennzeichnet;

$f''_4(x) = -2 \cos x (9 \sin^2 x - 2)$; schreibe $p_2 := \arcsin(\frac{1}{3}\sqrt{2})$; Nullstellen von f''_4 liegen also vor, wenn $x \in \left\{p_2, \frac{1}{2}\pi, \pi - p_2, \pi + p_2, \frac{3}{2}\pi, 2\pi - p_2\right\}$ ist; da dort jeweils ein VZW in f''_4 stattfindet, handelt es sich dabei um Wendepunkte, sie sind in Bild 11.8.4 mit W_i bezeichnet; die Berührpunkte mit den Graphen von $\sin$ und $-\sin$ sind in der Skizze als B_i markiert; sie ergeben sich als Lösungen der Gleichungen $f_4(x) = \pm \sin x$ und liegen an den Stellen $\frac{1}{4}\pi, \frac{3}{4}\pi, \frac{5}{4}\pi$ und $\frac{7}{4}\pi$.

12. Aus der Ellipsengleichung folgt: $y = \pm b\sqrt{1 - \frac{x^2}{a^2}}$ $\quad \Rightarrow \quad$ P in Bild 11.8.5 hat die Koordinaten $x_P = \frac{p}{2}, y_P = b\sqrt{1 - \frac{p^2}{4a^2}} = \frac{b}{2a}\sqrt{4a^2 - p^2}$,

also $q = 2y_P = \frac{b}{a}\sqrt{4a^2 - p^2}$

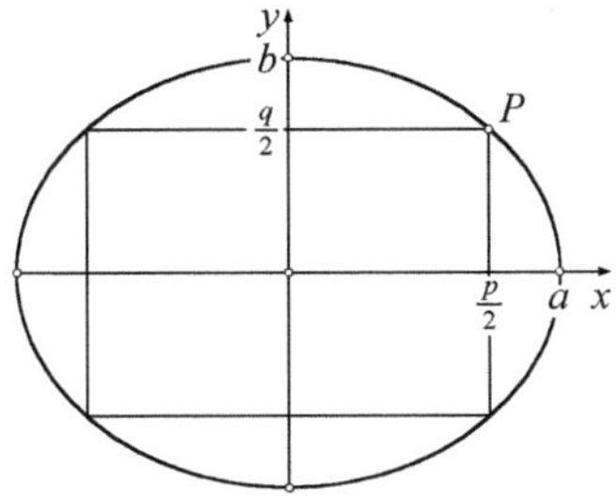

Bild 11.8.5: Ellipse mit einbeschriebenem Rechteck

(i) $A = p \cdot q = \frac{b}{a}\sqrt{4a^2p^2 - p^4}$; A kann als Funktion in p aufgefasst werden, also muss $\frac{dA}{dp}(p_0) = 0$ sein, damit A in p_0 maximal wird; $\frac{dA}{dp}(p) = \frac{b}{a} \cdot \frac{8a^2p - 4p^3}{2\sqrt{4a^2p^2 - p^4}}$; aufgrund der Fragestellung sind nur positive p sinnvoll, also ist $p_0 = \sqrt[4]{2}$ einzig interessante Nullstelle von $\frac{dA}{dp}$; Betrachtung des VZW liefert, dass dort ein Maximum ist; die maximale Fläche $A_{\max} = 2ab$ erhält man durch Einsetzen von $a\sqrt{2}$ in den Ausdruck für A; $q = b\sqrt{2}$.

(ii) $U = 2(p+q)$; Einsetzen von q (siehe oben) liefert $U = 2\left(p + \frac{b}{a}\sqrt{4a^2 - p^2}\right)$; Suche der Extrema durch Ableiten: $\frac{dU}{dp}(p) = 2\left(1 + \frac{b}{a} \cdot \frac{-2p}{2\sqrt{4a^2 - p^2}}\right)$; Ableitung ist Null bei $bp = a\sqrt{4a^2 - p^2}$, also für $p_0 = \frac{2a^2}{\sqrt{a^2 + b^2}}$; dort ist sogar Maximum (betrachte VZW!); Einsetzen liefert $U = 4\sqrt{a^2 + b^2}$, $q = \frac{2b^2}{\sqrt{a^2 + b^2}}$;

Sonderfall $b = a$ (Kreis): (i) $A = 2a^2$, (ii) $U = 4a\sqrt{2}$ für jeweils $p = q = a\sqrt{2}$.

11.9 Integralrechnung

1. (i) $\displaystyle\int (2x^5 - x^2 + 5)\,dx = 2 \cdot \frac{1}{6}x^6 - \frac{1}{3}x^3 + 5x + c$

(ii) $\dfrac{1}{1 - x^2} = \dfrac{\alpha}{1 - x} + \dfrac{\beta}{1 + x} = \dfrac{\alpha(1 + x) + \beta(1 - x)}{(1 - x)(1 + x)} = \dfrac{\alpha + \beta + x(\alpha - \beta)}{1 - x^2}$

Koeffizientenvergleich ergibt: $\alpha + \beta = 1$ und $\alpha - \beta = 0$, also $\alpha = \beta = \frac{1}{2}$.

$$\Rightarrow \quad \int \frac{1}{1 - x^2}\,dx = \frac{1}{2} \cdot \int \frac{1}{1 - x}\,dx + \frac{1}{2} \cdot \int \frac{1}{1 + x}\,dx$$

$$= -\frac{1}{2}\ln|1 - x| + \frac{1}{2}\ln|1 + x| + c$$

2. (i) Die beiden Schnittpunkte sind $S_1 = (-1, -2)$, $S_2 = (2, 1)$, somit:

$$\int_{-1}^{2} (g - f)(x)\, dx = \int_{-1}^{2} (x - 1 - x^2 + 3)\, dx = \left[-\frac{1}{3}x^3 + \frac{1}{2}x^2 + 2x \right]_{-1}^{2} = \frac{9}{2}$$

(ii) Die beiden Schnittpunkte sind $S_1 = (-1, 0)$ und $S_2 = (3, 0)$.

$$\int_{-1}^{3} (g - f)(x)\, dx = \int_{-1}^{3} \left(-\frac{1}{2}(x - 1)^2 + 2 - \frac{1}{2}(x - 1)^2 + 2 \right) dx = \int_{-1}^{3} \left(-(x - 1)^2 + 4 \right) dx$$

$$= \left[-\frac{1}{3}(x - 1)^3 + 4x \right]_{-1}^{3} = \frac{-8}{3} + 12 - \frac{8}{3} + 4 = \frac{32}{3}$$

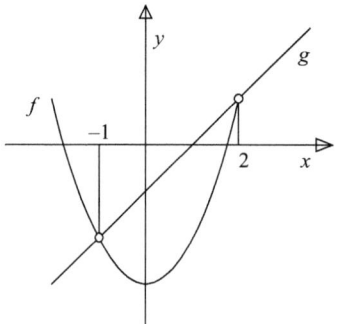

Bild 11.9.1: Zu Aufgabe 2 (i)

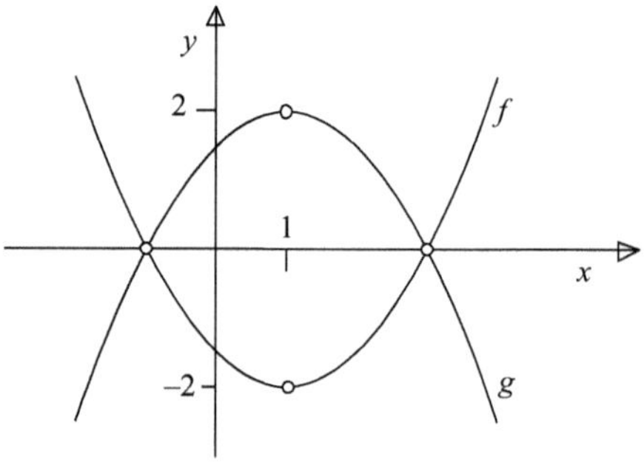

Bild 11.9.2: Zu Aufgabe 2 (ii)

3. Wir nähern die Oberfläche einer Halbkugel durch Kegelstümpfe an (Bild 11.9.3).

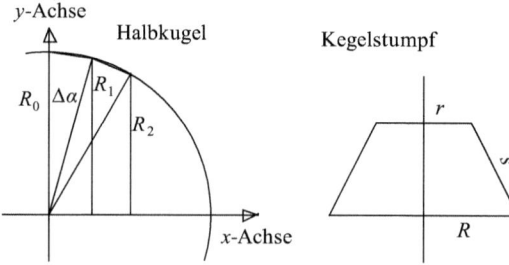

Bild 11.9.3: Kugeloberfläche

Die Formel für die Mantelfläche eines Kegelstumpfes ist: $M = \pi (R + r) s$

Bei der Halbkugel unterteilen wir den rechten Winkel in n Teile. $\Delta\,\alpha = \frac{90°}{n}$

$$\frac{1}{2}\text{Oberfläche} \approx \sum_{i=0}^{n-1} \pi\,(R_i + R_{i+1})\cdot s \approx \pi \sum_{i=0}^{n-1} (R_i + R_{i+1})\cdot \frac{R\pi}{2n}$$

$$= \frac{1}{2}R\pi^2 \left(\sum_{i=0}^{n-1} R_i \cdot \frac{1}{n} + \sum_{i=0}^{n-1} R_{i+1}\,\frac{1}{n} \right)$$

$$\approx R\pi^2 \sum_{i=0}^{n-1} R_i \cdot \frac{1}{n} = R\pi^2 \sum_{i=0}^{n-1} R \cos\left(\frac{\pi}{2n}\cdot i\right) \cdot \frac{1}{n}$$

$$= R^2\pi^2 \sum_{i=0}^{n-1} \cos\left(\frac{\pi}{2n}\cdot i\right)\cdot \frac{\pi}{2n}\cdot\frac{2}{\pi} = 2R^2\pi \sum_{i=0}^{n-1} \cos\left(\frac{\pi}{2n}\cdot i\right)\cdot\frac{\pi}{2n}$$

Jetzt benutzen wir die Definition des Integrals als „Fläche zwischen der Funktion und der x-Achse".

$$\xrightarrow[n\to\infty]{} \quad 2R^2\pi \int_0^{\frac{1}{2}\pi} \cos\alpha\, d\alpha = 2R^2\pi\cdot(\sin\alpha)\Big|_0^{\frac{1}{2}\pi} = 2R^2\pi$$

Damit ergibt sich die Oberfläche der Kugel zu $4R^2\pi$.

4. (i) $\displaystyle\int_a^b \sin(2t+5)dt = \frac{1}{2}\int_a^b \sin(2t+5)\cdot 2\,dt = \frac{1}{2}\int_{2a+5}^{2b+5} \sin x\, dx$

$$= \frac{1}{2}(-\cos x)\Big|_{2a+5}^{2b+5} = \frac{1}{2}\left(\cos(2a+5) - \cos(2b+5)\right)$$

(ii) $\displaystyle\int_a^b t\cdot f(t^2)\, dt = \frac{1}{2}\int_a^b f(t^2)\cdot 2\,t\,dt = \frac{1}{2}\int_{a^2}^{b^2} f(x)\, dx$

(iii) $\displaystyle\int_a^b \tan t\,dt = -\int_a^b \frac{1}{\cos t}\cdot(-\sin t)dt = -\int_{\cos a}^{\cos b} \frac{1}{x}dx = -\ln|x|\,\Big|_{\cos a}^{\cos b}$

Die Stammfunktion von $\tan x$ ist also $-\ln|\cos x| + c$.

5. (i) $\displaystyle\int x^2 \sin x\, dx$ $\qquad\qquad \left(\begin{array}{ll} f(x) = x^2\,, & g(x) = -\cos x \\ f'(x) = 2x\,, & g'(x) = \sin x \end{array}\right)$

$$= -x^2\cos x - \int 2x\,(-\cos x)dx$$

$$= -x^2\cos x + 2\int x\cos x\, dx \qquad \left(\begin{array}{ll} f(x) = x\,, & g(x) = \sin x \\ f'(x) = 1\,, & g'(x) = \cos x \end{array}\right)$$

$$= -x^2\cos x + 2\left(x\sin x - \int \sin x\, dx \right)$$

$$= -x^2\cos x + 2x\sin x + 2\cos x + c$$

(ii) $\displaystyle\int_1^2 x^2 \cdot e^{-x}\,dx$

$$\left(\begin{array}{ll} f(x) = x^2\,, & g(x) = -e^{-x} \\ f'(x) = 2x\,, & g'(x) = e^{-x} \end{array}\right)$$

$$= \left[-x^2 e^{-x}\right]_1^2 + 2\int_1^2 x e^{-x}\,dx$$

$$\left(\begin{array}{ll} f(x) = x\,, & g(x) = -e^{-x} \\ f'(x) = 1\,, & g'(x) = e^{-x} \end{array}\right)$$

$$= -4e^{-2} + e^{-1} + 2\left(\left[-x e^{-x}\right]_1^2 + \int_1^2 e^{-x}\,dx\right)$$

$$= -8e^{-2} + 3e^{-1} - 2\,e^{-x}\big|_1^2 = -10e^{-2} + 5e^{-1}$$

11.10 Wahrscheinlichkeitsrechnung

1. (i) $p(\Omega) = p(\Omega + \emptyset) = p(\Omega) + p(\emptyset) \quad\Rightarrow\quad p(\emptyset) = 0$

(ii) Vollständige Induktion über n: Induktionsanfang trivial, Induktionsschluss:

$$p\left(\sum_{i=1}^{n+1} A_i\right) = p\left(\sum_{i=1}^{n} A_i + A_{n+1}\right) = \sum_{i=1}^{n} p(A_i) + p(A_{n+1}) = \sum_{i=1}^{n+1} p(A_i)$$

(iii) $1 = p(\Omega) = p(A + \overline{A}) = p(A) + p(\overline{A}) \quad\Rightarrow\quad p(\overline{A}) = 1 - p(A)$

(iv) Wegen $A \subseteq B$ ist $B = A + (B \setminus A)$, also $p(B) = p(A) + p(B \setminus A)$,
wegen $p(B \setminus A) \geq 0$ ist $p(A) \leq p(B)$.

(v) Wegen $A = (A \setminus B) + (A \cap B)$ ist $p(A) = p(A \setminus B) + p(A \cap B)$, womit sich
$p(A \setminus B) = p(A) - p(A \cap B)$ und genauso $p(B \setminus A) = p(B) - p(A \cap B)$ ergibt.
Aus $A \cup B = (A \setminus B) + (A \cap B) + (B \setminus A)$ folgt damit die Behauptung.

(vi) Aus $A \cup B \cup C = (A \cup B) \cup C$ folgt mit (v):

$$p(A \cup B \cup C) = p(A \cup B) + p(C) - p((A \cup B) \cap C))$$

$$= p(A) + p(B) - p(A \cap B) + p(C) - p((A \cap C) \cup (B \cap C))$$

$$= p(A) + p(B) + p(C) - p(A \cap B) - [p(A \cap C) + p(B \cap C)$$

$$- p((A \cap C) \cap (B \cap C))]$$

$$= p(A) + p(B) + p(C) - p(A \cap B) - p(A \cap C) - p(B \cap C)$$

$$+ p(A \cap B \cap C)$$

(vii) trivial mit (v) und vollständiger Induktion.

2. Zum Hinweis:

$$p(A_i \cap \overline{A}_j) = p(A_i \setminus A_j) = p(A_i) - p(A_i \cap A_j)$$
$$= p(A_i) - p(A_i) \cdot p(A_j) = p(A_i) \cdot (1 - p(A_j)) = p(A_i) \cdot p(\overline{A}_j)$$

(i) $p(C) = p(A_1) + p(A_2) - \underbrace{p(A_1 \cap A_2)}_{=p(A_1) \cdot p(A_2)} = 0.9 + 0.9 - 0.9^2 = 0.99$

(ii) $p(B) = 0.999$ mit Aufgabe 1 (vi)

(iii) $p(C \cap A_3) = p\left((A_1 \cap A_3) \cup (A_2 \cap A_3)\right) = 0.891$ mit Aufgabe 1 (v)

(iv) $p(B|\overline{A}_3) = \dfrac{p(B \cap \overline{A}_3)}{p(\overline{A}_3)} = \dfrac{1}{p(\overline{A}_3)} p\left((A_1 \cap \overline{A}_3) \cup (A_2 \cap \overline{A}_3) \cup \underbrace{(A_3 \cap \overline{A}_3)}_{=\emptyset}\right)$

$$= \frac{1}{0.1}\left(p(A_1 \cap \overline{A}_3) + p(A_2 \cap \overline{A}_3) - p(A_1 \cap A_2 \cap \overline{A}_3)\right) = \frac{0.099}{0.1} = 0.99$$

3. Voraussetzungen bedeuten:

a) $p(A \cup B \cup C) = 1$ b) $p(A \cap C) = 0$

c) $p(A \cap B) = p(A) \cdot p(B)$ d) $p(B \cap C) = p(B) \cdot p(C)$

e) $p(A) = 0.3$, $p(B) = 0.4$, also $p(A \cap B) = p(A) \cdot p(B) = 0.12$

Mit Aufgabe 1 (vi):

$$p(A \cup B \cup C) = p(A) + p(B) + p(C) - p(A \cap B) - p(A \cap C) - p(B \cap C) + p(A \cap B \cap C)$$

Mittels a) bis e):

$$1 = 0.3 + 0.4 + p(C) - 0.12 - 0 - 0.4 \cdot p(C) + 0 \quad \Rightarrow \quad 0.42 = 0.6 \cdot p(C) \quad \Rightarrow \quad p(C) = 0.7$$

Wegen $A \cap C = \emptyset$ ist $A \cap \overline{C} = A$, also ist

$$p(A|\overline{C}) = \frac{p(A)}{p(\overline{C})} = \frac{0.3}{1 - 0.7} = 1 \,.$$

$$p(B \cup C|A) = \frac{p(\overbrace{(B \cap A) \cup (C \cap A)}^{=\emptyset})}{p(A)} = \frac{p(B \cap A)}{p(A)} = \frac{p(B) \cdot p(A)}{p(A)} = p(B) = 0.4$$

4. (i) $\Omega_1 = \{1, 2, \ldots, 6\}$: $\{1,3\}$, $\{2,3\}$, $\{3\}$

    (ii) $\Omega_2 = \{1, 2, \ldots, 6\}^2$: $(1,3)$, $(2,3)$, $(3,3)$, $(3,2)$, $(3,1)$

5. (i) Aus Baumdiagramm:

$$p(\text{„letzte Kugel rot"}) = \frac{6}{8} \cdot \frac{5}{8} \cdot \frac{4}{8} + \frac{6}{8} \cdot \frac{3}{8} \cdot \frac{6}{8} + \frac{2}{8} \cdot \frac{7}{8} \cdot \frac{6}{8} + \frac{2}{8} \cdot \frac{1}{8} \cdot \frac{8}{8} \approx 0.64$$

(ii) Mit B: „erste Kugel rot" und A: „letzte Kugel schwarz"

ist $p(B|A) = \dfrac{p(B \cap A)}{p(A)}$ gesucht.   Aus (i): $p(A) = 1 - 0.64 = 0.36$

Aus Baumdiagramm: $p(B \cap A) = \dfrac{6}{8} \cdot \dfrac{5}{8} \cdot \dfrac{4}{8} + \dfrac{6}{8} \cdot \dfrac{3}{8} \cdot \dfrac{2}{8} = \dfrac{156}{512} \approx 0.305$

Insgesamt: $p(B|A) = \dfrac{p(B \cap A)}{p(A)} = \dfrac{0.305}{0.36} \approx 0.85$

6. (i) Definiere Zufallsvariable $X =$ „Anzahl defekter Chips bei $n = 5$"

$\qquad\qquad\qquad\qquad Y =$ „Anzahl defekter Chips bei $n = 10$"

Beide sind binomialverteilt mit $p = 0.01$ und n wie oben.

$$p(\text{„Annahme"}) = p(X = 0) + p(X = 1) \cdot p(Y = 0) = 0.951 + 0.044 \approx 99.5\,\%$$

(ii) 1. Möglichkeit (Verfahren wie in (i), nun mit $p = 0.1$):

$$p(\text{„Annahme"}) = p(X = 0) + p(X = 1) \cdot p(Y = 0) = 0.590 + 0.114 \approx 70.5\,\%$$

2. Möglichkeit (eigenes Verfahren: $Z =$ „Anzahl defekter Chips bei $n = 8$"):
$p(\text{„Annahme"}) = p(Z = 0) + p(Z = 1) = 0.430 + 0.382 \approx 81\,\%$, also größer als bei üblichem Verfahren.

7. Definiere Ereignisse A: Fehler in Antihaftbeschichtung $p(A) = 0.06$

$\qquad\qquad\qquad\qquad\quad B$:   Durchbiegung des Bodens $p(B) = 0.04$

$\qquad\qquad\qquad\qquad\quad C$:   Oberflächenfehler $p(C) = 0.09$

(i) „Pfanne einwandfrei" $\cong \overline{A} \cap \overline{B} \cap \overline{C}$; wegen Unabhängigkeit:

$$p(\overline{A} \cap \overline{B} \cap \overline{C}) = p(\overline{A}) \cdot p(\overline{B}) \cdot p(\overline{C}) = 0.8212 \approx 82\,\%$$

(ii) „Ausschuss" $\cong A \cup B$; damit wegen Aufgabe 1(vi) und Unabhängigkeit:

$$p(A \cup B) = p(A) + p(B) - p(A \cap B) = 0.06 + 0.04 - 0.0024 = 0.0976 \approx 10\,\%$$

(iii) Mit $x =$ „gesuchter Sonderpreis" und den Prozentwerten aus (i) und (ii):

$$8x + 82 \cdot 30 = 100 \cdot 26.2 \qquad \Rightarrow \qquad x = \frac{2620 - 2460}{8} = 20$$

8. Nach Definition ist

$$E[X] = \sum_{k=0}^{n} k \cdot p_k = \sum_{k=1}^{n} \left(k \cdot \frac{\binom{M}{k} \cdot \binom{N-M}{n-k}}{\binom{N}{M}} \right).$$

Man forme nun ähnlich um wie bei der Binomialverteilung, benutze also Eigenschaften von Fakultät und Binomialkoeffizient, und erhalte schließlich $E[X] = n \cdot \frac{M}{N}$.

Ausgehend von $\text{Var}(X) = E[X^2] - (E[X])^2$ benutze man bei der Berechnung des ersten Summanden die Umformung

$$\sum_{k=0}^{n} k^2 A(k) = \sum_{k=2}^{n} k(k-1)A(k) + \sum_{k=1}^{n} kA(k)$$

und darüber hinaus die Techniken und Ergebnisse der Berechnung des Erwartungswerts.

9. $\Omega = \{1, 2, \ldots, 6\}^2$, jedes Elementarereignis (= geordnetes Paar) hat also die Wahrscheinlichkeit $\frac{1}{36}$. In 11 Fällen davon ist 1 die niedrigste Zahl (nämlich 2,…,6 auf dem jeweils anderen Würfel, zusätzlich beide 1), usw.

Damit ist

$$p(X = 1) = \frac{11}{36}, \qquad p(X = 2) = \frac{9}{36}, \qquad p(X = 3) = \frac{7}{36},$$
$$p(X = 4) = \frac{5}{36}, \qquad p(X = 5) = \frac{3}{36}, \qquad p(X = 6) = \frac{1}{36}.$$

$$E[X] = \sum_{k=1}^{6} k \cdot p(X = k) = \frac{1}{36}(1 \cdot 11 + 2 \cdot 9 + 3 \cdot 7 + 4 \cdot 5 + 5 \cdot 3 + 6 \cdot 1) \approx 2.528$$

10. $\text{cov}(X, Y) = E[(X - \mu_X)(Y - \mu_Y)] = E[X \cdot Y - \mu_X Y - \mu_Y X + \mu_X \mu_Y]$

$$= E[X \cdot Y] - \mu_X E[Y] - \mu_Y E[X] + E[\mu_X \mu_Y] = E[X \cdot Y] - E[X] \cdot E[Y]$$

Daraus folgt unmittelbar $\text{cov}(X, Y) = 0 \quad \Leftrightarrow \quad E[X \cdot Y] = E[X] \cdot E[Y]$.

11. (i) exakte Verteilung: $X \sim H(100000, 3340, 60)$

(ii) Wegen $n < \frac{N}{10}$ Approximation durch $\text{Bi}(60, 0.0334)$ möglich, wegen $\lambda = n \cdot p = 2.004 \leq 10$ kann diese durch $\text{Po}(2.004)$ approximiert werden:

$$p(X \geq 4) = 1 - p(X \leq 3) = 1 - \sum_{k=0}^{3} e^{-\lambda} \frac{\lambda^k}{k!} = 0.1436 \approx 14\,\%$$

12. (i) Zufallsvariable X = „Anzahl defekter Zündkerzen von 4", $X \sim \text{Bi}(4, 0.2)$

$$p = p(\text{„Batterie OK"}) \cdot p(\text{„mindestens 3 Zündkerzen OK"})$$
$$= 0.5 \cdot (p(X = 0) + p(X = 1)) = 0.5 \cdot (0.8^4 + 0.8^4) = 0.4096 \approx 41\%$$

(ii) X ist geometrisch verteilt mit $p = 0.4$. Für $k \in \mathbb{N}^+$ gilt: $p(X = k) = 0.6^{k-1} \cdot 0.4$,

$$p(X > 3) = 1 - \sum_{k=1}^{3} 0.6^{k-1} \cdot 0.4 = 1 - 0.4 \sum_{k=0}^{2} 0.6^k$$

$$= 1 - 0.4 \frac{1 - 0.6^3}{1 - 0.6} = 0.6^3 = 0.216 \approx 22\%$$

13. Dichtefunktion der Exponentialverteilung: $f(t) = \begin{cases} \alpha \cdot e^{-\alpha t} & \text{für } t \geq 0 \\ 0 & \text{für } t < 0 \end{cases}$

Nach Definition ist

$$E[X] = \int_{-\infty}^{\infty} x \cdot f(x) \, dx = \int_{0}^{\infty} x \cdot \alpha \cdot e^{-\alpha x} \, dx = \lim_{b \to \infty} \int_{0}^{b} x \cdot \alpha \cdot e^{-\alpha x} \, dx$$

Das letzte Integral wird mittels partieller Integration berechnet:

$$\int_{0}^{b} x \cdot (\alpha \cdot e^{-\alpha x}) \, dx = \left[-x \cdot e^{-\alpha x} \right]_{0}^{b} + \int_{0}^{b} e^{-\alpha x} \, dx = -\frac{b}{e^{\alpha b}} + 0 + \left[-\alpha \cdot e^{-\alpha x} \right]_{0}^{b}$$

$$= -\frac{b}{e^{\alpha b}} - \alpha e^{-\alpha b} + \frac{1}{\alpha}$$

Die Ausdrücke mit der e-Funktion verschwinden für $b \to \infty$ (Hinweis!), so dass sich $E[X] = \frac{1}{\alpha}$ ergibt.

Da auch für stetige Verteilungen $\text{Var}(X) = E[X^2] - (E[X])^2$ gilt (selber nachrechnen!), berechnen wir das Integral aus $E[X^2]$ wie oben mittels zweimaliger partieller Integration:

$$\int_{0}^{b} x^2 \cdot (\alpha \cdot e^{-\alpha x}) \, dx = \left[-x^2 \cdot e^{-\alpha x} \right]_{0}^{b} + 2 \int_{0}^{b} x e^{-\alpha x} \, dx = -\frac{b^2}{e^{\alpha b}} + 0 + \frac{2}{\alpha} \left(-\frac{b}{e^{\alpha b}} - \alpha e^{-\alpha b} + \frac{1}{\alpha} \right)$$

Auch hier verschwinden für $b \to \infty$ die Ausdrücke mit der e-Funktion, so dass sich

$$\text{Var}(X) = E[X^2] - (E[X])^2 = \frac{2}{\alpha^2} - \frac{1}{\alpha^2} = \frac{1}{\alpha^2}$$

ergibt.

14. X ist exponentialverteilt mit Parameter α, wobei „mittlere Reparaturzeit" $= 3 = E[X] = \frac{1}{\alpha}$, also $\alpha = \frac{1}{3}$, ist.

(i) Dichtefunktion von X: $f(t) = \begin{cases} \frac{1}{3} \cdot e^{-\frac{1}{3}t} & \text{für } t \geq 0 \\ 0 & \text{für } t < 0 \end{cases}$

Also für positive x:

$$p(X \leq x) = \int_0^x \frac{1}{3} \cdot e^{-\frac{1}{3}t}\,dt = \left[-e^{-\frac{1}{3}t}\right]_0^x = 1 - e^{-\frac{1}{3}x}$$

und $\text{Var}(X) = \dfrac{1}{\alpha^2} = 9$.

(ii) Damit ist $\quad p(X < 3) = p(X \leq 3) = 1 - e^{-1} \approx 0.6321$
und $\qquad p(X > 3) = 1 - p(X \leq 3) = e^{-1} \approx 0.3679$.
Für eine stetige Verteilung ist $p(X = 3) = 0$, aber $X = 3$ ist nicht unmöglich!

(iii) $p(X \leq 2) = 1 - e^{-\frac{2}{3}} \approx 0.4866$

(iv) Zufallsvariable „$Y = $ Anzahl der Fahrzeuge (von 6), die nach 2 Stunden repariert sind" ist binomialverteilt mit $n = 6$ und $p = 0.4866$, also:

$$p(Y \leq 1) = p(Y = 0) + p(Y = 1) = \binom{6}{0}p^0(1-p)^6 + \binom{6}{1}p^1(1-p)^5 \approx 12.5\,\%$$

15. „Zufallsvariable $X = $ Anzahl der Kugeln in A" $\sim$ Bi$(1000, 0.5)$, gesucht ist $p(490 \leq X \leq 520)$, was sich nach DE MOIVRE–LAPLACE approximieren lässt als

$$p(490 \leq X \leq 520) \approx \phi\left(\frac{520 + 0.5 - 500}{\sqrt{250}}\right) - \phi\left(\frac{490 - 0.5 - 500}{\sqrt{250}}\right) = 0.6494 \approx 65\,\%$$

(durch Interpolation der Tabellenwerte)

Stichwortverzeichnis

https://doi.org/10.1515/9783110526868-012